浙江省普通高校“十三五”新形态

智能配电网络建模与分析

董树锋　徐成司　郭创新　朱承治◎编著

Modeling and Analysis of Intelligent Distribution Network

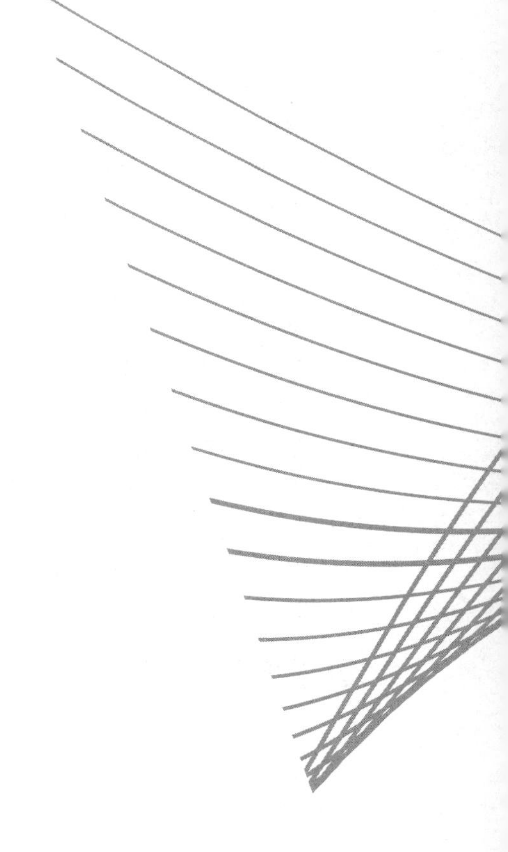

ZHEJIANG UNIVERSITY PRESS
浙江大学出版社

内容简介

本书是为“智能配电网络建模与分析”课程编写的教材，第1章介绍了智能配电网络的定义、发展概况以及重要的基本概念，第2章至第5章介绍了智能配电网中主体元件的数学模型，第6章至第9章介绍了智能配电网络潮流计算、状态估计、网络重构等实际问题的分析方法，第10章介绍了主动配电网的建模和分析方法。本书注重全面运用线性代数、电路原理、概率论等电气工程专业基础知识解决智能配电网络建模与分析中的问题，同时穿插了具体案例的介绍，并提供了大量计算量合适的习题，以便读者更好地理解和掌握相关知识点。全书除介绍了智能配电网络的基本知识，同时也适当介绍了相关领域最新的研究成果，其中不乏对方法背后所蕴含的数学原理的详细推导，尽量做到深入浅出，使读者不仅能够掌握解决智能配电网络问题的方法，而且能够达到“知其然，也知其所以然”的效果。

本书适合作为高等院校电气工程及其自动化专业的本科或专科教材，也非常适合从事智能配电网研究和电气工程应用行业的工作者作为自学参考书。

图书在版编目（CIP）数据

智能配电网络建模与分析 / 董树锋等编著. —杭州：浙江大学出版社，2020.7

ISBN 978-7-308-20171-1

Ⅰ.①智… Ⅱ.①董… Ⅲ.①智能控制—配电系统—系统建模 Ⅳ.①TM727

中国版本图书馆CIP数据核字(2020)第068748号

智能配电网络建模与分析

董树锋　徐成司　郭创新　朱承治　编著

责任编辑　王　波
责任校对　汪淑芳
封面设计　续设计
出版发行　浙江大学出版社
（杭州市天目山路148号　邮政编码310007）
（网址：http://www.zjupress.com）
排　　版　杭州中大图文设计有限公司
印　　刷　杭州高腾印务有限公司
开　　本　787mm×1092mm　1/16
印　　张　19.25
字　　数　480千
版 印 次　2020年7月第1版　2020年7月第1次印刷
书　　号　ISBN 978-7-308-20171-1
定　　价　58.00元

前　言

本书出版的初衷

配电网是国民经济和社会发展的重要公共基础设施。近年来，我国配电网建设投入不断加大，配电网发展取得显著成效，但相对国际先进水平仍有差距，例如城乡区域发展不平衡，供电质量有待改善。建设城乡统筹、安全可靠、经济高效、技术先进、环境友好的配电网络设施和服务体系一举多得，既能够保障民生、拉动投资，又能够带动相关制造业水平提升，为推进“互联网 +”智慧能源战略提供有力支撑，对于稳增长、促改革、调结构、惠民生具有重要意义。党中央、国务院高度重视配电网建设改造在扩大内需中的作用。2015 年 6 月，国务院常务会议研究部署新增中央投资、扩大有效投资工作，李克强总理专门强调加强农网改造的重要性，提出要追加中央财政资金支持农村电网改造升级。2015 年 8 月，城镇配电网建设改造、农网改造升级均纳入“稳增长防风险”支持范围，国家先后下达中西部农网中央预算内计划、城镇配电网和东部七省市农网专项建设基金计划，《国家发展改革委关于加快配电网建设改造的指导意见》和《国家能源局关于印发配电网建设改造行动计划（2015—2020 年）的通知》正式印发，对全国配电网建设改造工作提出总体要求。

配电网处在电力系统的中间层，将负责能量传输的输电网与负责能量配置的低压用电侧互联起来。智能配电网必须利用互联网的思维和理念，集合电力系统、油气热力管网、电动汽车充换电网络、供水系统等网络，形成一种多能源网络协调互补理念下的未来能源系统，解决能源绿色、低碳可持续发展的问题，实现最为广泛的一、二次能源网络的互联互通。智能配电网是智能电网的重要组成部分，是智能电网研究的一个热点，也是智能电网研究和发展最为活跃的领域之一。智能电网相对于传统电网产生的最大变革可能体现在配电网，智能配电网允许可再生能源和分布式发电单元的大量接入和微电网的运行，并鼓励各类不同电力用户积极参与电网互动。大数据、物联网、云计算、信息与物理融合等互联网相关技术的蓬勃发展，在带动一大批新技术的同时，也给智能配电网的升级改造带来了机遇。智能配电网架构考虑了一系列系统未来运行的可能性，已超出了将电能输送到终端设备的范围，扩展到了包含集中发电系统和用户终端电源设备及分布式电源的广泛运行环境，提出了应用互联网技术最大限度地实现互联互通和资源共享。

然而，由于之前受“重输、轻配、不管用”的大环境影响，目前高校的电气工程及其自动化专业大多没有专门针对本科生开设配电网络课，国内具有电气工程专业的 985、211 院校大多开设有“电力系统稳态分析”“电力系统暂态分析”“电网络分析”等课程，但均是对输电网理论和研究成果的总结，虽然有些学校开设了“供配电系统”的课程，但主要是对供配电系统的设备和运行规则的介绍，且并非专业核心课程，理论高度和深度均达不到培养高端人才的要求。此外，目前国内还没有专门针对电气工程及其自动化本科生编写的介绍配电网络建模与分析的教材，大部分是一些适合研究生阅读和参考的专著。上述情况导致目前电气工程及其自动化专业毕业的本科生对配电网所知甚少，而随着国家对配电网的重视和投入的增加，国家电网和南方电网等国企未来需要大量的了解配电网的人才，高校培养人才与社会需要之间存在一些脱节的情况。本着高校培养人才应与时俱进、适应新的形势的精神，编者萌生了编写这本教材的念头，以弥补电气工程及其自动化专业缺乏适合本科生学习的配电网书籍的不足，同时作为浙江大学电气工程学院新开设课程“智能配电网络建模与分析”的教学用书。

与现有书籍相比，本教材有如下特点：（1）专门针对电气工程及其自动化专业本科生，从知识的衔接上，只要学完电路原理课程即可学习本课程；（2）兼顾基础和前沿，本书第6~9章均由编者课题组多年来的科研成果支撑，突出了本书的原创性和前沿性；（3）提供大量智能配电网络分析实例的算例和程序，理论结合实践，深入浅出，更有利于本科生学习和掌握。

本书是经过十余年科研与教学相长之后的产物，希望能够得到读者的喜爱。

如何使用本书

本书适合作为高等院校电气工程及其自动化专业的本科或专科教材，也非常适合从事智能配电网研究和电气工程应用行业的工作者用作自学参考书。作为教材讲授，学时可为48~64个，教师可根据学时和学生的实际情况，选讲或不讲配电网状态估计、配电网拓扑模型、配电网重构、主动配电网技术等章节。本书循序渐进，简明易懂，便于自学，若具有运筹学的基础，则对本书某些内容的理解更加容易。

本书每一章内容结构都保持统一，以方便读者阅读和参考。每一章以概述性的文字介绍开始，跟着是一系列与主题相关的内容和应用的介绍，最后做出必要的总结。在讲解每一种配电网元件的数学模型时都从其物理模型出发，给出详细的推导过程，之后再讲解对应的例题，具体说明如何利用理论推导计算元件的模型参数，此外在章节末尾提供了计算量合适的习题，希望使读者能够完全理解所建立配电网元件模型的原理，并学会如何将这些模型运用于实际问题中。在讲解配电网潮流计算、状态估计、配电网重构等实际配电网问题时，首先介绍了这些问题的来源，使读者对智能配电网中的问题有更多直观的认识。然后介绍具体的分析思路和求解方法，其中适当选取并介绍了相关领域的最新研究成果，使读者对如何解决电力系统的实际问题有更深刻的体会。本书中每一种配电网问题分析方法的引入都会先介绍其基本原理，然后再逐步深入到数学模型细节，读者可以根据自身学习需要或研究方向选择感兴趣的部分阅读，配电网相关从业人员在解决实际问题时也可以应用本书的分析方法。

本书习题的参考答案以Matlab文件形式提供，下载网址为“http://sgool.zju.edu.cn”。在Matlab代码中体现了习题的计算过程，便于读者学习和借鉴。

内容提要

第1章“绪论”，界定了智能配电网络建模与分析课程讨论的范围，以及学习智能配电网络分析的意义，并介绍了智能配电网络的定义、发展概况以及重要的基本概念。

第 2 章“配电线路模型”，介绍架空线路与地下线路的数学模型，分为线路串联阻抗的计算、并联导纳的计算和配电网络线路模型三部分内容。

第 3 章“电压调节器模型”，首先介绍配电网络标准电压等级和双绕组变压器、双绕组自耦变压器的通用数学模型，然后介绍电压调节器的运行特征和结构，最后介绍单相和三相步进电压调节器的数学模型。

第 4 章“三相变压器模型”，介绍三角形-接地星形、不接地星形-三角形、接地星形-接地星形、三角形-三角形和开放星形-开放三角形连接的三相变压器模型，并介绍了三相变压器的戴维南等效电路。

第 5 章“负荷特性与负荷模型”，介绍了单用户负荷、配电变压器负荷和配电馈线负荷的负荷特性，进而介绍了星形连接负荷、三角形连接负荷、双相及单相负荷、分流电容器和三相异步电动机等负荷的数学模型。

第 6 章“配电网潮流计算”，在前面章节中建立的元件模型基础上，介绍了用于辐射状配电网络潮流计算的梯形迭代法以及基于回路电流法的智能配电网潮流算法，并介绍了配电网短路分析的基本理论和典型短路故障的分析方法。

第 7 章“配电网状态估计”，首先介绍配电网络状态估计的问题来源、与输电网状态估计的异同点及其主要难点，然后介绍极大似然加权最小二乘估计法和配电网三相状态估计模型，最后介绍以合格率最大为目标的状态估计新方法。

第 8 章“配电网拓扑模型”，旨在建立描述配电网辐射状拓扑结构的数学模型。首先介绍所需的图论基础知识，进而分别介绍基于潮流约束、基于虚拟潮流、基于图的生成树、基于供电路径和基于供电环路的 5 种配电网辐射状约束描述方法，最后对比分析了不同配电网拓扑描述方法的特点。

第 9 章“配电网重构与供电能力分析”，首先概述配电网重构、供电能力分析的概念和意义，然后介绍配电网网络重构与恢复控制的凸优化模型，进而介绍配电网 N-1 安全校验模型，最后介绍分析配电网供电能力的混合整数线性规划模型以及改进粒子群算法。

第 10 章“主动配电网与微电网技术”，首先介绍主动配电网的概念和特点，然后介绍主动配电网系统级和元件级的建模方法，以及各类典型分布式电源的数学模型，最后介绍主动配电网暂态分析、稳定性分析和潮流计算分析的思路，并重点对微电网稳定性分析方法进行介绍。

附录给出了配电线路的型号参数以及配电网络的标准化数据模型，为教材中的配电网问题分析提供数据基础。

致谢

本书由浙江大学董树锋老师主持编写，郭创新教授与硕士研究生徐成司参与编写，具体分工是：郭创新编写第 1 章至第 3 章，董树锋编写第 4 章至第 7 章，徐成司编写第 8 章至第 10 章、附录。

国网浙江省电力有限公司高级工程师朱承治校对了全书内容。浙江大学硕士研究生唐滢淇对本书进行了润色，徐一帆、林立亨、邵一阳收集了分布式电源建模和微电网稳定性分析的相关资料，本科生陈淼新、蔡凌峰、褚全超、周稳、杨珂、陈晨完成了对本书文字的校对工作，在此表示感谢！

本书的编写工作得到国网浙江省电力有限公司“新能源电力系统随机稳定性分析研究”项目 (52110418000N) 和国家重点研发计划项目 (2016YFB0901300) 的资助，在此表示衷心的感谢！

本书在编写过程中参考了很多国内外文献、书籍和网络资料，在此向这些文献和资料的作者表示感谢！

限于水平，书中难免有不妥之处，恳请读者指正。

编者

2019 年 10 月

本书参考课件

目　　录

第1章 绪 论

1.1 概 述

图1-1展示了电力系统的主要组成部分，其中配电网络处在电力系统的中间层，它将负责能量传输的输电网与负责能量配置的低压用电侧互联起来，是社会发展和国民经济的重要公共基础设施。

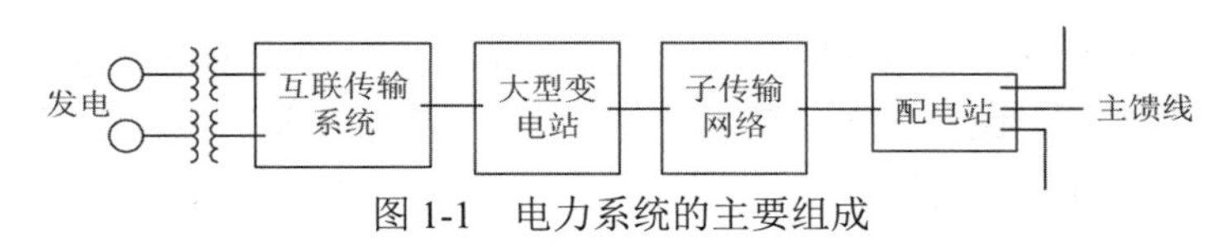

图 1-1 电力系统的主要组成

与输电网相比，配电网络从变电站、10kV 馈线一直延伸到终端用户，配电设备种类多、数量大，需管理的基础资料非常多，且线路的接线方式十分复杂，设备的增改和检修十分频繁，管理任务十分繁重。然而，长期以来受“重输、轻配、不管用”观念的影响，国内配电网的建设落后于输电网。文献 [1] 指出我国配电网的发展与国际先进水平尚存在较大的差距，具体体现在：

（1）供电可靠性不足。以 2014 年为例，我国 10kV 用户平均供电可靠率为 99.940%，平均停电时间为 5.22 时/户。其中，城市用户平均供电可靠率为 99.971%，年平均停电时间为 2.59 时/户；农村用户平均供电可靠率为 99.935%，年平均停电时间为 5.72 时/户。与国际先进水平进行对比，2011 年新加坡供电可靠率达到 99.999941%，平均停电时间为 0.31 分/户；2009 年日本东京供电可靠率达到 99.999619%，平均停电时间为 2 分/户；2010 年英国平均每公里有 0.228 个网络事故，平均停电时间为 70 分/户。据此可看出，我国供电可靠性提升空间和压力较大。

（2）配电网结构相对薄弱。配电网结构决定了网络运行的可靠性、灵活性。在这一方面，不同国家形成了各异的设计方法。以城市配电网为例，巴黎城区电缆网采用三环网 T 接或双环网 T 接方式；伦敦电缆网采用多分支多联络接线方式；东京 22kV 电缆网采用主线备用线、环形、点状网络接线方式，6kV 架空网采用多分段多联络方式，电缆网则采用多分割多联络方式；新加坡电缆网采用“花瓣式”，也即环网闭式的接线。尽管具体拓扑不同，国外先进网架结构的基本趋势是呈现“哑铃状”发展，核心原则是“强化两头、简化中间”，既保证可靠性安全性，又避免重复建设。目前，我国北京市高压配电网与国际先进配网相似，以环网、辐射状运行为主，然而其中压配电网仅相当于国际一流城市电网 20 世纪 80 年代的水平，电网结构相对薄弱，网络接线模式复杂，难以形成标准化。此外，国外先进水平 10(20)kV 城网架空线路绝缘化率高达 80% 以上，而国内目前仅为 22.4%。

（3）配电网自动化水平较低。截至 2014 年，国家电网公司范围内配网自动化总体覆盖率为 20%，智能电表覆盖率为 60%。与国际先进水平相比，日本自动化覆盖率几乎达到 100%，法国为 90%。

目前，作为电力系统相对薄弱环节的配电网络正日益得到重视。此外，随着分布式电源大量接入配电网，传统配电网的单向潮流特性将逐渐向双向潮流转变，这对配电网的稳定运行提出了更高要求，建设坚强、可靠的智能配电网成为未来电力系统发展的重要目标。

智能配电网是集成现代通信技术、高级量测技术、智能控制技术和智能调度技术的新型配电网，可以实现网络运行状态和设备的实时监测与管理，能够有效地利用分布式发电与储能技术，与终端用户开展积极互动，降低用户成本、提高电网运行的经济性和安全性。

智能配电网包括智能表计、智能网络和智能运行 3 个部分。智能表计用以实现网络中的数据测量、收集、存储、分析与双向传输，技术上依靠高级量测体系实现。智能表计提高了系统的可观性，只有首先实现电网的信息化才可能实现电网的智能化。对于智能网络，未来将不会仅限于电力传输，而会是包含了其他形式能源的智能能源网。智能运行基于智能表计的量测数据完成各种计算与分析功能，通过智能决策对智能配电网进行控制，以实现运行效率的优化和系统安全性的改善，满足各类不同的商业需求。智能运行是实现智能配电网的关键，也是技术难度最大的部分。

对配电网络进行精确的建模和分析，是实现配电网智能运行的前提。为此，本书首先为配电网络中的主要元件建立精确的模型，进而讨论智能配电网络的潮流计算、状态估计、网络重构等重要问题的分析方法，最后介绍主动配电网的相关内容。

本章后续部分将对配电网络及其基本组成部分进行介绍。

1.2　配电网络

配电网络是指从输电网或地区发电厂接受电能，通过配电设施就地分配或按电压逐级分配给各类用户的电力网。配电网络由架空线路、电缆、杆塔、配电变压器、隔离开关、无功补偿器及一些附属设施等组成，它在电力系统中的主要作用是分配电能。

我国配电网按电压等级分类可分为高压配电网（35~110kV）、中压配电网（6~20kV）和低压配电网（220V/380V）。66kV（110kV）配电网的主要作用是连接区域高压（220kV 及以上）电网。35kV 及以下配电网的主要作用是为各个配电站和各类用户提供电源。10kV 及以上电压等级的高压用户直接由供电变电站高压配电装置以及高压用户专用线提供电源。我国习惯上把 10kV 中压配电网看作是配电网的主干，它的供电半径在 10 km 左右，因此可以说配电网是电力传输的“最后 10 km”。

配电网络一般采用闭环设计、开环运行，其结构呈辐射状。采用闭环结构是为了提高运行的灵活性和供电可靠性；开环运行一方面是为了限制短路故障电流，另一方面是为了控制故障波及范围，避免故障停电范围扩大。

1.3　配电变电站

图1-2是简易配电变电站示意图，其中展示了在所有变电站都存在的一些主要设施。

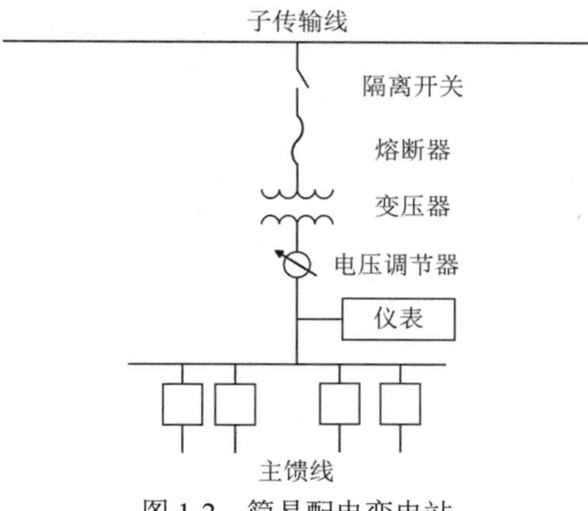

图 1-2　简易配电变电站

（1）高压端和低压端开关：在图1-2中，高压端的断合由一个简易的开关来完成。对于一些大规模的变电站，则可能会在各种高压母线的设计中使用高压断路器。图中低压端的断合由继电器控制的断路器来完成。在一些变电站的设计中，除了每条馈线上的断路器之外，还会包括一个低压母线断路器。和高压母线一样，低压母线也可以采用各种各样的设计。

（2）变压：配电变电站的主要功能是将电压降至配电电压水平。在图1-2中我们只展示了一个变压器。而在其他变电站的设计中则可能需要两个或者更多的三相变压器。变电站的变压器既可以是三相单元的，也可以是以标准方式连接的单相单元。对于配电电压的标准，常见的值有 66kV、35kV、10kV、6kV。

（3）电压调节：随着馈线上负荷的变化，变电站和用户之间的压降也会发生变化。为了将用户的电压保持在一个可接受的范围内，变电站的电压要随着负荷的变化进行调节。在图1-2中，电压由一个步进式电压调节器进行调节，它可以使低压母线上的电压升高或降低10%。有时这个功能可以通过一个“负荷分接头变换”（LTC）变压器来完成。随着负荷的变化，LTC 会更改变压器低压绕组上的抽头。而许多变电站变压器在高压绕组上具有“固定抽头”，这将在电源电压总是高于或低于标准电压时使用，它们可以使电压上升或者下降 5%。很多时候，每条馈线都会有自己的调节器，而不仅仅是一个母线上的调节器。

（4）保护措施：变电站必须有保护措施来应对短路的发生。在图1-2的简易设计中，变电站内唯一能够自动应对短路的保护是通过变压器高压端的熔断器来实现的。随着变电站设计得越来越复杂，需要更多保护措施来保护变压器、高端压和低压端母线以及其他设备。在变电站外部发生的短路中断，则可以采用独立的馈线断路器或者重合闸来应对。

（5）计量：每个变电站都设有计量装置。目前，数字仪表应用普遍，这种仪表能记录电流、电压、功率等在一段特定时间段内的最大值、平均值和最小值。典型的时间段为 15 分钟、30 分钟、1 小时。数字仪表可以监视每个变电站变压器的输出和每条馈线的输出。

图1-3所示为一采用 3/2 断路器接线的变电站布局，相比图1-2其包含的设施更为全面。该变电站有两个包含负荷侧分接头的变压器，同时为四条配电馈线供电，并由两条子传输线

供电。在正常情况下，断路器的状态为断路器 X、Y、1、3、4、6 闭合，断路器 Z、2、5 开断。

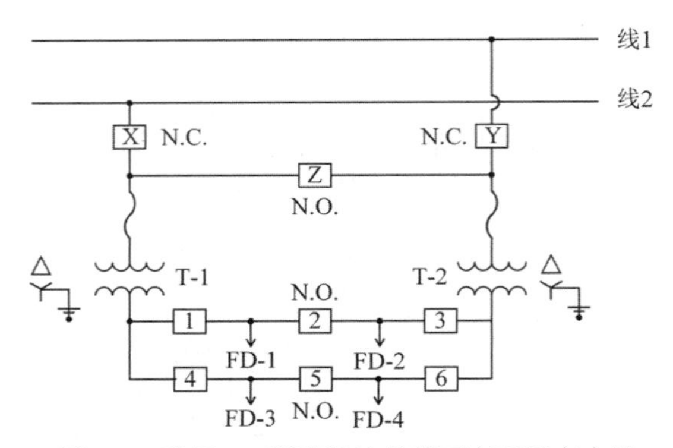

图 1-3　采用 3/2 断路器接线的两变压器变电站

当断路器处于正常状态时，每个变压器都由不同的子传输线供电，同时为两条馈线供电。如果其中一条子传输线停止供电，则断路器 X 或 Y 断开，断路器 Z 闭合，这时两台变压器都是由同一条子传输线路供电。变压器的容量应满足每台变压器能够在紧急情况下同时为四条馈线供电。举个例子，如果变压器 T-1 停止工作，则令断路器 X、1 和 4 断开，断路器 2 和 5 闭合。通过这样的操作，所有四条馈线均由变压器 T-2 供电。图1-3中的两条馈线需要三个断路器，所以该接线方式也被称为 3/2 断路器接线。

变电站的配置有多种方式，而变电站设计工程师的任务就是设计出包含上述五种基本设施、并且能经济可靠地运行的变电站。

1.4　辐射状网络

辐射状配电网络的特点是只有一条从电源（配电站）流向用户的电力通路。一个典型的配电网络由一个或多个配电站组成，而配电站又包含一条或多条馈线。馈线可能由如下几个部分组成: 三相主馈线；三相、两相（“V” 相）和单相支路；步进式电压调节器；串联变压器；并联电容器组；配电变压器；次级线路；三相、两相和单相负荷。

由于需要为大量不相等的单相负荷供电，配电网络的负荷通常是不对称的。除此之外，三相架空线和地下线路的非对称导体间距也会加剧这种不对称性。

由于配电网络特有的性质，用于输电网潮流和短路等问题分析的方法通常不适用于配电网，一方面是因为这些方法用于辐射状网络的收敛性较差，另一方面是因为这些方法需假定系统完全对称，以便使用单相等效系统来对问题进行研究。

为了使配电工程师能够准确地对潮流、短路等问题进行分析，必须尽可能精确地建立配电网络模型，这就意味着必须建立配电网主要元件的三相模型。2、3、4、5 章将详细讨论配电网络的数学模型。

图1-4显示了一个简单辐射状配电网络接线图，其中的连接点称为“节点”。可以看到，图中清晰地展示了各线路段的相对位置，这对于建立一个精确的模型极为重要。

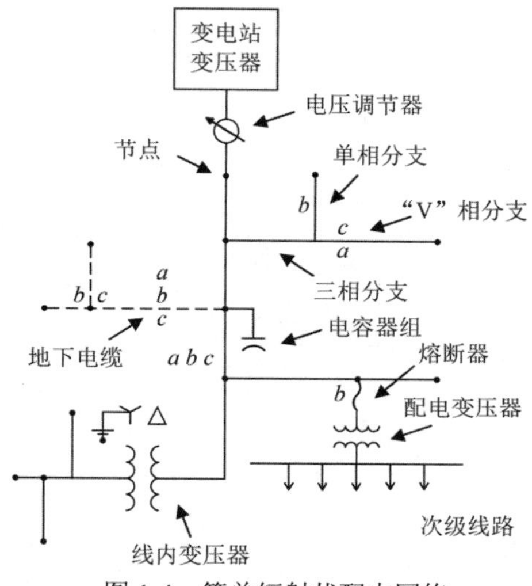

图 1-4 简单辐射状配电网络

1.5 配电馈线分布图

配电网络的分析对于配电工程师来说很重要，这有助于确定网络的现有操作条件，并且能够用于模拟网络在未来变化下的场景。配电工程师在对配电网络进行分析之前，必须获取馈线的详细分布图。图1-5为一幅 123 节点配电网的馈线分布示意图，其中包含了如下信息:

（1）馈线（包括架空线及地下线）的位置、长度、导体尺寸（图中未显示）、相位。

（2）配电变压器的位置、视在功率额定值和连接方式。

（3）串联变压器的位置、视在功率额定值和连接方式。

（4）并联电容器的位置、无功功率额定值和连接方式。

（5）电压调节器的位置、连接方式和类型（图中未显示，单相或三相)。

（6）开关的位置和正常情况下的开/关状态。

1.6 配电馈线电气特性

配电馈线分布图中的信息定义了各种元件的物理位置。在进行配电网络分析之前，还需要确定每个元件的电气特性，为此还需要获取以下数据:

（1）架空线和地下线的间距。

（2）导体信息，包括导体几何平均半径、直径和电阻率。

（3）电压调节器的电压互感器变比、电流互感器变比和补偿器设置（包括电压水平、带宽、电阻和电抗设置)。

（4）变压器的额定视在功率、额定电压、阻抗和空载损耗。

图 1-5　123 节点配电网的馈线分布

1.7 总 结

准确地对配电网络进行建模和分析变得越来越重要。尽管变电站可能会采用不同的设计，但在绝大多数情况下它们还是会为一条或者多条辐射状馈线供电。为了使分析具备意义，每条馈线都必须尽可能精确地建模。有时配电工程师最困难的工作是获取所有必要的数据。在馈线分布图上会包含大部分配电工程师所需要的信息。至于其他的数据，诸如标准极的配置、每条线路上使用的导线型号、三相变压器的连接方式和电压调节器的设置等，则应来自以前存储的数据。一旦获得了所需的所有数据，就可以使用后面章节介绍的各种元件模型对配电网络进行分析。

参考文献

1. 马钊, 安婷, 尚宇炜. 国内外配电前沿技术动态及发展 [J]. 中国电机工程学报, 2016, 36(6): 1552 - 1567.
2. 王成山, 李鹏. 分布式发电、微网与智能配电网的发展与挑战 [J]. 电力系统自动化, 2010, 34(2): 10-14.
3. Kersting W H. Distribution system modeling and analysis[M]. New York: CRC Press, 2002.

第 2 章　配电线路模型

配电网络三相电力线路分为架空线和地下线两类，一般选用电阻率低、资源丰富的材料作导电部分。三相电力线路实质上是分布参数的电路，沿导线每一单位长度各相都存在电阻、自感、对地电容和漏电导，各相之间有互感、电容和漏电导。本章将讨论三相线路的串联阻抗、并联导纳，并在此基础上建立配电网络的线路模型。

2.1　架空线和地下线的串联阻抗

在开始配电网络分析之前，关键的步骤是确定架空线和地下线的串联阻抗。单相、两相（V 相）或三相配电线的串联阻抗包括导体的电阻以及由导体周围的磁场产生的自感和互感电抗。导体的电阻分量相关数据列于附录 A 中。本节首先讨论架空线的串联阻抗，然后讨论地下线的串联阻抗。

阻抗的感抗（自感和互感）分量是导体周围总磁场的函数。图2-1为 n 个导体的磁场示意图，其中导体编号从 1 到 n。每个导体上流过的电流都会产生磁通量线。假定电流的方向为垂直纸面向外，并且各导体上的电流和为 0，即

$$I_1+I_2+\cdots+I_i+\cdots+I_n=0 \tag{2.1}$$

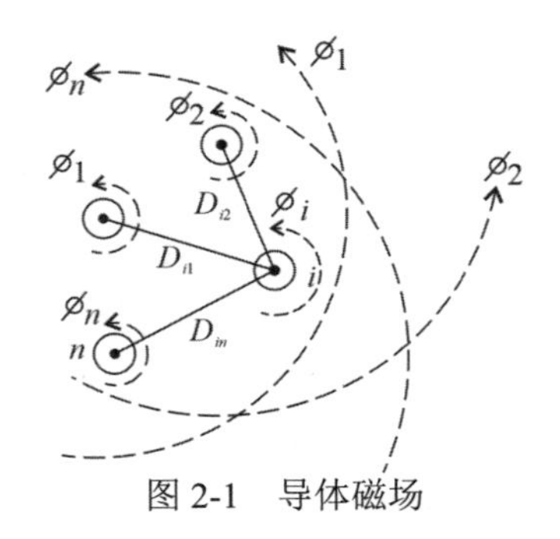

图 2-1　导体磁场

忽略内自感，则导体 i 的总磁链为

$$\lambda_i=\frac{\mu_0}{2\pi}\left(I_1\ln\frac{1}{D_{i1}}+I_2\ln\frac{1}{D_{i2}}+\cdots+I_i\ln\frac{1}{GMR_i}+\cdots+I_n\ln\frac{1}{D_{in}}\right)\ (\text{Wb}) \tag{2.2}$$

式中：D_{in} 为导体 i 和导体 n 之间的距离 (m)；GMR_i 为导体 i 的几何平均半径。导体的几何平均半径是一个假想的筒形导体的半径，该导体的筒壁极薄，无内部磁通但其外部磁链与原

导体的总磁链（内部和外部的磁链之和）相同。

导体 i 的电感包括自感以及与其他 $n-1$ 个导体之间的互感。

导体 i 的自感：

$$L_{ii}=\frac{\lambda_{ii}}{I_i}=\frac{\mu_0}{2\pi}\ln\frac{1}{GMR_i}\ (\mathrm{H/m}) \tag{2.3}$$

导体 i 与导体 n 之间的互感：

$$L_{in}=\frac{\lambda_{in}}{I_n}=\frac{\mu_0}{2\pi}\ln\frac{1}{D_{in}}\ (\mathrm{H/m}) \tag{2.4}$$

2.1.1 三相换位情况下线路的感抗

通常情况下我们假设高压输电线已经经过换位（每相在结构上占据线的长度的三分之一）。除了换位的假设之外，我们还假设每相具有相等的负荷（对称负荷）。通过这两个假设，可以将自感和互感合并为一个相电感。

相电感：

$$L_i=\frac{\mu_0}{2\pi}\ln\frac{D_{\mathrm{eq}}}{GMR_i}\ (\mathrm{H/m}) \tag{2.5}$$

式中：$D_{\mathrm{eq}}=\sqrt[3]{D_{ab}\cdot D_{bc}\cdot D_{ca}}$ (m)；D_{ab}、D_{bc}、D_{ca} 为各相之间的距离。

取频率为 50Hz，真空中磁导率 μ_0 为 $4\pi\times10^{-7}$，则每相的感抗为

$$x_i=\omega\cdot L_i=0.06283\ln\frac{D_{\mathrm{eq}}}{GMR_i}\ (\Omega/\mathrm{km}) \tag{2.6}$$

则换位三相线每相的串联阻抗为

$$z_i=r_i+\mathrm{j}0.06283\ln\frac{D_{\mathrm{eq}}}{GMR_i}\ (\Omega/\mathrm{km}) \tag{2.7}$$

2.1.2 未换位情况下线路的感抗

由于由单相、两相以及三相馈线构成的配电网络是对不对称负荷供电，因此必须保留导体的自阻抗与互阻抗特性，同时还要考虑不对称电流的接地返回路径。导体的交流电阻可直接取自导体数据表（附录 A）。导体的自感和互感可用式 (2.3) 和式 (2.4) 计算，计算的时候假定频率为 50Hz，导体的长度为 1km，则导体的自阻抗和互阻抗为

$$\bar{z}_{ii}=r_i+\mathrm{j}0.06283\ln\frac{1}{GMR_i}\ (\Omega/\mathrm{km}) \tag{2.8}$$

$$\bar{z}_{ij}=\mathrm{j}0.06283\ln\frac{1}{D_{ij}}\ (\Omega/\mathrm{km}) \tag{2.9}$$

1926 年，Carson 建立了一套计算线路自阻抗和互阻抗的方程式（考虑电流的接地返回路径）。Carson 的方法中，用一端与电源相连，另一远端接地的导体代表导线。图2-2中，两条线路 i 和 j，流经的电流分别为 I_i 和 I_j，线路的远端接地。同时假定一条线路代表电流的返回路径，其上电流为 I_d。在图2-2中，利用基尔霍夫电压定律可写出导体 i 和地之间的电压等式：

$$
\begin{aligned}
V_{ig} &= \bar{z}_{ii}\cdot I_i+\bar{z}_{ij}\cdot I_j+\bar{z}_{id}\cdot I_d-\left(\bar{z}_{dd}\cdot I_d+\bar{z}_{di}\cdot I_i+\bar{z}_{dj}\cdot I_j\right)\\
&= \left(\bar{z}_{ii}-\bar{z}_{di}\right)\cdot I_i+\left(\bar{z}_{ij}-\bar{z}_{dj}\right)\cdot I_j+\left(\bar{z}_{id}-\bar{z}_{dd}\right)\cdot I_d
\end{aligned} \tag{2.10}
$$

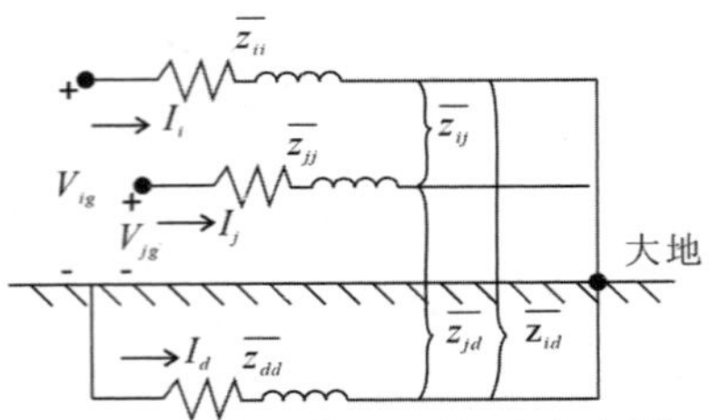

图 2-2　两个导体以及地下返回路径

由基尔霍夫电流定律（KCL）得

$$I_d=-I_i-I_j \tag{2.11}$$

将式 (2.11) 代入式 (2.10) 并整理可得

$$V_{ig}=\left(\bar{z}_{ii}+\bar{z}_{dd}-\bar{z}_{di}-\bar{z}_{id}\right)\cdot I_i+\left(\bar{z}_{ij}+\bar{z}_{dd}-\bar{z}_{dj}-\bar{z}_{id}\right)\cdot I_j \tag{2.12}$$

式 (2.12) 的一般形式为

$$V_{ig}=\hat{z}_{ii}\cdot I_i+\hat{z}_{ij}\cdot I_j \tag{2.13}$$

其中：

$$\hat{z}_{ii}=\bar{z}_{ii}+\bar{z}_{dd}-\bar{z}_{di}-\bar{z}_{id} \tag{2.14}$$

$$\hat{z}_{ij}=\bar{z}_{ij}+\bar{z}_{dd}-\bar{z}_{dj}-\bar{z}_{id} \tag{2.15}$$

在式 (2.14) 和式 (2.15) 中，等式右边的阻抗由式 (2.8) 和式 (2.9) 得到。注意到，接地返回路径的影响被包含在了线路的原始自阻抗和互阻抗中。原始电路的等效电路如图2-3所示。将式 (2.8) 和式 (2.9) 代入式 (2.14) 以及式 (2.15) 中，则原始自阻抗为

$$
\begin{aligned}
\hat{z}_{ii} &= r_i+\mathrm{j}x_{ii}+r_d+\mathrm{j}x_{dd}-\mathrm{j}x_{id}-\mathrm{j}x_{di}\\
&= r_i+r_d+\mathrm{j}0.06283\cdot\left(\ln\frac{1}{GMR_i}+\ln\frac{D_{id}\cdot D_{di}}{GMR_d}\right)
\end{aligned} \tag{2.16}
$$

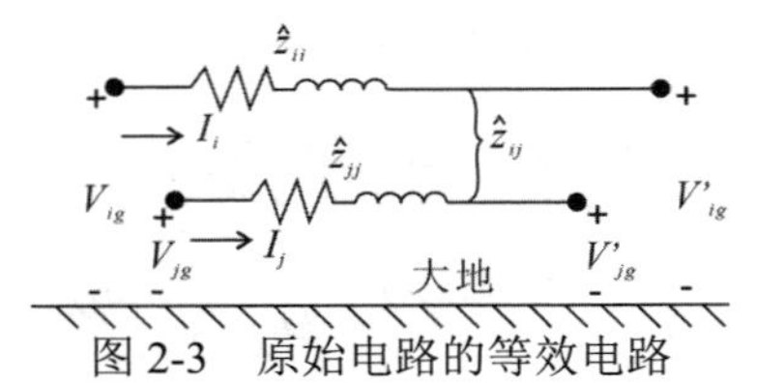

图 2-3　原始电路的等效电路

原始互阻抗为

$$
\begin{aligned}
\hat{z}_{ij} &= \mathrm{j}x_{ij}+r_d+\mathrm{j}x_{dd}-\mathrm{j}x_{dj}-\mathrm{j}x_{id}\\
&= r_d+\mathrm{j}0.06283\cdot\left(\ln\frac{1}{D_{ij}}+\ln\frac{D_{id}\cdot D_{dj}}{GMR_d}\right)
\end{aligned} \tag{2.17}
$$

显然，在使用式 (2.16) 和式 (2.17) 时的问题是不知道大地的电阻、大地的几何平均半径以及导体到大地的距离。而 Carson 的方法可以解决这个问题。

2.1.3 Carson 方程

由于配电网络本质上是不对称的，因此最准确的分析不应对导体的间距、导体尺寸和换位做出任何假设。在 1926 年的论文中，Carson 建立了一种可以确定任意数量的架空导线的自阻抗和互阻抗的方法，该方法也可以应用于地下电缆。由于该方法的计算十分烦琐，所以并没有受到太多人的关注。随着数字计算机的出现，Carson 方程才被广泛使用。

在论文中，Carson 认为地球是一个无限均匀的固体，具有平坦的上表面和恒定的电阻率。在中性点接地处引入的任何末端效应在工频频率下很小，因此可以被忽略。

Carson 利用了导体的镜像，也就是说，在地面上给定距离处的导体，在地面下相同位置处都具有它的镜像导体，如图2-4所示。参照图2-4，原始的 Carson 方程由式 (2.18) 和式 (2.19) 给出。

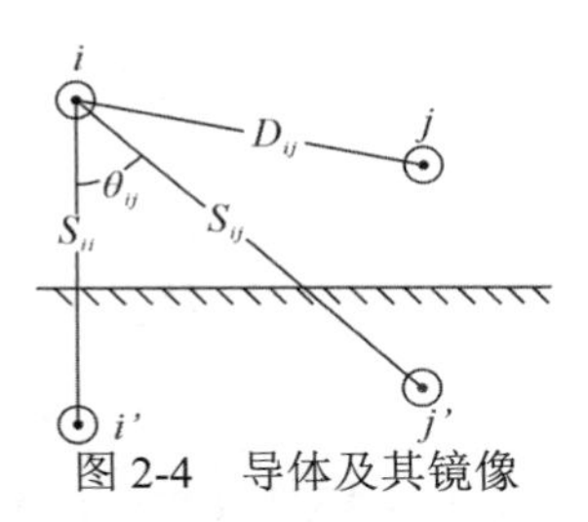

图 2-4　导体及其镜像

导体 i 的自阻抗：

$$\hat{z}_{ii} = r_i + 4\omega P_{ii} G + \mathrm{j}\left(X_i + 2\omega G \cdot \ln\frac{S_{ii}}{RD_i} + 4\omega Q_{ii} G\right)\ (\Omega/\mathrm{km}) \tag{2.18}$$

导体 i 和 j 之间的互阻抗：

$$\hat{z}_{ij} = 4\omega P_{ij} G + \mathrm{j}\left(2\omega G \cdot \ln\frac{S_{ij}}{D_{ij}} + 4\omega Q_{ij} G\right)\ (\Omega/\mathrm{km}) \tag{2.19}$$

$$X_i = 2\omega G \cdot \ln\frac{RD_i}{GMR_i}\ (\Omega/\mathrm{km}) \tag{2.20}$$

$$P_{ij} = \frac{\pi}{8} - \frac{1}{3\sqrt{2}} k_{ij} \cos(\theta_{ij}) + \frac{k_{ij}^2}{16}\cos(2\theta_{ij})\left(0.6728 + \ln\frac{2}{k_{ij}}\right) \tag{2.21}$$

$$Q_{ij} = -0.0386 + \frac{1}{2}\ln\frac{2}{k_{ij}} + \frac{1}{3\sqrt{2}} k_{ij}\cos(\theta_{ij}) \tag{2.22}$$

$$k_{ij} = 8.565 \times 10^{-4} S_{ij}\sqrt{\frac{f}{\rho}} \tag{2.23}$$

式中：$\hat{z}_{ii}$ 为导体 i 的自阻抗，单位 Ω/km；$\hat{z}_{ij}$ 为导体 i 和 j 之间的互阻抗，单位 Ω/km；r_i 为导体 i 的电阻，单位 Ω/km；$\omega = 2\pi f$ 为系统角频率，单位 rad/s；$G = 1\times10^{-4}$ Ω/km；RD_i 为导体 i 的半径，单位 m；GMR_i 为导体 i 的几何平均半径，单位 m；f 为系统频率，单位 Hz；ρ 为大地电阻率，单位 Ω·m；D_{ij} 为导体 i 和 j 之间的距离（见图2-4），单位 m；S_{ij} 为导体

i 和镜像 j 之间的距离，单位 m；θ_{ij} 为导体 i、j 的镜像和导体 i 之间连线的夹角。

2.1.4　改进的 Carson 方程

在导出改进的 Carson 方程时，只做出了两处近似。这些近似涉及与 P_{ij} 和 Q_{ij} 相关的项，即仅使用变量 P_{ij} 的第一项以及 Q_{ij} 的前两项。

$$P_{ij}=\frac{\pi}{8} \tag{2.24}$$

$$Q_{ij}=-0.03860+\frac{1}{2}\ln\frac{2}{k_{ij}} \tag{2.25}$$

将式 (2.20) 代入式 (2.18) 中

$$\hat{z}_{ii}=r_i+4\omega P_{ii}G+\mathrm{j}\left(2\omega G\cdot\ln\frac{RD_i}{GMR_i}+2\omega G\cdot\ln\frac{S_{ii}}{RD_i}+4\omega Q_{ii}G\right) \tag{2.26}$$

合并同类项并化简得

$$\hat{z}_{ii}=r_i+4\omega P_{ii}G+\mathrm{j}2\omega G\left(\ln\frac{S_{ii}}{GMR_i}+2Q_{ii}\right) \tag{2.27}$$

化简式 (2.19) 得

$$\hat{z}_{ij}=4\omega P_{ij}G+\mathrm{j}2\omega G\left(\ln\frac{S_{ij}}{D_{ij}}+2Q_{ij}\right) \tag{2.28}$$

将式 (2.24) 和 $\omega=2\pi f$ 代入得

$$\hat{z}_{ii}=r_i+\pi^2 fG+\mathrm{j}4\pi fG\left(\ln\frac{S_{ii}}{GMR_i}+2Q_{ii}\right) \tag{2.29}$$

$$\hat{z}_{ij}=\pi^2 fG+\mathrm{j}4\pi fG\left(\ln\frac{S_{ij}}{D_{ij}}+2Q_{ij}\right) \tag{2.30}$$

将式 (2.23) 代入式 (2.25) 得

$$\begin{aligned}Q_{ij} &= -0.03860+\frac{1}{2}\ln\left(\frac{2}{8.565\times10^{-4}\times S_{ij}\sqrt{\frac{f}{\rho}}}\right)\\ &= -0.03860+\frac{1}{2}\ln\left(\frac{2}{8.565\times10^{-4}}\right)+\frac{1}{2}\ln\frac{1}{S_{ij}}+\frac{1}{2}\ln\sqrt{\frac{\rho}{f}}\\ &= 3.8393-\frac{1}{2}\ln S_{ij}+\frac{1}{4}\ln\frac{\rho}{f}\end{aligned} \tag{2.31}$$

则

$$2Q_{ij}=7.6786-\ln S_{ij}+\frac{1}{2}\ln\frac{\rho}{f} \tag{2.32}$$

将式 (2.32) 代入式 (2.29) 中并化简得

$$\begin{aligned}\hat{z}_{ii} &= r_i+\pi^2 fG+\mathrm{j}4\pi fG\left(\ln\frac{S_{ii}}{GMR_i}+7.6786-\ln S_{ii}+\frac{1}{2}\ln\frac{\rho}{f}\right)\\ &= r_i+\pi^2 fG+\mathrm{j}4\pi fG\left(\ln\frac{1}{GMR_i}+7.6786+\frac{1}{2}\ln\frac{\rho}{f}\right)\end{aligned} \tag{2.33}$$

将式 (2.32) 代入式 (2.30) 中并化简得

$$
\begin{aligned}
\hat{z}_{ij} &= \pi^2 fG + \mathrm{j}4\pi fG\left(\ln\frac{S_{ij}}{D_{ij}} + 7.6786 - \ln S_{ij} + \frac{1}{2}\ln\frac{\rho}{f}\right) \\
&= \pi^2 fG + \mathrm{j}4\pi fG\left(\ln\frac{1}{D_{ij}} + 7.6786 + \frac{1}{2}\ln\frac{\rho}{f}\right)
\end{aligned} \tag{2.34}
$$

假设 f 为 50Hz，大地电导率 ρ=100 $\Omega\cdot$m，则改进的 Carson 方程可以表示为

$$
\hat{z}_{ii} = r_i + 0.0493 + \mathrm{j}0.0628\left(\ln\frac{1}{GMR_i} + 8.02517\right)\ (\Omega/\mathrm{km}) \tag{2.35}
$$

$$
\hat{z}_{ij} = 0.0493 + \mathrm{j}0.0628\left(\ln\frac{1}{D_{ij}} + 8.02517\right)\ (\Omega/\mathrm{km}) \tag{2.36}
$$

回忆之前的式 (2.16) 和式 (2.17)，由于大地的阻抗、几何平均半径以及与各导体之间的距离均未知，所以无法运用。将它们与式 (2.35) 和式 (2.36) 进行比较可以发现，改进的 Carson 方程已经定义了缺失的参数。两组方程的比较表明：

$$
r_d = 0.0493\ \Omega/\mathrm{km} \tag{2.37}
$$

$$
\ln\frac{D_{id}\cdot D_{di}}{GMR_d} = \ln\frac{D_{id}\cdot D_{dj}}{GMR_d} = 8.02517 \tag{2.38}
$$

改进的 Carson 方程将用于计算架空线和地下线的原始自阻抗和互阻抗。

2.1.5　架空线路原始阻抗矩阵

式 (2.35) 和式 (2.36) 用于计算一个 n 行 n 列原始阻抗矩阵中的元素。架空四线接地星形配电线路将产生 4×4 矩阵。对于由三根同轴中性电缆组成的地下接地星形线路段，所得矩阵将为 6×6。具有 m 个中性点的三相线的原始阻抗矩阵将是这种形式：

$$
[\hat{z}_{\text{primitive}}] = \left[\begin{array}{ccc|ccc}
\hat{z}_{aa} & \hat{z}_{ab} & \hat{z}_{ac} & \hat{z}_{an1} & \hat{z}_{an2} & \hat{z}_{anm} \\
\hat{z}_{ba} & \hat{z}_{bb} & \hat{z}_{bc} & \hat{z}_{bn1} & \hat{z}_{bn2} & \hat{z}_{bnm} \\
\hat{z}_{ca} & \hat{z}_{cb} & \hat{z}_{cc} & \hat{z}_{cn1} & \hat{z}_{cn2} & \hat{z}_{cnm} \\
\hline
\hat{z}_{n1a} & \hat{z}_{n1b} & \hat{z}_{n1c} & \hat{z}_{n1n1} & \hat{z}_{n1n2} & \hat{z}_{n1nm} \\
\hat{z}_{n2a} & \hat{z}_{n2b} & \hat{z}_{n2c} & \hat{z}_{n2n1} & \hat{z}_{n2n2} & \hat{z}_{n2nm} \\
\hat{z}_{nma} & \hat{z}_{nmb} & \hat{z}_{nmc} & \hat{z}_{nmn1} & \hat{z}_{nmn2} & \hat{z}_{nmnm}
\end{array}\right] \tag{2.39}
$$

在分块形式中，式 (2.39) 变为

$$
[\hat{z}_{\text{primitive}}] = \begin{bmatrix} [\hat{z}_{ij}] & [\hat{z}_{in}] \\ [\hat{z}_{nj}] & [\hat{z}_{nn}] \end{bmatrix} \tag{2.40}
$$

2.1.6　架空线路相阻抗矩阵

对于大多数应用，原始阻抗矩阵需要还原为 3×3 相矩阵，由三相的自阻抗和互阻抗组成。图2-5是一个四线接地星形配电线路，可以采用一种标准的还原方法——克朗还原法进行分析。如图2-5所示，假定线路具有多点接地，由基尔霍夫电压定律得

$$\begin{bmatrix} V_{ag} \\ V_{bg} \\ V_{cg} \\ V_{ng} \end{bmatrix} = \begin{bmatrix} V'_{ag} \\ V'_{bg} \\ V'_{cg} \\ V'_{ng} \end{bmatrix} + \begin{bmatrix} \hat{z}_{aa} & \hat{z}_{ab} & \hat{z}_{ac} & \hat{z}_{an} \\ \hat{z}_{ba} & \hat{z}_{bb} & \hat{z}_{bc} & \hat{z}_{bn} \\ \hat{z}_{ca} & \hat{z}_{cb} & \hat{z}_{cc} & \hat{z}_{cn} \\ \hat{z}_{na} & \hat{z}_{nb} & \hat{z}_{nc} & \hat{z}_{nn} \end{bmatrix} \cdot \begin{bmatrix} I_a \\ I_b \\ I_c \\ I_n \end{bmatrix} \tag{2.41}$$

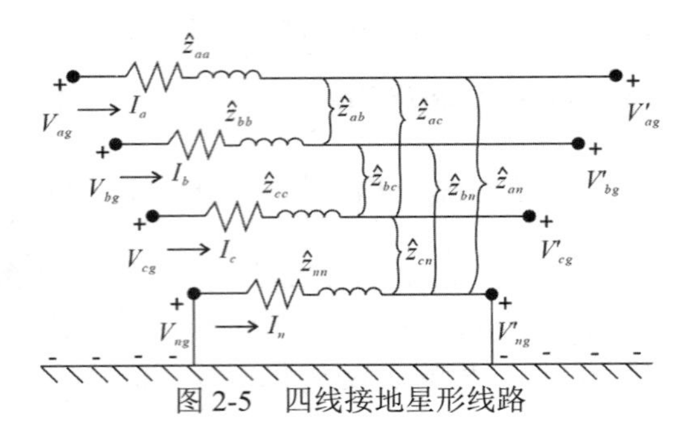

图 2-5　四线接地星形线路

在分块形式中，式 (2.41) 变为

$$\begin{bmatrix} [V_{abc}] \\ [V_{ng}] \end{bmatrix} = \begin{bmatrix} [V'_{abc}] \\ [V'_{ng}] \end{bmatrix} + \begin{bmatrix} [\hat{z_{ij}}] & [\hat{z_{in}}] \\ [\hat{z_{nj}}] & [\hat{z_{nn}}] \end{bmatrix} \cdot \begin{bmatrix} [I_{abc}] \\ [I_n] \end{bmatrix} \tag{2.42}$$

由于中性点接地，电压 V_{ng} 和 V'_{ng} 等于零。将这些值代入式 (2.42) 并将结果扩展为

$$[V_{abc}] = [V'_{abc}] + [\hat{z_{ij}}] \cdot [I_{abc}] + [\hat{z_{in}}] \cdot [I_n] \tag{2.43}$$

$$[0] = [0] + [\hat{z_{nj}}] \cdot [I_{abc}] + [\hat{z_{nn}}] \cdot [I_n] \tag{2.44}$$

求解方程 (2.44) 中的 $[I_n]$：

$$[I_n] = -[\hat{z_{nn}}]^{-1} \cdot [\hat{z_{nj}}] \cdot [I_{abc}] \tag{2.45}$$

将式 (2.45) 代入式 (2.43)：

$$\begin{aligned} [V_{abc}] &= [V'_{abc}] + ([\hat{z_{ij}}] - [\hat{z_{in}}] \cdot [\hat{z_{nn}}]^{-1} \cdot [\hat{z_{nj}}]) \cdot [I_{abc}] \\ &= [V'_{abc}] + [z_{abc}] \cdot [I_{abc}] \end{aligned} \tag{2.46}$$

$$[z_{abc}] = [\hat{z_{ij}}] - [\hat{z_{in}}] \cdot [\hat{z_{nn}}]^{-1} \cdot [\hat{z_{nj}}] \tag{2.47}$$

式 (2.47) 是克朗还原法的最终形式。最终的相阻抗矩阵变为

$$[z_{abc}] = \begin{bmatrix} z_{aa} & z_{ab} & z_{ac} \\ z_{ba} & z_{bb} & z_{bc} \\ z_{ca} & z_{cb} & z_{cc} \end{bmatrix} \ (\Omega/\text{km}) \tag{2.48}$$

对于未换位的配电线，式 (2.48) 的对角项元素彼此不相等，并且非对角线项元素彼此不相等，但矩阵是对称矩阵。

对于两相和单相接地星形线路系统，可以应用改进的 Carson 公式来产生原始阻抗矩阵，将由零元素组成的行和列添加到缺相位置处扩展为 3×3 矩阵。例如，由 a 相和 c 相组成的 V 相线，相阻抗矩阵是

$$[z_{abc}] = \begin{bmatrix} z_{aa} & 0 & z_{ac} \\ 0 & 0 & 0 \\ z_{ca} & 0 & z_{cc} \end{bmatrix} \ (\Omega/\text{km}) \tag{2.49}$$

b 相单相线路的相阻抗矩阵是

$$[z_{abc}] = \begin{bmatrix} 0 & 0 & 0 \\ 0 & z_{bb} & 0 \\ 0 & 0 & 0 \end{bmatrix} \ (\Omega/\text{km}) \tag{2.50}$$

三线三角形线路的相阻抗矩阵由 Carson 公式决定，无须执行克朗还原步骤。

一旦电流确定，相阻抗矩阵可以用来精确地确定馈线段上的电压降。由于没有关于导体间距的近似（例如换位），精确地考虑了相间相互耦合的影响，改进 Carson 方程和相矩阵的应用形成了馈线的精确模型。图2-6显示了三相线路段模型。注意，对于 V 相和单相线路，某些阻抗值将为零。线路矩阵形式的电压方程为

$$\begin{bmatrix} V_{ag} \\ V_{bg} \\ V_{cg} \end{bmatrix}_n = \begin{bmatrix} V_{ag} \\ V_{bg} \\ V_{cg} \end{bmatrix}_m + \begin{bmatrix} z_{aa} & z_{ab} & z_{ac} \\ z_{ba} & z_{bb} & z_{bc} \\ z_{ca} & z_{cb} & z_{cc} \end{bmatrix} \cdot \begin{bmatrix} I_a \\ I_b \\ I_c \end{bmatrix} \tag{2.51}$$

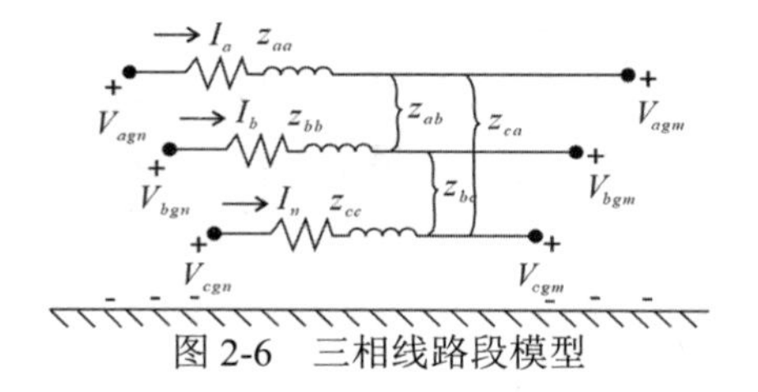

图 2-6　三相线路段模型

式 (2.51) 可以写成矩阵形式：

$$[VLG_{abc}]_n = [VLG_{abc}]_m + [Z_{abc}] \cdot [I_{abc}] \tag{2.52}$$

2.1.7　序阻抗

很多时候，馈线的分析将只使用线段的正序和零序阻抗。有两种方法可以获得这些阻抗。第一个方法是结合应用改进的 Carson 公式和克朗还原法来获得相阻抗矩阵。

线对地相电压与线对地序电压的关系如下：

$$\begin{bmatrix} V_{ag} \\ V_{bg} \\ V_{cg} \end{bmatrix} = \begin{bmatrix} 1 & 1 & 1 \\ 1 & a_s^2 & a_s \\ 1 & a_s & a_s^2 \end{bmatrix} \cdot \begin{bmatrix} VLG_0 \\ VLG_1 \\ VLG_2 \end{bmatrix} \tag{2.53}$$

式中：$a_s = 1.0\angle 120$。

式 (2.53) 的矩阵形式为

$$[VLG_{abc}] = [A_s] \cdot [VLG_{012}] \tag{2.54}$$

$$[A_s] = \begin{bmatrix} 1 & 1 & 1 \\ 1 & a_s^2 & a_s \\ 1 & a_s & a_s^2 \end{bmatrix} \tag{2.55}$$

相电流以相同的方式定义：

$$[I_{abc}] = [A_s] \cdot [I_{012}] \tag{2.56}$$

式 (2.54) 可用于求解作为相电压的函数的序电压：

$$[VLG_{012}] = [A_s]^{-1} \cdot [VLG_{abc}] \tag{2.57}$$

$$[A_s]^{-1} = \frac{1}{3} \cdot \begin{bmatrix} 1 & 1 & 1 \\ 1 & a_s & a_s^2 \\ 1 & a_s^2 & a_s \end{bmatrix} \tag{2.58}$$

将式 (2.52) 两边乘以 $[A_s]^{-1}$，并将公式 (2.56) 给出的相电流代入序域中。

$$\begin{aligned} [VLG_{012}]_n &= [A_s]^{-1} \cdot [VLG_{abc}]_n \\ &= [A_s]^{-1} \cdot [VLG_{abc}]_m + [A_s]^{-1} \cdot [Z_{abc}] \cdot [A_s] \cdot [I_{012}] \\ &= [VLG_{012}]_m + [Z_{012}] \cdot [I_{012}] \end{aligned} \tag{2.59}$$

$$[Z_{012}] = [A_s]^{-1} \cdot [Z_{abc}] \cdot [A_s] = \begin{bmatrix} Z_{00} & Z_{01} & Z_{02} \\ Z_{10} & Z_{11} & Z_{12} \\ Z_{20} & Z_{21} & Z_{22} \end{bmatrix} \tag{2.60}$$

矩阵形式的式 (2.59) 如下：

$$\begin{bmatrix} VLG_0 \\ VLG_1 \\ VLG_2 \end{bmatrix}_n = \begin{bmatrix} VLG_0 \\ VLG_1 \\ VLG_2 \end{bmatrix}_m + \begin{bmatrix} Z_{00} & Z_{01} & Z_{02} \\ Z_{10} & Z_{11} & Z_{12} \\ Z_{20} & Z_{21} & Z_{22} \end{bmatrix} \cdot \begin{bmatrix} I_0 \\ I_1 \\ I_2 \end{bmatrix} \tag{2.61}$$

式 (2.60) 是将相阻抗转换为序阻抗的定义式。在式 (2.60) 中，矩阵的对角线项是线路的序阻抗：Z_{00} = 零序阻抗，Z_{11} = 正序阻抗，Z_{22} = 负序阻抗。式 (2.60) 的非对角线项表示序之间的相互耦合关系。在理想状态下，这些非对角线项将为零。为了实现这一点，必须假设这条线已经经过换位。对于高压输电线路，有时候会接近于理想情况。当这些线换位时，相间的相互耦合相等，因此，序阻抗矩阵的非对角线项变为零。

如果假定一条线路经过换位，则相阻抗矩阵的三个对角线项相等，并且所有非对角线项均相等。通常的做法是将相阻抗矩阵的三个对角线项设置为式 (2.48) 的对角线项的平均值，并且设置非对角线项等于式 (2.48) 的非对角线项的平均值。当这样做后，自阻抗和互阻抗变为

$$z_s = \frac{1}{3} \cdot (z_{aa} + z_{bb} + z_{cc}) \ (\Omega/\text{km}) \tag{2.62}$$

$$z_m = \frac{1}{3} \cdot (z_{ab} + z_{bc} + z_{ca}) \ (\Omega/\text{km}) \tag{2.63}$$

相阻抗矩阵现在定义为

$$[z_{abc}] = \begin{bmatrix} z_s & z_m & z_m \\ z_m & z_s & z_m \\ z_m & z_m & z_s \end{bmatrix} \ (\Omega/\text{km}) \tag{2.64}$$

此时序阻抗矩阵是对角阵，序阻抗可以直接确定为

$$z_{00} = z_s + 2z_m \ (\Omega/\text{km}) \tag{2.65}$$

$$z_{11} = z_{22} = z_s - z_m \ (\Omega/\text{km}) \tag{2.66}$$

通常用于确定序阻抗的第二种方法是采用几何平均距离（*GMD*）的概念。相间几何平均距离定义为

$$D_{ij} = GMD_{ij} = \sqrt[3]{D_{ab} \cdot D_{bc} \cdot D_{ca}} \ (\text{m}) \tag{2.67}$$

相线和中性线之间的几何平均距离定义为

$$D_{in} = GMD_{in} = \sqrt[3]{D_{an} \cdot D_{bn} \cdot D_{cn}} \ (\text{m}) \tag{2.68}$$

在式 (2.35) 和式 (2.36) 中使用上述几何平均距离，确定线路的自阻抗和互阻抗如下：

$$\hat{z}_{ii} = r_i + 0.0493 + \text{j}0.0628 \cdot \left(\ln \frac{1}{GMR_i} + 8.02517 \right) \ (\Omega/\text{km}) \tag{2.69}$$

$$\hat{z}_{nn} = r_n + 0.0493 + \text{j}0.0628 \cdot \left(\ln \frac{1}{GMR_n} + 8.02517 \right) \ (\Omega/\text{km}) \tag{2.70}$$

$$\hat{z}_{ij} = 0.0493 + \text{j}0.0628 \cdot \left(\ln \frac{1}{D_{ij}} + 8.02517 \right) \ (\Omega/\text{km}) \tag{2.71}$$

$$\hat{z}_{in} = 0.0493 + \text{j}0.0628 \cdot \left(\ln \frac{1}{D_{in}} + 8.02517 \right) \ (\Omega/\text{km}) \tag{2.72}$$

式中：n 是线路中导体的数量。式 (2.69) 至式 (2.72) 定义了一个阶数为 $n \times n$ 的矩阵。应用克朗还原（式（2.47））和序阻抗变换（式（2.60）），得到零序、正序和负序阻抗如下：

$$z_{00} = \hat{z}_{ii} + 2 \cdot \hat{z}_{ij} - 3 \cdot \left(\frac{\hat{z}_{in}^2}{\hat{z}_{nn}} \right) \ (\Omega/\text{km}) \tag{2.73}$$

$$z_{11} = z_{22} = \hat{z}_{ii} - \hat{z}_{ij} = r_i + \text{j}0.06283 \cdot \ln \left(\frac{D_{ij}}{GMR_i} \right) \ (\Omega/\text{km}) \tag{2.74}$$

在换位的对称三相系统情形下，式 (2.74) 是计算线路阻抗的标准方程。

例 2.1　一条架空三相配电线的构造如图2-7所示。计算相阻抗矩阵和线路的正序和零序阻抗。相线导体型号为 336,400 26/7 钢芯铝绞线，中性线导体型号为 4/0 6/1 钢芯铝绞线。

解答　从标准导体数据表（附录 A）中可以得到：

336,400 26/7 钢芯铝绞线　*GMR*=0.00744 m　*R*=0.190 Ω/km

4/0 6/1 钢芯铝绞线　*GMR*=0.00248 m　*R*=0.368 Ω/km

从图2-7可以确定导体之间的距离：

$D_{ab} = 0.7622$ m　$D_{bc} = 1.3720$ m　$D_{ca} = 2.1342$ m

$D_{an} = 1.7247$ m　$D_{bn} = 1.3025$ m　$D_{cn} = 1.5244$ m

将改进的 Carson 公式应用于自阻抗的计算（式（2.35）），a 相的自阻抗为

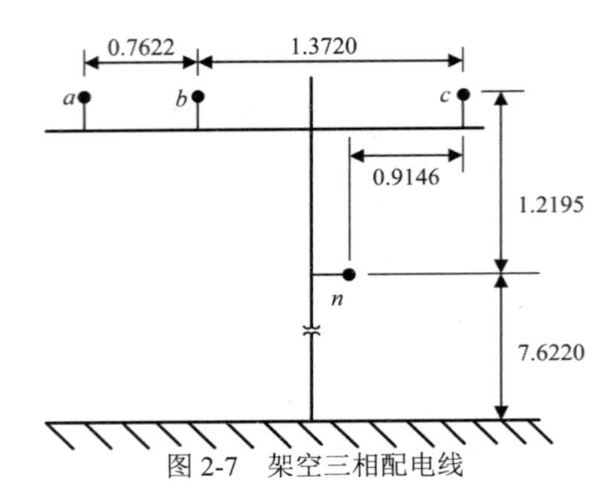

图 2-7　架空三相配电线

$$\hat{z}_{aa} = 0.190 + 0.0493 + \mathrm{j}0.0628\left(\ln\frac{1}{0.00744} + 8.02517\right)$$
$$= 0.2393 + \mathrm{j}0.8118\ (\Omega/\mathrm{km})$$

将式 (2.36) 应用于计算 a 相和 b 相之间的互阻抗：

$$\hat{z}_{ab} = 0.0493 + \mathrm{j}0.0628\left(\ln\frac{1}{0.7622} + 8.02517\right)$$
$$= 0.0493 + \mathrm{j}0.5210\ (\Omega/\mathrm{km})$$

将公式应用于其他自阻抗和互阻抗项的计算得到原始阻抗矩阵：

$$[\hat{z}] = \begin{bmatrix} 0.2393+\mathrm{j}0.8118 & 0.0493+\mathrm{j}0.5210 & 0.0493+\mathrm{j}0.4564 & 0.0493+\mathrm{j}0.4698 \\ 0.0493+\mathrm{j}0.5210 & 0.2393+\mathrm{j}0.8118 & 0.0493+\mathrm{j}0.4841 & 0.0493+\mathrm{j}0.4874 \\ 0.0493+\mathrm{j}0.4564 & 0.0493+\mathrm{j}0.4841 & 0.2393+\mathrm{j}0.8118 & 0.0493+\mathrm{j}0.4775 \\ 0.0493+\mathrm{j}0.4698 & 0.0493+\mathrm{j}0.4874 & 0.0493+\mathrm{j}0.4775 & 0.4173+\mathrm{j}0.8807 \end{bmatrix} (\Omega/\mathrm{km})$$

分块形式的原始阻抗矩阵是

$$[\hat{z}_{ij}] = \begin{bmatrix} 0.2393+\mathrm{j}0.8118 & 0.0493+\mathrm{j}0.5210 & 0.0493+\mathrm{j}0.4564 \\ 0.0493+\mathrm{j}0.5210 & 0.2393+\mathrm{j}0.8118 & 0.0493+\mathrm{j}0.4841 \\ 0.0493+\mathrm{j}0.4564 & 0.0493+\mathrm{j}0.4841 & 0.2393+\mathrm{j}0.8118 \end{bmatrix} (\Omega/\mathrm{km})$$

$$[\hat{z}_{in}] = \begin{bmatrix} 0.0493+\mathrm{j}0.4698 \\ 0.0493+\mathrm{j}0.4874 \\ 0.0493+\mathrm{j}0.4775 \end{bmatrix} (\Omega/\mathrm{km})$$

$$[\hat{z}_{nn}] = [0.4173+\mathrm{j}0.8807]\ (\Omega/\mathrm{km})$$

$$[\hat{z}_{nj}] = \begin{bmatrix} 0.0493+\mathrm{j}0.4698 & 0.0493+\mathrm{j}0.4874 & 0.0493+\mathrm{j}0.4775 \end{bmatrix} (\Omega/\mathrm{km})$$

应用克朗还原法得到相阻抗矩阵：

$$
[z_{abc}] = [\hat{z}_{ij}] - [\hat{z}_{in}]\cdot[\hat{z}_{nn}]^{-1}\cdot[\hat{z}_{nj}]
$$

$$
= \begin{bmatrix} 0.2923+\mathrm{j}0.5890 & 0.1051+\mathrm{j}0.2902 & 0.1035+\mathrm{j}0.2301 \\ 0.1051+\mathrm{j}0.2902 & 0.2980+\mathrm{j}0.5727 & 0.1064+\mathrm{j}0.2496 \\ 0.1035+\mathrm{j}0.2301 & 0.1064+\mathrm{j}0.2496 & 0.2948+\mathrm{j}0.5819 \end{bmatrix} \ (\Omega/\mathrm{km})
$$

应用式 (2.60) 可以将相阻抗矩阵转换为序阻抗矩阵：

$$
[z_{012}] = [A_\mathrm{s}]^{-1}\cdot[z_{abc}]\cdot[A_\mathrm{s}]
$$

$$
= \begin{bmatrix} 0.5050+\mathrm{j}1.0945 & 0.0126+\mathrm{j}0.0060 & -0.0167+\mathrm{j}0.0088 \\ -0.0167+\mathrm{j}0.0088 & 0.1900+\mathrm{j}0.3246 & -0.0374-\mathrm{j}0.0031 \\ 0.0126+\mathrm{j}0.0060 & 0.0374-\mathrm{j}0.0031 & 0.1900+\mathrm{j}0.3246 \end{bmatrix} \ (\Omega/\mathrm{km})
$$

在序阻抗矩阵中，(1,1) 项是零序阻抗，(2,2) 项是正序阻抗，(3,3) 项是负序阻抗。(2,2) 和 (3,3) 项是相等的，这表明对于一段线路，其正序和负序阻抗是相等的。请注意，非对角线项不是零，意味着序之间存在相互耦合，这是相间间距不对称的结果。非对角线项非零表示这条线的三个序网络不是独立的。

不过，注意到非对角线项相对于对角线项较小。在本题中，可以通过用相阻抗矩阵的对角线项的平均值（0.2950 + j0.5812）替换对角项，并用非对角线项的平均值（0.1050 + j0.2567）替换每个非对角线项来对线路换位进行模拟。修正的相阻抗矩阵变为

$$
[z1_{abc}] = \begin{bmatrix} 0.2950+\mathrm{j}0.5812 & 0.1050+\mathrm{j}0.2567 & 0.1050+\mathrm{j}0.2567 \\ 0.1050+\mathrm{j}0.2567 & 0.2950+\mathrm{j}0.5812 & 0.1050+\mathrm{j}0.2567 \\ 0.1050+\mathrm{j}0.2567 & 0.1050+\mathrm{j}0.2567 & 0.2950+\mathrm{j}0.5812 \end{bmatrix} \ (\Omega/\mathrm{km})
$$

在对称分量变换方程中使用这种修正的相阻抗矩阵，得到修正的序阻抗矩阵：

$$
[z1_{012}] = \begin{bmatrix} 0.5050+\mathrm{j}1.0946 & 0 & 0 \\ 0 & 0.1900+\mathrm{j}0.3245 & 0 \\ 0 & 0 & 0.1900+\mathrm{j}0.3245 \end{bmatrix} \ (\Omega/\mathrm{km})
$$

请注意，现在非对角线项全部等于零，这意味着序网络之间不存在相互耦合。还应该注意的是，修正后的零序、正序和负序阻抗与最初计算的序列阻抗相等。它意味着三相配电线可以被假定为已经换位。如果要对相间相互耦合的影响进行精确建模，则必须使用原始相阻抗矩阵。

2.1.8　同轴中性电缆串联阻抗

接下来介绍地下线路的串联阻抗。图2-8显示了带有附加中性导体的三相地下电缆（同轴中性或带屏蔽）的一般结构。修正后的 Carson 公式可以用于地下电缆，其方式与架空线相同。图2-8的电路可以用一个 7×7 的原始阻抗矩阵来描述。对于没有附加中性导体的地下电缆，原始阻抗矩阵的规模是 6×6。

两种常见的地下电缆类型是同轴中性电缆和带屏蔽电缆。为了应用修正的 Carson 方程，必须知道相导体和等效中性点的电阻和几何平均半径。

接下来详细介绍同轴中性电缆的串联阻抗。图2-9中的同轴中性电缆由一个被非金属半

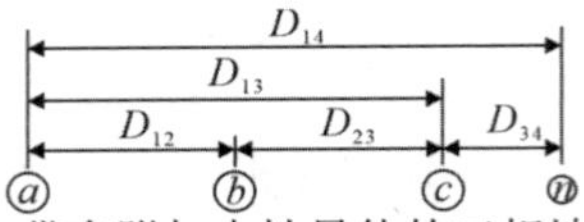

图 2-8　带有附加中性导体的三相地下电缆

导体屏蔽层所覆盖的中性线导体组成，绝缘材料与之结合在一起，绝缘材料被半导体绝缘屏蔽层覆盖。同轴中性的实心股线以均匀间距螺旋缠绕着半导体绝缘屏蔽层。一些电缆有一个绝缘护套环绕中性线。为了将 Carson 公式应用于这条电缆，需要从附录 B 中获得以下数据：

d_c = 相导体直径（cm）

d_{od} = 同轴中性电缆的直径（cm）

d_s = 同轴中性线的直径（cm）

GMR_c = 相线的几何平均半径（m）

GMR_s = 中性线几何平均半径（m）

r_c = 相导体电阻（Ω/km）

r_s = 固体中性线的电阻（Ω/km）

k = 同轴中性线的数量

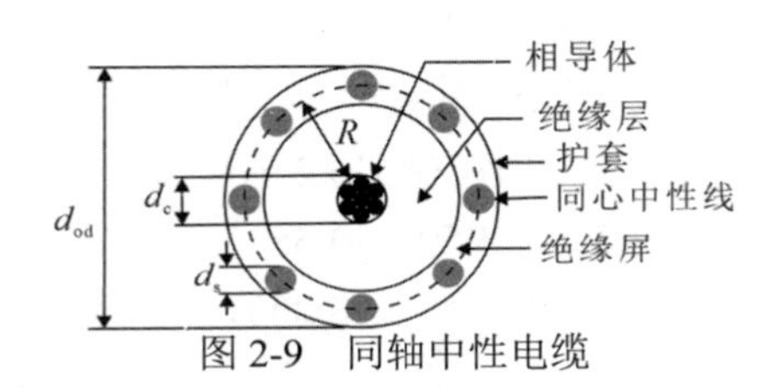

图 2-9　同轴中性电缆

相线和中性线的几何平均半径可从标准导体数据表（附录 A）中获得。同轴中性线的等效几何平均半径 GMR 使用高压输电线路中采用的成束导线的几何平均半径的公式计算：

$$GMR_{cn} = \sqrt[k]{GMR_s \cdot k \cdot R^{k-1}}\ (\text{m}) \tag{2.75}$$

式中：R 为穿过股线中心的圆的半径，用式 (2.76) 计算。

$$R = \frac{d_{od} - d_s}{200}\ (\text{m}) \tag{2.76}$$

同轴中性线的等效电阻为

$$r_{cn} = \frac{r_s}{k}\ (\Omega/\text{km}) \tag{2.77}$$

同轴中性线到它自己的相导体间距 $D_{ij} = R$(式 (2.76))。

图2-10显示了两同轴中性电缆的几何关系。同轴中性线和相邻相导体之间的几何平均距离由以下公式得到：

$$D_{ij} = \sqrt[k]{D_{nm}^k - R^k}\ (\text{m}) \tag{2.78}$$

式中：D_{nm} 为相间导体中心到中心的距离。对于埋在沟槽中的电缆，电缆之间的距离远大于半径 R，因此可以假定方程 (2.78) 中的 D_{ij} 等于 D_{nm}。对于管道中的电缆，这个假设不成立。

在应用修正的 Carson 公式时，导体和中性线的编号非常重要。例如，具有附加中性导

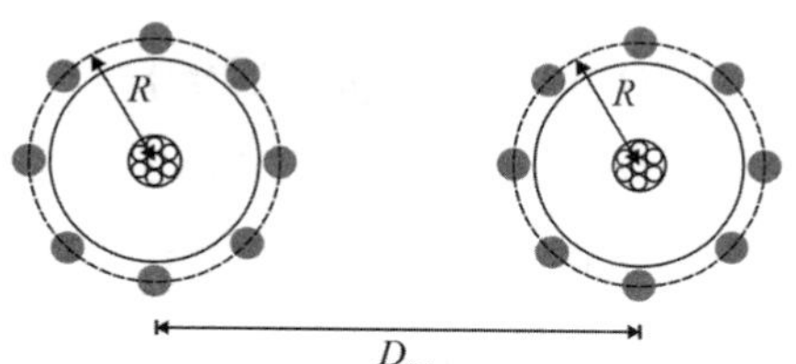

图 2-10　两同轴中性电缆几何关系

体的三相地下线路必须编号为：1-相导体 #1，2-相导体 #2，3-相导体 #3，4-导体中性线 #1，5-导体中性线 #2，6-导体中性线 #3，7-附加中性导体（如果存在）。

例 2.2 三个同轴中性电缆埋在沟槽中，如图2-11所示。电缆电压等级为 15 kV，相导体型号为 250000 CON LAY 铝合金，中性线为 13 股 14 号退火涂层铜线（1/3 中性）。中性线上的电缆外径 d_{od} 为 3.2766 cm（附录 B）。计算相阻抗矩阵和序阻抗矩阵。

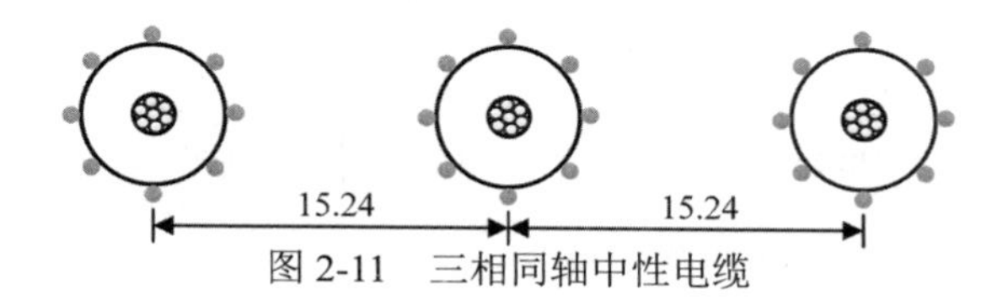

图 2-11　三相同轴中性电缆

解答 导体数据表（附录 A）中的相线和中性线的数据如下：

250000 铝合金相导体：$GMR_c = 0.005212$ m，$d_c = 1.4402$ cm，$r_c = 0.2548$ Ω/km

14 号铜中性线：$GMR_s = 0.000634$ m，$d_s = 0.162814$ cm，$r_s = 9.2411$ Ω/km

穿过股线中心的圆的半径（式 (2.76)）为

$$R = \frac{d_{od} - d_s}{200} = 0.01557 \text{ (m)}$$

同轴中性线的等效几何平均半径 GMR 计算如下：

$$GMR_{cn} = \sqrt[k]{GMR_s \cdot k \cdot R^{k-1}} = \sqrt[13]{0.000634 \times 13 \times 0.01557^{13-1}} = 0.01483 \text{ (m)}$$

同轴中性线的等效电阻是：

$$r_{cn} = \frac{r_s}{k} = 0.7109 \text{ (Ω/km)}$$

相导线编号为 1、2、3，同轴中性线编号为 4、5、6。导体对导体和同轴中性线对同轴中性线的间距是：

$$D_{12} = D_{21} = D_{45} = D_{54} = 0.1524 \text{ (m)}$$

$$D_{23} = D_{32} = D_{56} = D_{65} = 0.1524 \text{ (m)}$$

$$D_{31} = D_{13} = D_{64} = D_{46} = 0.3048 \text{ (m)}$$

导体和同轴中性线之间的距离是：

$$D_{14} = D_{25} = D_{36} = R = 0.01557 \text{ (m)}$$

由于半径 R 比电缆之间的间距小得多，所以同轴中性线与相邻相线之间的距离就是导线之间的中心距：

$$D_{15} = D_{51} = 0.1524\ (\text{m})$$
$$D_{26} = D_{62} = 0.1524\ (\text{m})$$
$$D_{61} = D_{16} = 0.3048\ (\text{m})$$

位置 1 电缆的自阻抗为

$$\begin{aligned}\hat{z}_{11} &= 0.2548 + 0.0493 + \text{j}0.0628\left(\ln\frac{1}{0.005212} + 8.02517\right)\\ &= 0.3041 + \text{j}0.8341\ (\Omega/\text{km})\end{aligned}$$

1 号同轴中性线的自阻抗为

$$\begin{aligned}\hat{z}_{44} &= 0.7109 + 0.0493 + \text{j}0.0628\left(\ln\frac{1}{0.01483} + 8.02517\right)\\ &= 0.7602 + \text{j}0.7684\ (\Omega/\text{km})\end{aligned}$$

1 号电缆和 2 号电缆之间的互阻抗为

$$\hat{z}_{12} = 0.0493 + \text{j}0.0628\left(\ln\frac{1}{0.1524} + 8.02517\right) = 0.0493 + \text{j}0.6221\ (\Omega/\text{km})$$

1 号电缆与其同轴中性线之间的互阻抗为

$$\hat{z}_{14} = 0.0493 + \text{j}0.0628\left(\ln\frac{1}{0.01557} + 8.02517\right) = 0.0493 + \text{j}0.7654\ (\Omega/\text{km})$$

1 号电缆的同轴中性线和 2 号电缆的同轴中性线之间的互阻抗为

$$\hat{z}_{45} = 0.0493 + \text{j}0.0628\left(\ln\frac{1}{0.1524} + 8.02517\right) = 0.0493 + \text{j}0.6221\ (\Omega/\text{km})$$

继续应用修正的 Carson 方程，得到一个 6×6 原始阻抗矩阵，矩阵的分块形式如下：

$$[\hat{z}_{ij}] = \begin{bmatrix} 0.3041+\text{j}0.8341 & 0.0493+\text{j}0.6221 & 0.0493+\text{j}0.5786\\ 0.0493+\text{j}0.6221 & 0.3041+\text{j}0.8341 & 0.0493+\text{j}0.6221\\ 0.0493+\text{j}0.5786 & 0.0493+\text{j}0.6221 & 0.3041+\text{j}0.8341 \end{bmatrix}\ (\Omega/\text{km})$$

$$[\hat{z}_{in}] = \begin{bmatrix} 0.0493+\text{j}0.7654 & 0.0493+\text{j}0.6221 & 0.0493+\text{j}0.5786\\ 0.0493+\text{j}0.6221 & 0.0493+\text{j}0.7654 & 0.0493+\text{j}0.6221\\ 0.0493+\text{j}0.5786 & 0.0493+\text{j}0.6221 & 0.0493+\text{j}0.7654 \end{bmatrix}\ (\Omega/\text{km})$$

$$[\hat{z}_{nj}] = [\hat{z}_{in}]^{\text{T}}$$

$$[\hat{z}_{nn}] = \begin{bmatrix} 0.7602+\text{j}0.7684 & 0.0493+\text{j}0.6221 & 0.0493+\text{j}0.5786\\ 0.0493+\text{j}0.6221 & 0.7602+\text{j}0.7684 & 0.0493+\text{j}0.6221\\ 0.0493+\text{j}0.5786 & 0.0493+\text{j}0.6221 & 0.7602+\text{j}0.7684 \end{bmatrix}\ (\Omega/\text{km})$$

使用克朗还原法，得到相阻抗矩阵：

$$\begin{aligned}[z_{abc}] &= [\hat{z}_{ij}] - [\hat{z}_{in}]\cdot[\hat{z}_{nn}]^{-1}\cdot[\hat{z}_{nj}]\\ &= \begin{bmatrix} 0.4838+\text{j}0.2482 & 0.1994+\text{j}0.0311 & 0.1832+\text{j}0.0050\\ 0.1994+\text{j}0.0311 & 0.4813+\text{j}0.2253 & 0.1994+\text{j}0.0311\\ 0.1832+\text{j}0.0050 & 0.1994+\text{j}0.0311 & 0.4838+\text{j}0.2482 \end{bmatrix}\ (\Omega/\text{km})\end{aligned}$$

同轴中性三相线的序阻抗矩阵由式 (2.60) 确定：

$$[z_{012}]=[A_s]^{-1}\cdot[z_{abc}]\cdot[A_s]$$
$$=\begin{bmatrix}0.8709+j0.2854 & -0.0013-j0.0045 & -0.0032+j0.0034\\ -0.0032+j0.0034 & 0.2890+j0.2182 & -0.0159+j0.0226\\ -0.0013-j0.0045 & 0.0275+j0.0025 & 0.2890+j0.2182\end{bmatrix}(\Omega/\text{km})$$

2.1.9　带屏蔽电缆

图2-12显示了带屏蔽电缆的简单细节。电缆由被非金属半导体屏蔽层覆盖的中心相导体构成，非金属半导体屏蔽层上粘连着绝缘材料。屏蔽层是裸铜丝带，螺旋地包围在绝缘层外，绝缘护套包围着屏蔽层。带屏蔽电缆的几个重要参数如下：

d_c = 相导体直径（cm）

d_s = 屏蔽层的外径（cm）

d_{od} = 护套外径（cm）

T = 铜带屏蔽厚度（μm）

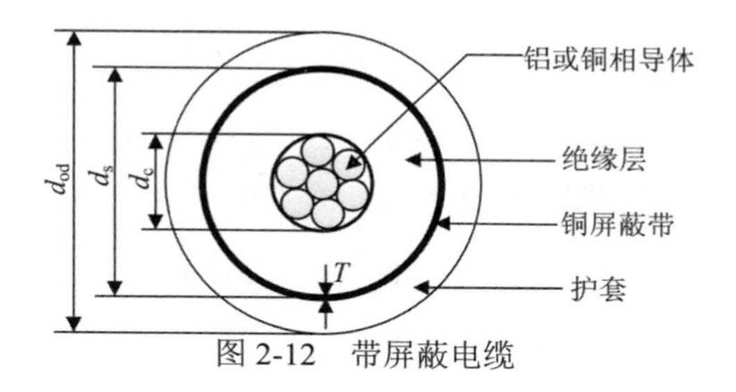

图 2-12　带屏蔽电缆

将修正的 Carson 公式用于计算相导体和屏蔽层导体的自阻抗，以及相导体和屏蔽层导体之间的互阻抗。相导体的电阻和几何平均半径可在数据表中找到。

屏蔽层的电阻由下式给出：

$$r_{sl}=3.1824\times10^{10}\times\frac{\rho}{d_sT}\ (\Omega/\text{km}) \tag{2.79}$$

式 (2.79) 中的电阻率 ρ 取在 50°C 时的值，单位 Ω·m。

屏蔽层的几何平均半径 GMR 是穿过屏蔽层中间的圆的半径，由下式给出：

$$GMR_{sl}=\frac{d_s-\frac{T}{10000}}{2}\ (\text{cm}) \tag{2.80}$$

屏蔽层与导体和其他屏蔽层之间的各种间距如下所示：

屏蔽层与自己的相导体的间距 $D_{ii}=GMR_{sl}$ = 屏蔽中点的半径 (cm)

屏蔽层与相邻的屏蔽层的间距 D_{ij} = 相导体之间的中心距 (cm)

屏蔽层与相邻的相导体的间距 D'_{ij} = 相导体之间的中心距 (cm)

例 2.3　单相电路由 1/0 铝合金绝缘带屏蔽电缆和 1/0 铜中性导体组成，如图2-13所示，单相线连接到 b 相。计算相阻抗矩阵，假设 $\rho=2.3715\times10^{-8}$ Ω·m。

解答　电缆参数：屏蔽层外径 $d_s=2.2352$ cm，电阻：0.6027 Ω/km，几何平均半径 $GMR_p=0.003383$ m，屏蔽层厚度 $T=127$ μm。

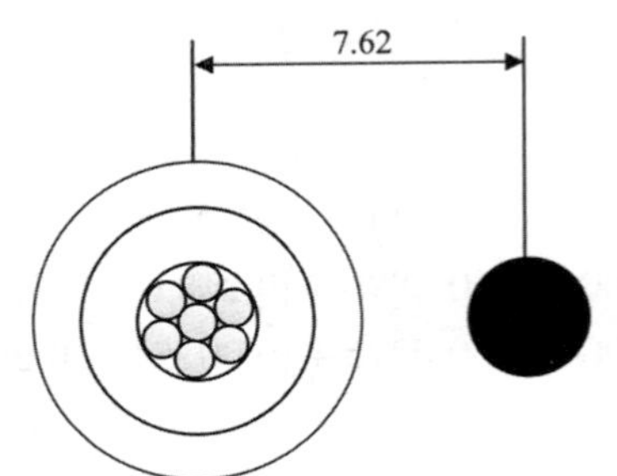

图 2-13　带中性线的单相带屏蔽电缆

中性线参数：1/0 铜，七股，电阻：0.3772 Ω/km，$GMR_n = 0.003392$ m，电缆和中性线间距 $D_{nm} = 7.62$ cm。

根据式 (2.79) 计算屏蔽层的电阻：

$$r_{sl} = 3.1824 \times 10^{10} \frac{\rho}{d_s \cdot T} = 3.1824 \times 10^{10} \times \frac{2.3715 \times 10^{-8}}{2.2352 \cdot 127} = 2.6586\ (\Omega/\text{km})$$

根据式 (2.80) 计算屏蔽层的 GMR：

$$GMR_{sl} = \frac{d_s - \frac{T}{10000}}{2} = \frac{2.2352 - \frac{127}{10000}}{2} = 1.11\ (\text{cm})$$

对导体进行编号：1 号为 1/0 铝合金导线，2 号为屏蔽层，3 号为 1/0 铜，接地。

修正 Carson 公式中采用的间距为

$$D_{12} = GMR_{sl} = 1.11\ (\text{cm})$$

$$D_{13} = 7.62\ \text{cm}$$

1 号导线的自阻抗：

$$\hat{z}_{11} = 0.6027 + 0.0493 + \text{j}0.0628 \ln\left(\frac{1}{0.003383} + 8.02517\right) = 0.6520 + \text{j}0.8612\ (\Omega/\text{km})$$

1 号导线和 2 号屏蔽层之间的互阻抗为

$$\hat{z}_{12} = 0.0493 + \text{j}0.0628 \ln\left(\frac{1}{1.11} + 8.02517\right) = 0.0493 + \text{j}0.4974\ (\Omega/\text{km})$$

2 号屏蔽层的自阻抗为

$$\hat{z}_{22} = 2.6586 + 0.0493 + \text{j}0.0628 \ln\left(\frac{1}{1.11} + 8.02517\right) = 2.7079 + \text{j}0.4974\ (\Omega/\text{km})$$

计算得到原始阻抗矩阵为

$$[\hat{z}] = \begin{bmatrix} 0.6520 + \text{j}0.8612 & 0.0493 + \text{j}0.4974 & 0.0493 + \text{j}0.3764 \\ 0.0493 + \text{j}0.4974 & 2.7079 + \text{j}0.4974 & 0.0493 + \text{j}0.3764 \\ 0.0493 + \text{j}0.3764 & 0.0493 + \text{j}0.3764 & 0.4265 + \text{j}0.8611 \end{bmatrix}\ (\Omega/\text{km})$$

写成分块形式：

$$[\hat{z}_{ij}] = \begin{bmatrix} 0.6520 + \mathrm{j}0.8612 \end{bmatrix}$$

$$[\hat{z}_{in}] = \begin{bmatrix} 0.0493 + \mathrm{j}0.4974 & 0.0493 + \mathrm{j}0.3764 \end{bmatrix}$$

$$[\hat{z}_{nj}] = \begin{bmatrix} 0.0493 + \mathrm{j}0.4974 \\ 0.0493 + \mathrm{j}0.3764 \end{bmatrix}$$

$$[\hat{z}_{nn}] = \begin{bmatrix} 2.7079 + \mathrm{j}0.4974 & 0.0493 + \mathrm{j}0.3764 \\ 0.0493 + \mathrm{j}0.3764 & 0.4265 + \mathrm{j}0.8611 \end{bmatrix}$$

应用克朗还原法得到一个阻抗，它表示带屏蔽电缆和中性线的等效单相阻抗：

$$\begin{aligned} z_{1p} &= [\hat{z}_{ij}] - [\hat{z_{in}}] \cdot [\hat{z}_{nn}]^{-1} \cdot [\hat{z}_{nj}] \\ &= 0.7210 + \mathrm{j}0.6889\ (\Omega/\mathrm{km}) \end{aligned}$$

由于单相线在 b 相上，所以相阻抗矩阵为

$$[z_{abc}] = \begin{bmatrix} 0 & 0 & 0 \\ 0 & 0.7210 + \mathrm{j}0.6889 & 0 \\ 0 & 0 & 0 \end{bmatrix}\ (\Omega/\mathrm{km})$$

2.2　架空线路与地下线路的并联导纳

线路的并联导纳由电导和电纳组成。电导通常被忽略，因为它与电纳相比是非常小的。线路的电容是导体之间存在电压差的结果。带电导体产生从中心向外辐射的电场，产生的等电位线与带电导体同轴，如图2-14所示。

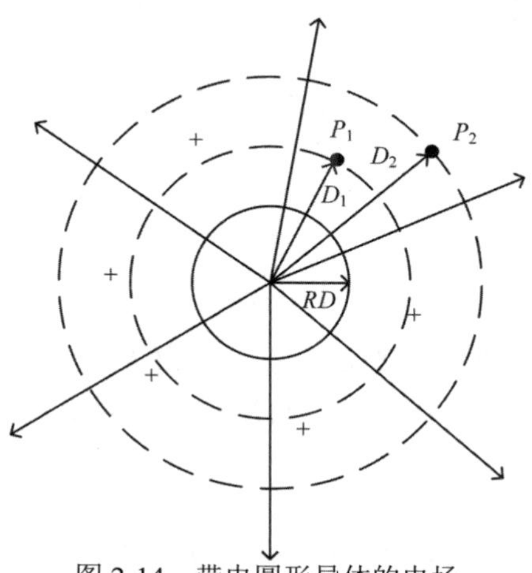

图 2-14　带电圆形导体的电场

在图2-14中，两点之间的电压（P_1 和 P_2）是带电导体的电场分布所产生的。当已知两点之间的电压时，可以计算两点之间的电容。如果附近有其他带电导体，两点之间的电压将是一个关于与其他导体的距离和每个导体上的电荷量的函数。叠加原理可用于计算两点之间

的电压，然后计算点间的电容。点可以是空间中的点，也可以位于两个导体的表面，或者位于导体和地的表面。

2.2.1　一般电压降方程

图2-15显示了一组带正电的 N 个实心圆导体。每个导体各自带有均匀电荷密度 q(单位：C/m)。导体 i 和导体 j 之间由所有带电导体共同作用产生的电压降由下式给出：

$$V_{ij} = \frac{1}{2\pi\varepsilon}\left(q_1 \ln\frac{D_{1j}}{D_{1i}} + \cdots + q_i \ln\frac{D_{ij}}{RD_i} + \cdots + q_j \ln\frac{RD_j}{D_{ij}} + \cdots + q_N \ln\frac{D_{Nj}}{D_{Ni}}\right) \tag{2.81}$$

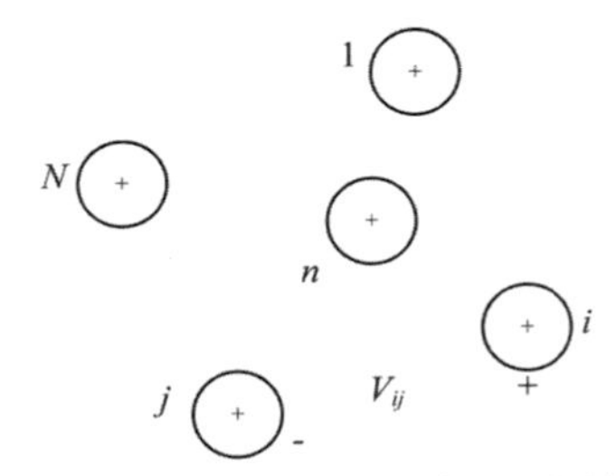

图 2-15　一组带正电的实心圆导体

可以写成一般形式：

$$V_{ij} = \frac{1}{2\pi\varepsilon}\sum_{n=1}^{N} q_n \ln\frac{D_{nj}}{D_{ni}} \tag{2.82}$$

式中：$\varepsilon = \varepsilon_0\varepsilon_r$，为介质的介电常数；$\varepsilon_0 = 8.85\times10^{-12}$ F/m，为真空的介电常数；ε_r 为介质的相对介电常数；q_n 为导体 n 上的电荷密度（C/m）；D_{ni} 为导体 n 和导体 i 之间的距离（m）；D_{nj} 为导体 n 和导体 j 之间的距离（m）；RD_n 为导体 n 的半径。

2.2.2　架空线的并联导纳

架空线路的并联电容计算采用镜像法。这与在第 1 节中 Carson 方程的一般应用中使用的方法相同。图2-16示意了导体及其镜像，将用于推导架空线路的一般压降公式。

在图2-16中假定:

$$q_i' = -q_i \quad 且 \quad q_j' = -q_j \tag{2.83}$$

将式 (2.82) 应用于图2-16，得

$$V_{ii'} = \frac{1}{2\pi\varepsilon}\left(q_i \ln\frac{S_{ii}}{RD_i} + q_i' \ln\frac{RD_i}{S_{ii}} + q_j \ln\frac{S_{ij}}{D_{ij}} + q_j' \ln\frac{D_{ij}}{S_{ij}}\right) \tag{2.84}$$

由于式 (2.83) 的假设，式 (2.84) 可以被简化为

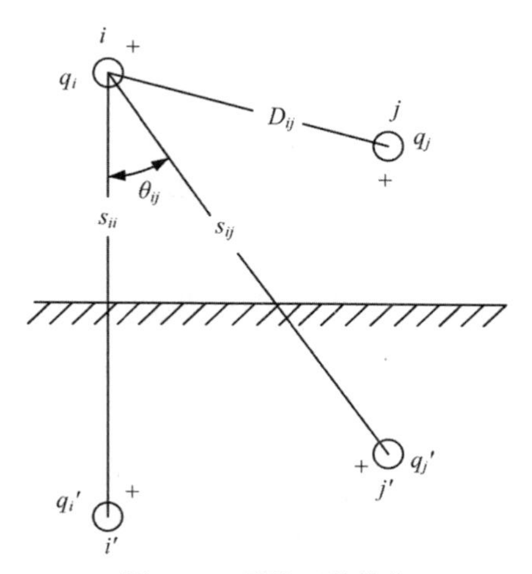

图 2-16　导体及其镜像

$$
\begin{aligned}
V_{ii'} &= \frac{1}{2\pi\varepsilon}\left(q_i \ln\frac{S_{ii}}{RD_i} - q_i \ln\frac{RD_i}{S_{ii}} + q_j \ln\frac{S_{ij}}{D_{ij}} - q_j \ln\frac{D_{ij}}{S_{ij}}\right) \\
&= \frac{1}{2\pi\varepsilon}\left(q_i \ln\frac{S_{ii}}{RD_i} + q_i \ln\frac{S_{ii}}{RD_i} + q_j \ln\frac{S_{ij}}{D_{ij}} + q_j \ln\frac{S_{ij}}{D_{ij}}\right) \\
&= \frac{1}{2\pi\varepsilon}\left(2q_i \ln\frac{S_{ii}}{RD_i} + 2q_j \ln\frac{S_{ij}}{D_{ij}}\right)
\end{aligned} \tag{2.85}
$$

式中：S_{ii} 为从导体 i 到其镜像 i' 的距离 (m)；S_{ij} 为从导体 i 到导体 j 的镜像 j' 的距离 (m)；D_{ij} 为从导体 i 到导体 j 的距离 (m)；RD_i 为导体 i 的半径 (m)。

式 (2.85) 给出导体 i 与其镜像 i' 之间的总电压降，导体 i 和地之间的电压降是其一半：

$$
V_{ig} = \frac{1}{2\pi\varepsilon}\left(q_i \ln\frac{S_{ii}}{RD_i} + q_j \ln\frac{S_{ij}}{D_{ij}}\right) \tag{2.86}
$$

式 (2.86) 可以写成一般形式：

$$
V_{ig} = \hat{P}_{ii} \cdot q_i + \hat{P}_{ij} \cdot q_j \tag{2.87}
$$

式中：$\hat{P}_{ii}$ 和 $\hat{P}_{ij}$ 是自电位系数和互电位系数。

对于架空线，空气的相对介电常数设为 1.0，因此：

$$
\varepsilon_{\text{air}} = 1.0 \times 8.85 \times 10^{-12}\ \text{F/m} = 8.85 \times 10^{-3}\ \mu\text{F/km} \tag{2.88}
$$

使用以 μF/km 为单位的介电常数值，自电位系数和互电位系数定义为

$$
\hat{P}_{ii} = 17.9836 \ln\frac{S_{ii}}{RD_i}\ (\text{km}/\mu\text{F}) \tag{2.89}
$$

$$
\hat{P}_{ij} = 17.9836 \ln\frac{S_{ij}}{D_{ij}}\ (\text{km}/\mu\text{F}) \tag{2.90}
$$

在应用公式 (2.89) 和公式 (2.90) 时，RD_i、S_{ii}、S_{ij} 和 D_{ij} 的单位必须相同。对于架空线，导体之间的距离通常以 m 为单位，由表查得的导体直径通常以 cm 为单位。必须注意确保在应用两个公式时使用以 m 为单位的半径。

对于 n 相线组成的架空线，可以构造 n 行 n 列的原始电位系数矩阵 $[\hat{p}_{\text{primitive}}]$。对于四

线接地的星形线，原始电位系数矩阵为

$$[\hat{p}_{\text{primitive}}]=\begin{bmatrix}\hat{p}_{aa} & \hat{p}_{ab} & \hat{p}_{ac} & \cdots & \hat{p}_{an}\\ \hat{p}_{ba} & \hat{p}_{bb} & \hat{p}_{bc} & \cdots & \hat{p}_{bn}\\ \hat{p}_{ca} & \hat{p}_{cb} & \hat{p}_{cc} & \cdots & \hat{p}_{cn}\\ \vdots & \vdots & \vdots & \ddots & \vdots\\ \hat{p}_{na} & \hat{p}_{nb} & \hat{p}_{nc} & \cdots & \hat{p}_{nn}\end{bmatrix} \tag{2.91}$$

式 (2.91) 中的点划分了矩阵的第三行和第四行、第三列和第四列。在分块形式中，式 (2.91) 变为

$$[\hat{p}_{\text{primitive}}]=\begin{bmatrix}[\hat{p}_{ij}] & [\hat{p}_{in}]\\ [\hat{p}_{nj}] & [\hat{p}_{nn}]\end{bmatrix} \tag{2.92}$$

因为中性线是接地的，所以可以使用克朗还原法将矩阵化简为 $n\times n$ 的相电位系数矩阵 $[P_{abc}]$：

$$[P_{abc}]=[\hat{P}_{ij}]-[\hat{P}_{in}]\cdot[\hat{P}_{nn}]^{-1}\cdot[\hat{P}_{nj}] \tag{2.93}$$

电位系数矩阵的逆是 $n\times n$ 电容矩阵 $[C_{abc}]$：

$$[C_{abc}]=[P_{abc}]^{-1} \tag{2.94}$$

对于两相线，式 (2.94) 的电容矩阵大小为 2×2，这就必须为缺失的相插入一个零行和零列。对于单相线路，式 (2.94) 将得到单个元素，同样必须为缺失的相插入零行和零列。在单相线路的情况下，唯一的非零项是使用中的那一相。

忽略并联电导，相并联导纳矩阵由下式给出：

$$[y_{abc}]=0+\mathrm{j}\omega[C_{abc}]\ (\mu\text{S/km}) \tag{2.95}$$

式中：$\omega=2\pi f=314.1593$。

例 2.4 计算例 2.1 中架空线的并联导纳矩阵。

解答 假设中性线距离地面 7.6220m。导体表（附录 A）中相线和中性线的直径为

导体：336,400 26/7　钢芯铝绞线:　$d_c = 1.83134$ cm,　RD_c= 0.009157 m

4/0 6/1　钢芯铝绞线:　$d_s = 1.43002$ cm,　RD_s = 0.007150 m

对于这个结构，矩阵形式的导体和镜像之间的距离为

$$[S]=\begin{bmatrix}17.683 & 17.6994 & 17.8113 & 16.5086\\ 17.6994 & 17.683 & 17.7361 & 16.4699\\ 17.8113 & 17.7361 & 17.683 & 16.4889\\ 16.5086 & 16.4699 & 16.4889 & 15.244\end{bmatrix}\ (\text{m})$$

a 相的自原始电位系数和 a 相与 b 相之间的互原始电位系数为

$$\hat{P}_{aa}=17.9836\times\ln\frac{17.683}{0.009157}=136.0610\ (\text{km}/\mu\text{F})$$

$$\hat{P}_{ab}=17.9836\times\ln\frac{17.6994}{0.7622}=56.5598\ (\text{km}/\mu\text{F})$$

应用式 (2.89) 和式 (2.90)，总原始电位系数矩阵的计算结果为

$$[\hat{P}_{\text{primitive}}] = \begin{bmatrix} 136.0610 & 56.5598 & 38.1565 & 40.6219 \\ 56.5598 & 136.0610 & 46.0260 & 45.6667 \\ 38.1565 & 46.0260 & 136.0610 & 42.8205 \\ 40.6219 & 45.6667 & 42.8205 & 137.8412 \end{bmatrix} \ (\text{km}/\mu\text{F})$$

由于第四条线（中性线）接地，因此可以使用克朗还原法来计算相电位系数矩阵，$[\hat{P}_{44}]$ 项是单个元素，因此可以将此情况下的克朗还原公式修正为

$$P_{ij} = \hat{P}_{ij} - \frac{\hat{P}_{i4}\hat{P}_{4j}}{\hat{P}_{44}}$$

式中：$i = 1,2,3$，$j = 1,2,3$。

例如，P_{cb} 值的计算结果为

$$P_{cb} = \hat{P}_{3,2} - \frac{\hat{P}_{3,4}\hat{P}_{4,2}}{\hat{P}_{4,4}} = 31.8396\ (\text{km}/\mu\text{F})$$

克朗还原后，相电位系数矩阵是：

$$[P_{abc}] = \begin{bmatrix} 124.0897 & 43.1018 & 25.5373 \\ 43.1018 & 120.9317 & 31.8396 \\ 25.5373 & 31.8396 & 122.7588 \end{bmatrix} \ (\text{km}/\mu\text{F})$$

对 $[P_{abc}]$ 求逆得到并联电容矩阵 $[C_{abc}]$：

$$[C_{abc}] = [P_{abc}]^{-1} = \begin{bmatrix} 0.0093 & -0.0030 & -0.0012 \\ -0.0030 & 0.0099 & -0.0019 \\ -0.0012 & -0.0019 & 0.0089 \end{bmatrix} \ (\mu\text{F/km})$$

用角频率乘以 $[C_{abc}]$ 计算得到最终的三相并联导纳矩阵：

$$[y_{abc}] = \text{j}\omega[C_{abc}] = \begin{bmatrix} \text{j}2.9370 & -\text{j}0.9508 & -\text{j}0.3644 \\ -\text{j}0.9508 & \text{j}3.0961 & -\text{j}0.6052 \\ -\text{j}0.3644 & -\text{j}0.6052 & \text{j}2.7919 \end{bmatrix} \ (\mu\text{S/km})$$

2.2.3　同轴中性电缆的并联导纳

大多数地下配电线由一根或多根同轴中性电缆组成。图2-17所示是一个基本同轴中性电缆，中心导体（黑色）是相导体，同轴中性线（灰色）绕半径为 R_b 的圆周均匀分布。参考图2-17有定义如下：

R_b　穿过中性线中心的圆的半径

d_c　相导体的直径

d_s　中性线的直径

k　中性线的数量

同轴中性线接地，因此它们电位相同，可假设相导体上的电荷产生的电场被限制在同轴中性线的边界上。为了计算相导体和地之间的电容，可以使用一般电压降公式，即式 (2.82)。由于所有中性线电位相同，因此只需要确定相导线 p 和中性线 1 之间的电位差。

$$V_{p1} = \frac{1}{2\pi\varepsilon}\left(q_p \ln\frac{R_\text{b}}{RD_\text{c}} + q_1 \ln\frac{RD_\text{s}}{R_\text{b}} + q_2 \ln\frac{D_{12}}{R_\text{b}} + \cdots + q_i \ln\frac{D_{1i}}{R_\text{b}} + \cdots + q_k \ln\frac{D_{1k}}{R_\text{b}}\right) \tag{2.96}$$

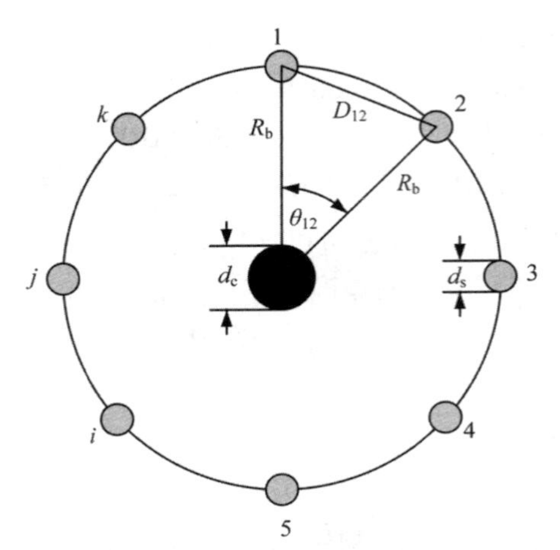

图 2-17　基本同轴中性电缆

式中：$RD_c = \dfrac{d_c}{2}$，$RD_s = \dfrac{d_s}{2}$。

假定每条中性线带有相同的电荷，使得

$$q_1 = q_2 = q_i = q_k = -\frac{q_p}{k} \tag{2.97}$$

式 (2.96) 可以简化为

$$\begin{aligned} V_{p1} &= \frac{1}{2\pi\varepsilon}\left[q_p \ln\frac{R_b}{RD_c} - \frac{q_p}{k}\left(\ln\frac{RD_s}{R_b} + \ln\frac{D_{12}}{R_b} + \cdots + \ln\frac{D_{1i}}{R_b} + \cdots + \ln\frac{D_{1k}}{R_b}\right)\right] \\ &= \frac{q_p}{2\pi\varepsilon}\left[\ln\frac{R_b}{RD_c} - \frac{1}{k}\left(\ln\frac{RD_s \cdot D_{12} \cdot \cdots \cdot D_{1i} \cdot \cdots \cdot D_{1k}}{R_b^k}\right)\right] \end{aligned} \tag{2.98}$$

式 (2.98) 中第二个 ln 项的分子表示中性线 i 和所有其他中性线之间的距离和半径的乘积。参照图2-17，有下列关系成立：

$$\theta_{12} = \frac{2\pi}{k}$$

$$\theta_{13} = 2\theta_{12} = \frac{4\pi}{k}$$

中性线 1 与任意其他中性线 i 之间的夹角由下式给出：

$$\theta_{1i} = (i-1)\theta_{12} = \frac{2(i-1)\pi}{k} \tag{2.99}$$

不同中性线之间的距离由下式给出：

$$D_{12} = 2R_b \sin\left(\frac{\theta_{12}}{2}\right) = 2R_b \sin\left(\frac{\pi}{k}\right)$$

$$D_{13} = 2R_b \sin\left(\frac{\theta_{13}}{2}\right) = 2R_b \sin\left(\frac{2\pi}{k}\right)$$

中性线 1 与任何其他中性线 i 之间的距离由下式给出：

$$D_{1i} = 2R_b \sin\left(\frac{\theta_{1i}}{2}\right) = 2R_b \sin\left(\frac{(i-1)\pi}{k}\right) \tag{2.100}$$

式 (2.100) 可用于展开式 (2.98) 的第二个 ln 项的分子：

$$\begin{aligned} &RD_s \cdot D_{12} \cdot \cdots \cdot D_{1i} \cdot \cdots \cdot D_{1k} \\ &\quad = RD_s R_b^{k-1} \left[2\sin\left(\frac{\pi}{k}\right) \cdot \cdots \cdot 2\sin\left(\frac{(i-1)\pi}{k}\right) \cdot \cdots \cdot 2\sin\left(\frac{(k-1)\pi}{k}\right) \right] \end{aligned} \tag{2.101}$$

式 (2.101) 中方括号内的项是一个三角恒等式，仅等于股数 k。应用这个等式，式 (2.98) 变为

$$\begin{aligned} V_{p1} &= \frac{q_p}{2\pi\varepsilon}\left[\ln\frac{R_b}{RD_c} - \frac{1}{k}\left(\ln\frac{k \cdot RD_s \cdot R_b^{k-1}}{R_b^k}\right)\right] \\ &= \frac{q_p}{2\pi\varepsilon}\left[\ln\frac{R_b}{RD_c} - \frac{1}{k}\left(\ln\frac{k \cdot RD_s}{R_b}\right)\right] \end{aligned} \tag{2.102}$$

式 (2.102) 给出了从相导体到中性线 1 的电压降。通常，地下间距以 m 为单位，因此相导体的半径（RD_c）和中性线导体的半径（RD_s）应以 m 为单位。由于中性线均接地，因此式 (2.102) 同时也给出了相导体与地之间的电压降。鉴于此，同轴中性电缆相到地的电容由下式给出：

$$C_{pg} = \frac{q_P}{V_{p1}} = \frac{2\pi\varepsilon}{\ln\dfrac{R_b}{RD_c} - \dfrac{1}{k}\ln\dfrac{k \cdot RD_s}{R_b}} \tag{2.103}$$

式中：$\varepsilon = \varepsilon_0\varepsilon_r$ 为介质的介电常数；ε_0 为自由空间的介电常数，其值为 8.85×10^{-12} F/m；ε_r 为介质的相对介电常数。

电缆的电场被限制在绝缘材料上，绝缘材料的相对介电常数都有一个取值范围。表2.1给出了四种常用绝缘材料的相对介电常数。交联聚乙烯是一种非常受欢迎的绝缘材料，如果假定取其相对介电常数的最小值 2.3，则同轴中性电缆的并联导纳方程为

$$y_{ag} = 0 + \mathrm{j}\frac{40.1792}{\ln\dfrac{R_b}{RD_c} - \dfrac{1}{k}\ln\dfrac{k \cdot RD_s}{R_b}} \ (\mu\mathrm{S/km}) \tag{2.104}$$

表 2.1　常用绝缘材料的相对介电常数 (ε_r)

材料	相对介电常数取值范围
聚氯乙烯 (PVC)	3.4~8.0
乙烯-丙烯橡胶 (EPR)	2.5~3.5
聚乙烯 (PE)	2.5~2.6
交联聚乙烯 (XLPE)	2.3~6.0

例 2.5 计算例 2.2 的同轴中性线的三相并联导纳矩阵。

解答 由例 2.2 得

$$R_b = R = 0.01557 \text{ m} = 1.557 \text{ cm}$$

250000 铝合金相导体的直径为 1.4402 cm：

$$RD_{\mathrm{c}}=\frac{1.4402}{2}=0.7201\ (\mathrm{cm})$$

14 号铜同轴中性线的直径为 0.1628 cm：

$$RD_{\mathrm{s}}=\frac{0.1628}{2}=0.0814\ (\mathrm{cm})$$

代入式 (2.104)：

$$y_{ag}=\mathrm{j}\frac{40.1792}{\ln\dfrac{R_{\mathrm{b}}}{RD_{\mathrm{c}}}-\dfrac{1}{k}\ln\dfrac{k\cdot RD_{\mathrm{s}}}{R_{\mathrm{b}}}}=\mathrm{j}50.172\ (\mu\mathrm{S/km})$$

该三相地下线路的相导纳矩阵为

$$[y_{abc}]=\begin{bmatrix}\mathrm{j}50.172 & 0 & 0\\ 0 & \mathrm{j}50.172 & 0\\ 0 & 0 & \mathrm{j}50.172\end{bmatrix}\ (\mu\mathrm{S/km})$$

2.2.4　带屏蔽电缆地下线的并联导纳

图2-18为一带屏蔽电缆示意图。参考图2-18，R_{b} 是通过屏蔽带中心的圆的半径。与同轴中性电缆一样，电场被限制在绝缘层中，因此表2.1的相对介电常数同样适用。

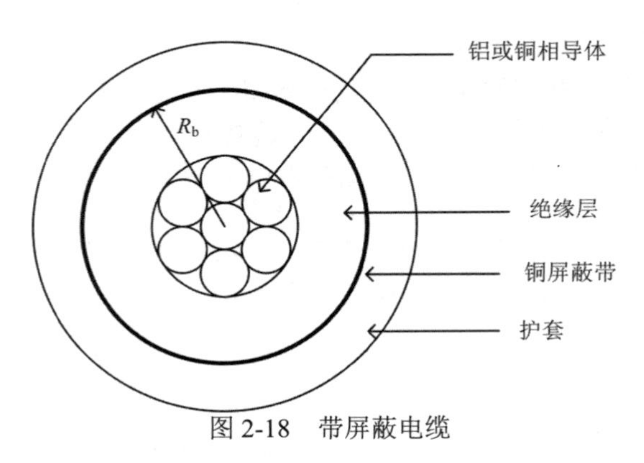

图 2-18　带屏蔽电缆

屏蔽带导体可以看作是同轴中性电缆，其中股线 k 的数量变得无限大。当式 (2.104) 中的 k 接近无穷大时，分母中的第二项接近零。因此，屏蔽带导体的并联导纳方程变为

$$y_{ag}=0+\mathrm{j}\frac{40.1792}{\ln\dfrac{R_{\mathrm{b}}}{RD_{\mathrm{c}}}}\ (\mu\mathrm{S/km})\tag{2.105}$$

例 2.6 计算第 1 节中例 2.3 的单相带屏蔽电缆的并联导纳。

解答 从例 2.3 中可得，屏蔽层外径 d_{s} 为 2.2352 cm，屏蔽层厚度 T 为 127 μm。穿过屏蔽带中心的圆的半径是：

$$R_{\mathrm{b}}=\frac{d_{\mathrm{s}}-\dfrac{T}{10000}}{2}=1.1112\ (\mathrm{cm})$$

1/0 铝合金相导体的直径为 0.9347 cm。

$$RD_{\rm c} = \frac{0.9347}{2} = 0.4674\ ({\rm cm})$$

代入式 (2.105)：

$$y_{bg} = {\rm j}\frac{40.1792}{\ln\left(\dfrac{R_{\rm b}}{RD_{\rm c}}\right)} = {\rm j}46.393\ (\mu{\rm S/km})$$

该线在 b 相上，相导纳矩阵变为

$$[y_{abc}] = \begin{bmatrix} 0 & 0 & 0 \\ 0 & {\rm j}46.393 & 0 \\ 0 & 0 & 0 \end{bmatrix}\ (\mu{\rm S/km})$$

2.2.5　序导纳

三相线的序导纳可以按照与第一章中确定的序阻抗大致相同的方式确定。假设 3×3 导纳矩阵以 S/km 为单位。那么，作为线对地电压的函数的三相电容电流由下式给出：

$$\begin{bmatrix} I_{{\rm cap}a} \\ I_{{\rm cap}b} \\ I_{{\rm cap}c} \end{bmatrix} = \begin{bmatrix} y_{aa} & y_{ab} & y_{ac} \\ y_{ba} & y_{bb} & y_{bc} \\ y_{ca} & y_{cb} & y_{cc} \end{bmatrix} \cdot \begin{bmatrix} V_{ag} \\ V_{bg} \\ V_{cg} \end{bmatrix} \tag{2.106}$$

$$[I_{{\rm cap}abc}] = [y_{abc}] \cdot [VLG_{abc}] \tag{2.107}$$

应用对称分量变换：

$$[I_{{\rm cap}012}] = [A_{\rm s}]^{-1} \cdot [I_{{\rm cap}abc}] = [A_{\rm s}]^{-1} \cdot [y_{abc}] \cdot [A_{\rm s}] \cdot [VLG_{012}] \tag{2.108}$$

由方程 (2.108) 给出序导纳矩阵：

$$[y_{012}] = [A_{\rm s}]^{-1} \cdot [y_{abc}] \cdot [A_{\rm s}] = \begin{bmatrix} y_{00} & y_{01} & y_{02} \\ y_{10} & y_{11} & y_{12} \\ y_{20} & y_{21} & y_{22} \end{bmatrix} \tag{2.109}$$

对于不对称间距的三相架空线路，其序导纳矩阵是满秩的，即非对角线项是非零的。然而，由于相间没有互电容，因此具有三条相同电缆的三相地下线路将仅具有对角线项。实际上，序导纳和相导纳完全相同。

2.3　配电网络线路模型

架空线和地下线的建模是配电馈线分析的关键步骤，考虑线路的实际相位和导线之间的正确间距非常重要。第 1 节和第 2 节介绍了计算相位阻抗矩阵和相导纳矩阵的方法，这些矩阵将用于架空线路和地下线路的模型。

2.3.1 精确线路段模型

三相、两相或单相架空线路和地下线路的三相线路段精确模型如图2-19所示。回顾第 1 节和第 2 节，在所有情况下，相阻抗和相导纳矩阵大小均为 3 × 3（两相或单相线路中缺少的相用零来填补），因此可以使用一套方程来描述所有架空线和地下线路段。图2-19中的阻抗和导纳值表示线路的总阻抗和总导纳。也就是说，相阻抗矩阵和相导纳矩阵均已乘以线路的长度。

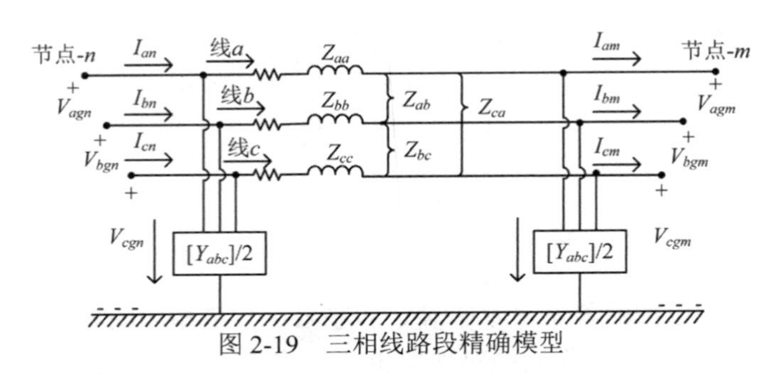

图 2-19　三相线路段精确模型

对于图2-19的线路段，描述输入（节点 n）的电压和电流与输出（节点 m）的电压和电流关系的方程如下。

在节点 m 处应用基尔霍夫电流定律：

$$\begin{bmatrix} I_{\text{line}a} \\ I_{\text{line}b} \\ I_{\text{line}c} \end{bmatrix}_n = \begin{bmatrix} I_a \\ I_b \\ I_c \end{bmatrix}_m + \frac{1}{2}\begin{bmatrix} Y_{aa} & Y_{ab} & Y_{ac} \\ Y_{ba} & Y_{bb} & Y_{bc} \\ Y_{ca} & Y_{cb} & Y_{cc} \end{bmatrix} \cdot \begin{bmatrix} V_{ag} \\ V_{bg} \\ V_{cg} \end{bmatrix}_m \tag{2.110}$$

在矩阵形式中，式 (2.110) 变为

$$[I_{\text{line}abc}]_n = [I_{abc}]_m + \frac{1}{2}[Y_{abc}] \cdot [VLG_{abc}]_m \tag{2.111}$$

将基尔霍夫电压定律应用于该模型：

$$\begin{bmatrix} V_{ag} \\ V_{bg} \\ V_{cg} \end{bmatrix}_n = \begin{bmatrix} V_{ag} \\ V_{bg} \\ V_{cg} \end{bmatrix}_m + \begin{bmatrix} Z_{aa} & Z_{ab} & Z_{ac} \\ Z_{ba} & Z_{bb} & Z_{bc} \\ Z_{ca} & Z_{cb} & Z_{cc} \end{bmatrix} \cdot \begin{bmatrix} I_{\text{line}a} \\ I_{\text{line}b} \\ I_{\text{line}c} \end{bmatrix}_m \tag{2.112}$$

在矩阵形式中，式 (2.112) 变为

$$[VLG_{abc}]_n = [VLG_{abc}]_m + [Z_{abc}] \cdot [I_{\text{line}abc}]_m \tag{2.113}$$

考虑到 $[I_{\text{line}abc}]_n = [I_{\text{line}abc}]_m$，将式 (2.111) 代入式 (2.113)：

$$[VLG_{abc}]_n = [VLG_{abc}]_m + [Z_{abc}] \cdot \left\{ [I_{abc}]_m + \frac{1}{2}[Y_{abc}] \cdot [VLG_{abc}]_m \right\} \tag{2.114}$$

整理得到：

$$[VLG_{abc}]_n = \left\{ [U] + \frac{1}{2} \cdot [Z_{abc}] \cdot [Y_{abc}] \right\} \cdot [VLG_{abc}]_m + [Z_{abc}] \cdot [I_{abc}]_m \tag{2.115}$$

其中：

$$[U]=\begin{bmatrix}1&0&0\\0&1&0\\0&0&1\end{bmatrix}\tag{2.116}$$

式 (2.115) 可简写为

$$[VLG_{abc}]_n=[a]\cdot[VLG_{abc}]_m+[b]\cdot[I_{abc}]_m\tag{2.117}$$

其中：

$$[a]=[U]+\frac{1}{2}\cdot[Z_{abc}]\cdot[Y_{abc}]\tag{2.118}$$

$$[b]=[Z_{abc}]\tag{2.119}$$

节点 n 处线路段的输入电流为

$$\begin{bmatrix}I_a\\I_b\\I_c\end{bmatrix}_n=\begin{bmatrix}I_{\text{line}a}\\I_{\text{line}b}\\I_{\text{line}c}\end{bmatrix}_m+\frac{1}{2}\cdot\begin{bmatrix}Y_{aa}&Y_{ab}&Y_{ac}\\Y_{ba}&Y_{bb}&Y_{bc}\\Y_{ca}&Y_{cb}&Y_{cc}\end{bmatrix}\cdot\begin{bmatrix}V_{ag}\\V_{bg}\\V_{cg}\end{bmatrix}_n\tag{2.120}$$

在矩阵形式中，式 (2.120) 变为

$$[I_{abc}]_n=[I_{\text{line}abc}]_m+\frac{1}{2}\cdot[Y_{abc}]\cdot[VLG_{abc}]_n\tag{2.121}$$

考虑到 $[I_{\text{line}abc}]_n=[I_{\text{line}abc}]_m$，将式 (2.111) 代入式 (2.121):

$$[I_{abc}]_n=[I_{abc}]_m+\frac{1}{2}\cdot[Y_{abc}]\cdot[VLG_{abc}]_m+\frac{1}{2}\cdot[Y_{abc}]\cdot[VLG_{abc}]_n\tag{2.122}$$

将式 (2.115) 代入式 (2.122):

$$\begin{aligned}[I_{abc}]_n=&[I_{abc}]_m+\frac{1}{2}\cdot[Y_{abc}]\cdot[VLG_{abc}]_m+\frac{1}{2}\cdot[Y_{abc}]\\&\times\left(\left\{[U]+\frac{1}{2}\cdot[Z_{abc}]\cdot[Y_{abc}]\right\}\cdot[VLG_{abc}]_m+[Z_{abc}]\cdot[I_{abc}]_m\right)\end{aligned}\tag{2.123}$$

整理式 (2.123) 中的项，得到：

$$\begin{aligned}[I_{abc}]_n=&\left\{[Y_{abc}]+\frac{1}{4}\cdot[Y_{abc}]\cdot[Z_{abc}]\cdot[Y_{abc}]\right\}\cdot[VLG_{abc}]_m\\&+\left\{[U]+\frac{1}{2}\cdot[Y_{abc}]\cdot[Z_{abc}]\right\}[I_{abc}]_m\end{aligned}\tag{2.124}$$

式 (2.124) 可简写为

$$[I_{abc}]_n=[c]\cdot[VLG_{abc}]_m+[d]\cdot[I_{abc}]_m\tag{2.125}$$

其中：

$$[c]=[Y_{abc}]+\frac{1}{4}\cdot[Y_{abc}]\cdot[Z_{abc}]\cdot[Y_{abc}]\tag{2.126}$$

$$[d]=[U]+\frac{1}{2}\cdot[Z_{abc}]\cdot[Y_{abc}]\tag{2.127}$$

式 (2.117) 和式 (2.125) 可以写为分块矩阵形式：

$$\begin{bmatrix}[VLG_{abc}]_n\\ [I_{abc}]_n\end{bmatrix}=\begin{bmatrix}[a]&[b]\\ [c]&[d]\end{bmatrix}\cdot\begin{bmatrix}[VLG_{abc}]_m\\ [I_{abc}]_m\end{bmatrix}\tag{2.128}$$

当定义了 a、b、c、d 参数时，式 (2.128) 与输电线分析中使用的公式非常相似。在这里，a、b、c、d 参数是 3×3 矩阵而不是单个变量，并且被称为**广义矩阵**。根据节点 n 处的电压和电流，同样可以由公式 (2.128) 来计算节点 m 处的电压和电流：

$$\begin{bmatrix}[VLG_{abc}]_m\\ [I_{abc}]_m\end{bmatrix}=\begin{bmatrix}[a] & [b]\\ [c] & [d]\end{bmatrix}^{-1}\cdot\begin{bmatrix}[VLG_{abc}]_n\\ [I_{abc}]_n\end{bmatrix}\tag{2.129}$$

a、b、c、d 矩阵的逆矩阵可以简单地求出，因为存在以下关系：

$$[a]\cdot[d]-[b]\cdot[c]=[U]\tag{2.130}$$

使用式 (2.130) 中给出的关系，公式 (2.129) 变为

$$\begin{bmatrix}[VLG_{abc}]_m\\ [I_{abc}]_m\end{bmatrix}=\begin{bmatrix}[d] & -[b]\\ -[c] & [a]\end{bmatrix}\cdot\begin{bmatrix}[VLG_{abc}]_n\\ [I_{abc}]_n\end{bmatrix}\tag{2.131}$$

由于矩阵 $[a]$ 等于矩阵 $[d]$，因此式 (2.131) 展开为

$$[VLG_{abc}]_m=[a]\cdot[VLG_{abc}]_n-[b]\cdot[I_{abc}]_n\tag{2.132}$$

$$[I_{abc}]_m=-[c]\cdot[VLG_{abc}]_n+[d]\cdot[I_{abc}]_n\tag{2.133}$$

有时需要根据节点 n 的电压和注入节点 m 的电流来计算节点 m 处的电压，如在第 6 章介绍的潮流计算迭代方法。

求解母线 m 电压的方程由 (2.117) 给出：

$$[VLG_{abc}]_m=[a]^{-1}\cdot\{[VLG_{abc}]_n-[b]\cdot[I_{abc}]_m\}\tag{2.134}$$

式 (2.134) 的形式为

$$[VLG_{abc}]_m=[A]\cdot[VLG_{abc}]_n-[B]\cdot[I_{abc}]_m\tag{2.135}$$

其中：

$$[A]=[a]^{-1}\tag{2.136}$$

$$[B]=[a]^{-1}\cdot[b]\tag{2.137}$$

因为线路中相线之间的相互耦合程度不相同，所以在每一个相线上都会有不同的电压降值。因此，即使在负荷对称时，配电馈线上的电压也可能不对称。描述不对称程度的一种常用方法是使用美国电气制造商协会（NEMA）定义的式 (2.138) 中的不对称电压：

$$V_{\text{unbalance}}=\frac{|\text{相对于}V_{\text{average}}\text{的最大偏差}|}{|V_{\text{average}}|}\times100\%\tag{2.138}$$

例 2.7 在 10000 m 三相线路的节点 m 处有 6000 kVA，12.47 kV，0.9 滞后功率因数的对称三相负荷。线路段的结构和导体是例 2.1 的结构和导体。计算广义线常数矩阵 $[a]$、$[b]$、$[c]$ 和 $[d]$。使用广义矩阵，计算线路的电源端（节点 N）上的线对地电压和线电流。

解答 在例 2.1 和 2.4 中计算的线路段的相阻抗矩阵和并联导纳矩阵是：

$$[z_{abc}]=\begin{bmatrix}0.2923+j0.5890 & 0.1051+j0.2902 & 0.1035+j0.2301\\0.1051+j0.2902 & 0.2980+j0.5727 & 0.1064+j0.2496\\0.1035+j0.2301 & 0.1064+j0.2496 & 0.2948+j0.5819\end{bmatrix}\ (\Omega/\text{km})$$

$$[y_{abc}]=\begin{bmatrix}j2.9370 & -j0.9508 & -j0.3644\\-j0.9508 & j3.0961 & -j0.6052\\-j0.3644 & -j0.6052 & j2.7919\end{bmatrix}\ (\mu\text{S/km})$$

对于 10000 m 的线路段，总相阻抗矩阵和并联导纳矩阵是：

$$[Z_{abc}]=\begin{bmatrix}2.923+j5.890 & 1.051+j2.902 & 1.035+j2.301\\1.051+j2.902 & 2.980+j5.727 & 1.064+j2.496\\1.035+j2.301 & 1.064+j2.496 & 2.948+j5.819\end{bmatrix}\ (\Omega)$$

$$[Y_{abc}]=\begin{bmatrix}j29.370 & -j9.508 & -j3.644\\-j9.508 & j30.961 & -j6.052\\-j3.644 & -j6.052 & j27.919\end{bmatrix}\ (\mu\text{S})$$

应该注意的是，相线导纳矩阵的元素非常小。因此可认为根据方程 (2.118)、(2.119)、(2.126) 和 (2.127) 计算的广义矩阵是：

$$[a]=[U]+\frac{1}{2}\cdot[Z_{abc}]\cdot[Y_{abc}]=\begin{bmatrix}1.0 & 0 & 0\\0 & 1.0 & 0\\0 & 0 & 1.0\end{bmatrix}$$

$$[b]=[Z_{abc}]=\begin{bmatrix}2.923+j5.890 & 1.051+j2.902 & 1.035+j2.301\\1.051+j2.902 & 2.980+j5.727 & 1.064+j2.496\\1.035+j2.301 & 1.064+j2.496 & 2.948+j5.819\end{bmatrix}$$

$$[c]=\begin{bmatrix}0 & 0 & 0\\0 & 0 & 0\\0 & 0 & 0\end{bmatrix}$$

$$[d]=\begin{bmatrix}1.0 & 0 & 0\\0 & 1.0 & 0\\0 & 0 & 1.0\end{bmatrix}\tag{2.139}$$

由于相线导纳矩阵的元素太小，所以 $[a]$ 和 $[d]$ 矩阵看起来是单位矩阵。而对于大多数实际应用，因为数量级的缘故，相导纳矩阵可以被忽略。

负荷处线路对地电压的大小为

$$VLG=\frac{12470}{\sqrt{3}}=7199.56\ (\text{V})$$

选择 A 相对地电压作为参考，负荷的线对地电压矩阵为

$$\begin{bmatrix}V_{ag}\\V_{bg}\\V_{cg}\end{bmatrix}_m=\begin{bmatrix}7199.56\angle 0\\7199.56\angle -120\\7199.56\angle 120\end{bmatrix}\ (\text{V})$$

负荷电流的大小是：

$$[I]_m=\frac{6000}{\sqrt{3}\times 12.47}=277.79\ (\mathrm{A})$$

在功率因数为 0.9，滞后电压的情况下，负荷电流矩阵为

$$[I_{abc}]_m=\begin{bmatrix}277.79\angle-25.84\\277.79\angle-145.84\\277.79\angle 94.16\end{bmatrix}\ (\mathrm{A})$$

计算节点 n 处的线对地电压为

$$[VLG_{abc}]_n=[a]\cdot[VLG_{abc}]_m+[b]\cdot[I_{abc}]_m=\begin{bmatrix}8213.1\angle 3.6876\\7977.7\angle-115.95\\8075.4\angle 124.63\end{bmatrix}\ (\mathrm{V})$$

注意，即使负荷（节点 m）处的电压和电流完全对称，节点 n 处的电压也不对称，这是相间相互耦合所导致的。在电力系统中，电压不对称的程度值得关注，因为某些电气设备对于不对称电压非常敏感，例如三相感应电动机的操作特性。

$$\left|V_{\text{average}}\right|=\frac{\left|V_{ag}\right|_n+\left|V_{bg}\right|_n+\left|V_{cg}\right|_n}{3}=\frac{8213.1+7977.7+8075.4}{3}=8088.7\ (\mathrm{V})$$

$$(V_{\text{deviation}})_{\max}=8213.1-8088.7=124.4\ (\mathrm{V})$$

$$V_{\text{unbalance}}=\frac{124.4}{8088.7}\times 100\%=1.538\%$$

选择额定线路接地电压（7199.56 V）为基准值，母线 n 处的单位电压为

$$\begin{bmatrix}V_{ag}\\V_{bg}\\V_{cg}\end{bmatrix}_n=\frac{1}{7199.56}\begin{bmatrix}8213.1\angle 3.6876\\7977.7\angle-115.95\\8075.4\angle 124.63\end{bmatrix}=\begin{bmatrix}1.1408\angle 3.6876\\1.1081\angle-115.95\\1.1217\angle 124.63\end{bmatrix}$$

通过将电压转换为标幺值，很容易看出，A 相的电压降为 14.08%，B 相为 10.81%，C 相为 12.17%。

节点 n 处的线电流计算结果是：

$$[I_{abc}]_n=[c]\cdot[VLG_{abc}]_m+[d]\cdot[I_{abc}]_m=[I_{abc}]_m=\begin{bmatrix}277.79\angle-25.84\\277.79\angle-145.84\\277.79\angle 94.16\end{bmatrix}\ (\mathrm{A})$$

实际上，节点 n 处的线电流与节点 m 处的对称负荷电流存在非常小的差异，这是节点 n 处的不对称电压和线路段的并联导纳产生的。在本例中，由于忽略了并联导纳，因此可以认为节点 n 处的线电流与节点 m 处的对称负荷电流近似相等。

2.3.2 改进的线路模型

一条线路的并联导纳很小时就可以忽略不计，图2-20所示是忽略并联导纳的改进线路段模型。当忽略并联导纳时，广义矩阵变为

$$[a] = [U] \tag{2.140}$$

$$[b] = [Z_{abc}] \tag{2.141}$$

$$[c] = [0] \tag{2.142}$$

$$[d] = [U] \tag{2.143}$$

$$[A] = [U] \tag{2.144}$$

$$[B] = [Z_{abc}] \tag{2.145}$$

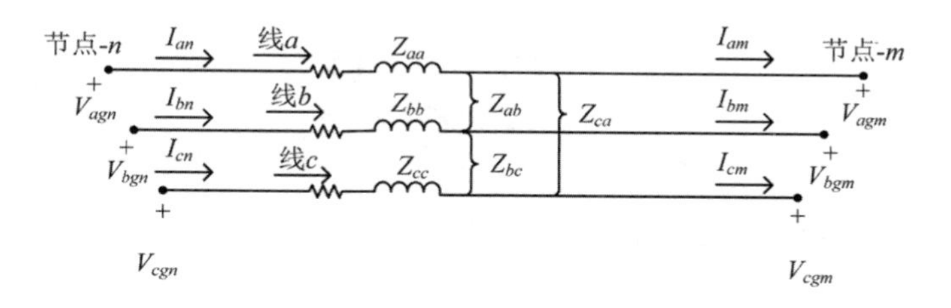

图 2-20　忽略并联导纳的改进线路段模型

如果线路是三线三角形，则线路上的电压降必须根据线间电压和线电流而定。但是，可以使用等效线电压，以便使上述的方程式仍然适用。根据图2-20中线路的线电压写出电压降方程式，结果如下：

$$\begin{bmatrix} V_{ab} \\ V_{bc} \\ V_{ca} \end{bmatrix}_n = \begin{bmatrix} V_{ab} \\ V_{bc} \\ V_{ca} \end{bmatrix}_m + \begin{bmatrix} V_{\text{drop}a} \\ V_{\text{drop}b} \\ V_{\text{drop}c} \end{bmatrix} - \begin{bmatrix} V_{\text{drop}b} \\ V_{\text{drop}c} \\ V_{\text{drop}a} \end{bmatrix} \tag{2.146}$$

其中:

$$\begin{bmatrix} V_{\text{drop}a} \\ V_{\text{drop}b} \\ V_{\text{drop}c} \end{bmatrix} = \begin{bmatrix} Z_{aa} & Z_{ab} & Z_{ac} \\ Z_{ba} & Z_{bb} & Z_{bc} \\ Z_{ca} & Z_{cb} & Z_{cc} \end{bmatrix} \cdot \begin{bmatrix} I_{\text{line}a} \\ I_{\text{line}b} \\ I_{\text{line}c} \end{bmatrix} \tag{2.147}$$

展开式 (2.146) 中的 a-b 相：

$$V_{abn} = V_{abm} + V_{\text{drop}a} - V_{\text{drop}b} \tag{2.148}$$

又有

$$\begin{aligned} V_{abn} &= V_{ann} - V_{bnn} \\ V_{abm} &= V_{anm} - V_{bnm} \end{aligned} \tag{2.149}$$

将式 (2.149) 代入式 (2.148)：

$$V_{ann} - V_{bnn} = V_{anm} - V_{bnm} + V_{\text{drop}a} - V_{\text{drop}b} \tag{2.150}$$

根据等效线路中性线电压，公式 (2.150) 可以分解为两部分：

$$\begin{aligned} V_{ann} &= V_{anm} + V_{\text{drop}a} \\ V_{bnn} &= V_{bnm} + V_{\text{drop}b} \end{aligned} \tag{2.151}$$

这里的结论是，可以在三线三角形线中使用等效的相线到中性线电压。这是非常重要的，因为这样就使得对四线星形和三线三角形系统的分析方式相同。

例 2.8 例 2.7 的线路在节点 m 处接入不对称负荷，假设电源端电压（节点 n）是三相对称的，线电压为 12.47 kV。对称的线对地电压为

$$[VLG_{abc}]_n = \begin{bmatrix} 7199.56\angle 0 \\ 7199.56\angle -120 \\ 7199.56\angle 120 \end{bmatrix} \text{(V)}$$

在电源端量测的不对称电流由下式给出：

$$\begin{bmatrix} I_a \\ I_b \\ I_c \end{bmatrix}_n = \begin{bmatrix} 249.97\angle -24.5 \\ 277.56\angle -145.8 \\ 305.54\angle 95.2 \end{bmatrix} \text{(A)}$$

使用改进的线路模型计算负荷端（节点 m）的线对地和线对线电压。并计算不对称电压和负荷的复数功率。

解答 改进后的线路模型的 $[A]$ 和 $[B]$ 矩阵是：

$$[A] = [U] = \begin{bmatrix} 1 & 0 & 0 \\ 0 & 1 & 0 \\ 0 & 0 & 1 \end{bmatrix}$$

$$[B] = [Z_{abc}] = \begin{bmatrix} 2.923+\text{j}5.890 & 1.051+\text{j}2.902 & 1.035+\text{j}2.301 \\ 1.051+\text{j}2.902 & 2.980+\text{j}5.727 & 1.064+\text{j}2.496 \\ 1.035+\text{j}2.301 & 1.064+\text{j}2.496 & 2.948+\text{j}5.819 \end{bmatrix} (\Omega)$$

在近似模型中：

$$\begin{bmatrix} I_a \\ I_b \\ I_c \end{bmatrix}_m = \begin{bmatrix} I_a \\ I_b \\ I_c \end{bmatrix}_n = \begin{bmatrix} 249.97\angle -24.5 \\ 277.56\angle -145.8 \\ 305.54\angle 95.2 \end{bmatrix} \text{(A)}$$

负荷端的线对地电压为

$$[VLG_{abc}]_m = [A]\cdot[VLG_{abc}]_n - [B]\cdot[I_{abc}]_m = \begin{bmatrix} 6457.8\angle -4.0666 \\ 6352.2\angle -124.0828 \\ 6284.8\angle 112.1210 \end{bmatrix} \text{(V)}$$

在这种情况下，平均负荷电压为

$$|V_{\text{average}}| = \frac{6457.8+6352.2+6284.8}{3} = 6364.9 \text{ (V)}$$

a 相电压与平均电压的偏差最大，因此：

$$(V_{\text{deviation}})_{\max} = |6457.8 - 6364.9| = 92.9 \text{ (V)}$$

$$V_{\text{unbalance}} = \frac{92.9}{6364.9} \times 100\% = 1.460\%$$

负荷端的线电压可以由下式计算：

$$\begin{bmatrix} V_{ab} \\ V_{bc} \\ V_{ca} \end{bmatrix} = \begin{bmatrix} 1 & -1 & 0 \\ 0 & 1 & -1 \\ -1 & 0 & 1 \end{bmatrix} \cdot \begin{bmatrix} 6457.8\angle-4.0666 \\ 6352.2\angle-124.0828 \\ 6284.8\angle112.1210 \end{bmatrix} = \begin{bmatrix} 11094.9\angle25.653 \\ 11147.3\angle-96.144 \\ 10817.8\angle144.512 \end{bmatrix} \text{(V)}$$

负荷的视在功率为

$$\begin{bmatrix} S_a \\ S_b \\ S_c \end{bmatrix} = \frac{1}{1000} \begin{bmatrix} V_{ag} \cdot I_a^* \\ V_{bg} \cdot I_b^* \\ V_{cg} \cdot I_c^* \end{bmatrix} = \begin{bmatrix} 1614.26\angle20.43 \\ 1763.12\angle21.72 \\ 1920.26\angle16.92 \end{bmatrix} \text{(kVA)}$$

2.3.3　近似线路段模型

很多时候，线路的唯一已知数据是正序和零序阻抗。近似线路段模型可以通过应用来自对称分量理论的反向阻抗变换来建立。

使用已知的正序和零序阻抗，序阻抗矩阵由下式给出：

$$[Z_{\text{seq}}] = \begin{bmatrix} Z_0 & 0 & 0 \\ 0 & Z_+ & 0 \\ 0 & 0 & Z_+ \end{bmatrix} \tag{2.152}$$

通过反向阻抗变换产生以下近似相阻抗矩阵：

$$[Z_{\text{approx}}] = [A_s] \cdot [Z_{\text{seq}}] \cdot [A_s]^{-1} \tag{2.153}$$

即

$$[Z_{\text{approx}}] = \frac{1}{3} \begin{bmatrix} (2Z_+ + Z_0) & (Z_0 - Z_+) & (Z_0 - Z_+) \\ (Z_0 - Z_+) & (2Z_+ + Z_0) & (Z_0 - Z_+) \\ (Z_0 - Z_+) & (Z_0 - Z_+) & (2Z_+ + Z_0) \end{bmatrix} \tag{2.154}$$

请注意，近似相阻抗矩阵的特点是三个对角项相等，所有非对角项相等。如果假设该线路存在换位，则结果也是相同的。应用近似阻抗矩阵计算节点 n 处的电压为

$$\begin{bmatrix} V_{ag} \\ V_{bg} \\ V_{cg} \end{bmatrix}_n = \begin{bmatrix} V_{ag} \\ V_{bg} \\ V_{cg} \end{bmatrix}_m + \frac{1}{3} \begin{bmatrix} (2Z_+ + Z_0) & (Z_0 - Z_+) & (Z_0 - Z_+) \\ (Z_0 - Z_+) & (2Z_+ + Z_0) & (Z_0 - Z_+) \\ (Z_0 - Z_+) & (Z_0 - Z_+) & (2Z_+ + Z_0) \end{bmatrix} \cdot \begin{bmatrix} I_a \\ I_b \\ I_c \end{bmatrix}_m \tag{2.155}$$

在矩阵形式中，式 (2.155) 变为

$$[VLG_{abc}]_n = [VLG_{abc}]_m + [Z_{\text{approx}}] \cdot [I_{abc}]_m \tag{2.156}$$

注意，式 (2.156) 的形式为

$$[VLG_{abc}]_n = [a] \cdot [VLG_{abc}]_m + [b] \cdot [I_{abc}]_m \tag{2.157}$$

式中：$[a]$ 为单位矩阵；$[b] = [Z_{\text{approx}}]$。

展开式 (2.155) 得到近似线路段模型的等效电路。求解式 (2.155) 中节点 n 的 a 相电压：

$$
\begin{aligned}
V_{agn} &= V_{agm} + \frac{1}{3}[(2Z_+ + Z_0)I_a + (Z_0 - Z_+)I_b + (Z_0 - Z_+)I_c] \\
&= V_{agm} + \frac{1}{3}\{(2Z_+ + Z_0)I_a + (Z_0 - Z_+)I_b + (Z_0 - Z_+)I_c + (Z_0 - Z_+)I_a - (Z_0 - Z_+)I_a\} \\
&= V_{agm} + \frac{1}{3}[(3Z_+)I_a + (Z_0 - Z_+)(I_a + I_b + I_c)] \\
&= V_{agm} + Z_+ I_a + \frac{Z_0 - Z_+}{3}(I_a + I_b + I_c)
\end{aligned}
\tag{2.158}
$$

对 b 和 c 相同样计算：

$$V_{bgn} = V_{bgm} + Z_+ I_b + \frac{Z_0 - Z_+}{3}(I_a + I_b + I_c) \tag{2.159}$$

$$V_{cgn} = V_{cgm} + Z_+ I_c + \frac{Z_0 - Z_+}{3}(I_a + I_b + I_c) \tag{2.160}$$

图2-21显示了近似线路段模型。由于没有对相线的相互耦合进行建模，因此图2-21是线路段的简单等效电路，必须注意等效电路只能在假定线路换位时使用。

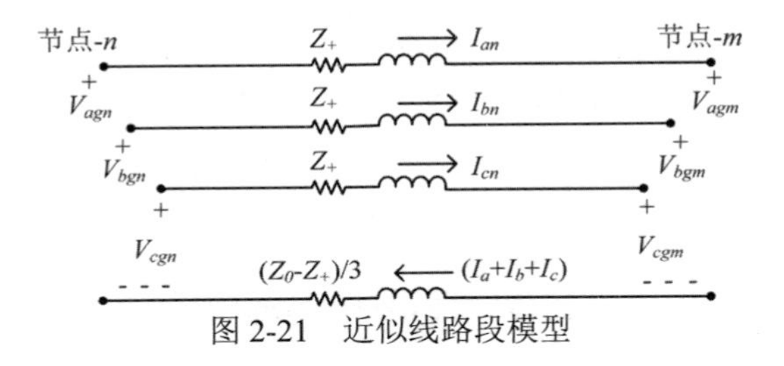

图 2-21　近似线路段模型

例 2.9 假设线路已换位，分析例 2.1 的线路段。在例 2.1 中，正序阻抗和零序阻抗为

$$z_+ = 0.1900 + \mathrm{j}0.3246\ (\Omega/\mathrm{km})$$

$$z_0 = 0.5050 + \mathrm{j}1.0945\ (\Omega/\mathrm{km})$$

假设节点 m 的负荷与例 2.7 相同，在该负荷条件下计算电源端（节点 n）处的电压和电流。

解答 序阻抗矩阵为

$$[Z_{\text{seq}}] = \begin{bmatrix} 0.5050 + \mathrm{j}1.0945 & 0 & 0 \\ 0 & 0.1900 + \mathrm{j}0.3246 & 0 \\ 0 & 0 & 0.1900 + \mathrm{j}0.3246 \end{bmatrix} (\Omega/\mathrm{km})$$

进行反向阻抗变换得到近似相阻抗矩阵：

$$
\begin{aligned}
[Z_{\text{approx}}] &= [A_s] \cdot [Z_{\text{seq}}] \cdot [A_s]^{-1} \\
&= \begin{bmatrix} 0.2950 + \mathrm{j}0.5812 & 0.1050 + \mathrm{j}0.2566 & 0.1050 + \mathrm{j}0.2566 \\ 0.1050 + \mathrm{j}0.2566 & 0.2950 + \mathrm{j}0.5812 & 0.1050 + \mathrm{j}0.2566 \\ 0.1050 + \mathrm{j}0.2566 & 0.1050 + \mathrm{j}0.2566 & 0.2950 + \mathrm{j}0.5812 \end{bmatrix} (\Omega/\mathrm{km})
\end{aligned}
$$

对于长度为 10000 m 的线路，相阻抗矩阵和 $[b]$ 矩阵是：

$$[b]=[Z_{\text{approx}}]=10[z_{\text{approx}}]$$

$$=\begin{bmatrix}2.950+\text{j}5.812 & 1.050+\text{j}2.566 & 1.050+\text{j}2.566\\1.050+\text{j}2.566 & 2.950+\text{j}5.812 & 1.050+\text{j}2.566\\1.050+\text{j}2.566 & 1.050+\text{j}2.566 & 2.950+\text{j}5.812\end{bmatrix}\ (\Omega)$$

从例 2.7 可知，节点 m 的电压和电流是：

$$[VLG_{abc}]_m=\begin{bmatrix}7199.56\angle 0\\7199.56\angle -120\\7199.56\angle 120\end{bmatrix}\ (\text{V})$$

$$[I_{abc}]_m=\begin{bmatrix}277.79\angle -25.84\\277.79\angle -145.84\\277.79\angle 94.16\end{bmatrix}\ (\text{A})$$

根据式 (2.157):

$$[VLG_{abc}]_n=[a]\cdot[VLG_{abc}]_m+[b]\cdot[I_{abc}]_m=\begin{bmatrix}8088.5\angle 4.123\\8088.5\angle -115.877\\8088.5\angle 124.123\end{bmatrix}\ (\text{V})$$

可以发现，计算得到的电压是对称的。节点 n 处的 V_{ag} 也可以使用公式 (2.158) 来计算（式中 Z_+ 和 Z_0 与题干中给出的不同，这里是乘了长度 10 km 后的总阻抗）：

$$V_{agn}=V_{agm}+Z_+\cdot I_a+\frac{(Z_0-Z_+)}{3}\cdot(I_a+I_b+I_c)$$

由于电流是对称的，这个等式简化为

$$V_{agn}=V_{agm}+Z_+\cdot I_a$$
$$=7199.56\angle 0+(1.900+\text{j}3.246)\times 277.79\angle -25.84=8088.5\angle 4.123\ (\text{V})$$

可以注意到，当负荷对称且假设线路换位，三相线可以用简单的单相模型进行分析。

例 2.10 使用例 2.8 中节点 n 处的对称电压和不对称电流以及近似线路段模型来计算节点 m 处的电压和电流。

解答 从例 2.8 可知，节点 n 处的电压和电流为

$$[VLG_{abc}]_n=\begin{bmatrix}7199.56\angle 0\\7199.56\angle -120\\7199.56\angle 120\end{bmatrix}\ (\text{V})$$

$$\begin{bmatrix}I_a\\I_b\\I_c\end{bmatrix}_n=\begin{bmatrix}249.97\angle -24.5\\277.56\angle -145.8\\305.54\angle 95.2\end{bmatrix}\ (\text{A})$$

近似线路段模型的 $[A]$ 和 $[B]$ 矩阵是

$$[A]=\text{单位矩阵},\qquad [B]=[Z_{\text{approx}}]$$

节点 m 处的电压由下式计算：

$$[VLG_{abc}]_m = [A]\cdot[VLG_{abc}]_n - [B]\cdot[I_{abc}]_n = \begin{bmatrix} 6596.5\angle -4.450 \\ 6251.8\angle -124.313 \\ 6260.4\angle 112.678 \end{bmatrix} \text{(V)}$$

不对称电压为

$$V_{\text{average}} = \frac{6596.5+6251.8+6260.4}{3} = 6369.6 \text{ (V)}$$

$$(V_{\text{deviation}})_{\text{max}} = |6596.5-6369.6| = 226.9 \text{ (V)}$$

$$V_{\text{unbalance}} = \frac{226.9}{6369.6}\times 100\% = 3.5622\%$$

可以发现，近似模型得到了比精确模型更高的不对称电压。

2.4 总　结

本章介绍了架空线和地下线串联阻抗、并联导纳的计算方法。在串联阻抗的计算中，利用修正的 Carson 方程可以简化相阻抗的计算。当使用修正的 Carson 公式时，不需要做任何假设，例如线路的换位。由于电压降是配电线路上的主要问题，因此用于线路的阻抗必须尽可能精确。

配电线路通常很短，因此并联导纳可以忽略不计。然而，对于一些长的、轻载的架空线路，则应该计算并联导纳。地下电缆单位千米的并联导纳比架空线路高得多，因此在某些情况下，地下电缆的并联导纳也应包括在分析过程中。

本章分别建立了精确的、改进的和近似的线路段模型。精确模型不使用近似值，即使用相阻抗矩阵（假定不换位）以及并联导纳矩阵。改进后的模型忽略了并联导纳。近似线路段模型忽略并联导纳，并假设线路的正序和零序阻抗是已知参数，据此求得近似相阻抗矩阵。对于三线模型本章建立了广义矩阵方程，这些方程使用广义矩阵 $[a]$、$[b]$、$[c]$、$[d]$、$[A]$ 和 $[B]$。例题表明，由于并联导纳非常小，广义矩阵通常可以忽略并联导纳。但是有些情况下并联导纳不应该被忽略，如长距离、轻负载的线路以及许多地下线路。

参考文献

1. Kersting W H. Distribution system modeling and analysis[M]. New York: CRC Press, 2002.
2. Glover J D, Sarma M. Power System Analysis and Design[M]. Boston: PWS-Kent Publishing, 1994.
3. Carson J R. Wave propagation in overhead wires with ground return[J]. Bell System Technical Journal, 1926, 5(4): 539-554.
4. Kron G. Tensorial analysis of integrated transmission systems, part I: the six basic reference frames[J], AIEE Trans., 1951, 70(2): 1239-1248.
5. 韩祯祥. 电力系统分析 [M]. 杭州: 浙江大学出版社, 2015.

习题

2.1 计算如图2-22所示三相线路结构中的相阻抗矩阵 $[z_{abc}]$ 和序阻抗矩阵 $[z_{012}]$，单位是 Ω/km。其中相线型号为 556,500 26/7 钢芯铝绞线，中性线型号为 4/0 钢芯铝绞线。

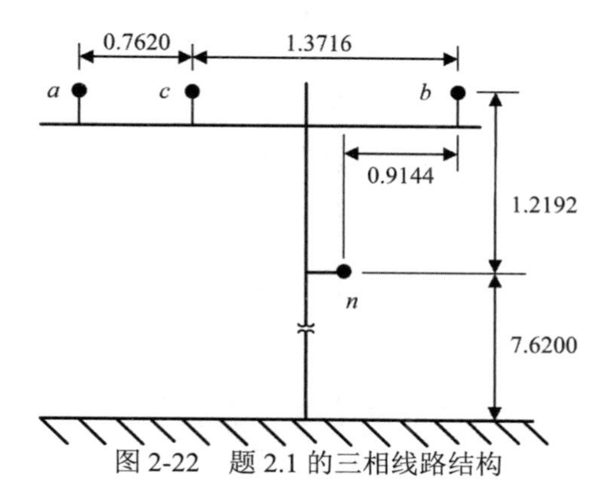

图 2-22　题 2.1 的三相线路结构

2.2 计算图2-23中两相线路结构的相阻抗矩阵 $[z_{abc}]$，单位为 Ω/km。其中相线型号为 336,400 26/7 钢芯铝绞线，中性线型号为 4/0 6/1 钢芯铝绞线。

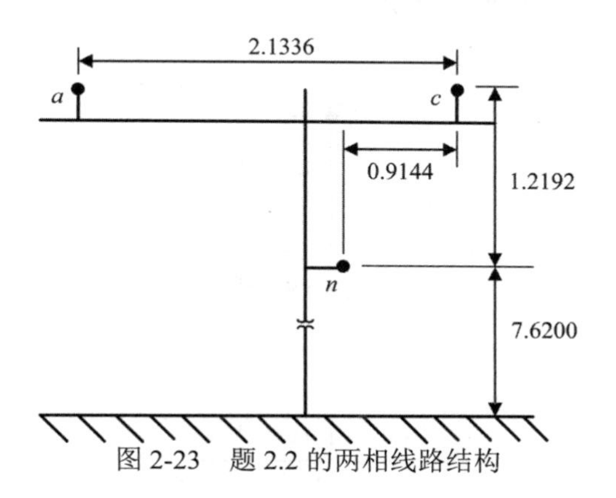

图 2-23　题 2.2 的两相线路结构

2.3 计算图2-24中显示的单相线路结构的相阻抗矩阵 $[z_{abc}]$，单位为 Ω/km。相线和中性线型号为 1/0 6/1 钢芯铝绞线。

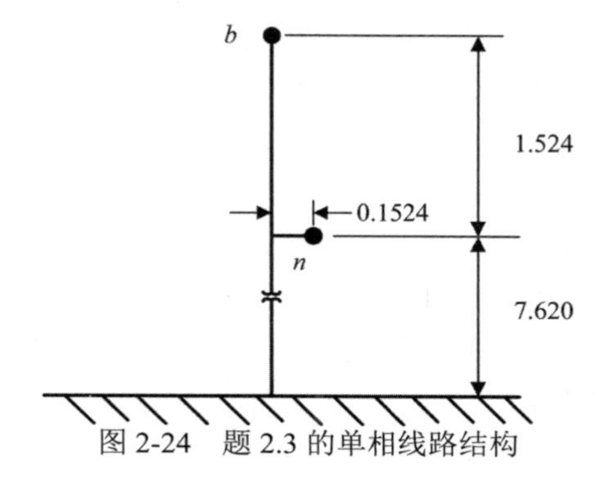

图 2-24　题 2.3 的单相线路结构

2.4 计算图2-25中三相线路结构的相阻抗矩阵 $[z_{abc}]$ 和序阻抗矩阵 $[z_{012}]$，单位为 Ω/km。相线和中性线型号为 250000 铝合金。

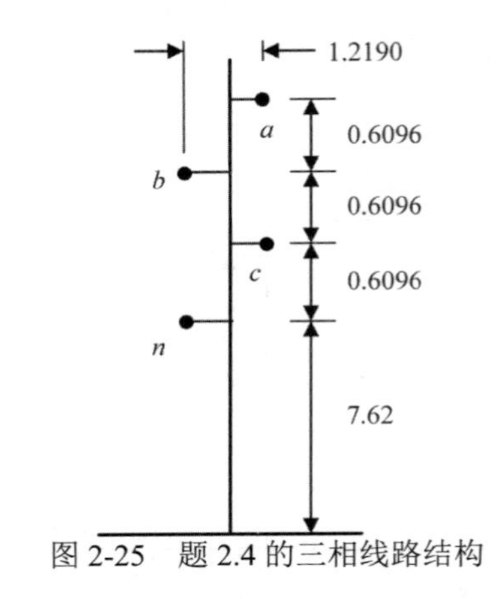

图 2-25　题 2.4 的三相线路结构

2.5 使用几何平均距离的方法在图2-25所示的条件下，计算正序、负序和零序阻抗，单位：Ω/km。

2.6 计算如图2-26所示三相线路结构的 $[z_{abc}]$ 和 $[z_{012}]$ 矩阵，单位是 Ω/km。相线为 350000 铝合金，中性线为 250000 铝合金。

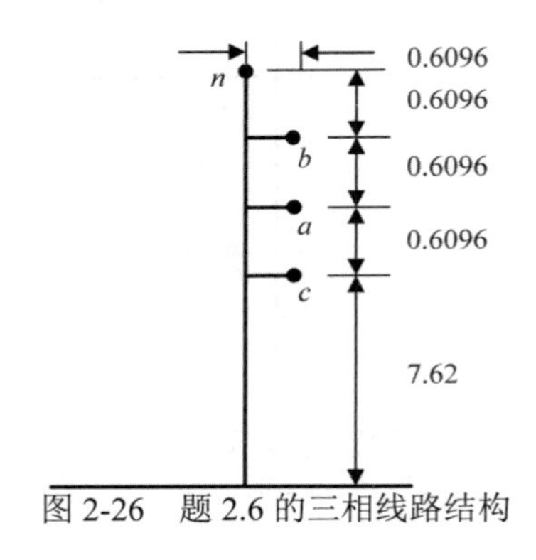

图 2-26　题 2.6 的三相线路结构

2.7 对于图2-26中的线路，使用平均自阻抗和互阻抗定义计算正序、负序和零序阻抗，单位是 Ω/km。

2.8 一个 4/0 铝合金同轴中性电缆接入单相侧，电缆有一条完全中性线（参见附录 B）。假设电缆连接到 b 相，计算电缆的阻抗和以 Ω/km 为单位的相阻抗矩阵。

2.9 三根同轴电缆水平地埋入沟槽中（见图2-11），电缆电压等级为 15 kV，相导体型号为 250000 CON LAY 铝合金，中性线为 13 股 14 号退火涂层铜线（1/3 中性）。假定相序是 $c-a-b$，计算 $[z_{abc}]$ 和 $[z_{012}]$ 矩阵，单位为 Ω/km。

2.10 单相地下线由 350000 CON LAY 铝合金带屏蔽电缆组成，中性线为 7 股 4/0 铜线，电缆和中性线间距为 10.16 cm。假定线路是 c 相，计算单相电缆线路的相阻抗矩阵，单位为 Ω/km，假设 $\rho = 2.3715\times10^{-8}\ \Omega\cdot\text{m}$。

2.11 三根 1/3 中性 2/0 铝合金护套同轴中性电缆安装在 15.24 cm 的导管中。假定电缆护套的厚度为 0.508 cm，电缆在导管内部呈三角形结构，计算该电缆线路的相阻抗矩阵。

2.12 计算题 2.1 三相架空线路的相导纳矩阵 $[y_{abc}]$ 和序导纳矩阵 $[y_{012}]$，单位为 μS/km。

2.13 计算题 2.2 的两相线的相导纳矩阵，单位为 μS/km。

2.14 计算题 2.3 单相线的相导纳矩阵，单位为 μS/km。

2.15 计算问题 2.4 的三相线相导纳矩阵和序导纳矩阵，单位为 μS/km。

2.16 计算问题 2.8 的单相同轴中性电缆的相导纳矩阵，单位为 μS/km。

2.17 计算问题 2.9 的三相同轴中性线的相导纳矩阵和序导纳矩阵。

2.18 计算问题 2.10 的单相带屏蔽电缆线的相导纳矩阵，单位为 μS/km。

2.19 将题 2.11 中的电缆换成 2/0 铝合金带屏蔽电缆，计算其相导纳矩阵。

2.20 一条 3 km 长的三相线路采用题 2.1 的结构，相阻抗矩阵和并联导纳矩阵在题 2.1 和题 2.12 中已求得，该线路为 10000 kVA 的对称三相负荷供电，对称线电压为 13.2 kV，功率因数为 0.85（滞后）。

（1）计算广义矩阵。

（2）对于给定负荷，计算线路在电源端的线对线和线对中性点电压。

（3）计算电源端的不对称电压。

（4）计算电源端每相的复数功率。

（5）计算线路上每相的功率损耗。

2.21 设题 2.20 中线路的正序和零序阻抗为

$$z_+ = 0.1155 + j0.3706\ (\Omega/\text{km}) \qquad z_0 = 0.4058 + j1.1842\ (\Omega/\text{km})$$

使用近似线路段模型再次计算题 2.20。

2.22 设题 2.20 的线路给一个不对称、接地星形连接的恒定阻抗负荷供电，参数为

$$Z_{ag} = 15\angle 30\ \Omega, \quad Z_{bg} = 17\angle 36.87\ \Omega, \quad Z_{cg} = 20\angle 25.84\ \Omega$$

该线路连接到对称的三相 13.2 kV 电源。

（1）计算负荷电流。

（2）计算负荷端的线对地电压。

（3）计算每相负荷端的视在功率。

（4）计算每相的电源功率。

（5）计算每相的功率损耗和三相总的功率损耗。

2.23 将 b 相上的阻抗改变为 $50\angle 36.87\ \Omega$，再次计算题 2.22。

2.24 题 2.2 中的两相线路长度为 3 km，为两相负荷供电，有

S_{ag} = 2000 kVA，功率因数为 0.9（滞后），电压为 $7621\angle 0$ V

S_{cg} = 1500 kVA，功率因数为 0.95（滞后），电压为 $7621\angle 120$ V

忽略并联导纳：

（1）使用广义矩阵计算电源端线对地电压（提示：即使 b 相实际上不存在，假设它的值为 $7621\angle -120$ V，并且为一个 0 kVA 的负荷供电）。

（2）计算电源端每相的复数功率。

（3）计算线路上每相的功率损耗。

2.25 设题 2.3 中的单相线路长度为 1.5 km，为 2000 kVA、$7500\angle -120$ V、0.95 滞后功率因数的单相负荷供电。计算线路上的电源端电压和功率损耗。（提示：与前面的问题一样，即使相 a 和 c 在物理上不存在，但假设它们存在，并且与相 b 一起构成对称的三相电压组。）

2.26 设题 2.9 的三相同轴中性电缆长度为 2 km，为 10000 kVA、13.2 kV、0.85 滞后功率因数的对称三相负荷供电。

（1）计算广义矩阵。

（2）对于给定的负荷，计算线路在电源端的线对线和线对地电压。

（3）计算电源端的不对称电压。

（4）计算电源端每相的复数功率。

（5）计算线路每相的功率损耗。

2.27 题 2.26 的线路为不对称接地星形连接的恒定阻抗负荷供电，参数为

$$Z_{ag} = 15\angle 30\ \Omega,\quad Z_{bg} = 50\angle 36.87\ \Omega,\quad Z_{cg} = 20\angle 25.84\ \Omega$$

线路连接到对称三相 13.2 kV 的电源。

(1) 计算负荷电流。

(2) 计算负荷端的线对地电压。

(3) 计算每相负荷上的复数功率。

(4) 计算每相电源端的复数功率。

(5) 计算每相的功率损耗和总三相功率损耗。

2.28 设题 2.10 的带屏蔽电缆单相线长度为 3.0 km，为 3000 kVA 的单相负荷供电，电压为 8 kV，功率因数为 0.9（滞后）。计算电源端电压和该负荷情况下的功率损耗。

第3章　电压调节器模型

电压调节是配电馈线的重要功能。当馈线上的负载变化时，必须得有一些调节电压的方法，使得每个用户的电压保持在可接受的水平。调节电压的常用方法是应用步进式电压调节器、负载抽头变换变压器（LTC）和并联电容器来进行调节。

3.1　标准电压

中国国家标准 GB/T 156—2017 规定了我国的标准电压，其中定义了以下几项系统电压术语：

系统标称电压：用于标志或识别系统电压的给定值。

系统最高电压：系统正常运行的任何时间，系统中任何一点上所出现的最高运行电压值。

系统最低电压：系统正常运行的任何时间，系统中任何一点上所出现的最低运行电压值。

设备额定电压：由制造商对一电气设备在规定的工作条件下所规定的电压。

设备最高电压：规定设备的最高电压是用以表示绝缘或与设备最高电压相关联的其他性能。

中国国家标准 GB/T 12325—2008 规定了我国供电电压偏差标准，其中定义了下列术语：

供电点：供电部门配电系统与用户电气系统的联结点。

供电电压：供电点处的线电压或相电压。

电压偏差：实际运行电压对系统标称电压的偏差相对值，以百分数表示。

电压合格率：实际运行电压偏差在限值范围内累计运行时间与对应的总运行统计时间的百分比。

我国供电电压偏差的限值规定如下：35kV 及以上供电电压正、负偏差绝对值之和不超过标称电压的 10%；20kV 及以下三相供电电压偏差为标称电压的 ±7%；220V 单相供电电压偏差为标称电压的 +7%，−10%；对供电点短路容量较小、供电距离较长以及对供电电压偏差有特殊要求的用户，由供、用电双方协议决定。

供电电压偏差的计算公式如下：

$$\text{电压偏差}(\%) = \frac{\text{电压测量值} - \text{系统标称电压}}{\text{系统标称电压}} \times 100\% \tag{3.1}$$

不平衡电压定义如下：

$$\text{不平衡电压} = \frac{\text{与平均电压的最大偏差}}{\text{平均电压}} \times 100\% \tag{3.2}$$

配电工程师的任务是设计和运行配电系统，以便在正常的稳态条件下，所有用户的电表电压位于规定的电压偏差范围内，并且不平衡电压不超过 3%。

用于维持系统电压的常用器件是步进电压调节器，它可以是单相或三相的。单相步进电压调节器除了作为单相设备运行，还可以以星形、三角形或开放三角形方式连接。通过控制电压调节器就可以使输出电压随负载变化而变化。步进电压调节器基本上都是串联绕组上具有负载抽头的自耦变压器，通过改变自耦变压器串联绕组的匝数（抽头变化）来调整电压。

自耦变压器可以看作是一个双绕组变压器。在介绍自耦变压器之前，将先介绍一下双绕组变压器理论和广义常数。

3.2　双绕组变压器理论

图3-1显示了双绕组变压器的精确等效电路。在图3-1中，高压端子用 H_1 和 H_2 表示，低压端子用 X_1 和 X_2 表示。电压和电流的相位标准规定如下：在空载时，H_1 和 H_2 之间的电压与 X_1 和 X_2 之间的电压同相；在稳态负载条件下，电流 I_1 和 I_2 同相。

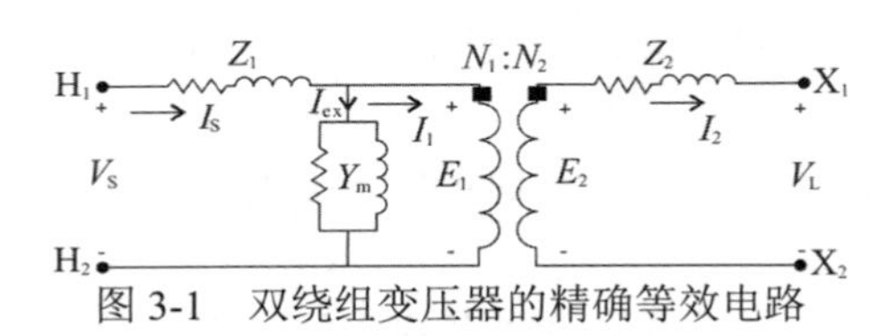

图 3-1　双绕组变压器的精确等效电路

在不引入明显误差的情况下，如图3-2所示，可修改图3-1的精确等效电路，将一次侧的主阻抗（Z_1）等效到二次侧。参考图3-2，变压器的总等效阻抗由下式给出：

$$Z_t = n_t^2 \cdot Z_1 + Z_2 \tag{3.3}$$

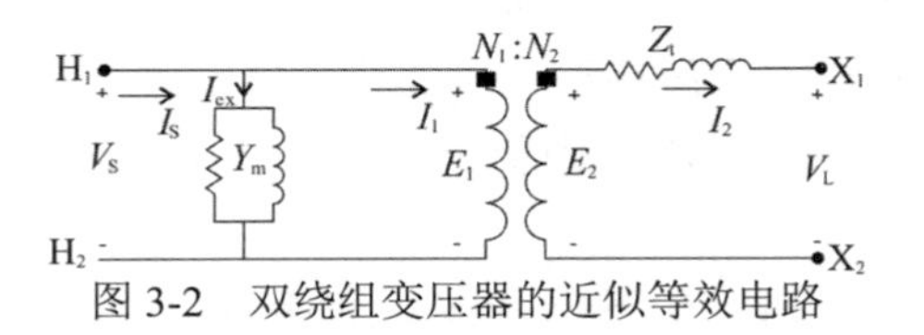

图 3-2　双绕组变压器的近似等效电路

其中：

$$n_t = \frac{N_2}{N_1} \tag{3.4}$$

为了更好地理解步进电压调节器的模型，首先建立双绕组变压器的模型。参考图3-2，理想变压器的公式为

$$E_2 = \frac{N_2}{N_1} \cdot E_1 = n_t \cdot E_1 \tag{3.5}$$

$$I_1 = \frac{N_2}{N_1} \cdot I_2 = n_t \cdot I_2 \tag{3.6}$$

在二次侧电路中应用 KVL：

$$\begin{aligned} E_2 &= V_L + Z_t \cdot I_2 \\ V_S = E_1 &= \frac{1}{n_t} \cdot E_2 = \frac{1}{n_t} \cdot V_L + \frac{Z_t}{n_t} \cdot I_2 \end{aligned} \tag{3.7}$$

式 (3.7) 可以写成更一般的形式：

$$V_S = a \cdot V_L + b \cdot I_2 \tag{3.8}$$

其中：

$$a = \frac{1}{n_t} \tag{3.9}$$

$$b = \frac{Z_t}{n_t} \tag{3.10}$$

双绕组变压器的输入电流由下式给出：

$$I_S = Y_m \cdot V_S + I_1 \tag{3.11}$$

将式 (3.7) 和式 (3.6) 代入式 (3.11)：

$$\begin{aligned} I_S &= Y_m \cdot \frac{1}{n_t} \cdot V_L + Y_m \cdot \frac{Z_t}{n_t} \cdot I_2 + n_t \cdot I_2 \\ &= \frac{Y_m}{n_t} \cdot V_L + \left(\frac{Y_m \cdot Z_t}{n_t} + n_t \right) \cdot I_2 \end{aligned} \tag{3.12}$$

式 (3.12) 可以简写为

$$I_S = c \cdot V_L + d \cdot I_2 \tag{3.13}$$

其中：

$$c = \frac{Y_m}{n_t} \tag{3.14}$$

$$d = \frac{Y_m \cdot Z_t}{n_t} + n_t \tag{3.15}$$

当负载电压和电流已知时，式 (3.8) 和式 (3.13) 可用于计算双绕组变压器的输入电压和电流。这两个公式与第 2 章中为三相线路模型推导的式 (2.117) 和式 (2.125) 具有相同的形式。此时唯一的区别是建模对象只有单相双绕组变压器。在本章后面，对于所有可能的三相电压调节器接法，a、b、c 和 d 将扩展为 3×3 矩阵。

有时候，特别是在迭代过程中，需要通过输入电压 V_S 和负载电流 I_2 来计算输出电压。对于负载电压 V_L 可由公式 (3.8) 得出：

$$V_L = \frac{1}{a} \cdot V_S - \frac{b}{a} \cdot I_2 \tag{3.16}$$

将式 (3.9) 和式 (3.10) 代入式 (3.16) 得

$$V_L = A \cdot V_S - B \cdot I_2 \tag{3.17}$$

其中：

$$A = n_t \tag{3.18}$$

$$B = Z_t \tag{3.19}$$

式 (3.17) 与式 (2.135) 具有相同的形式。在本章后面，对于所有可能的三相变压器接法，A 和 B 的表达式将扩展为 3×3 矩阵。

例 3.1 单相变压器的额定值为 75 kVA，2400V-240 V。变压器具有以下阻抗和并联导纳：

$Z_1 = 0.612 + \mathrm{j}1.2\ (\Omega)$ (高压绕组阻抗)

$Z_2 = 0.0061 + \mathrm{j}0.0115\ (\Omega)$ (低压绕组阻抗)

$Y_m = 1.92\times10^{-4} - \mathrm{j}8.52\times10^{-4}$ (S)(等效到高压绕组)

计算广义常数 a、b、c、d 和 A、B。

解答 变压器匝数比 n_t 为

$$n_t = \frac{N_2}{N_1} = \frac{V_{\text{rated 2}}}{V_{\text{rated 1}}} = \frac{240}{2400} = 0.1$$

等效到低压侧的变压器阻抗为

$$Z_t = n_t^2 \cdot Z_1 + Z_2 = 0.0122 + \mathrm{j}0.0235\ (\Omega)$$

广义常数为

$$a = \frac{1}{n_t} = \frac{1}{0.1} = 10$$
$$b = \frac{Z_t}{0.1} = 0.1222 + \mathrm{j}0.2350$$
$$c = \frac{Y_m}{n_t} = 0.0019 - \mathrm{j}0.0085$$
$$d = \frac{Y_m \cdot Z_t}{n_t} + n_t = 0.1002 - \mathrm{j}0.0001$$
$$A = n_t = 0.1$$
$$B = Z_t = 0.0122 + \mathrm{j}0.0235$$

假设变压器在额定负载（75 kVA）和额定电压（240 V）下工作，功率因数为 0.9（滞后）。负荷处电压和电流为

$$V_L = 240\angle 0\ (\text{V})$$
$$I_2 = \frac{75 \times 1000}{240}\angle -\cos^{-1}(0.9) = 312.5\angle -25.84\ (\text{A})$$

应用上述计算的 a、b、c 和 d 参数的值，计算高压端电压和电流：

$$V_S = a \cdot V_L + b \cdot I_2 = 2466.9\angle 1.15\ (\text{V})$$
$$I_S = c \cdot V_L + d \cdot I_2 = 32.67\angle -28.75\ (\text{A})$$

使用计算得到的高压端电压和负载电流，计算负载电压：

$$V_L = A\cdot V_S - B\cdot I_2 = (0.1)\cdot(2466.9\angle 1.15) - (0.0122+j0.0235)\cdot(312.5\angle -25.84)$$
$$= 240.0\angle 0\ (V)$$

为了方便后面分析参考，计算变压器的基准阻抗如下：

$$Z_{base_2} = \frac{V^2_{rated\ 2}}{kVA\cdot 1000} = \frac{240^2}{75000} = 0.768\ (\Omega)$$
$$Z_{pu} = \frac{Z_t}{Z_{base_2}} = \frac{0.0122+j0.0155}{0.768} = 0.0159+j0.0306$$

单位并联导纳计算如下：

$$Y_{base_1} = \frac{kVA\cdot 1000}{V^2_{rated\ 1}} = 0.013\ (S)$$
$$Y_{pu} = \frac{Y_m}{Y_{base}} = \frac{1.92\cdot 10^{-4} - j8.52\cdot 10^{-4}}{0.013} = 0.0148 - j0.0655$$

例 3.1 说明了广义常数为分析双绕组变压器的工作特性提供了一种快速方法。

3.3　双绕组自耦变压器

双绕组变压器可以连接为自耦变压器。如图3-3所示，将高压端子 H_1 连接到低压端子 X_2 可以构成一个升压自耦变压器。电源连接到端子 H_1 和 H_2，负载连接在 X_1 端子和 H_2 的延长线之间。在图3-3中，V_S 是源电压，V_L 是负载电压。双绕组变压器的低压绕组将被称为自耦变压器的串联绕组，而高压绕组将被称为并联绕组。

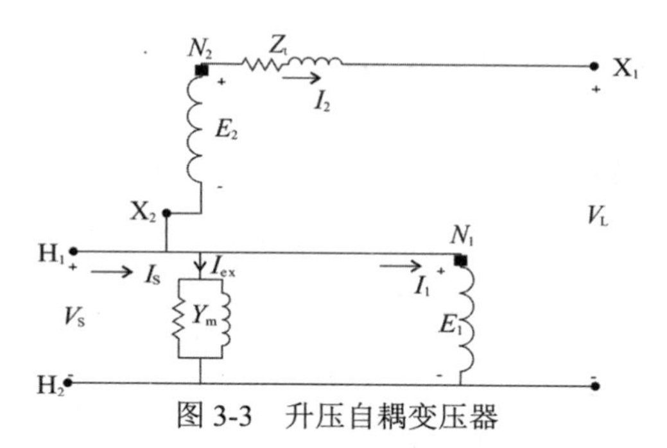

图 3-3　升压自耦变压器

可以为自耦变压器建立类似于双绕组变压器的广义常数，总等效变压器阻抗指的是串联绕组，理想变压器方程式 (3.5) 和式 (3.6) 仍然适用。

在二次侧电路应用 KVL：

$$E_1 + E_2 = V_L + Z_t\cdot I_2 \tag{3.20}$$

使用公式 (3.6) 的理想变压器关系，上式变为

$$E_1 + n_t\cdot E_1 = (1+n_t)\cdot E_1 = V_L + Z_t\cdot I_2 \tag{3.21}$$

由于源电压 V_S 等于 E_1，I_2 等于 I_L，因此可以修改式 (3.21)：

$$V_S = \frac{1}{1+n_t} \cdot V_L + \frac{Z_t}{1+n_t} \cdot I_L \tag{3.22}$$

$$V_S = a \cdot V_L + b \cdot I_L \tag{3.23}$$

其中：

$$a = \frac{1}{1+n_t} \tag{3.24}$$

$$b = \frac{Z_t}{1+n_t} \tag{3.25}$$

在节点 H_1 应用 KCL：

$$\begin{aligned} I_S &= I_1 + I_2 + I_{ex} \\ &= (1+n_t) \cdot I_2 + Y_m \cdot V_S \end{aligned} \tag{3.26}$$

将式 (3.22) 代入式 (3.26)：

$$\begin{aligned} I_S &= (1+n_t) \cdot I_2 + Y_m \left(\frac{1}{1+n_t} \cdot V_L + \frac{Z_t}{1+n_t} \cdot I_2 \right) \\ &= \frac{Y_m}{1+n_t} \cdot V_L + \left(\frac{Y_m \cdot Z_t}{1+n_t} + n_t + 1 \right) \cdot I_2 \\ &= c \cdot V_L + d \cdot I_2 \end{aligned} \tag{3.27}$$

其中：

$$c = \frac{Y_m}{1+n_t} \tag{3.28}$$

$$d = \frac{Y_m \cdot Z_t}{1+n_t} + n_t + 1 \tag{3.29}$$

式 (3.24)、式 (3.25)、式 (3.28) 和式 (3.29) 定义了广义常数，将源电压和电流作为升压自耦变压器输出电压和电流的函数关联起来。

如图3-4所示，双绕组变压器也可通过反转并联和串联绕组之间的连接来以降压方式连接。可以按照与升压连接相同的步骤为降压连接设定广义常数。

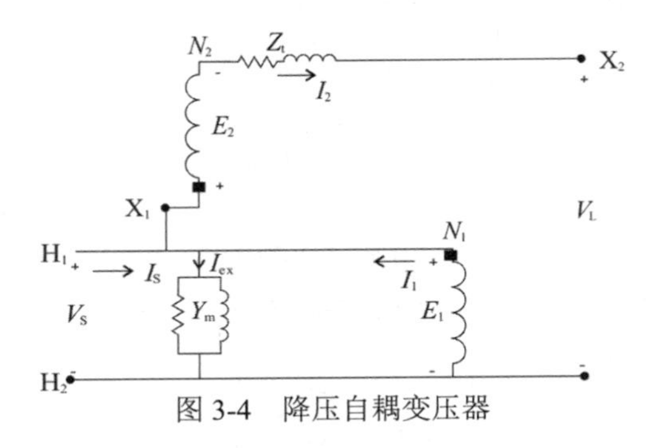

图 3-4　降压自耦变压器

在二次侧电路应用 KVL：

$$E_1 - E_2 = V_L + Z_t \cdot I_2 \tag{3.30}$$

使用式 (3.6) 的理想变压器关系：

$$E_1 - n_t \cdot E_1 = (1 - n_t) \cdot E_1 = V_L + Z_t \cdot I_2 \tag{3.31}$$

由于源电压 V_S 等于 E_1，并且 I_2 等于 I_L，因此可以将式 (3.31) 修改为

$$V_S = \frac{1}{1 - n_t} \cdot V_L + \frac{Z_t}{1 - n_t} \cdot I_L \tag{3.32}$$

$$V_S = a \cdot V_L + b \cdot I_L \tag{3.33}$$

其中：

$$a = \frac{1}{1 - n_t} \tag{3.34}$$

$$b = \frac{Z_t}{1 - n_t} \tag{3.35}$$

在这一节点上观察到，对于常数 a 和 b，用于升压连接的方程 (3.24) 和方程 (3.25)，与用于降压连接的方程 (3.34) 和方程 (3.45) 之间的唯一差异，是匝数比 n_t 前面的符号。对于常数 c 和 d 也是如此。因此对于降压连接，常数 c 和 d 定义如下：

$$c = \frac{Y_m}{1 - n_t} \tag{3.36}$$

$$d = \frac{Y_m \cdot Z_t}{1 - n_t} + 1 - n_t \tag{3.37}$$

广义常数的定义之间的唯一区别是匝数比 n_t 的符号。一般来说，广义常数可以定义为

$$a = \frac{1}{1 \pm n_t} \tag{3.38}$$

$$b = \frac{Z_t}{1 \pm n_t} \tag{3.39}$$

$$c = \frac{Y_m}{1 \pm n_t} \tag{3.40}$$

$$d = \frac{Y_m \cdot Z_t}{1 \pm n_t} + 1 \pm n_t \tag{3.41}$$

在式 (3.38) 至式 (3.41) 中，等式中的符号对升压连接为正，对于降压连接为负。

与双绕组变压器一样，有时需要将输出电压作为源电压和输出电流的函数关联起来。在式 (3.33) 中解出输出电压：

$$V_L = \frac{1}{a} \cdot V_S - \frac{b}{a} \cdot I_2 \tag{3.42}$$

$$V_L = A \cdot V_S - B \cdot I_2 \tag{3.43}$$

其中：

$$A = \frac{1}{a} = 1 \pm n_t \tag{3.44}$$

$$B = \frac{b}{a} = Z_t \tag{3.45}$$

现在我们已经建立了升压和降压自耦变压器的广义方程，它们的形式完全相同。它们的形式与前述章节中的双绕组变压器和线路段的形式完全相同。对于单相自耦变压器，广义常数是单个值，但之后会扩展为 3×3 矩阵以用于三相自耦变压器。

3.3.1 自耦变压器额定值

自耦变压器的功率额定值是额定输入电压 V_S 乘以额定输入电流 I_S 或额定负载电压 V_L 乘以额定负载电流 I_L。定义双绕组变压器和自耦变压器的额定功率和额定电压为

kVA_{xfm} = 双绕组变压器的额定功率值

kVA_{auto} = 自耦变压器的额定功率值

$V_{rated\ 1} = E_1$ = 双绕组变压器的额定电源电压

$V_{rated\ 2} = E_2$ = 双绕组变压器的额定负载电压

$V_{auto\ S}$ = 自耦变压器的额定电源电压

$V_{auto\ L}$ = 自耦变压器的额定负载电压

对于下面的推导，忽略通过串联绕组阻抗的电压降：

$$V_{auto\ L} = E_1 \pm E_2 = (1 \pm n_t) \cdot E_1 \tag{3.46}$$

额定输出功率则为

$$kVA_{auto} = V_{auto\ L} \cdot I_2 = (1 \pm n_t) \cdot E_1 \cdot I_2 \tag{3.47}$$

又有

$$I_2 = \frac{I_1}{n_t}$$

因此：

$$kVA_{auto} = \frac{(1 \pm n_t)}{n_t} \cdot E_1 \cdot I_1 \tag{3.48}$$

又有

$$E_1 \cdot I_1 = kVA_{xfm}$$

因此：

$$kVA_{auto} = \frac{1 \pm n_t}{n_t} \cdot kVA_{xfm} \tag{3.49}$$

式 (3.49) 给出了连接为自耦变压器时双绕组变压器的功率额定值。对于升压连接，n_t 的符号将为正，而降压 n_t 符号将为负。一般来说，匝数比 n_t 会是一个相对较小的值，因此自耦变压器的功率额定值将远远大于双绕组变压器的功率额定值。

例 3.2 例 3.1 的双绕组变压器连接为升压自耦变压器。计算自耦变压器的额定功率值和额定电压。

解答 由例 3.1，匝数比被确定为 $n_t = 0.1$。使用公式 (3.49)，自耦变压器的额定功率值由下式给出：

$$kVA_{auto} = \frac{1 + 0.1}{0.1} \times 75 = 825\ (\text{kVA})$$

额定电压为

$$V_{auto\ S} = V_{rated\ 1} = 2400\ (\text{V})$$

$$V_{auto\ L} = V_{rated\ 1} + V_{rated\ 2} = 2640\ (\text{V})$$

因此，自耦变压器的额定值为 825 kVA，2400V-2640 V。

现在假定自耦变压器在额定电压下提供额定功率，功率因数为0.9（滞后）。计算负载电压和电流：

$$V_L = V_{auto\ L} = 2640\angle 0\ (V)$$

$$I_2 = \frac{kVA_{auto}\cdot 1000}{V_{auto\ L}} = \frac{825000}{2640}\angle -\cos^{-1}(0.9) = 312.5\angle -25.84\ (A)$$

计算广义常数：

$$a = \frac{1}{1+0.1} = 0.9091$$

$$b = \frac{0.0122+j0.0235}{1+0.1} = 0.0111+j0.0214$$

$$c = \frac{(1.92-j8.52)\times 10^{-4}}{1+0.1} = (1.7455-j7.7455)\times 10^{-4}$$

$$d = \left[\frac{(1.92-j8.52)\times 10^{-4}\times(0.0122+j0.0235)}{1+0.1}\right]+(1+0.1) = 1.10002-j0.000005$$

应用广义常数：

$$V_S = a\cdot 2640\angle 0 + b\cdot 312.5\angle -25.84 = 2406.0\angle 0.1\ (V)$$

$$I_S = c\cdot 2640\angle 0 + d\cdot 312.5\angle -25.84 = 345.07\angle -26.11\ (A)$$

当已知电源电压和负载电流，需计算负载电压时，需要计算参数 A 和 B：

$$A = 1+n_t = 1.1000$$

$$B = Z_t = 0.0122+j0.0235$$

负载电压可以由下式计算得到：

$$V_L = A\cdot 2406.04\angle 0.107 - B\cdot 312.5\angle -25.84 = 2640.0\angle 0\ (V)$$

3.3.2　单位阻抗

基于自耦变压器功率和电压额定值的自耦变压器单位阻抗可根据基于双绕组变压器额定值的双绕组变压器单位阻抗来确定。根据双绕组变压器的功率和电压额定值，有 $Z_{pu\ xfm}$ = 双绕组变压器的单位阻抗，$V_{rated\ 2}$ = 双绕组变压器的额定负载电压。

以低压绕组（自耦变压器的串联绕组）为基础的双绕组变压器的基准阻抗为

$$Z_{base\ xfm} = \frac{V_{rated\ 2}^2}{kVA_{xfm}\cdot 1000} \tag{3.50}$$

等效到低压（串联）绕组的变压器的实际阻抗为

$$Z_{t\ actual} = Z_{t\ pu}\cdot Z_{base\ xfm} = Z_{t\ pu}\cdot\frac{V_{rated\ 2}^2}{kVA_{xfm}\cdot 1000} \tag{3.51}$$

假设自耦变压器的额定电源电压是系统的额定电压，那么：

$$V_{nominal} = V_{rated\ 1} = \frac{V_{rated\ 2}}{n_t} \tag{3.52}$$

以系统额定电压为参考的自耦变压器的基准阻抗为

$$Z_{\text{base auto}} = \frac{V_{\text{nominal}}^2}{kVA_{\text{auto}} \cdot 1000} \tag{3.53}$$

将式 (3.49) 和式 (3.52) 代入式 (3.53)：

$$\begin{aligned} Z_{\text{base auto}} &= \frac{V_{\text{nominal}}^2}{kVA_{\text{auto}} \cdot 1000} = \frac{\left(\frac{V_{\text{rated 2}}}{n_t}\right)^2}{\frac{1 \pm n_t}{n_t} \cdot kVA_{\text{xfm}} \cdot 1000} \\ &= \frac{V_{\text{rated 2}}^2}{n_t \cdot (1 \pm n_t) \cdot kVA_{\text{xfm}} \cdot 1000} \end{aligned} \tag{3.54}$$

基于自耦变压器额定值的自耦变压器的单位阻抗为

$$Z_{\text{auto pu}} = \frac{Z_{\text{t actual}}}{Z_{\text{base auto}}} \tag{3.55}$$

将式 (3.51) 和式 (3.54) 代入式 (3.55)：

$$Z_{\text{auto pu}} = Z_{\text{t pu}} \cdot \frac{\frac{V_{\text{rated 2}}^2}{kVA_{\text{xfm}} \cdot 1000}}{\frac{V_{\text{rated 2}}^2}{n_t \cdot (1 \pm n_t) \cdot kVA_{\text{xfm}} \cdot 1000}} = n_t \cdot (1 \pm n_t) \cdot Z_{\text{t pu}} \tag{3.56}$$

式 (3.56) 给出了自耦变压器的单位阻抗与双绕组变压器的单位阻抗之间的关系。其要点是，自耦变压器的单位阻抗与双绕组变压器相比是非常小的。当自耦变压器连接成提升 10% 的电压的结构时，n_t 的值为 0.1，式 (3.56) 变为

$$Z_{\text{auto pu}} = 0.1 \cdot (1 + 0.1) \cdot Z_{\text{t pu}} = 0.11 \cdot Z_{\text{t pu}} \tag{3.57}$$

自耦变压器的单位并联导纳可以建立为双绕组变压器单位并联导纳的函数，并联导纳等效到双绕组变压器的一次侧。设：

$Y_{\text{t pu}} = Y_{\text{m pu}}$ = 基于变压器额定值的双绕组变压器的单位导纳

$Y_{\text{auto pu}}$ = 基于自耦变压器额定值的自耦变压器的单位导纳

等效到一次侧的双绕组变压器的基准导纳由下式给出：

$$Y_{\text{base source}} = \frac{kVA_{\text{xfm}} \cdot 1000}{V_{\text{rated 1}}^2} \tag{3.58}$$

等效到双绕组变压器一次侧的实际并联导纳是：

$$Y_{\text{t source}} = Y_{\text{t pu}} \cdot Y_{\text{base source}} = Y_{\text{t pu}} \cdot \frac{kVA_{\text{xfm}} \cdot 1000}{V_{\text{rated 1}}^2} \tag{3.59}$$

自耦变压器的单位并联导纳由下式给出：

$$Y_{\text{auto pu}} = \frac{Y_{\text{t source}}}{Y_{\text{base auto}}} = Y_{\text{t source}} \cdot \frac{V_{\text{rated 1}}^2}{kVA_{\text{auto}} \cdot 1000} \tag{3.60}$$

将式 (3.59) 代入式 (3.60)：

$$\begin{aligned} Y_{\text{auto pu}} &= Y_{\text{t pu}} \cdot \frac{kVA_{\text{xfm}} \cdot 1000}{V_{\text{rated 1}}^2} \cdot \frac{V_{\text{rated 1}}^2}{kVA_{\text{auto}} \cdot 1000} \\ &= Y_{\text{t pu}} \cdot \frac{kVA_{\text{xfm}}}{kVA_{\text{auto}}} = Y_{\text{t pu}} \cdot \frac{kVA_{\text{xfm}}}{\frac{(1 \pm n_t)}{n_t} \cdot kVA_{\text{xfm}}} = \frac{n_t}{1 \pm n_t} \cdot Y_{\text{t pu}} \end{aligned} \tag{3.61}$$

式 (3.61) 表明，基于自耦变压器额定值的单位导纳远小于双绕组变压器的单位导纳。对于 $n_t = 0.1$ 的升压连接的自耦变压器，式 (3.61) 变为

$$Y_{\text{auto pu}} = \frac{0.1}{1+0.1} \cdot Y_{\text{t pu}} = 0.0909 \cdot Y_{\text{t pu}}$$

这表明，基于自耦变压器额定功率和额定电压的单位阻抗和导纳值，大约是双绕组变压器的十分之一。

例 3.3 例 3.2 中，等效到双绕组变压器一次侧的并联导纳为

$$Y_{\text{t}} = Y_{\text{m}} = 1.92 \cdot 10^{-4} - \text{j}8.52 \cdot 10^{-4}\ \text{S}$$

自耦变压器的功率额定值为 825 kVA，电压额定值为 2400 V-2640 V。计算基于双绕组变压器额定值的单位并联导纳，计算基于自耦变压器功率额定值和 2400 V 额定电压的单位导纳，并计算自耦变压器的单位导纳与双绕组变压器的单位导纳的比值。

解答 等效到一次侧的双绕组变压器的基准导纳为

$$Y_{\text{base source}} = \frac{75 \times 1000}{2400^2} = 0.013$$

基于双绕组变压器额定值的单位并联导纳为

$$Y_{\text{t pu}} = \frac{1.92 \times 10^{-4} - \text{j}8.52 \times 10^{-4}}{0.013} = 0.014746 - \text{j}0.065434$$

$$Y_{\text{base auto}} = \frac{825 \times 1000}{2400^2} = 0.1432$$

$$Y_{\text{auto pu}} = \frac{1.92 \times 10^{-4} - \text{j}8.52 \times 10^{-4}}{0.1432} = 0.001341 - \text{j}0.005949$$

$$Ratio = \frac{0.001341 - \text{j}0.005949}{0.014746 - \text{j}0.065434} = 0.0909$$

在本节中，我们建立了升压和降压连接的自耦变压器的等效电路。这些等效电路包含了串联阻抗和并联导纳。如果需要对自耦变压器进行详细分析，则应考虑串联阻抗和并联导纳。然而，已经证明这些值非常小，并且当自耦变压器作为配电系统的组成部分时，忽略等效电路的串联阻抗和并联导纳所产生的误差很小。

3.4　步进电压调节器

步进电压调节器由自耦变压器和能改变结构的负载分接头组成。通过改变自耦变压器的串联绕组的抽头来获得电压变化。分接头的位置由控制电路（线路压降补偿器）确定。标准步进调节器包含一个可实现 ± 10 % 调节范围的换向开关，通常可调节 32 步。这相当于每一步变化 0.625 %，在 120 V 的基础上，可以计算得到每步变化 0.75 V。根据 ANSI / IEEE C57.15-2009 标准，步进调节器可以连接成 A 型或 B 型，其中 B 型连接较为常见，如图3-5所示。图3-6为步进电压调节器控制电路，需要进行以下设置：

（1）电压电平：在负载中心保持的期望电压（如 120V 基准电压）。负载中心可以是调节器的输出端子或馈线上的远端节点。

（2）带宽：负载中心电压与设定电压的允许偏差。在负载中心保持的电压将是电压电平 ± 一半带宽。例如，如果电压电平设置为 122 V，带宽设置为 2 V，则调节器将调整分接头，直到负载中心电压位于 121 V 和 123 V 之间。

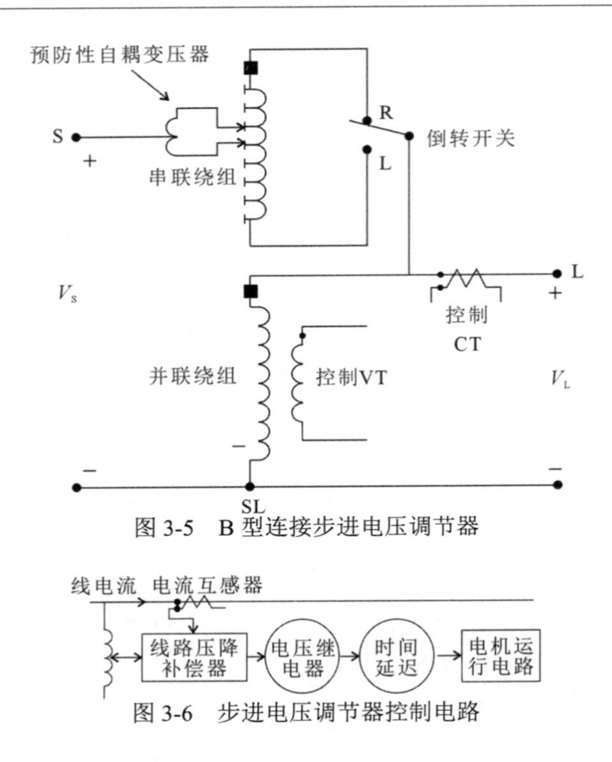

图 3-5　B 型连接步进电压调节器

图 3-6　步进电压调节器控制电路

（3）时间延迟：从产生调节信号到执行调节指令之间的延迟时间，这可以防止在瞬态响应或电流短时变化期间分接头发生变化。

（4）线路压降补偿器：设置为电压调节器和负载中心间的电压降（线路压降），这些设置包含 *R* 和 *X* 的设置（对应于调节器和负载中心之间的等效阻抗），如果调节器输出端子是负载中心，则此设置可能为零。

步进电压调节器所需的功率额定值基于换位后的线路容量，而不是线路的额定功率值。一般来说，步进电压调节器的功率额定值是线路额定值的 10 %，因为当额定电流流过串联绕组，通常会产生 ± 10 % 的电压变化。步进电压调节器的功率额定值与前面讨论的自耦变压器相同。

3.4.1　单相步进电压调节器

由于步进电压调节器的串联阻抗和并联导纳值非常小，在以下等效电路中它们将被忽略。应该指出的是，如果希望考虑阻抗和导纳，它们可以按照最初在自耦变压器等效电路中建模的方式加入到电压调节器的等效电路中。

1. A 型步进电压调节器

图3-7显示了处于升压位置的 A 型步进电压调节器的详细等效电路和简化等效电路。如图3-7所示，系统的主电路直接连接到 A 型调节器的并联绕组。串联绕组连接到并联绕组，然后通过分接头连接到调节电路。就此而言，由于并联绕组直接连接在主电路上，所以磁芯激励会发生变化。

当 A 型连接处于降压位置时，换向开关连接至 L 端子，在这种情况下，串联和并联绕

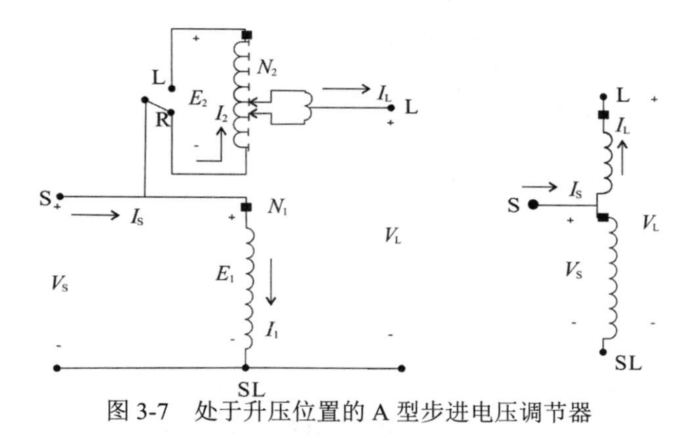

图 3-7　处于升压位置的 A 型步进电压调节器

组中电流的方向得到反转。图3-8显示了处于降压位置的 A 型步进电压调节器的等效电路和简化电路。

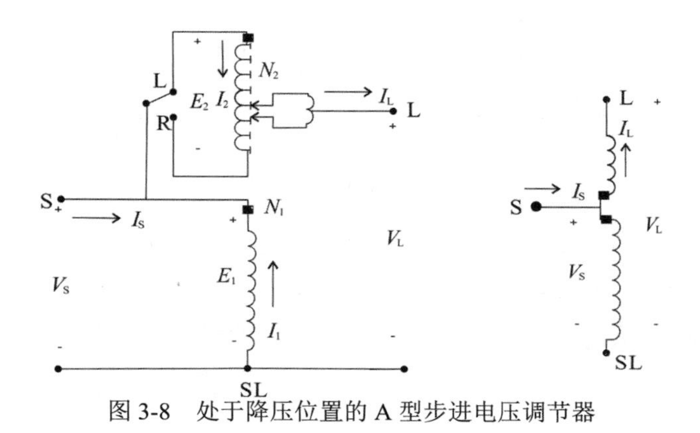

图 3-8　处于降压位置的 A 型步进电压调节器

2. B 型步进电压调节器

步进电压调节器更常见的连接方式是 B 型。由于这是更常见的连接方式，因此电压调节器电压和电流的定义式仅针对 B 型连接建立。

图3-9显示了处于升压位置的 B 型步进电压调节器的详细和简化等效电路。系统的主电路通过抽头连接到 B 型连接的调节器的串联绕组，串联绕组再连接到并联绕组，该并联绕组直接连接到调节电路。在 B 型调节器中，由于并联绕组连接在调节电路两端，所以磁芯励磁恒定。

电压调节器在升压位置时电压和电流的定义式如下：

电压式　　　　电流式

$$\frac{E_1}{N_1}=\frac{E_2}{N_2} \qquad N_1\cdot I_1=N_2\cdot I_2 \tag{3.62}$$

$$V_S=E_1-E_2 \qquad I_L=I_S-I_1 \tag{3.63}$$

$$V_L=E_1 \qquad I_2=I_S \tag{3.64}$$

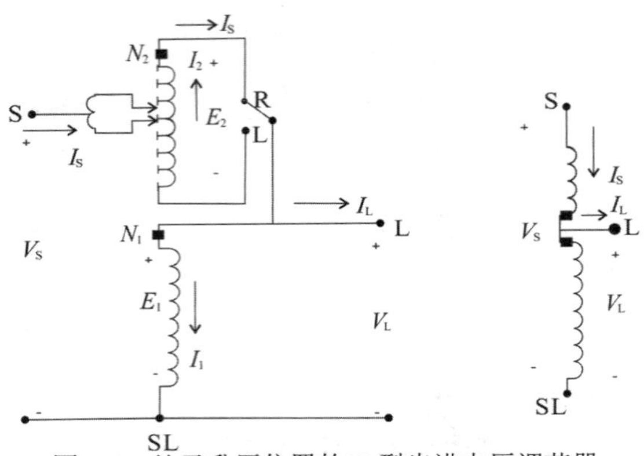

图 3-9　处于升压位置的 B 型步进电压调节器

$$E_2 = \frac{N_2}{N_1} \cdot E_1 = \frac{N_2}{N_1} \cdot V_L \qquad I_1 = \frac{N_2}{N_1} \cdot I_2 = \frac{N_2}{N_1} \cdot I_S \tag{3.65}$$

$$V_S = \left(1 - \frac{N_2}{N_1}\right) \cdot V_L \qquad I_L = \left(1 - \frac{N_2}{N_1}\right) \cdot I_S \tag{3.66}$$

$$V_S = a_R \cdot V_L \qquad I_L = a_R \cdot I_S \tag{3.67}$$

$$a_R = 1 - \frac{N_2}{N_1} \tag{3.68}$$

式 (3.67) 和 (3.68) 是给调节器升压位置建模的必要定义式。

图3-10中显示了处于降压位置的 B 型步进电压调节器的等效电路。和 A 型连接一样，流过串联绕组和并联绕组的电流方向改变，但两个绕组的电压极性保持不变。

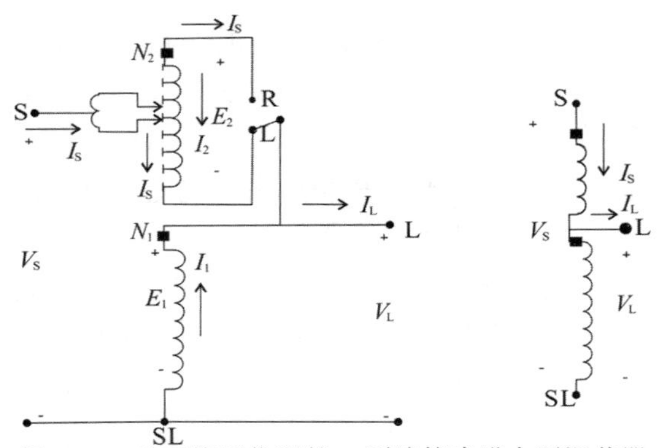

图 3-10　处于降压位置的 B 型连接步进电压调节器

B 型步进电压调节器在降压位置电压和电流的定义式如下：

电压式　　　　电流式

$$\frac{E_1}{N_1} = \frac{E_2}{N_2} \qquad N_1 \cdot I_1 = N_2 \cdot I_2 \tag{3.69}$$

$$V_S = E_1 + E_2 \qquad I_L = I_S + I_1 \tag{3.70}$$

$$V_L = E_1 \qquad I_2 = I_S \tag{3.71}$$

$$E_2 = \frac{N_2}{N_1}\cdot E_1 = \frac{N_2}{N_1}\cdot V_L \qquad I_1 = \frac{N_2}{N_1}\cdot I_2 = \frac{N_2}{N_1}\cdot I_S \tag{3.72}$$

$$V_S = \left(1+\frac{N_2}{N_1}\right)\cdot V_L \qquad I_L = \left(1+\frac{N_2}{N_1}\right)\cdot I_S \tag{3.73}$$

$$V_S = a_R\cdot V_L \qquad I_L = a_R\cdot I_S \tag{3.74}$$

$$a_R = 1+\frac{N_2}{N_1} \tag{3.75}$$

式 (3.68) 和式 (3.75) 给出了有效调节比的值，它是串联绕组匝数（N_2）与并联绕组匝数（N_1）之比的函数。

B 型连接的调节器在升压和降压位置的电压和电流方程之间唯一的区别是匝数比（N_2/N_1）的符号。绕组的实际匝数比未知，然而特定的分接头位置是已知的。式 (3.68) 和 (3.75) 可以修改为有效调节比关于分接头位置的函数。每个抽头将电压改变 0.625% 或 0.00625 单位。因此，有效调节比可以由下式给出：

$$a_R = 1 \mp 0.00625\cdot Tap \tag{3.76}$$

在公式 (3.76) 中，负号适用于升压位置，正号适用于降压位置。

3.4.2　广义常数

在前面的章节中，广义常数 a、b、c、d 已经被定义并用于各种元件。现在可以看出，广义常数 a、b、c、d 也可以应用于步进电压调节器。对于 A 型和 B 型调节器，源电压、电流与负载电压、电流之间的关系如下：

$$\text{A 型调节器：}\quad V_S = \frac{1}{a_R}\cdot V_L \qquad I_S = a_R\cdot I_L \tag{3.77}$$

$$\text{B 型调节器：}\quad V_S = a_R\cdot V_L \qquad I_S = \frac{1}{a_R}\cdot I_L \tag{3.78}$$

因此，单相步进电压调节器的广义常数变为

$$\text{A 型调节器：}\quad a = \frac{1}{a_R} \qquad b=0 \qquad c=0 \qquad d=a_R \tag{3.79a}$$

$$\text{B 型调节器：}\quad a = a_R \qquad b=0 \qquad c=0 \qquad d=\frac{1}{a_R} \tag{3.79b}$$

式中：a_R 由式 (3.76) 给出，式 (3.76) 中的符号约定见表3.1。

表 3.1　式 (3.76) 中的符号约定

	A 型	B 型
升压	+	−
降压	−	+

3.4.3　线路压降补偿器

线路压降补偿器能控制调节器上的分接头变化，图3-11显示了线路压降补偿器的电路简图，包括其通过电压互感器和电流互感器连接到配电线路的方法。线路压降补偿器的目的是模拟配电线路从调节器到负载中心的电压降，它是一个模拟电路，是线路电路的比例模型。补偿器输入电压通常为 120 V，这就要求图3-11中的变压器将额定电压降低到 120 V。对于线对地连接的调节器，额定电压是标称的线对中线电压，而对于线对线连接的调节器，额定电压是线对线电压。电流互感器匝数比指定为 $CT_P:CT_S$ ，其中一次额定值（CT_P ）通常是馈线的额定电流。

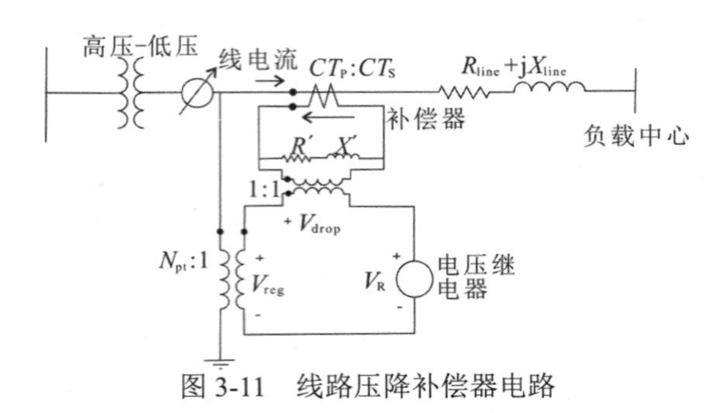

图 3-11　线路压降补偿器电路

最关键的设置是以 V 为单位校准的 R' 和 X' ，这些值必须表示调节器到负载中心的等效阻抗，基本要求是强制每单位线路阻抗等于每单位补偿器阻抗。为了达到这些要求，必须制定一套一致的基准值，其中线路中的和补偿器中的每单位电压和电流相等。具体方法是：通过选择线路的基准电压和电流，将系统基值分别除以电压互感器变比和电流互感器变比来计算补偿器中的基准电压和电流。对于线对地连接的调节器，选择额定线对中性点电压（V_{LN} ）作为系统基准电压，选择电流互感器（CT_P ）一次绕组的额定电流作为系统基准电流。表3.2给出了一个基准值表，并将这些规则用于线对地连接的调节器。利用所建立的基准值表，可以通过计算每单位线路阻抗来计算以 Ω 为单位的补偿器 R 和 X 的设置：

$$\begin{aligned} R_{pu}+jX_{pu} &= \frac{R_{line\ \Omega}+jX_{line\ \Omega}}{Z_{base\ line}} \\ &=(R_{line\ \Omega}+jX_{line\ \Omega})\cdot\frac{CT_P}{V_{LN}} \end{aligned} \tag{3.80}$$

表 3.2　基准值表

基准	线路	补偿器
电压	V_{LN}	$\frac{V_{LN}}{N_{PT}}$
电流	CT_P	CT_S
阻抗	$Z_{base\ line}=\frac{V_{LN}}{CT_P}$	$Z_{base\ comp}=\frac{V_{LN}}{N_{PT}\cdot CT_S}$

式 (3.80) 的单位阻抗在线路和补偿器中必须是相同的。以 Ω 为单位的补偿器阻抗是通过将单位阻抗乘以补偿器基准阻抗来计算：

$$
\begin{aligned}
R_{\text{comp}\ \Omega}+\mathrm{j}X_{\text{comp}\ \Omega} &= (R_{\text{pu}}+\mathrm{j}X_{\text{pu}})\cdot Z_{\text{base comp}} \\
&= (R_{\text{line}\ \Omega}+\mathrm{j}X_{\text{line}\ \Omega})\cdot\frac{CT_{\text{P}}}{V_{\text{LN}}}\cdot\frac{V_{\text{LN}}}{N_{\text{PT}}\cdot CT_{\text{S}}} \\
&= (R_{\text{line}\ \Omega}+\mathrm{j}X_{\text{line}\ \Omega})\cdot\frac{CT_{\text{P}}}{N_{\text{PT}}\cdot CT_{\text{S}}}\ (\Omega)
\end{aligned}
\tag{3.81}
$$

式 (3.81) 给出了以 Ω 为单位的补偿器 R 和 X 的设置值。以 V 为单位的补偿器 R 和 X 的设置是通过将以 Ω 为单位的补偿器 R 和 X 乘以电流互感器的额定二次电流（A）（CT_{S} ）来确定的：

$$
\begin{aligned}
R'+\mathrm{j}X' &= (R_{\text{comp}\ \Omega}+\mathrm{j}X_{\text{comp}\ \Omega})\cdot CT_{\text{S}} \\
&= (R_{\text{line}\ \Omega}+\mathrm{j}X_{\text{line}\ \Omega})\cdot\frac{CT_{\text{P}}}{N_{\text{PT}}\cdot CT_{\text{S}}}\cdot CT_{S} \\
&= (R_{\text{line}\ \Omega}+\mathrm{j}X_{\text{line}\ \Omega})\cdot\frac{CT_{\text{P}}}{N_{\text{PT}}}\ (\text{V})
\end{aligned}
\tag{3.82}
$$

如果知道从调节器到负载中心的等效阻抗（以 Ω 为单位），那么补偿器设置的所需值（以 V 为单位）可由公式 (3.82) 确定，下面的例 3.4 可以说明这一点。

例 3.4 参考图3-11，变电站变压器功率额定值为 5000 kVA，接法为 115 kV 三角形-4.16 kV 接地星形，调节器到负载中心的等效线路阻抗为 (0.3 + j0.9) Ω 。计算补偿器电路的电压互感器和电流互感器额定值，并计算以 Ω 为单位和以 V 为单位的补偿器的 R 和 X 设置。

解答 变电站变压器的额定线路电压为

$$V_{\text{S}}=\frac{4160}{\sqrt{3}}=2401.8\ (\text{V})$$

为了给补偿器提供大约 120V 的电压，变压器的比率是：

$$N_{\text{PT}}=\frac{2400}{120}=20$$

变电站变压器的额定电流为

$$I_{\text{rated}}=\frac{5000}{\sqrt{3}\times 4.16}=693.9\ (\text{A})$$

将 CT_{P} 的额定值选择为 700 A，如果补偿电流减小到 5 A，则 CT 比率为

$$CT=\frac{CT_{\text{P}}}{CT_{\text{S}}}=\frac{700}{5}=140$$

应用式 (3.82) 确定以 V 为单位的设置：

$$R'+\mathrm{j}X'=(0.3+\mathrm{j}0.9)\cdot\frac{700}{20}=10.5+\mathrm{j}31.5\ (\text{V})$$

以 Ω 为单位的 R 和 X 设置是通过将以 V 为单位的设置除以电流互感器的额定二次电流来确定的：

$$R_{\text{ohms}}+\mathrm{j}X_{\text{ohms}}=\frac{10.5+\mathrm{j}31.5}{5}=2.1+\mathrm{j}6.3\ (\Omega)$$

注意，在实际当中 R 和 X 的设置是以 V 为单位进行校准的。

例 3.5 例 3.4 中的变电站变压器在 4.16 kV 和 0.9 功率因数 (滞后) 下给 2500kVA 负荷供电，调节器被设置为

$$R' + jX' = 10.5 + j31.5 \text{ V}$$

电压电平为 120 V，带宽为 2 V。确定调节器的分接头位置，以将负载中心电压保持在所需电压电平和带宽范围内。

解答 第一步，计算实际线电流：

$$I_{\text{line}} = \frac{2500}{\sqrt{3} \cdot 4.16} \angle \cos^{-1}(0.9) = 346.97\angle -25.84 \text{ (A)}$$

补偿器中的电流是：

$$I_{\text{comp}} = \frac{346.97\angle -25.84}{140} = 2.4783\angle -25.84 \text{ (A)}$$

补偿器的输入电压为

$$V_{\text{reg}} = \frac{2401.8\angle 0}{20} = 120.09\angle 0 \text{ (V)}$$

补偿器电路中的电压降等于补偿器电流乘以 Ω 为单位的补偿器 R、X 值：

$$V_{\text{drop}} = (2.1 + j6.3) \times 2.4783\angle -25.84 = 16.458\angle 45.72 \text{ (V)}$$

电压继电器两端的电压为

$$V_{\text{R}} = V_{\text{reg}} - V_{\text{drop}} = 120.09\angle 0 - 16.458\angle 45.72 = 109.24\angle -6.19 \text{ (V)}$$

电压继电器两端的电压代表负载中心的电压。由于这个电压远低于 119 V 这个最小电压电平，所以电压调节器必须在升压位置改变分接头以使负载中心电压达到所需水平。回想一下，在 120 V 基础上，调节器上的一步改变将使电压变化 0.75 V。然后可以近似计算所需的分接头变化次数：

$$Tap = \frac{119 - 109.24}{0.75} = 13.02$$

这表明调节器的分接头最后应处于“升高 13”的位置。当分接头设置在 +13 时，假定 B 型调节器的有效调节比为

$$a_{\text{R}} = 1 - 0.00625 \times 13 = 0.9188$$

对这种运行条件进行建模时的广义常数为

$$a = a_{\text{R}} = 0.9188$$

$$b = 0$$

$$c = 0$$

$$d = \frac{1}{0.9188} = 1.0884$$

例 3.6 使用例 3.5 的结果，假设在变电站变压器低压端子处测量的结果是 4.16kV、2500kVA，计算负载中心处的实际电压。

解答 调节器负载侧端子的实际线对地电压和线电流为

$$V_{\text{L}} = \frac{V_{\text{S}}}{a} = \frac{2401.8\angle 0}{0.9188} = 2614.2\angle 0 \text{ (V)}$$

$$I_{\text{L}} = \frac{I_{\text{S}}}{d} = \frac{346.97\angle -25.84}{1.0884} = 318.77\angle -25.84 \text{ (A)}$$

负载中心处的实际线对地电压为

$$V_{\mathrm{LC}} = V_{\mathrm{L}} - Z_{\mathrm{line}} \cdot I_{\mathrm{L}} = 2614.2\angle 0 - (0.3 + j0.9) \cdot 318.77\angle -25.84$$
$$= 2412.8\angle -5.15\ (\mathrm{V})$$

以 120 V 为电压基准值，将上述实际电压换算到补偿器中得到负载中心电压为

$$VLC_{120} = \frac{V_{\mathrm{LC}}}{N_{\mathrm{PT}}} = \frac{2412.8\angle -5.15}{20} = 120.6\angle -5.15\ (\mathrm{V})$$

可以发现，调节器的 +13 分接头已在负载中心提供了所需的电压。

作为练习，读者可尝试使用 +13 抽头上调节器的输出电压和电流计算补偿器电路中电压继电器两端电压 V_{R}，该值的计算结果将与以 120 V 为电压基准值的负载中心电压完全相同。

理解线路等效阻抗的值不是调节器和负载中心之间线路的实际阻抗这一点，对于计算来说很重要。通常，主馈线下方存在多个支路，负载中心位于其中一个支路，因此，调节器的电流互感器测量的电流不是从调节器流向负载中心的电流。确定等效线路阻抗值的唯一方法是在调节器退出运行的情况下进行网络潮流计算，从潮流结果中可得调节器输出电压和负载中心电压，则等效线路阻抗为

$$R_{\mathrm{line}\ \Omega} + \mathrm{j}X_{\mathrm{line}\ \Omega} = \frac{V_{\text{调节器输出}} - V_{\text{负载中心}}}{I_{\mathrm{line}}}\ (\Omega) \tag{3.83}$$

本节建立了 A 型和 B 型单相步进电压调节器的模型和广义常数，还对补偿器控制电路进行了建模，并说明了该电路如何控制调节器的分接头切换。

3.4.4　三相步进电压调节器

三个单相步进电压调节器在外部相连，可以形成一个三相电压调节器。当三个单相调节器连接在一起时，每个调节器都有自己的补偿电路，因此每个调节器的分接头都会分开切换。单相步进调节器的典型接法如下：

（1）单相；

（2）两个调节器以开放星形方式连接（也称为 V 相）；

（3）三个调节器以接地星形方式连接；

（4）两个调节器以开放三角形方式连接；

（5）三个调节器以闭合三角形方式连接。

三相调节器内部的三个单相绕组之间有耦合关系，且三相调节器是成组运行的，因此所有绕组上的抽头变化相同，只需要一个补偿电路。在这种情况下，由工程师决定补偿器电路采样哪一相电流和电压，三相调节器只能以三相星形或闭合三角形方式连接。

在下一部分要建立的调节器模型中，调节器源侧相使用大写字母 A、B 和 C，负载相使用小写字母 a、b 和 c。

1. 星形接法调节器

图3-12中显示了三个以星形方式连接的 B 型单相调节器，绕组分接头在升压位置。当调节器处于降压位置时，换向开关将对应进行调节。无论调节器是升高还是降低电压，都适用

于以下公式：

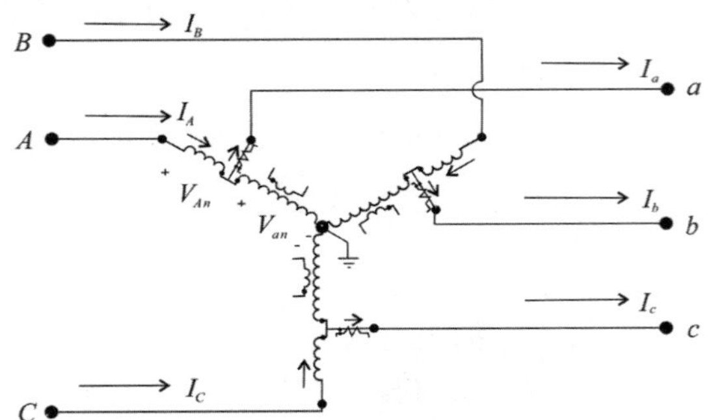

图 3-12　三个以星形方式连接的 B 型单相调节器

电压等式：

$$\begin{bmatrix} V_{An} \\ V_{Bn} \\ V_{Cn} \end{bmatrix} = \begin{bmatrix} a_{\mathrm{R}a} & 0 & 0 \\ 0 & a_{\mathrm{R}b} & 0 \\ 0 & 0 & a_{\mathrm{R}c} \end{bmatrix} \cdot \begin{bmatrix} V_{an} \\ V_{bn} \\ V_{cn} \end{bmatrix} \tag{3.84}$$

式中：$a_{\mathrm{R}a}$、$a_{\mathrm{R}b}$ 和 $a_{\mathrm{R}c}$ 为三个单相调节器的有效匝数比。式 (3.84) 是以下形式：

$$[VLN_{ABC}] = [a] \cdot [VLN_{abc}] + [b] \cdot [I_{abc}] \tag{3.85}$$

电流等式：

$$\begin{bmatrix} I_A \\ I_B \\ I_C \end{bmatrix} = \begin{bmatrix} \frac{1}{a_{\mathrm{R}a}} & 0 & 0 \\ 0 & \frac{1}{a_{\mathrm{R}b}} & 0 \\ 0 & 0 & \frac{1}{a_{\mathrm{R}c}} \end{bmatrix} \cdot \begin{bmatrix} I_a \\ I_b \\ I_c \end{bmatrix} \tag{3.86}$$

或：

$$[I_{ABC}] = [c] \cdot [VLN_{abc}] + [d] \cdot [I_{abc}] \tag{3.87}$$

等式 (3.85) 和 (3.87) 与第 2 章三相线路段的广义等式形式相同。对于三相星形接法的升压调节器，忽略串联阻抗和并联导纳，广义矩阵定义为

$$[a] = \begin{bmatrix} a_{\mathrm{R}a} & 0 & 0 \\ 0 & a_{\mathrm{R}b} & 0 \\ 0 & 0 & a_{\mathrm{R}c} \end{bmatrix} \tag{3.88}$$

$$[b] = \begin{bmatrix} 0 & 0 & 0 \\ 0 & 0 & 0 \\ 0 & 0 & 0 \end{bmatrix} \tag{3.89}$$

$$[c] = \begin{bmatrix} 0 & 0 & 0 \\ 0 & 0 & 0 \\ 0 & 0 & 0 \end{bmatrix} \tag{3.90}$$

$$[d]=\begin{bmatrix}\frac{1}{a_{Ra}} & 0 & 0\\ 0 & \frac{1}{a_{Rb}} & 0\\ 0 & 0 & \frac{1}{a_{Rc}}\end{bmatrix} \tag{3.91}$$

在公式 (3.88) 和 (3.91) 中，每个调节器的有效匝数比必须满足：$0.9\leqslant a_R\leqslant 1.1$，以 32 步为单位，每步 0.625 %（在 120 V 的基础上即 0.75 V/步）。

当三个单相电压调节器采用星形接法时，有效匝数比（a_{Ra}、a_{Rb} 和 a_{Rc}）可以取不同的值。当仅在一相上采样时，三个有效匝数比可以设为相同，在这种情况下三相改变相同的分接头步数。

例 3.7 在 10000m，12.47kV 配电线路段的末端给不平衡的三相负载供电，已知线路段的相广义矩阵为：

$$[a]=\begin{bmatrix}1 & 0 & 0\\ 0 & 1 & 0\\ 0 & 0 & 1\end{bmatrix}$$

$$[b]=\begin{bmatrix}0.8667+j2.0417 & 0.2955+j0.9502 & 0.2907+j0.7290\\ 0.2955+j0.9502 & 0.8837+j1.9852 & 0.2992+j0.8023\\ 0.2907+j0.7290 & 0.2992+j0.8023 & 0.8741+j2.0172\end{bmatrix}$$

计算调节器的分接头位置，使负载中心电压在 119 V 和 121 V 之间。

解答 对于这一线路，矩阵 $[A]$ 和 $[B]$ 为

$$[A]=[a]^{-1}$$

$$[B]=[a]^{-1}\cdot[b]=[Z_{abc}]$$

变电站的线电压为三相平衡电压：

$$[VLN_{ABC}]=\begin{bmatrix}7200\angle 0\\ 7200\angle -120\\ 7200\angle 120\end{bmatrix}\ (\text{V})$$

对于不平衡负载，变电站线电流是：

$$[I_{abc}]=[I_{ABC}]=\begin{bmatrix}258\angle -20\\ 288\angle -147\\ 324\angle 86\end{bmatrix}\ (\text{A})$$

对于测量的变电站电压和电流，负载的线电压可以计算为

$$[Vload_{abc}]=[A]\cdot[VLN_{ABC}]-[B]\cdot[I_{abc}]=\begin{bmatrix}6965.7\angle -2.1\\ 6943.1\angle -121.2\\ 6776.7\angle 117.8\end{bmatrix}\ (\text{V})$$

电压互感器比率为：

$$N_{PT}=\frac{7200}{120}=60$$

在 120 V 基准下的负载电压为

$$[V_{120}] = \frac{1}{60}\cdot[Vload_{abc}] = \begin{bmatrix} 116.1\angle -2.1 \\ 115.7\angle -121.2 \\ 112.9\angle 117.8 \end{bmatrix}\ (\mathrm{V})$$

三个单相 B 型步进电压调节器采用星形接法并安装在变电站中，在 120 V 基准下调节器的设置应使每个相线对中性线负载电压位于 119 和 121V 之间。

调节器的电流互感器变比为

$$CT = \frac{600}{5} = \frac{CT_{\mathrm{P}}}{CT_{\mathrm{S}}} = 120$$

每相的等效线路阻抗可通过应用式3.83来确定：

$$Zline_a = \frac{7200\angle 0 - 6965.7\angle -2.1}{258\angle -20} = 0.5346 + \mathrm{j}1.2385\ (\Omega)$$

$$Zline_b = \frac{7200\angle -120 - 6943.1\angle -121.2}{288\angle -147} = 0.5628 + \mathrm{j}0.8723\ (\Omega)$$

$$Zline_c = \frac{7200\angle 120 - 6776.7\angle 117.8}{324\angle 86} = 0.6387 + \mathrm{j}1.4179\ (\Omega)$$

尽管三个调节器会独立改变分接头，但通常将三个调节器的 R 和 X 设置为相同，计算以上三相阻抗的平均值设为三个调节器共同的阻抗值：

$$Zline_{\mathrm{average}} = 0.5787 + \mathrm{j}1.1762\ \Omega$$

补偿器的 R 和 X 值可根据式3.82计算：

$$R' + \mathrm{j}X' = (R_{\mathrm{line}\ \Omega} + \mathrm{j}X_{\mathrm{line}\ \Omega})\cdot\frac{CT_{\mathrm{P}}}{N_{\mathrm{PT}}} = (0.5787 + \mathrm{j}1.1762)\times\frac{600}{60}$$

$$= 5.787 + \mathrm{j}11.762\ (\mathrm{V})$$

补偿器的控制通常不会保留这么多位有效数字，因此可以进行四舍五入，得到补偿器应设置的值为：

$$R' + \mathrm{j}X' = 6 + \mathrm{j}12\ \mathrm{V}$$

补偿器的控制将使得电压电平为 120 V，带宽为 2 V。

对于相同的不平衡负载，以及采用三相星形接法的调节器，近似的分接头设置为

$$Tap_a = \frac{|119 - |Vload_a||}{0.75} = \frac{|119 - 116.1|}{0.75} = 3.8667$$

$$Tap_b = \frac{|119 - |Vload_b||}{0.75} = \frac{|119 - 115.7|}{0.75} = 4.4000$$

$$Tap_c = \frac{|119 - |Vload_c||}{0.75} = \frac{|119 - 112.9|}{0.75} = 8.1333$$

由于分接头位置必须设置为整数，实际的分接头设置为：

$$Tap_a = +4$$

$$Tap_b = +5$$

$$Tap_c = +9$$

三个调节器的有效匝数比和由此产生的广义矩阵通过对每相应用式 (3.76) 来确定：

$$[a_{\text{reg}}] = \begin{bmatrix} 1-0.00625\times 4 & 0 & 0 \\ 0 & 1-0.00625\times 5 & 0 \\ 0 & 0 & 1-0.00625\times 9 \end{bmatrix}$$

$$= \begin{bmatrix} 0.9750 & 0 & 0 \\ 0 & 0.9688 & 0 \\ 0 & 0 & 0.9438 \end{bmatrix}$$

$$[d_{\text{reg}}] = [a_{\text{reg}}]^{-1} = \begin{bmatrix} 1.0256 & 0 & 0 \\ 0 & 1.0323 & 0 \\ 0 & 0 & 1.0595 \end{bmatrix}$$

经过调节器调节后，变电站的输出电压和电流可以被抬升，具体数值为

$$[V_{\text{reg}abc}] = [a_{\text{reg}}]^{-1} \cdot [VLN_{ABC}] = \begin{bmatrix} 7384.6\angle 0 \\ 7431.9\angle -120 \\ 7628.7\angle 120 \end{bmatrix} \text{ (V)}$$

调节器的输出电流为

$$[I_{\text{reg}abc}] = [d_{\text{reg}}]^{-1} \cdot [I_{ABC}] = \begin{bmatrix} 251.6\angle -20 \\ 279.0\angle -147 \\ 305.8\angle 86 \end{bmatrix} \text{ (A)}$$

随着调节器的调整，负载电压可以计算如下：

$$[Vload_{abc}] = [A] \cdot [V_{\text{reg}abc}] - [B] \cdot [I_{\text{reg}abc}] = \begin{bmatrix} 7149.2\angle -2.0 \\ 7185.3\angle -121.2 \\ 7232.5\angle 118.1 \end{bmatrix} \text{ (V)}$$

以 120 V 电压为基准值，负载电压为

$$[V_{120}] = \frac{1}{60} \cdot \begin{bmatrix} 7149.2\angle -2.0 \\ 7185.3\angle -121.2 \\ 7232.5\angle 118.1 \end{bmatrix} = \begin{bmatrix} 119.2\angle -2.0 \\ 119.8\angle -121.2 \\ 120.5\angle 118.1 \end{bmatrix} \text{ (V)}$$

对于给定的调节器分接头，负载电压现在都位于 119 V 到 121 V 的期望电压值之间，即满足电压电平和带宽要求。

例 3.7 旨在说明，如何在知道变电站和负载的电压以及离开变电站的电流的情况下求得补偿器 R 和 X 的设置值。一般来说，需要通过潮流计算来确定变电站和负载的电压以及离开变电站的电流。该例还表明，通过调节器分接头的设置可使负载电压位于期望的范围内。在实际运行中，按照本例的方法可以给调节器设置给定负载条件下的分接头位置，在负载变化时分接头能够随负载的变化而变化，以便将负载电压保持在期望的范围内。

2. 闭合三角形接法调节器

图3-13为三个以闭合三角形方式连接的单相 B 型调节器，调节器处于升压位置。闭合的三角形接法通常用于三线三角形馈线，此接法的电压互感器可以监测负载侧的线电压，但电流互感器不能监测负载侧的线电流。式 (3.65) 至 (3.68) 定义了串联和并联绕组的电压与调节

器的电流之间的关系，无论调节器如何连接，这些关系都必须得到满足。

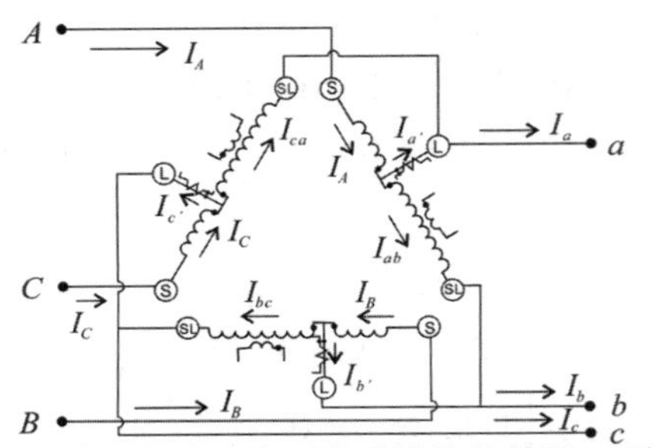

图 3-13　三个以闭合三角形方式连接的单相 B 型调节器

如图3-13所示，对于源端 A 相和 B 相之间的线电压 V_{AB}，由基尔霍夫电压定律可知：

$$V_{AB}+V_{Bb}+V_{ba}+V_{aA}=0 \tag{3.92}$$

又有

$$V_{Bb}=-\frac{N_2}{N_1}\cdot V_{bc} \tag{3.93}$$

$$V_{aA}=\frac{N_2}{N_1}\cdot V_{ab} \tag{3.94}$$

$$V_{ba}=-V_{ab} \tag{3.95}$$

将式 (3.93)，式 (3.94) 和式 (3.95) 代入式 (3.92)，并化简：

$$V_{AB}=(1-\frac{N_2}{N_1})\cdot V_{ab}+\frac{N_2}{N_1}\cdot V_{bc}=a_{\mathrm{R}ab}\cdot V_{ab}+(1-a_{\mathrm{R}bc})\cdot V_{bc} \tag{3.96}$$

以此类推确定其他线电压之间的关系，最后可以得到三相电压方程为：

$$\begin{bmatrix}V_{AB}\\V_{BC}\\V_{CA}\end{bmatrix}=\begin{bmatrix}a_{\mathrm{R}ab} & 1-a_{\mathrm{R}bc} & 0\\0 & a_{\mathrm{R}bc} & 1-a_{\mathrm{R}ca}\\1-a_{\mathrm{R}ab} & 0 & a_{\mathrm{R}ca}\end{bmatrix}\cdot\begin{bmatrix}V_{ab}\\V_{bc}\\V_{ca}\end{bmatrix} \tag{3.97}$$

式 (3.97) 符合广义矩阵形式：

$$[VLL_{ABC}]=[a]\cdot[VLL_{abc}]+[b]\cdot[I_{abc}] \tag{3.98}$$

在负载侧端子 a 处应用基尔霍夫电流定律，可以得到源和负载线电流之间的关系：

$$I_a=I_a'+I_{ca}=I_A-I_{ab}+I_{ca} \tag{3.99}$$

又有

$$I_{ab}=\frac{N_2}{N_1}\cdot I_A \tag{3.100}$$

$$I_{ca}=\frac{N_2}{N_1}\cdot I_C \tag{3.101}$$

将式 (3.100) 和式 (3.101) 代入式 (3.99)，并化简：

$$I_a=\left(1-\frac{N_2}{N_1}\right)\cdot I_A+\frac{N_2}{N_1}\cdot I_C=a_{\mathrm{R}ab}\cdot I_A+(1-a_{\mathrm{R}ca})\cdot I_C \tag{3.102}$$

以此类推确定其他线电流之间的关系，最后可以得到三相电流方程为：

$$\begin{bmatrix} I_a \\ I_b \\ I_c \end{bmatrix} = \begin{bmatrix} a_{\mathrm{R}ab} & 0 & 1-a_{\mathrm{R}ca} \\ 1-a_{\mathrm{R}ab} & a_{\mathrm{R}bc} & 0 \\ 0 & 1-a_{\mathrm{R}bc} & a_{\mathrm{R}ca} \end{bmatrix} \cdot \begin{bmatrix} I_A \\ I_B \\ I_C \end{bmatrix} \tag{3.103}$$

式 (3.103) 符合广义矩阵形式：

$$[I_{abc}] = [d]^{-1} \cdot [I_{ABC}] \tag{3.104}$$

其中：

$$[d]^{-1} = \begin{bmatrix} a_{\mathrm{R}ab} & 0 & 1-a_{\mathrm{R}ca} \\ 1-a_{\mathrm{R}ab} & a_{\mathrm{R}bc} & 0 \\ 0 & 1-a_{\mathrm{R}bc} & a_{\mathrm{R}ca} \end{bmatrix}$$

除了所有三个调节器都处于中间位置（$a_{\mathrm{R}} = 1$）的情况，一般来说 $[d]$ 的所有元素都是非零的，不同相之间的线电流存在相互耦合关系。但是，当每个调节器的分接头位置已知时，可以确定 $[d]^{-1}$ 矩阵的元素，进而通过求逆得到矩阵 $[d]$，因此仍然可以应用广义形式的方程：

$$[I_{ABC}] = [c] \cdot [VLL_{ABC}] + [d] \cdot [I_{abc}] \tag{3.105}$$

与星形接法的调节器一样，若忽略每个调节器的串联阻抗和并联导纳，则矩阵 $[b]$ 和 $[c]$ 为零。

注意，闭合三角形接法的电压和电流方程中，每一个调节器分接头位置的变化都会影响另外两相的电压和电流。因此，增加一个调节器的分接头会影响其他调节器分接头的位置。在大多数情况下，闭合三角形接法电压调节器的带宽设置值必须比星形接法的宽。

3. 开放三角形接法调节器

两个 B 型单相电压调节器能够以开放三角形接法进行连接，如图3-14所示，其中两个单相调节器连接在相 A、B 和 C、B 之间。若将调节器接在相 B、C 和 A、C 之间或相 C、A 和 B、A 之间，则为另外两种开放三角形接法。开放的三角形接法通常在三线三角形馈线情形下应用，此时电压互感器监测线电压，电流互感器监测线电流，各调节器的基准电压和电流关系可用于确定电源侧和负载侧电压和电流之间的关系。

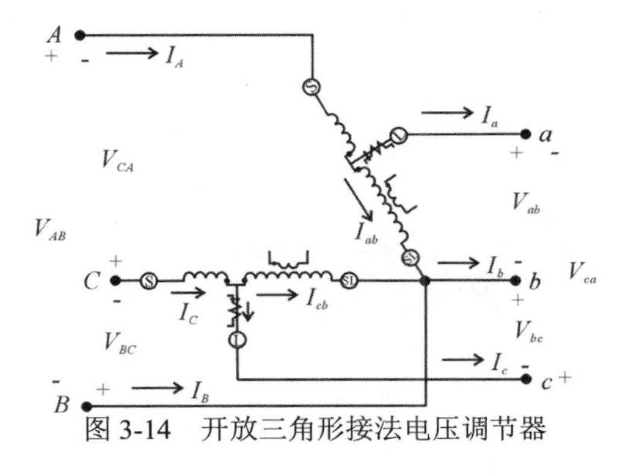

图 3-14　开放三角形接法电压调节器

第一个调节器的电压降 V_{AB} 包括串联绕组上的压降和并联绕组上的压降：

$$V_{AB} = V_{\mathrm{AL}} + V_{ab} \tag{3.106}$$

式中：V_{AL} 为串联绕组上的压降。

注意串联和分流绕组的极性标记，串联绕组的压降为

$$V_{AL} = -\frac{N_2}{N_1} \cdot V_{ab} \tag{3.107}$$

将式 (3.107) 代入式 (3.106) 得出：

$$V_{AB} = \left(1 - \frac{N_2}{N_1}\right) \cdot V_{ab} = a_{Rab} \cdot V_{ab} \tag{3.108}$$

按照相同的步骤，在与 V_{BC} 连接的调节器上，电压方程为

$$V_{BC} = \left(1 - \frac{N_2}{N_1}\right) \cdot V_{bc} = a_{Rcb} \cdot V_{bc} \tag{3.109}$$

由基尔霍夫电压定律：

$$V_{CA} = -(V_{AB} + V_{BC}) = -a_{Rab} \cdot V_{ab} - a_{Rcb} \cdot V_{bc} \tag{3.110}$$

式 (3.108)、式 (3.109) 和式 (3.110) 可以改写为矩阵形式：

$$\begin{bmatrix} V_{AB} \\ V_{BC} \\ V_{CA} \end{bmatrix} = \begin{bmatrix} a_{Rab} & 0 & 0 \\ 0 & a_{Rcb} & 0 \\ -a_{Rab} & -a_{Rcb} & 0 \end{bmatrix} \cdot \begin{bmatrix} V_{ab} \\ V_{bc} \\ V_{ca} \end{bmatrix} \tag{3.111}$$

式 (3.111) 的广义矩阵形式为

$$[VLL_{ABC}] = [a_{LL}] \cdot [VLL_{abc}] + [b_{LL}] \cdot [I_{abc}] \tag{3.112}$$

其中：

$$[a_{LL}] = \begin{bmatrix} a_{Rab} & 0 & 0 \\ 0 & a_{Rcb} & 0 \\ -a_{Rab} & -a_{Rcb} & 0 \end{bmatrix} \tag{3.113}$$

每个调节器的有效匝数比由式 (3.76) 给出。同样地，若忽略调节器的串联阻抗和并联导纳，则 $[b_{LL}]$ 为零。公式 (3.112) 使用广义矩阵给出了源端的线电压与开放三角形负载侧线电压的关系。到目前为止，提到的电压均为线电压。

可以改写式 (3.111)，求得开放三角形连接时，负载侧线到线电压与电源端线到线电压的关系：

$$\begin{bmatrix} V_{ab} \\ V_{bc} \\ V_{ca} \end{bmatrix} = \begin{bmatrix} \frac{1}{a_{Rab}} & 0 & 0 \\ 0 & \frac{1}{a_{Rcb}} & 0 \\ -\frac{1}{a_{Rab}} & -\frac{1}{a_{Rcb}} & 0 \end{bmatrix} \cdot \begin{bmatrix} V_{AB} \\ V_{BC} \\ V_{CA} \end{bmatrix} \tag{3.114}$$

$$[VLL_{abc}] = [A_{LL}] \cdot [VLL_{ABC}] \tag{3.115}$$

其中：

$$[A_{LL}] = \begin{bmatrix} \frac{1}{a_{Rab}} & 0 & 0 \\ 0 & \frac{1}{a_{Rcb}} & 0 \\ -\frac{1}{a_{Rab}} & -\frac{1}{a_{Rcb}} & 0 \end{bmatrix} \tag{3.116}$$

如图3-14所示，在相 A、B 之间调节器的 L 节点上应用 KCL，可以得出电流方程式：

$$I_A = I_a + I_{ab} \tag{3.117}$$

又有

$$I_{ab} = \frac{N_2}{N_1} \cdot I_A$$

因此，式 (3.117) 变为

$$\left(1 - \frac{N_2}{N_1}\right) I_A = I_a \tag{3.118}$$

因此：

$$I_A = \frac{1}{a_{\mathrm{R}ab}} \cdot I_a \tag{3.119}$$

同理，另外一个调节器的电流方程由下式给出：

$$I_C = \frac{1}{a_{\mathrm{R}cb}} \cdot I_c \tag{3.120}$$

因为这是三相三角形线，那么：

$$I_B = -(I_A + I_C) = -\frac{1}{a_{\mathrm{R}ab}} \cdot I_a - \frac{1}{a_{\mathrm{R}cb}} \cdot I_c \tag{3.121}$$

写成矩阵形式

$$\begin{bmatrix} I_A \\ I_B \\ I_C \end{bmatrix} = \begin{bmatrix} \frac{1}{a_{\mathrm{R}ab}} & 0 & 0 \\ -\frac{1}{a_{\mathrm{R}ab}} & 0 & -\frac{1}{a_{\mathrm{R}cb}} \\ 0 & 0 & \frac{1}{a_{\mathrm{R}cb}} \end{bmatrix} \cdot \begin{bmatrix} I_a \\ I_b \\ I_c \end{bmatrix} \tag{3.122}$$

在广义矩阵形式中，式 (3.122) 变为

$$[I_{ABC}] = [c_{\mathrm{LL}}] \cdot [VLL_{ABC}] + [d_{\mathrm{LL}}] \cdot [I_{abc}] \tag{3.123}$$

其中：

$$[d_{\mathrm{LL}}] = \begin{bmatrix} \frac{1}{a_{\mathrm{R}ab}} & 0 & 0 \\ -\frac{1}{a_{\mathrm{R}ab}} & 0 & -\frac{1}{a_{\mathrm{R}cb}} \\ 0 & 0 & \frac{1}{a_{\mathrm{R}cb}} \end{bmatrix} \tag{3.124}$$

若忽略串联阻抗和并联导纳，则常数矩阵 $[c_{\mathrm{LL}}]$ 为零。

改写式 (3.122)，可以得到

$$\begin{bmatrix} I_a \\ I_b \\ I_c \end{bmatrix} = \begin{bmatrix} a_{\mathrm{R}ab} & 0 & 0 \\ -a_{\mathrm{R}ab} & 0 & -a_{\mathrm{R}cb} \\ 0 & 0 & a_{\mathrm{R}cb} \end{bmatrix} \cdot \begin{bmatrix} I_A \\ I_B \\ I_C \end{bmatrix} \tag{3.125}$$

$$[I_{abc}] = [D_{\mathrm{LL}}] \cdot [I_{ABC}] \tag{3.126}$$

其中：

$$[D_{\mathrm{LL}}] = \begin{bmatrix} a_{\mathrm{R}ab} & 0 & 0 \\ -a_{\mathrm{R}ab} & 0 & -a_{\mathrm{R}cb} \\ 0 & 0 & a_{\mathrm{R}cb} \end{bmatrix} \tag{3.127}$$

开放三角形补偿器 R 和 X 的设置值的确定方法遵循与星形接法调节器相同的过程。但必须注意，在开放三角形接法中，施加到补偿器的电压是线电压，电流是线电流。开放三角形接法可以维持负载中心内的两个线电压在规定的范围内，根据基尔霍夫电压定律，第三个线电压由另外两个决定。因此，第三个电压有可能不在限定的范围内。参照图3-15，由于每个调节器都采样线电压和线电流，因此可以通过采用适当的线电压降除以采样的线电流来计算等效阻抗。对于图3-15所示的开放三角形接法调节器，等效阻抗的计算公式如下：

$$Zeq_a = \frac{VR_{ab} - VL_{ab}}{I_a} \tag{3.128}$$

$$Zeq_c = \frac{VR_{cb} - VL_{cb}}{I_c} \tag{3.129}$$

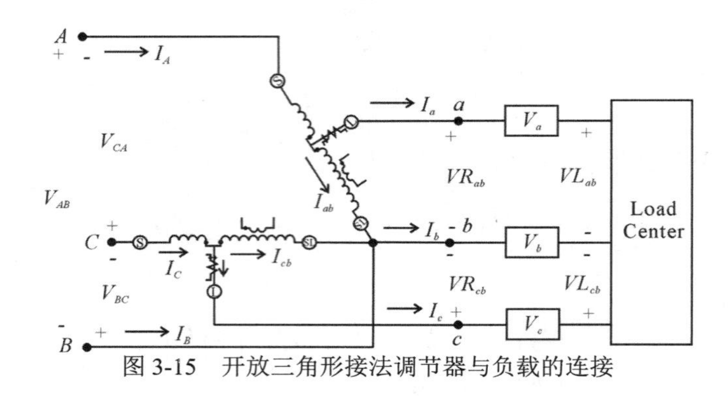

图 3-15　开放三角形接法调节器与负载的连接

这些阻抗以 Ω 为单位，通过应用式 (3.82) 可以转换为补偿器电压。对于开放三角形接法，电压互感器会将系统的额定线电压降低到 120V。

例 3.8 在节点 R 处安装一个开放三角形连接调节器之前，已经在这个系统上进行了潮流计算。负载中心位于节点 L 处，如图3-16所示。潮流计算的结果是：

节点 R　$VR_{ab} = 12470\angle 0$　$VR_{bc} = 12470\angle -120$　$VR_{ca} = 12470\angle 120$

$I_a = 308.2\angle -58.0$　$I_b = 264.2\angle -176.1$　$I_c = 297.0\angle 70.3$

节点 L　$VL_{ab} = 11911\angle -1.4$　$VL_{bc} = 12117\angle -122.3$　$VL_{ca} = 11859\angle 117.3$

图 3-16　例 3.8 的电路

确定补偿器 R 和 X 的设定值，使负载中心的线电压在 119 V 和 121 V 之间。

解答 对于这种接法，电压互感器比率和电流互感器比率选择为

$$N_{\rm PT} = \frac{12470}{120} = 103.92$$

$$CT = \frac{500}{5} = 100$$

在 120 V 电压基准情况下，负载中心的电压为

$$\begin{bmatrix} V120_{ab} \\ V120_{bc} \\ V120_{ca} \end{bmatrix} = \frac{1}{103.92} \cdot \begin{bmatrix} 11911\angle -1.4 \\ 12117\angle -122.3 \\ 11859\angle 117.3 \end{bmatrix} = \begin{bmatrix} 114.6\angle -1.4 \\ 116.6\angle -122.3 \\ 114.3\angle 117.3 \end{bmatrix} \text{(V)}$$

将两个单相 B 型调节器以开放三角形方式连接，调节器应连接在 A-B 和 B-C 相之间，如图3-15所示。电压电平将设置为 120 V，带宽为 2 V。如上计算可知，负载中心电压不在（120±1）V 的期望限制内。

首先使用潮流计算的结果确定补偿器 R 和 X 的设定值。a 相等效线路阻抗为

$$Zeq_a = \frac{VR_{ab} - VL_{ab}}{I_a} = \frac{12470\angle 0 - 11911\angle -1.4}{308.2\angle -58.0} = 0.1665 + \text{j}2.0483\ (\Omega)$$

在计算 c 相等效线路阻抗时，须使用 c-b 电压：

$$Zeq_c = \frac{VR_{cb} - VL_{cb}}{I_c} = \frac{12470\angle 60 - 12117\angle 57.7}{297.0\angle 70.3} = 1.4945 + \text{j}1.3925\ (\Omega)$$

与星形接法调节器的补偿电压设置有所不同，以 V 为单位的设定值为：

$$R'_{ab} + \text{j}X'_{ab} = Zeq_a \cdot \frac{CT_\text{P}}{N_\text{PT}} = (0.1665 + \text{j}2.0483) \times \frac{500}{103.92} = 0.8011 + \text{j}9.8552\ \text{(V)}$$

$$R'_{cb} + \text{j}X'_{cb} = Zeq_c \cdot \frac{CT_\text{P}}{N_\text{PT}} = (1.4945 + \text{j}1.3925) \times \frac{500}{103.92} = 7.1906 + \text{j}6.6999\ \text{(V)}$$

取整后，调节器的设定值为：

$$R'_{ab} + \text{j}X'_{ab} = 0.8 + \text{j}9.9\ \text{(V)}$$
$$R'_{cb} + \text{j}X'_{cb} = 7.2 + \text{j}6.7\ \text{(V)}$$

保持负载不变，补偿器电路中的电流和电压为

$$Vcomp_{ab} = \frac{VR_{ab}}{N_\text{PT}} = \frac{12470\angle 0}{103.92} = 120\angle 0\ \text{(V)}$$

$$Vcomp_{cb} = \frac{-VR_{bc}}{N_\text{PT}} = \frac{12470\angle 60}{103.92} = 120\angle 60\ \text{(V)}$$

$$Icomp_a = \frac{I_a}{CT} = \frac{308.2\angle -58.0}{100} = 3.082\angle -58.0\ \text{(A)}$$

$$Icomp_c = \frac{I_c}{CT} = \frac{297.0\angle 70.3}{100} = 2.97\angle 70.3\ \text{(A)}$$

以 Ω 为单位的补偿器阻抗通过将电压设置除以电流互感器的二次额定值来确定：

$$R_{ab} + \text{j}X_{ab} = \frac{R'_{ab} + \text{j}X'_{ab}}{CT_\text{S}} = \frac{0.8 + \text{j}9.9}{5} = 0.16 + \text{j}1.98$$

$$R_{cb} + \text{j}X_{cb} = \frac{R'_{cb} + \text{j}X'_{ccb}}{CT_\text{S}} = \frac{7.2 + \text{j}6.7}{5} = 1.44 + \text{j}1.34$$

两个补偿器电路中电压继电器的电压为

$$Vrelay_{ab} = Vcomp_{ab} - (R_{ab} + \text{j}X_{ab}) \cdot Icomp_a = 114.6\angle -1.4\ \text{(V)}$$

$$Vrelay_{cb} = Vcomp_{cb} - (R_{cb} + \text{j}X_{cb}) \cdot Icomp_c = 116.6\angle 57.7\ \text{(V)}$$

由于电压低于下限电压 119 V，因此控制电路将发送升高电压的命令以改变两个调节器的抽头。为使每个调节器的负载中心电压达到带宽下限，所需的分接头变化次数为

$$Tap_{ab} = \frac{|119 - 114.6|}{0.75} = 5.87 \approx 6$$

$$Tap_{cb} = \frac{|119 - 116.6|}{0.75} = 3.20 \approx 4$$

即将分接头设置为 6 和 4，可以进行检查以确定负载中心的电压是否在限制范围内。此时的调节比率为：

$$a_{Rab} = 1.0 - 0.00625 \cdot Tap_{ab} = 0.9625$$

$$a_{Rcb} = 1.0 - 0.00625 \cdot Tap_{cb} = 0.9750$$

为了确定负载侧调节器的电压和电流，必须定义矩阵 $[A_{\mathrm{LL}}]$（式（3.116））和 $[D_{\mathrm{LL}}]$（式（3.127））：

$$[A_{\mathrm{LL}}] = \begin{bmatrix} \frac{1}{0.9625} & 0 & 0 \\ 0 & \frac{1}{0.9750} & 0 \\ -\frac{1}{0.9625} & -\frac{1}{0.9750} & 0 \end{bmatrix} = \begin{bmatrix} 1.0390 & 0 & 0 \\ 0 & 1.0256 & 0 \\ -1.0390 & -1.0256 & 0 \end{bmatrix}$$

$$[D_{\mathrm{LL}}] = \begin{bmatrix} 0.9625 & 0 & 0 \\ -0.9625 & 0 & -0.9750 \\ 0 & 0 & 0.9750 \end{bmatrix}$$

调节器的输出电压为

$$[V_{\mathrm{reg}abc}] = [A_{\mathrm{LL}}] \cdot [VLL_{ABC}] = \begin{bmatrix} 12956\angle 0 \\ 12790\angle -120 \\ 12874\angle 120 \end{bmatrix} \ (\mathrm{V})$$

调节器的输出电流为

$$[I_{abc}] = [D_{\mathrm{LL}}] \cdot [I_{ABC}] = \begin{bmatrix} 296.6\angle -58.0 \\ 255.7\angle -175.3 \\ 289.6\angle 70.3 \end{bmatrix} \ (\mathrm{A})$$

有两种方法可以检查负载中心的电压是否在限定范围内。第一种方法是计算补偿器电路中的继电器电压，该过程与最初确定负载中心电压时的过程相同。首先计算补偿器电路中的电压和电流：

$$Vcomp_{ab} = \frac{VR_{ab}}{N_{\mathrm{PT}}} = \frac{12956\angle 0}{103.92} = 124.7\angle 0 \ (\mathrm{V})$$

$$Vcomp_{cb} = \frac{-VR_{bc}}{N_{\mathrm{PT}}} = \frac{12790\angle 60}{103.92} = 123.1\angle 60 \ (\mathrm{V})$$

$$Icomp_{a} = \frac{I_a}{CT} = \frac{296.6\angle -58.0}{100} = 2.966\angle -58.0 \ (\mathrm{A})$$

$$Icomp_{c} = \frac{I_c}{CT} = \frac{289.6\angle 70.3}{100} = 2.896\angle 70.3 \ (\mathrm{A})$$

电压继电器两端的电压为

$$Vrelay_{ab} = Vcomp_{ab} - (R_{ab} + \mathrm{j}X_{ab}) \cdot Icomp_{a} = 119.5\angle -1.3 \ (\mathrm{V})$$

$$Vrelay_{cb} = Vcomp_{cb} - (R_{cb} + \mathrm{j}X_{cb}) \cdot Icomp_{c} = 119.8\angle 57.8 \ (\mathrm{V})$$

由于两个电压都在带宽内，所以不需要进行进一步分接头调整。

第二种方法是使用调节器的输出电压和电流计算负载中心的实际电压，然后计算到负载中心的电压降。调节器和负载中心之间线路的相阻抗矩阵为

$$[Z_{abc}] = \begin{bmatrix} 0.7604+\mathrm{j}2.6762 & 0.1804+\mathrm{j}1.6125 & 0.1804+\mathrm{j}1.2762 \\ 0.1804+\mathrm{j}1.6125 & 0.7604+\mathrm{j}2.6762 & 0.1804+\mathrm{j}1.4773 \\ 0.1804+\mathrm{j}1.2762 & 0.1804+\mathrm{j}1.4773 & 0.7604+\mathrm{j}2.6762 \end{bmatrix} (\Omega)$$

参考图3-15，每相的压降为

$$[v_{abc}] = [Z_{abc}]\cdot[I_{abc}] = \begin{bmatrix} 450.6\angle-1.5 \\ 309.4\angle-106.6 \\ 402.8\angle142.8 \end{bmatrix} (\mathrm{V})$$

负载中心的线电压为

$$VL_{ab} = V_{\mathrm{reg}ab} - v_a + v_b = 12420\angle-1.3\ (\mathrm{V})$$
$$VL_{bc} = V_{\mathrm{reg}bc} - v_b + v_c = 12447\angle-122.2\ (\mathrm{V})$$
$$VL_{ca} = V_{\mathrm{reg}ca} - v_c + v_a = 12279\angle117.5\ (\mathrm{V})$$

将负载中心线间电压除以电压互感器比率可得出 120 V 基础上的电压：

$$V120_{ab} = 119.5\angle-1.3\ (\mathrm{V})$$
$$V120_{bc} = 119.8\angle-122.2\ (\mathrm{V})$$
$$V120_{ca} = 118.2\angle117.5\ (\mathrm{V})$$

在接有电压调节器的两相上保持了所期望的电压，而除这两个电压之外的第三个线电压低于限值，这是无法改进的，因为该电压是由另外两个线电压决定的。唯一的方法是为两个调节器设置较高的电压值。

这个例子详细说明了如何设置补偿器电路以及如何调节分接头，使远端负荷中心节点的电压保持在设定的限值范围内。在实际操作中，工程师的唯一工作是正确确定补偿电路的 R 和 X 设定值，并确定所需的电压电平和带宽。

上文已经给出了使用 A、B 和 C、B 相的开放三角形调节器模型，还有另外两种可能的开放三角形接法，即使用 B、C 和 A、C 相，以及 C、A 和 B、A 相，这两种接法的广义矩阵也可以使用本节介绍的步骤推导得到。

3.5　总　结

本章分析表明，可以使用广义矩阵对 B 型步进电压调节器的所有可能连接方式进行建模，注意本章中的推导仅限于三相接法。如果单相调节器连接于相线和中性线之间，或两个调节器以开放星形方式连接，那么 $[a]$ 和 $[d]$ 矩阵将与星形接法调节器的形式相同，只是行和列中的缺失相的项为零。对于线对线连接的单相调节器也是如此。同样，与缺失相关联的行和列在开放三角接法的矩阵中也为零。

本章中建立的广义矩阵与为三相线路段建立的广义矩阵形式完全相同，在下一章中将建立三相变压器的广义矩阵。

参考文献

1. Kersting W H. Distribution system modeling and analysis[M]. New York: CRC Press, 2002.
2. 标准电压: GB/T 156—2017[S]. 北京: 中国标准出版社, 2017.
3. 电能质量—供电电压偏差: GB/T 12325—2008[S]. 北京: 中国标准出版社, 2008.
4. IEEE Standard Requirements, Terminology, and Test Code for Step-Voltage and Induction-Voltage Regulators, ANSI/IEEE C57.15-2009[S], New York: Institute of Electrical and Electronic Engineers, 2009.

习题

3.1 一个单相变压器，额定容量为 100 kVA，2400V-240V。变压器的阻抗和导纳是：

$Z_1 = 0.65+\mathrm{j}0.95\ \Omega$ （高压绕组阻抗）

$Z_2 = 0.0052+\mathrm{j}0.0078\ \Omega$ （低压绕组阻抗）

$Y_\mathrm{m} = 2.56\times10^{-4}-\mathrm{j}11.37\times10^{-4}\ \mathrm{S}$（等效到高压绕组）

（1）计算常数 a、b、c、d 和 A、B。

（2）变压器给额定功率为 80kW，功率因数为 0.85（滞后）负荷供电，电压为 230V。确定一次侧电压、电流、视在功率和电压降百分比。

（3）根据变压器额定值确定单位变压器阻抗和并联导纳。

3.2 设习题 3.1 的单相变压器作为降压自耦变压器进行连接，将电压从 2400 V 转换为 2160 V。

（1）绘制接线图，包括串联阻抗和并联导纳。

（2）确定自耦变压器的功率额定值。

（3）计算广义常数 a、b、c、d、A 和 B。

（4）自耦变压器的负载为 800 kVA，在 2000 V 电压下功率因数为 0.95（滞后）。考虑阻抗和并联导纳，确定输入电压、电流、复功率和电压降百分比。

（5）根据自耦变压器额定值确定每单位阻抗和并联导纳。这些值与习题 3.1 的单位值相比较，结果如何？

3.3 安装 B 型步进电压调节器以调节 7200 V 单相电压。连接到补偿器电路的电压互感器变比为 7200 V-120 V，电流互感器变比为 500 A-5 A。补偿器电路中的 R 和 X 设置为 $R = 5$ V，$X = 10$ V。当调节器电源侧的电压为 7200 V，电流为 375 A，功率因数为 0.866（滞后），调节器分接头设置在 +10 位置时：

（1）计算负载中心电压。

（2）计算调节器和负载中心之间的等效阻抗。

（3）假定调节器上的电压电平设置为 120 V，带宽为 2 V，须将分接头移动到什么位置？

3.4 某变电站变压器的额定值为 24 MVA，连接方式为 230 kV 三角形-13.8 kV 星形。三个单相 B 型电压调节器采用星形接法，调节器和负载中心节点之间的等效线路阻抗为

$$Z_{line} = 0.1639 + j0.3602\ \Omega/km$$

到负载中心节点的距离为 3048.7805 m。

（1）确定适当的 PT 和 CT 比率。

（2）确定补偿器电路以 Ω 和 V 为单位的 R' 和 X' 设置。

（3）当变电站的输出线间电压为三相对称 13.8 kV，调节器设置在“0”位置时，为额定功率 16 MVA，功率因数 0.9（滞后）的平衡三相负载供电。假设电压电平设置为 121 V，带宽为 2 V，确定调节器的最终分接位置。调节器拥有 32 - 0.625%的分接头（16 个升压和 16 个降压）。

（4）对于 24 MVA 负载，0.9 滞后功率因数，变压器输出电压为平衡三相 13.8 kV，调压器分接头设置是多少？

（5）上面第（4）小题中的负载中心电压是多少？

3.5 三个 B 型步进电压调节器采用星形接法，位于 12.47 kV 变电站的次级母线上，馈线为不平衡负载供电。潮流计算得到变电站和负载中心节点处的电压为

$$[Vsub_{abc}] = \begin{bmatrix} 7200\angle 0 \\ 7200\angle -120 \\ 7200\angle 120 \end{bmatrix} (V)$$

$$[VLC_{abc}] = \begin{bmatrix} 6890.6\angle -1.49 \\ 6825.9\angle -122.90 \\ 6990.5\angle 117.05 \end{bmatrix} (V)$$

变电站的电流是：

$$[I_{abc}] = \begin{bmatrix} 362.8\angle -27.3 \\ 395.4\angle -154.7 \\ 329.0\angle 98.9 \end{bmatrix} (A)$$

调节器电压互感器的变比为 7200V-120V，电流互感器变比为 500A-5A。调节器的电压电平设置为 121 V，带宽为 2 V。

（1）计算调节器和负载中心之间每相的等效线路阻抗。

（2）假设每个调节器上的补偿器设置为相同的 R 和 X，以 V 和 Ω 为单位确定这些值。

3.6 将习题 3.5 中三相调节器的阻抗补偿器设置为

$$R' = 3.0V \qquad X' = 9.3V$$

变电站母线的电压和电流为

$$[Vsub_{abc}] = \begin{bmatrix} 7200\angle 0 \\ 7200\angle -120 \\ 7200\angle 120 \end{bmatrix} (V)$$

$$[I_{abc}] = \begin{bmatrix} 320.6\angle -27.4 \\ 409.0\angle -155.1 \\ 331.5\angle 98.2 \end{bmatrix} (A)$$

确定每个调节器最终的分接头设置。

3.7 对于习题 3.5 系统的不同负载条件，调节器上的分接头已由补偿器电路自动设置为

$$Tap_a = +8 \quad Tap_b = +11 \quad Tap_c = +6$$

负载减小，变电站总线的电压和电流变为

$$[Vsub_{abc}] = \begin{bmatrix} 7200\angle 0 \\ 7200\angle -120 \\ 7200\angle 120 \end{bmatrix} (\text{V})$$

$$[I_{abc}] = \begin{bmatrix} 177.1\angle -28.5 \\ 213.4\angle -156.4 \\ 146.8\angle 98.3 \end{bmatrix} (\text{A})$$

新条件下，确定每个调节器最终的分接头设置。

3.8 习题 3.5 中描述的调节的负载中心节点距变电站 2.4140 km。变电站和负载中心之间没有侧向分接头。线路段的相阻抗矩阵为

$$[z_{abc}] = \begin{bmatrix} 0.2152+\text{j}0.6321 & 0.0969+\text{j}0.3116 & 0.0981+\text{j}0.2631 \\ 0.0969+\text{j}0.3116 & 0.2096+\text{j}0.6507 & 0.0953+\text{j}0.2390 \\ 0.0981+\text{j}0.2631 & 0.0953+\text{j}0.2390 & 0.2120+\text{j}0.5426 \end{bmatrix} (\Omega/\text{km})$$

负载中心节点上有一个星形接法的不平衡负载。负载阻抗是：

$$ZL_a = 19+\text{j}11\ \Omega \quad ZL_b = 22+\text{j}12\ \Omega \quad ZL_c = 18+\text{j}10\ \Omega$$

变电站的电压是三相平衡的 7200 V 线对中性线。调节器设置为中性。

（1）计算负载中心的线对中性线电压。

（2）计算以 V 为单位的调节器 R 和 X 设置。

（3）确定所需的分接头设置，以便将负载中心电压保持在所需的限制范围内。

3.9 三相线路段的相阻抗矩阵为：

$$[z_{abc}] = \begin{bmatrix} 0.2492+\text{j}0.8777 & 0.0592+\text{j}0.5288 & 0.0592+\text{j}0.4845 \\ 0.0592+\text{j}0.5288 & 0.2492+\text{j}0.8777 & 0.0592+\text{j}0.4512 \\ 0.0592+\text{j}0.4845 & 0.0592+\text{j}0.4512 & 0.2492+\text{j}0.8777 \end{bmatrix} (\Omega/\text{km})$$

该线路长 2 km，为不平衡负载供电，变电站变压器的线电压和输出电流：

$$[VLL_{abc}] = \begin{bmatrix} 12470\angle 0 \\ 12470\angle -120 \\ 12470\angle 120 \end{bmatrix} (\text{V})$$

$$[I_{abc}] = \begin{bmatrix} 307.9\angle -54.6 \\ 290.6\angle -178.6 \\ 268.2\angle 65.3 \end{bmatrix} (\text{A})$$

两个 B 型步进电压调节器在变电站处，使用开放三角形 A、B 和 C、B 相接法。电压互感器比率为 12470V-120V，电流互感器比率为 500A-5A。电压电平设置为 121 V，带宽 2 V。

（1）计算负载中心的线电压。

（2）确定以 V 为单位的补偿器 R 和 X 设置。对于开放三角形接法，每个调节器的 R 和 X 设置将有所不同。

（3）确定两个电压调节器最终的分接头位置。

3.10 习题 3.9 中的调节器已经在两个调节器上对特定负载进行了 +9 分接。当负载减少，使调节器处于 +9 位置时，流出变电站变压器的电流变为

$$[I_{abc}] = \begin{bmatrix} 144.3\angle-53.5 \\ 136.3\angle-179.6 \\ 125.7\angle66.3 \end{bmatrix} \text{(A)}$$

计算新条件下，每个调节器最终的分接头设置。

第 4 章　三相变压器模型

三相变压器组建立于配电站中，将电压从高压或中压级别转换为配电馈线级别。通常配电变压器是一个三相单元，可能带有高压无载接头，也可能带有低压有载分接头。在配电馈线分析中，正确地对各种连接方式下的三相变压器建模是非常重要的。本章将阐述适用于辐射状配电馈线的三相变压器组的数学模型，包括以下几种三相变压器连接方式：三角形-接地星形、不接地星形-三角形、接地星形-接地星形、三角形-三角形和开放星形-开放三角形。

4.1　介　绍

图4-1为一般三相变压器组示意图，其定义了连接在源端节点 n 和负载端节点 m 之间的所有变压器组的各类电压和电流。图4-1中的模型可以表示降压（源端到负载端）或升压（源端到负载端）变压器组。标记符号中大写字母 A、B、C、N 始终表示变压器组源端（节点 n），小写字母 a、b、c、n 始终表示变压器组负载端（节点 m）。这里假定所有星形-三角形接法均依据国家标准 GB 1094.1—2013 的规定，用其所描述的相位符号可以表示正序电压和电流的标准相移为：降压接法，V_{AB} 超前 V_{ab} 30°，I_A 超前 I_a 30°；升压接法，V_{AB} 滞后 V_{ab} 30°，I_A 滞后 I_a 30°。

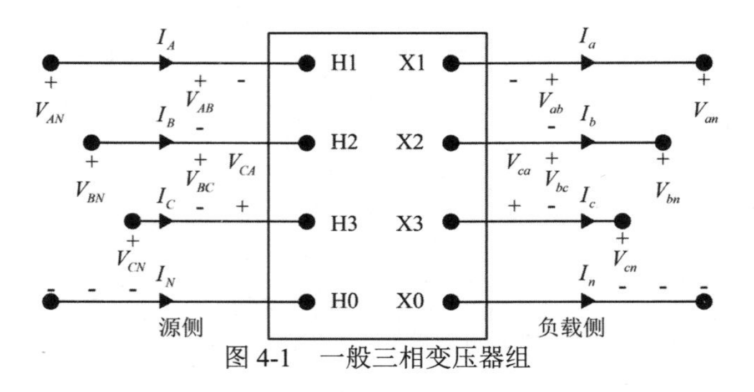

图 4-1　一般三相变压器组

4.2　广义矩阵

下面按与线路和电压调节器的模型相同的矩阵形式，推导三相变压器在不同连接方式下的模型。用于计算节点 n 处的电压和电流的矩阵方程为节点 m 处的电压和电流的函数，由下式给出：

$$[VLN_{ABC}] = [a_t] \cdot [VLN_{abc}] + [b_t] \cdot [I_{abc}] \tag{4.1}$$

$$[I_{ABC}] = [c_t] \cdot [VLN_{abc}] + [d_t] \cdot [I_{abc}] \tag{4.2}$$

第 6 章中描述的梯形迭代法要求节点 m 处的电压是节点 n 处的电压和节点 m 处的电流的函数。所需的等式为

$$[VLN_{abc}] = [A_t] \cdot [VLN_{ABC}] - [B_t] \cdot [I_{abc}] \tag{4.3}$$

在式 (4.1) 至式 (4.3) 中，矩阵 $[VLN_{ABC}]$ 和 $[VLN_{abc}]$ 表示不接地星形接法变压器的线对中性点电压以及接地星形接法的线对地电压。对于三角形接法，电压矩阵表示等效的线对中性点电压。无论变压器绕组如何连接，电流矩阵都表示线电流。

4.3　三角形-接地星形降压接法

三角形-接地星形降压接法是一种常用的连接方式，通常用于为四线星形馈电系统供电的配电变电站。这种接法的另一个应用是为主要是单相的负荷供电。如图4-2所示，三个单相变压器可采用标准 30° 降压接法连接到三角形-接地星形连接器上。

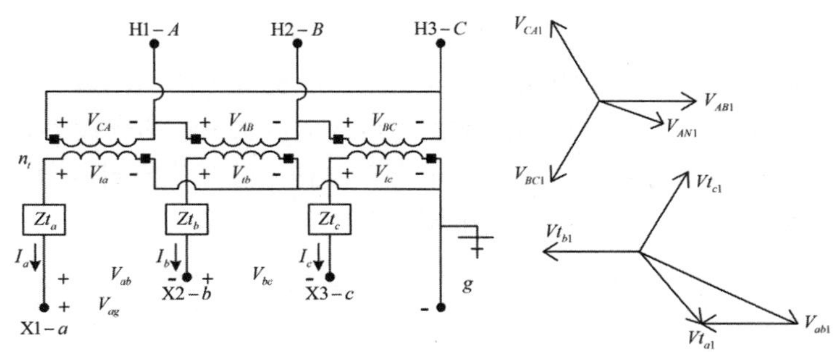

图 4-2　带电压的标准三角形-接地星形接法

4.3.1　电　压

图4-2中电压的正序相量图显示了各种正序电压之间的关系。为了简化符号，有必要如图4-2对理想电压做电压极性标记。观察变压器绕组的极性标记可以发现，电压 Vt_a 与电压 V_{CA} 相位相差 180°，电压 Vt_b 与电压 V_{AB} 相位相差 180°。由基尔霍夫电压定律给出的 a 相和 b 相之间的线电压如下：

$$V_{ab} = Vt_a - Vt_b \tag{4.4}$$

公式 (4.4) 的正序电压相量如图4-2中所示。电压之间的幅度变化可以根据实际绕组匝数比（n_t）或者变压器比率（a_t）来定义，参照图4-2，比率定义如下：

$$n_t = \frac{VLL_{高压侧}}{VLN_{低压侧}} \tag{4.5}$$

应用公式 (4.5)，线电压相对于理想变压器电压的幅值大小为

$$|VLL| = n_t \cdot |V_t| \tag{4.6}$$

高压侧的正序等效线对中性点电压的大小由下式给出：

$$|VLN| = \frac{|VLL|}{\sqrt{3}} = \frac{n_t}{\sqrt{3}} \cdot |V_t| = a_t \cdot |V_t| \tag{4.7}$$

$$a_t = \frac{n_t}{\sqrt{3}} = \frac{VLL_{高压侧}}{\sqrt{3} \cdot VLN_{低压侧}} = \frac{VLL_{高压侧}}{VLL_{低压侧}} \tag{4.8}$$

参考图4-2，变压器一次侧的线间电压为理想二次侧电压的函数，由下式给出：

$$\begin{bmatrix} V_{AB} \\ V_{BC} \\ V_{CA} \end{bmatrix} = \begin{bmatrix} 0 & -n_t & 0 \\ 0 & 0 & -n_t \\ -n_t & 0 & 0 \end{bmatrix} \cdot \begin{bmatrix} Vt_a \\ Vt_b \\ Vt_c \end{bmatrix} \tag{4.9}$$

式 (4.9) 可简写为

$$[VLL_{ABC}] = [AV] \cdot [Vt_{abc}] \tag{4.10}$$

其中：

$$[AV] = \begin{bmatrix} 0 & -n_t & 0 \\ 0 & 0 & -n_t \\ -n_t & 0 & 0 \end{bmatrix} \tag{4.11}$$

公式 (4.10) 表明节点 n 的一次侧线间电压是理想二次侧电压的函数。然而，实际需要的是节点 n 的等效线对中性点电压与理想二次侧电压之间的关系。那么接下来的问题就是，如果已知线间电压，怎样求出等效线对中性点电压？一种方法是应用对称分量理论。

已知的线电压通过以下方式转换为序电压：

$$[VLL_{012}] = [A_s]^{-1} \cdot [VLL_{ABC}] \tag{4.12}$$

其中：

$$[A_s] = \begin{bmatrix} 1 & 1 & 1 \\ 1 & a_s^2 & a_s \\ 1 & a_s & a_s^2 \end{bmatrix} \tag{4.13}$$

$$a_s = 1.0\angle 120$$

按定义，零序线间电压始终为零。正序和负序线对中性点电压和线电压之间的关系由下式给出：

$$\begin{bmatrix} VLN_0 \\ VLN_1 \\ VLN_2 \end{bmatrix} = \begin{bmatrix} 1 & 0 & 0 \\ 0 & t_s^* & 0 \\ 0 & 0 & t_s \end{bmatrix} \cdot \begin{bmatrix} VLL_0 \\ VLL_1 \\ VLL_2 \end{bmatrix} \tag{4.14}$$

$$[VLN_{012}] = [T] \cdot [VLL_{012}] \tag{4.15}$$

其中：

$$t_s = \frac{1}{\sqrt{3}}\angle 30 \tag{4.16}$$

已知零序线电压为零，因此矩阵 $[T]$ 的（1,1）项可以是任意值。为了求出等效线对中性点电压，（1,1）项值应为 1.0。等效线对中性点电压作为序电压的函数可表示为

$$[VLN_{ABC}] = [A_s] \cdot [VLN_{012}] \tag{4.17}$$

将式 (4.15) 代入式 (4.17)：

$$[VLN_{ABC}] = [A_s] \cdot [T] \cdot [VLL_{012}] \tag{4.18}$$

将式 (4.12) 代入式 (4.18)：

$$[VLN_{ABC}] = [W] \cdot [VLL_{ABC}] \tag{4.19}$$

其中：

$$[W] = [A_s] \cdot [T] \cdot [A_s]^{-1} = \frac{1}{3} \cdot \begin{bmatrix} 2 & 1 & 0 \\ 0 & 2 & 1 \\ 1 & 0 & 2 \end{bmatrix} \tag{4.20}$$

式 (4.19) 提供了一种根据线电压计算等效线对中性点电压的方法。这是一个重要的关系，它将用于其他各种三相变压器接法的研究。

接着，将式 (4.10) 代入式 (4.19)：

$$[VLN_{ABC}] = [W] \cdot [AV] \cdot [Vt_{abc}] = [a_t] \cdot [Vt_{abc}] \tag{4.21}$$

其中：

$$[a_t] = [W] \cdot [AV] = \frac{-n_t}{3} \cdot \begin{bmatrix} 0 & 2 & 1 \\ 1 & 0 & 2 \\ 2 & 1 & 0 \end{bmatrix} \tag{4.22}$$

理想二次侧电压是二次侧线对地电压和二次侧线电流的函数，可以表示如下：

$$[Vt_{abc}] = [VLG_{abc}] + [Zt_{abc}] \cdot [I_{abc}] \tag{4.23}$$

其中：

$$[Zt_{abc}] = \begin{bmatrix} Zt_a & 0 & 0 \\ 0 & Zt_b & 0 \\ 0 & 0 & Zt_c \end{bmatrix} \tag{4.24}$$

此处需注意式 (4.24) 中没有限制三个变压器对应的阻抗相等。将式 (4.23) 代入式 (4.21) 得

$$[VLN_{ABC}] = [a_t] \cdot [VLG_{ABC}] + [b_t] \cdot [I_{abc}] \tag{4.25}$$

其中：

$$[b_t] = [a_t] \cdot [Zt_{abc}] = \frac{-n_t}{3} \cdot \begin{bmatrix} 0 & 2 \cdot Zt_b & Zt_c \\ Zt_a & 0 & 2 \cdot Zt_c \\ 2 \cdot Zt_a & Zt_b & 0 \end{bmatrix} \tag{4.26}$$

现在已经定义了广义矩阵 $[a]$ 和 $[b]$。而广义矩阵 $[A]$ 和 $[B]$ 的推导从求解式 (4.10) 出发，理想的二次侧电压为

$$[Vt_{abc}] = [AV]^{-1} \cdot [VLL_{ABC}] \tag{4.27}$$

作为等效线对中性点电压的函数，线电压表示为

$$[VLL_{ABC}] = [D] \cdot [VLN_{ABC}] \tag{4.28}$$

其中：

$$[D] = \begin{bmatrix} 1 & -1 & 0 \\ 0 & 1 & -1 \\ -1 & 0 & 1 \end{bmatrix} \tag{4.29}$$

将式 (4.28) 代入式 (4.27) 中有

$$[Vt_{abc}] = [AV]^{-1} \cdot [D] \cdot [VLN_{ABC}] = [A_t] \cdot [VLN_{ABC}] \tag{4.30}$$

将式 (4.23) 代入式 (4.30) 中有

$$[VLG_{abc}] + [Zt_{abc}] \cdot [I_{abc}] = [A_t] \cdot [VLN_{ABC}] \tag{4.31}$$

其中：

$$[A_t] = [AV]^{-1} \cdot [D] = \frac{1}{n_t} \cdot \begin{bmatrix} 1 & 0 & -1 \\ -1 & 1 & 0 \\ 0 & -1 & 1 \end{bmatrix} \tag{4.32}$$

整理式 (4.31) 可得

$$[VLG_{abc}] = [A_t] \cdot [VLN_{ABC}] - [B_t] \cdot [I_{abc}] \tag{4.33}$$

其中：

$$[B_t] = [Zt_{abc}] = \begin{bmatrix} Zt_a & 0 & 0 \\ 0 & Zt_b & 0 \\ 0 & 0 & Zt_c \end{bmatrix} \tag{4.34}$$

式 (4.25) 和式 (4.33) 是三角形-接地星形降压变压器的广义电压方程。这些方程的形式与前面几章关于线路和步进电压调节器方程的形式完全相同。

4.3.2 电　流

“30° 接法” 规定进入 H1 端子的正序电流在离开 X1 端子时相位滞后 30°。图4-3展示了与图4-2相同的接法，但是图中所示的是电流而不是电压。与电压一样，电流也必须遵守变压器绕组上的极性标记。举个例子，在图4-3中，电流 I_a 从低压绕组的极性标记进入，所以高压绕组上的电流 I_{AC} 将与 I_a 同相，图4-3中的正序电流的相量图显示了这种关系。线电流可以通过应用基尔霍夫电流定律确定为三角形接法中电流的函数：

$$\begin{bmatrix} I_A \\ I_B \\ I_C \end{bmatrix} = \begin{bmatrix} 1 & -1 & 0 \\ 0 & 1 & -1 \\ -1 & 0 & 1 \end{bmatrix} \cdot \begin{bmatrix} I_{AC} \\ I_{BA} \\ I_{CB} \end{bmatrix} \tag{4.35}$$

式 (4.35) 可以简化为

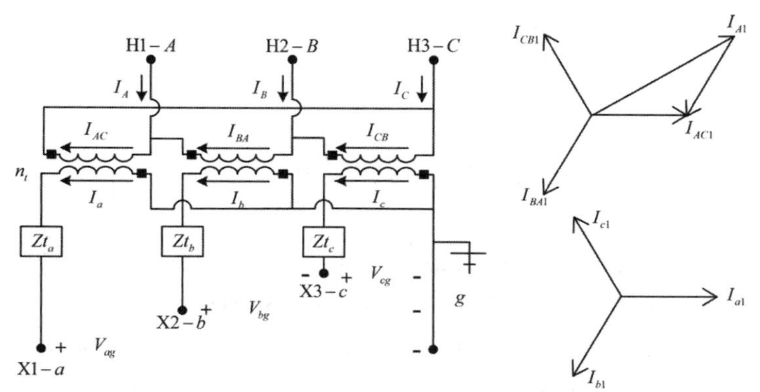

图 4-3　三角形-接地星形接法（带电流）

$$[I_{ABC}]=[D]\cdot[ID_{ABC}] \tag{4.36}$$

将三角形一次侧电流与二次侧线电流相关联的矩阵方程由下式给出：

$$\begin{bmatrix} I_{AC} \\ I_{BA} \\ I_{CB} \end{bmatrix}=\frac{1}{n_{\mathrm{t}}}\cdot\begin{bmatrix} 1 & 0 & 0 \\ 0 & 1 & 0 \\ 0 & 0 & 1 \end{bmatrix}\cdot\begin{bmatrix} I_a \\ I_b \\ I_c \end{bmatrix} \tag{4.37}$$

$$[ID_{ABC}]=[AI]\cdot[I_{abc}] \tag{4.38}$$

将式 (4.38) 代入式 (4.36) 可得

$$[I_{ABC}]=[D]\cdot[AI]\cdot[I_{abc}]=[c_{\mathrm{t}}]\cdot[VLG_{abc}]+[d_{\mathrm{t}}]\cdot[I_{abc}] \tag{4.39}$$

其中：

$$[d_{\mathrm{t}}]=[D]\cdot[AI]=\frac{1}{n_{\mathrm{t}}}\cdot\begin{bmatrix} 1 & -1 & 0 \\ 0 & 1 & -1 \\ -1 & 0 & 1 \end{bmatrix} \tag{4.40}$$

$$[c_{\mathrm{t}}]=\begin{bmatrix} 0 & 0 & 0 \\ 0 & 0 & 0 \\ 0 & 0 & 0 \end{bmatrix} \tag{4.41}$$

式 (4.39) 提供了在已知节点 m 处线电流的情况下，直接计算节点 n 处线电流的方法，这个等式与以前为三相线路段和三相步进电压调节器推导的等式形式相同。

本节中推导的等式均用于降压接法。对于升压变压器，绕组之间的连接将会不同，广义矩阵的定义也是如此。用于推导升压接法的广义矩阵的步骤与本节中介绍的步骤相同。

例 4.1 在图4-4的示例系统中，在三相线的 1 km 处的末端为不平衡的恒定阻抗负载。该线路由额定值 5000 kVA 的变电变压器供电，接法为 138 kV 三角形-12.47 kV 接地星形，阻抗标幺值为 $0.085\angle 85$。该线路的导线类型为 336,400 26/7 钢芯铝绞线，中线为 4/0 钢芯铝绞线，已计算得到相阻抗矩阵为

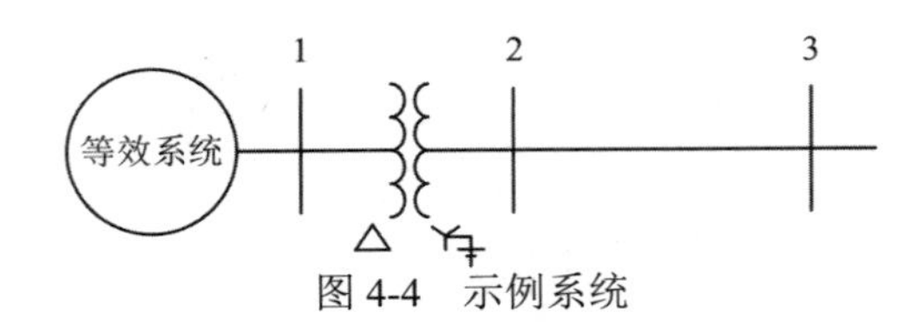

图 4-4　示例系统

$$[Z_{\text{line}abc}] = \begin{bmatrix} 0.2843+\text{j}0.6698 & 0.0969+\text{j}0.3117 & 0.0954+\text{j}0.2392 \\ 0.0969+\text{j}0.3117 & 0.2899+\text{j}0.6513 & 0.0982+\text{j}0.2632 \\ 0.0954+\text{j}0.2392 & 0.0982+\text{j}0.2632 & 0.2868+\text{j}0.6618 \end{bmatrix} \ (\Omega/\text{km})$$

计算变压器的广义矩阵、变压器线电压、负载电流、负载和节点 2 的线对地电压、节点 1 的线电压。

解答 将变压器阻抗换算为有名值，先求出变压器的基本阻抗为

$$Z_{\text{base}} = \frac{12.47^2 \times 1000}{5000} = 31.1$$

$$Z_{\text{t}} = (0.085\angle 85) \times 31.1 = (0.2304+\text{j}2.6335)\ (\Omega)$$

变压器的相阻抗矩阵是：

$$[Zt_{abc}] = \begin{bmatrix} 0.2304+\text{j}2.6335 & 0 & 0 \\ 0 & 0.2304+\text{j}2.6335 & 0 \\ 0 & 0 & 0.2304+\text{j}2.6335 \end{bmatrix} \ (\Omega)$$

不平衡的恒定阻抗负载连接在接地的星形电路上。负载阻抗矩阵为

$$[Zload_{abc}] = \begin{bmatrix} 12+\text{j}6 & 0 & 0 \\ 0 & 13+\text{j}4 & 0 \\ 0 & 0 & 14+\text{j}5 \end{bmatrix} \ (\Omega)$$

变电站变压器节点 1 处的不平衡线电压如下：

$$[VLL_{ABC}] = \begin{bmatrix} 138000\angle 0 \\ 135500\angle -115.5 \\ 145959\angle 123.1 \end{bmatrix} \ (\text{V})$$

（1）确定变压器的广义矩阵。

变压器匝数比为

$$n_{\text{t}} = \frac{KVLL_{\text{高压侧}}}{KVLN_{\text{低压侧}}} = \frac{138}{\frac{12.47}{\sqrt{3}}} = 19.1678$$

变压器比率为

$$a_{\text{t}} = \frac{KVLL_{\text{高压侧}}}{KVLL_{\text{低压侧}}} = \frac{138}{12.47} = 11.0666$$

$$[a_{\text{t}}] = \frac{-19.1678}{3} \cdot \begin{bmatrix} 0 & 2 & 1 \\ 1 & 0 & 2 \\ 2 & 1 & 0 \end{bmatrix} = \begin{bmatrix} 0 & -12.7786 & -6.3893 \\ -6.3893 & 0 & -12.7786 \\ -12.7786 & -6.3893 & 0 \end{bmatrix}$$

$$[b_t]=\frac{-19.1678}{3}\cdot\begin{bmatrix}0 & 2\cdot(0.2304+j2.6335) & 0.2304+j2.6335\\ 0.2304+j2.6335 & 0 & 2\cdot(0.2304+j2.6335)\\ 2\cdot(0.2304+j2.6335) & 0.2304+j2.6335 & 0\end{bmatrix}$$

$$[d_t]=\frac{1}{19.1678}\cdot\begin{bmatrix}1 & -1 & 0\\ 0 & 1 & -1\\ -1 & 0 & 1\end{bmatrix}=\begin{bmatrix}0.0522 & -0.0522 & 0\\ 0 & 0.0522 & -0.0522\\ -0.0522 & 0 & 0.0522\end{bmatrix}$$

$$[A_t]=\frac{1}{19.1678}\cdot\begin{bmatrix}1 & 0 & -1\\ -1 & 1 & 0\\ 0 & -1 & 1\end{bmatrix}=\begin{bmatrix}0.0522 & 0 & -0.0522\\ -0.0522 & 0.0522 & 0\\ 0 & -0.0522 & 0.0522\end{bmatrix}$$

$$[B_t]=[Zt_{abc}]=\begin{bmatrix}0.2304+j2.6335 & 0 & 0\\ 0 & 0.2304+j2.6335 & 0\\ 0 & 0 & 0.2304+j2.6335\end{bmatrix}$$

（2）由节点 1 处线电压，确定理想变压器电压。

$$[AV]=\begin{bmatrix}0 & -n_t & 0\\ 0 & 0 & -n_t\\ -n_t & 0 & 0\end{bmatrix}=\begin{bmatrix}0 & -19.1678 & 0\\ 0 & 0 & -19.1678\\ -19.1678 & 0 & 0\end{bmatrix}$$

$$[Vt_{abc}]=[AV]^{-1}\cdot[VLL_{ABC}]=\begin{bmatrix}7614.8\angle-56.9\\ 7199.6\angle180\\ 7069.1\angle64.5\end{bmatrix}\ (\mathrm{V})$$

（3）确定负载电流。

$$[Vt_{abc}]=([Zt_{abc}]+[Z_{\mathrm{line}abc}]+[Zload_{abc}])\cdot[I_{abc}]=[Ztotal_{abc}]\cdot[I_{abc}]$$

$$[Ztotal_{abc}]=\begin{bmatrix}12.5147+j9.3033 & 0.0969+j0.3117 & 0.0954+j0.2392\\ 0.0969+j0.3117 & 13.5203+j7.2848 & 0.0982+j0.2632\\ 0.0954+j0.2392 & 0.0982+j0.2632 & 14.5172+j8.2953\end{bmatrix}\ (\Omega)$$

$$[I_{abc}]=[Ztotal]^{-1}\cdot[Vt_{abc}]=\begin{bmatrix}493.0\angle-92.7\\ 476.6\angle152.2\\ 430.1\angle35.4\end{bmatrix}\ (\mathrm{A})$$

（4）确定负载和节点 2 的线对地电压。

$$[Vload_{abc}]=[Zload_{abc}]\cdot[I_{abc}]=\begin{bmatrix}6614.7\angle-66.1\\ 6482.9\angle169.3\\ 6393.2\angle55.0\end{bmatrix}\ (\mathrm{V})$$

$$[VLG_{abc}]=[Vload_{abc}]+[Z_{\mathrm{line}abc}]\cdot[I_{abc}]=\begin{bmatrix}6835.4\angle-65.2\\ 6601.9\angle170.8\\ 6499.5\angle56.2\end{bmatrix}\ (\mathrm{V})$$

（5）使用广义矩阵，确定节点 1 的等效线对中性点电压和线电压。

$$[VLN_{ABC}] = [a_t] \cdot [VLG_{abc}] + [b_t] \cdot [I_{abc}] = \begin{bmatrix} 83224\angle-29.3 \\ 77120\angle-148.1 \\ 81827\angle95.0 \end{bmatrix} (\text{V})$$

$$[VLL_{ABC}] = [D] \cdot [VLN_{ABC}] = \begin{bmatrix} 138014\angle0 \\ 135486\angle-115.5 \\ 145959\angle123.1 \end{bmatrix} (\text{V})$$

（6）知道了节点 1 的等效线对中性点电压和流出节点 2 的电流，可以反过来验证节点 2 的线对地电压。

$$[VLG_{abc}] = [A_t] \cdot [VLN_{ABC}] - [B_t] \cdot [I_{abc}] = \begin{bmatrix} 6835.5\angle-65.2 \\ 6602.5\angle170.8 \\ 6498.7\angle56.2 \end{bmatrix} (\text{V})$$

计算结果与上述计算得到的节点 2 的线对地电压值基本相同。

例 4.1 展示了广义常数的应用，还验证了采用从负载到源或从源到负载两种计算方法时，可以得到相同的电压和电流，这个特点对将在第 6 章中阐述的迭代方法来说非常重要。

4.4　不接地星形-三角形降压接法

星形-三角形接法可连接三个单相变压器，星形的中性点可以接地或不接地，但接地星形接法很少使用，原因是在接地星形接法下，当变压器组一次侧发生线对地故障时，零序电流有流通路径，这会导致变压器易因一次侧故障而烧毁；如果主电路的一相断开，变压器组将继续保持三相供电，作为开放星形-三角形变压器组运行。但是其余两台变压器可能会出现过载情况，导致烧毁。

最常见的接法是不接地星形-三角形接法。此接法通常用于为单相照明负载和三相电源负载（例如感应电机）的组合供电。只有不接地星形-三角形变压器接法的广义常量可以按照与三角形-接地星形接法相同的步骤求解。

三个单相变压器可以采用不接地星形、标准 30° 接法连接，如图4-5所示。图4-5中的电压相量图显示高压侧正序线电压超前低压侧正序线电压 30°，高压侧线对中性点电压和低压侧等效线对中性点电压之间的相位差也相同。对于负序电压而言，高压侧负序电压滞后于低压侧负序电压 30°。

图4-6中显示了该接法的正序电流相量。图中说明了变压器高压侧（节点 n）上的正序电源电流超前低压侧线电流（节点 m）30°，同时高压侧负序线电流滞后低压侧负序线电流 30°。

匝数比 n_t 的定义与式 (4.5) 相同，不同之处在于分子为线对中性点电压，分母为线电压。式 (4.8) 中给出的变压器变比 a_t 适用于此接法。在图4-5中应该注意到，如果变压器是理想变压器，则变压器的低压侧电压是线电压，其低压侧电流是在闭合的三角形联结中流过的循环电流。

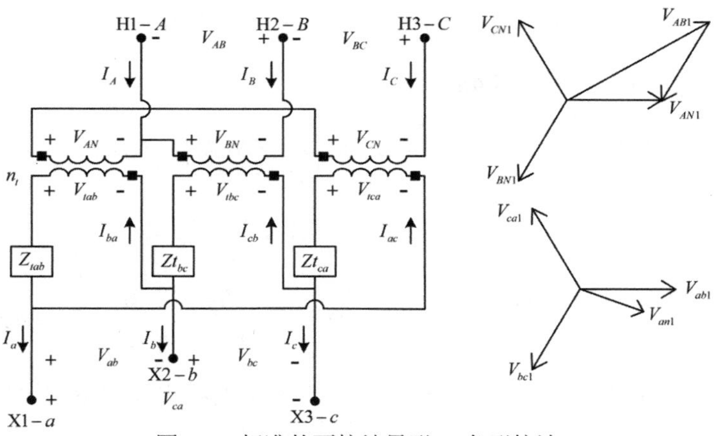

图 4-5　标准的不接地星形-三角形接法

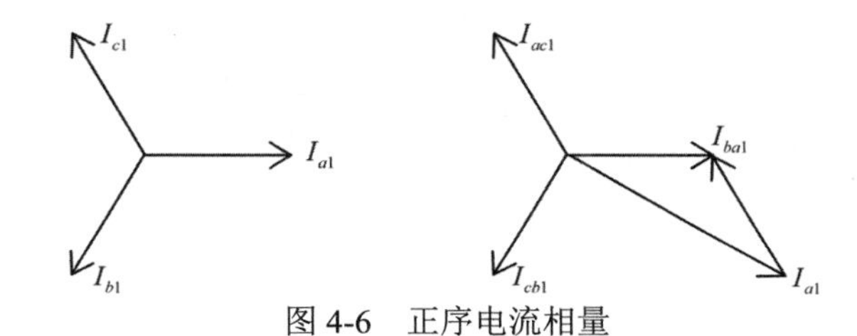

图 4-6　正序电流相量

理想变压器的电压和电流与匝数比相关，可以用方程表示为

$$\begin{bmatrix} V_{AN} \\ V_{BN} \\ V_{CN} \end{bmatrix} = \begin{bmatrix} n_t & 0 & 0 \\ 0 & n_t & 0 \\ 0 & 0 & n_t \end{bmatrix} \cdot \begin{bmatrix} Vt_{ab} \\ Vt_{bc} \\ Vt_{ca} \end{bmatrix} \tag{4.42}$$

其中：

$$n_t = \frac{VLN_{高压侧}}{VLL_{低压侧}}$$

$$\left[VLN_{ABC}\right] = \left[AV\right] \cdot \left[Vt_{abc}\right] \tag{4.43}$$

$$\begin{bmatrix} I_{ba} \\ I_{cb} \\ I_{ac} \end{bmatrix} = \begin{bmatrix} n_t & 0 & 0 \\ 0 & n_t & 0 \\ 0 & 0 & n_t \end{bmatrix} \cdot \begin{bmatrix} I_A \\ I_B \\ I_C \end{bmatrix} \tag{4.44}$$

$$\left[ID_{abc}\right] = \left[AI\right] \cdot \left[I_{ABC}\right] \tag{4.45}$$

$$\left[Vt_{abc}\right] = \left[AV\right]^{-1} \cdot \left[VLN_{ABC}\right] \tag{4.46}$$

作为理想变压器电压和电流的函数，节点 m 处的线电压由下式给出：

$$\begin{bmatrix} V_{ab} \\ V_{bc} \\ V_{ca} \end{bmatrix} = \begin{bmatrix} Vt_{ab} \\ Vt_{bc} \\ Vt_{ca} \end{bmatrix} - \begin{bmatrix} Zt_{ab} & 0 & 0 \\ 0 & Zt_{bc} & 0 \\ 0 & 0 & Zt_{ca} \end{bmatrix} \cdot \begin{bmatrix} ID_{ba} \\ ID_{cb} \\ ID_{ac} \end{bmatrix} \tag{4.47}$$

$$\left[VLL_{abc}\right]=\left[Vt_{abc}\right]-\left[Zt_{abc}\right]\cdot\left[ID_{abc}\right] \tag{4.48}$$

将式 (4.45) 和 (4.46) 代入式 (4.48) 中：

$$\left[VLL_{abc}\right]=\left[AV\right]^{-1}\cdot\left[VLN_{ABC}\right]-\left[ZNt_{abc}\right]\cdot\left[I_{ABC}\right] \tag{4.49}$$

其中：

$$[ZNt_{abc}]=[Zt_{abc}]\cdot[AI]=\begin{bmatrix} n_t\cdot Zt_{ab} & 0 & 0 \\ 0 & n_t\cdot Zt_{bc} & 0 \\ 0 & 0 & n_t\cdot Zt_{ca}\end{bmatrix} \tag{4.50}$$

作为星形变压器电流的函数，变压器组的三角形侧的线电流由下式给出：

$$\left[I_{abc}\right]=\left[DI\right]\cdot\left[ID_{abc}\right] \tag{4.51}$$

其中：

$$\left[DI\right]=\begin{bmatrix} 1 & 0 & -1 \\ -1 & 1 & 0 \\ 0 & -1 & 1\end{bmatrix} \tag{4.52}$$

将式 (4.45) 代入式 (4.51)，有

$$\left[I_{abc}\right]=\left[DI\right]\cdot\left[AI\right]\cdot\left[I_{ABC}\right]=\left[DY\right]\cdot\left[I_{ABC}\right] \tag{4.53}$$

其中：

$$[DY]=[DI]\cdot[AI]=\begin{bmatrix} n_t & 0 & -n_t \\ -n_t & n_t & 0 \\ 0 & -n_t & n_t\end{bmatrix} \tag{4.54}$$

因为矩阵 $[DY]$ 是奇异的，所以不能使用公式 (4.53) 来建立一个方程式将节点 n 处的星形线电流与节点 m 处的三角形线电流相关联。为了得出必要的矩阵方程，必须写出三个独立的方程。可以使用三角形顶点处的两个独立的 KCL 方程。因为没有高压侧电流流向地的路径，所以它们必须总和为零，因此，三角形的电流必须总和为零，这提供了第三个独立的等式。矩阵形式的三个独立方程就可以由下式给出：

$$\begin{bmatrix} I_a \\ I_b \\ 0\end{bmatrix}=\begin{bmatrix} 1 & 0 & -1 \\ -1 & 1 & 0 \\ 1 & 1 & 1\end{bmatrix}\cdot\begin{bmatrix} I_{ba} \\ I_{cb} \\ I_{ac}\end{bmatrix} \tag{4.55}$$

$$\begin{bmatrix} I_{ba} \\ I_{cb} \\ I_{ac}\end{bmatrix}=\begin{bmatrix} 1 & 0 & -1 \\ -1 & 1 & 0 \\ 1 & 1 & 1\end{bmatrix}^{-1}\cdot\begin{bmatrix} I_a \\ I_b \\ 0\end{bmatrix}=\frac{1}{3}\cdot\begin{bmatrix} 1 & -1 & 1 \\ 1 & 2 & 1 \\ -2 & -1 & 1\end{bmatrix}\cdot\begin{bmatrix} I_a \\ I_b \\ 0\end{bmatrix} \tag{4.56}$$

$$\left[ID_{abc}\right]=\left[L0\right]\cdot\left[I_{ab0}\right] \tag{4.57}$$

通过将 $[L0]$ 矩阵的第三列设为零，可以修改公式 (4.57) 以包含 c 相电流：

$$\begin{bmatrix} I_{bc} \\ I_{cb} \\ I_{ac} \end{bmatrix} = \frac{1}{3} \begin{bmatrix} 1 & -1 & 0 \\ 1 & 2 & 0 \\ -2 & -1 & 0 \end{bmatrix} \cdot \begin{bmatrix} I_a \\ I_b \\ I_c \end{bmatrix} \tag{4.58}$$

$$\left[ID_{abc}\right] = \left[L\right] \cdot \left[I_{abc}\right] \tag{4.59}$$

求解方程 (4.45) 并代入方程 (4.59)：

$$\left[I_{ABC}\right] = \left[AI\right]^{-1} \cdot \left[L\right] \cdot \left[I_{abc}\right] \tag{4.60}$$

$$\left[d_{\mathrm{t}}\right] = \left[AI\right]^{-1} \cdot \left[L\right] \cdot = \frac{1}{3 \cdot n_{\mathrm{t}}} \cdot \begin{bmatrix} 1 & -1 & 0 \\ 1 & 2 & 0 \\ -2 & -1 & 0 \end{bmatrix} \tag{4.61}$$

在推导过程中，使用了一个非常方便的方程（式（4.58）），可以在线电流已知时随时确定三角形中的电流。然而，必须要注意的是，这个方程只有在三角形的电流总和为零时才起作用，这意味着主电路上没有接地中性线。现在可以引入广义矩阵 $[a_{\mathrm{t}}]$ 和 $[b_{\mathrm{t}}]$，通过求解式 (4.49) 得到 $[VLN_{ABC}]$：

$$\left[VLN_{ABC}\right] = \left[AV\right] \cdot \left[VLL_{abc}\right] + \left[AV\right] \cdot \left[ZNt_{abc}\right] \cdot \left[I_{ABC}\right] \tag{4.62}$$

将式 (4.60) 代入式 (4.62)

$$\left[VLN_{ABC}\right] = \left[AV\right] \cdot \left[VLL_{abc}\right] + \left[AV\right] \cdot \left[ZNt_{abc}\right] \cdot \left[d_{\mathrm{t}}\right] \cdot \left[I_{abc}\right]$$

而

$$[VLL_{abc}] = [D] \cdot [VLN_{abc}] \tag{4.63}$$

$$\left[VLN_{ABC}\right] = \left[AV\right] \cdot \left[D\right] \cdot \left[VLN_{abc}\right] + \left[AV\right] \cdot \left[ZNt_{abc}\right] \cdot \left[d_{\mathrm{t}}\right] \cdot \left[I_{abc}\right]$$

$$\left[VLN_{ABC}\right] = \left[a_{\mathrm{t}}\right] \cdot \left[VLN_{abc}\right] + \left[b_{\mathrm{t}}\right] \cdot \left[I_{abc}\right] \tag{4.64}$$

其中：

$$[a_{\mathrm{t}}] = [AV] \cdot [D] = n_{\mathrm{t}} \cdot \begin{bmatrix} 1 & -1 & 0 \\ 0 & 1 & -1 \\ -1 & 0 & 1 \end{bmatrix} \tag{4.65}$$

$$[b_{\mathrm{t}}] = [AV] \cdot [ZNt_{abc}] \cdot [d_{\mathrm{t}}] = \frac{n_{\mathrm{t}}}{3} \cdot \begin{bmatrix} Zt_{ab} & -Zt_{ab} & 0 \\ Zt_{bc} & 2 \cdot Zt_{bc} & 0 \\ -2 \cdot Zt_{ca} & -Zt_{ca} & 0 \end{bmatrix} \tag{4.66}$$

为计算从负载到源的电压和电流，这里建立了广义常数矩阵。由式 (4.49) 得

$$\left[VLL_{abc}\right] = \left[AV\right]^{-1} \cdot \left[VLN_{ABC}\right] - \left[ZNt_{abc}\right] \cdot \left[I_{ABC}\right] \tag{4.67}$$

用式 (4.19) 来计算作为线对线电压的函数的等效线对中性点电压，相应的有：

$$\left[VLN_{abc}\right] = \left[W\right] \cdot \left[VLL_{abc}\right] \tag{4.68}$$

将式 (4.67) 和式 (4.60) 代入式 (4.68)：

$$\left[VLN_{abc}\right]=\left[A_{\mathrm{t}}\right]\cdot\left[VLN_{ABC}\right]-\left[B_{\mathrm{t}}\right]\cdot\left[I_{abc}\right] \tag{4.69}$$

其中：

$$[A_{\mathrm{t}}]=[W]\cdot[AV]^{-1}=\frac{1}{3\cdot n_{\mathrm{t}}}\cdot\begin{bmatrix}2&1&0\\0&2&1\\1&0&2\end{bmatrix} \tag{4.70}$$

$$[B_{\mathrm{t}}]=[W]\cdot[ZNt_{abc}]\cdot[d_{\mathrm{t}}]=\frac{1}{9}\cdot\begin{bmatrix}2\cdot Zt_{ab}+Zt_{bc} & 2\cdot Zt_{bc}-2\cdot Zt_{ab} & 0\\ 2\cdot Zt_{bc}-2\cdot Zt_{ca} & 4\cdot Zt_{bc}-Zt_{ca} & 0\\ Zt_{ab}-4\cdot Zt_{ca} & -Zt_{ab}-2\cdot Zt_{ca} & 0\end{bmatrix} \tag{4.71}$$

这里针对不接地星形-三角形变压器接法建立了广义矩阵，该推导应用了基本电路理论和基本变压器理论，推导的最终结果提供了一种分析变压器运行特性的简单方法。例 4.2 将展示这种变压器接法的广义矩阵的应用。

例 4.2 图4-7为不接地星形-三角形接法变压器为不平衡负荷供电的示意图。负载 380 V 电压是线对线的三相平衡电压。相净负载为 S_{ab}= 100 kVA，功率因数为 0.9（滞后），S_{bc}= S_{ca}=50 kVA，功率因数为 0.8（滞后）。在确定三台变压器的尺寸时，假定照明变压器用于全部单相负载和三相负载的其中一相，而两台电力变压器每台分别用于三相负载的其中一相。在上述假设情况下，变压器的参数选定为

照明变压器：100 kVA，11400 V-380 V，$Z=0.01+\mathrm{j}0.4$

电力变压器：50 kVA，11400 V-380 V，$Z=0.015+\mathrm{j}0.35$

求解：1. 负载中的电流；2. 二次侧线路电流；3. 等效线对中性点二次侧电压；4. 一次侧线对中性线和线电压；5. 主线路电流。

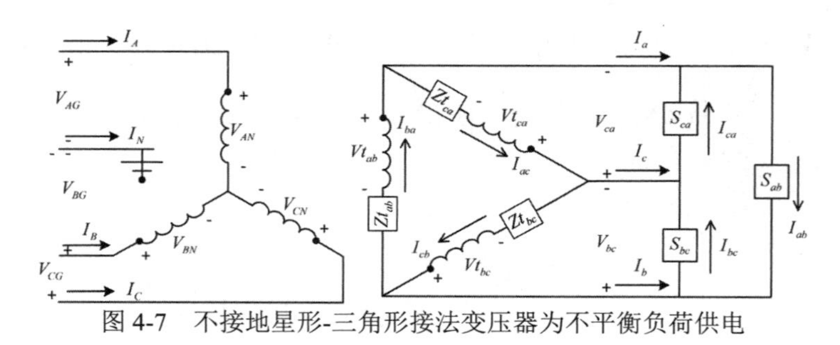

图 4-7　不接地星形-三角形接法变压器为不平衡负荷供电

解答 在分析开始之前，将变压器阻抗转换为以欧姆为单位的有名值，使用三角形接法的二次侧绕组计算基准阻抗。

照明变压器：

$$Zt_{ab}=(0.01+\mathrm{j}0.4)\cdot Z_{\mathrm{base2}}=0.0144+\mathrm{j}0.5776\ (\Omega)$$

电力变压器：

$$Zt_{bc}=Zt_{ca}=(0.015+\mathrm{j}0.35)\cdot Z_{\mathrm{base2}}=0.0433+\mathrm{j}1.0108\ (\Omega)$$

变压器阻抗矩阵为

$$\left[Zt_{abc}\right]=\begin{bmatrix}0.0144+j0.5776 & 0 & 0\\ 0 & 0.0433+j1.0108 & 0\\ 0 & 0 & 0.0433+j1.0108\end{bmatrix}\ (\Omega)$$

变压器匝数比为

$$n_t=11400/380=30$$

计算所有的矩阵：

$$\left[W\right]=\frac{1}{3}\cdot\begin{bmatrix}2 & 1 & 0\\ 0 & 2 & 1\\ 1 & 0 & 2\end{bmatrix}\quad \left[D\right]=\begin{bmatrix}1 & -1 & 0\\ 0 & 1 & -1\\ -1 & 0 & 1\end{bmatrix}\quad \left[DI\right]=\begin{bmatrix}1 & 0 & -1\\ -1 & 1 & 0\\ 0 & -1 & 1\end{bmatrix}$$

$$\left[a_t\right]=n_t\cdot\begin{bmatrix}1 & -1 & 0\\ 0 & 1 & -1\\ -1 & 0 & 1\end{bmatrix}=\begin{bmatrix}30 & -30 & 0\\ 0 & 30 & -30\\ -30 & 0 & 30\end{bmatrix}$$

$$\left[b_t\right]=\frac{n_t}{3}\cdot\begin{bmatrix}Zt_{ab} & -Zt_{ab} & 0\\ Zt_{bc} & 2\cdot Zt_{bc} & 0\\ -2\cdot Zt_{ca} & -Zt_{ca} & 0\end{bmatrix}=\begin{bmatrix}0.144+j5.776 & -0.144-j5.776 & 0\\ 0.433+j10.108 & 0.866+j20.216 & 0\\ -0.866-j20.216 & -0.433-j10.108 & 0\end{bmatrix}$$

$$\left[c_t\right]=\begin{bmatrix}0 & 0 & 0\\ 0 & 0 & 0\\ 0 & 0 & 0\end{bmatrix}$$

$$\left[d_t\right]=\frac{1}{3\cdot n_t}\cdot\begin{bmatrix}1 & -1 & 0\\ 1 & 2 & 0\\ -2 & -1 & 0\end{bmatrix}=\begin{bmatrix}0.0111 & -0.0111 & 0\\ 0.0111 & 0.0222 & 0\\ -0.0222 & -0.0111 & 0\end{bmatrix}$$

$$\left[A_t\right]=\frac{1}{3\cdot n_t}\cdot\begin{bmatrix}2 & 1 & 0\\ 0 & 2 & 1\\ 1 & 0 & 2\end{bmatrix}=\begin{bmatrix}0.0222 & 0.0111 & 0\\ 0 & 0.0222 & 0.0111\\ 0.0111 & 0 & 0.0222\end{bmatrix}$$

$$\left[B_t\right]=\frac{1}{9}\cdot\begin{bmatrix}2\cdot Zt_{ab}+Zt_{bc} & 2\cdot Zt_{bc}-2\cdot Zt_{ab} & 0\\ 2\cdot Zt_{bc}-2\cdot Zt_{ca} & 4\cdot Zt_{bc}-Zt_{ca} & 0\\ Zt_{ab}-4\cdot Zt_{ca} & -Zt_{ab}-2\cdot Zt_{ca} & 0\end{bmatrix}=\begin{bmatrix}0.008+j0.241 & 0.006+j0.096 & 0\\ 0 & 0.014+j0.337 & 0\\ -0.018-j0.385 & -0.011-j0.289 & 0\end{bmatrix}$$

计算负载线电压：

$$\left[VLL_{abc}\right]=\begin{bmatrix}380\angle 0\\ 380\angle -120\\ 380\angle 120\end{bmatrix}\ (\mathrm{V})$$

确定负载：

$$\left[SD_{abc}\right]=\begin{bmatrix}100\angle\cos^{-1}(0.9)\\ 50\angle\cos^{-1}(0.8)\\ 50\angle\cos^{-1}(0.8)\end{bmatrix}=\begin{bmatrix}90+j43.589\\ 40+j30\\ 40+j30\end{bmatrix}\ (\mathrm{kVA})$$

计算三角形负载电流：

$$ID_i = \left(\frac{SD_i \cdot 1000}{VLL_{abc_i}}\right)^* \text{ (A)}$$

$$\left[ID_{abc}\right] = \begin{bmatrix} I_{ab} \\ I_{bc} \\ I_{ca} \end{bmatrix} = \begin{bmatrix} 263.16\angle -25.84 \\ 131.58\angle -156.87 \\ 131.58\angle 83.13 \end{bmatrix} \text{ (A)}$$

计算二次侧线电流：

$$\left[I_{abc}\right] = \left[DI\right] \cdot \left[ID_{abc}\right] = \begin{bmatrix} 330.27\angle -47.98 \\ 363.35\angle 170.01 \\ 227.90\angle 53.13 \end{bmatrix} \text{ (A)}$$

计算等效二次侧线对中性点电压：

$$\left[VLN_{abc}\right] = \left[W\right] \cdot \left[VLL_{abc}\right] = \begin{bmatrix} 219.39\angle -30 \\ 219.39\angle -150 \\ 219.39\angle 90 \end{bmatrix} \text{ (V)}$$

$$\left[VLN_{ABC}\right] = \left[a_{\mathrm{t}}\right] \cdot \left[VLN_{abc}\right] + \left[b_{\mathrm{t}}\right] \cdot \left[I_{abc}\right] = \begin{bmatrix} 13669\angle 13.97 \\ 15649\angle -107.51 \\ 13635\angle 137.54 \end{bmatrix} \text{ (V)}$$

$$\left[VLL_{ABC}\right] = \frac{\left[D\right] \cdot \left[VLN_{ABC}\right]}{1000} = \begin{bmatrix} 25.60\angle 45.40 \\ 24.72\angle -77.50 \\ 24.06\angle 165.79 \end{bmatrix} \text{ (kV)}$$

高压侧线电流为

$$\left[I_{ABC}\right] = \left[d_{\mathrm{t}}\right] \cdot \left[I_{abc}\right] = \begin{bmatrix} 7.29\angle -28.04 \\ 5.65\angle -166.44 \\ 4.84\angle 101.16 \end{bmatrix} \text{ (A)}$$

取变压器电压乘以电流的共轭所得的乘积即可得出每个变压器的运行功率：

$$ST_i = \frac{VLN_{ABC_i} \cdot (I_{ABC_i})^*}{1000} = \begin{bmatrix} 99.62\angle 42.01 \\ 88.46\angle 58.93 \\ 66.04\angle 36.38 \end{bmatrix} \text{ (kVA)}$$

三台变压器的运行功率因数为

$$\left[PF\right] = \begin{bmatrix} \cos(42.01) \\ \cos(58.93) \\ \cos(36.38) \end{bmatrix} = \begin{bmatrix} 0.743 \\ 0.516 \\ 0.805 \end{bmatrix} \text{ (滞后)}$$

上述计算结果表明，三台变压器实际提供的功率与其额定容量存在偏差。具体来说，照明变压器的 100 kVA 容量没有使用完，而其他两台电力变压器存在过载现象。事实上，连接到 B 相的变压器的额定容量高于额定容量的 30%。考虑到过载现象，因此应改变三台变压器的额定容量，可以调整两台电力变压器的额定容量为 90 kVA。同时可以发现，三台变压器的运行功率因数与负载功率因数也存在较大差异，没有必然的关联。

例 4.2 说明了使用广义常数矩阵确定变压器的工作特性的方法，同时还表明，变压器额定值选择不恰当，也会导致变压器过载现象的出现。如果在计算机程序中应用广义常数矩阵，那么在改变变压器的功率额定值的同时，保证所有变压器在额定负载条件下运行，将会是一项简单的工作。

4.5　接地星形-接地星形接法

接地星形-接地星形接法主要用于在四线多接地系统中为单相和三相负载供电，图4-8展示了这种接法。该接法与三角形-星形和星形-三角形接法不同，变压器组两侧的电压和电流之间没有相移，这使得广义常数矩阵的导出更容易。

参照图4-8，二次侧绕组上的理想变压器电压可通过以下公式计算：

$$\begin{bmatrix} Vt_a \\ Vt_b \\ Vt_c \end{bmatrix} = \begin{bmatrix} V_{ag} \\ V_{bg} \\ V_{cg} \end{bmatrix} + \begin{bmatrix} Zt_a & 0 & 0 \\ 0 & Zt_b & 0 \\ 0 & 0 & Zt_c \end{bmatrix} \cdot \begin{bmatrix} I_a \\ I_b \\ I_c \end{bmatrix} \tag{4.72}$$

$$\left[Vt_{abc}\right] = \left[VLG_{abc}\right] + \left[Zt_{abc}\right] \cdot \left[I_{abc}\right] \tag{4.73}$$

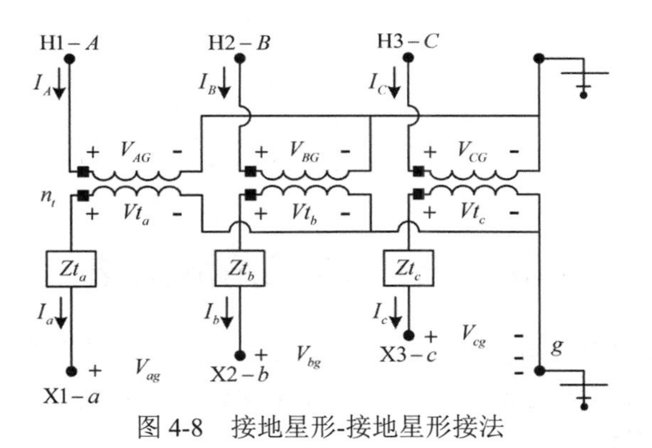

图 4-8　接地星形-接地星形接法

一次侧的线对地电压通过匝数比与理想的变压器电压相关联。

$$\begin{bmatrix} V_{AG} \\ V_{BG} \\ V_{CG} \end{bmatrix} = \begin{bmatrix} n_t & 0 & 0 \\ 0 & n_t & 0 \\ 0 & 0 & n_t \end{bmatrix} \cdot \begin{bmatrix} Vt_a \\ Vt_b \\ Vt_c \end{bmatrix} \tag{4.74}$$

$$\left[VLG_{ABC}\right] = \left[AV\right] \cdot \left[Vt_{abc}\right] \tag{4.75}$$

将式 (4.73) 代入式 (4.75)

$$\left[VLG_{ABC}\right] = \left[AV\right] \cdot \left[VLG_{abc}\right] + \left[AV\right] \cdot \left[Zt_{abc}\right] \cdot \left[I_{abc}\right] \tag{4.76}$$

式 (4.76) 为广义形式，其中矩阵 $[a]$ 和 $[b]$ 定义如下：

$$[a_t] = [AV] = \begin{bmatrix} n_t & 0 & 0 \\ 0 & n_t & 0 \\ 0 & 0 & n_t \end{bmatrix} \tag{4.77}$$

$$[b_t] = [AV] \cdot [Zt_{abc}] = \begin{bmatrix} n_t \cdot Zt_a & 0 & 0 \\ 0 & n_t \cdot Zt_b & 0 \\ 0 & 0 & n_t \cdot Zt_c \end{bmatrix} \tag{4.78}$$

作为二次侧线电流函数的一次侧线电流由下式给出：

$$[I_{ABC}] = [d_t] \cdot [I_{abc}] \tag{4.79}$$

$$[d_t] = \begin{bmatrix} \frac{1}{n_t} & 0 & 0 \\ 0 & \frac{1}{n_t} & 0 \\ 0 & 0 & \frac{1}{n_t} \end{bmatrix} \tag{4.80}$$

对于二次侧线对地电压，求解式 (4.76) 可得到其逆等式：

$$[VLG_{abc}] = [AV]^{-1} \cdot [VLG_{ABC}] - [Zt_{abc}] \cdot [I_{abc}] \tag{4.81}$$

逆等式常数矩阵由下列形式给出：

$$[A_t] = [AV]^{-1} = \begin{bmatrix} \frac{1}{n_t} & 0 & 0 \\ 0 & \frac{1}{n_t} & 0 \\ 0 & 0 & \frac{1}{n_t} \end{bmatrix} \tag{4.82}$$

$$[B_t] = \begin{bmatrix} Zt_a & 0 & 0 \\ 0 & Zt_b & 0 \\ 0 & 0 & Zt_c \end{bmatrix} \tag{4.83}$$

4.6　三角形-三角形接法

三角形-三角形接法主要用于三线三角形系统，为三相负载或三相和单相负载的组合供电。图4-9显示了三个单相变压器的三角形-三角形接法。作为匝数比的函数，基本理想变压器电压和电流方程可以表示为

$$\begin{bmatrix} VLL_{AB} \\ VLL_{BC} \\ VLL_{CA} \end{bmatrix} = \begin{bmatrix} n_t & 0 & 0 \\ 0 & n_t & 0 \\ 0 & 0 & n_t \end{bmatrix} \cdot \begin{bmatrix} Vt_{ab} \\ Vt_{bc} \\ Vt_{ca} \end{bmatrix} \tag{4.84}$$

$$[VLL_{ABC}] = [AV] \cdot [Vt_{abc}] \tag{4.85}$$

$$\begin{bmatrix} I_{ba} \\ I_{cb} \\ I_{ac} \end{bmatrix} = \begin{bmatrix} n_t & 0 & 0 \\ 0 & n_t & 0 \\ 0 & 0 & n_t \end{bmatrix} \cdot \begin{bmatrix} I_{AB} \\ I_{BC} \\ I_{CA} \end{bmatrix} \tag{4.86}$$

$$[ID_{abc}] = [AI] \cdot [ID_{ABC}] \tag{4.87}$$

其中：

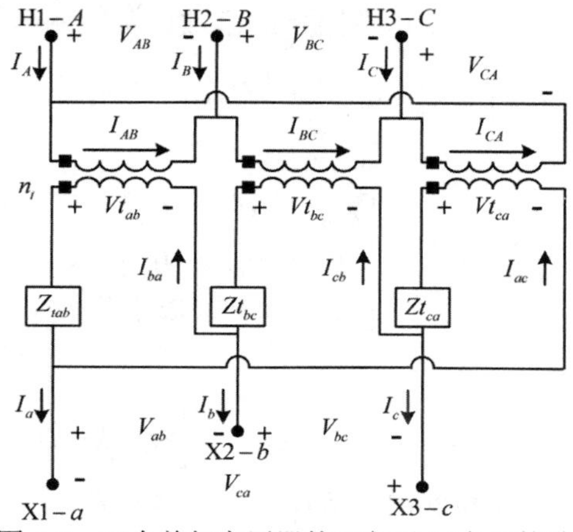

图 4-9　三个单相变压器的三角形-三角形接法

$$n_t = \frac{VLL_{高压侧}}{VLL_{低压侧}} \tag{4.88}$$

由式 (4.87) 得

$$\left[ID_{ABC}\right] = \left[AI\right]^{-1} \cdot \left[ID_{abc}\right] \tag{4.89}$$

作为源端三角形电流的函数，线电流可由下式给出：

$$\begin{bmatrix} I_A \\ I_B \\ I_C \end{bmatrix} = \begin{bmatrix} 1 & 0 & -1 \\ -1 & 1 & 0 \\ 0 & -1 & 1 \end{bmatrix} \cdot \begin{bmatrix} I_{AB} \\ I_{BC} \\ I_{CA} \end{bmatrix} \tag{4.90}$$

$$\left[I_{ABC}\right] = \left[DI\right] \cdot \left[ID_{ABC}\right] \tag{4.91}$$

将式 (4.89) 代入式 (4.91) 中，且由 $[AI]$ 为对角矩阵，有

$$\left[I_{ABC}\right] = \left[AI\right]^{-1} \cdot \left[DI\right] \cdot \left[ID_{abc}\right] \tag{4.92}$$

根据负载侧三角形电流确定负载侧线电流：

$$\begin{bmatrix} I_a \\ I_b \\ I_c \end{bmatrix} = \begin{bmatrix} 1 & 0 & -1 \\ -1 & 1 & 0 \\ 0 & -1 & 1 \end{bmatrix} \cdot \begin{bmatrix} I_{ba} \\ I_{cb} \\ I_{ac} \end{bmatrix} \tag{4.93}$$

$$\left[I_{abc}\right] = \left[DI\right] \cdot \left[ID_{abc}\right] \tag{4.94}$$

应用式 (4.94)，式 (4.92) 化为

$$\left[I_{ABC}\right] = \left[AI\right]^{-1} \cdot \left[I_{abc}\right] \tag{4.95}$$

从而，作为源侧线电流函数的负载侧线电流为

$$\left[I_{abc}\right] = \left[AI\right] \cdot \left[I_{ABC}\right] \tag{4.96}$$

等式 (4.95) 和式 (4.96) 表明，变压器两侧的线电流是同相的，且仅与变压器绕组的匝数比有关。在标幺制下，变压器两侧线电流的标幺值是相等的。

作为线间电压、三角形电流和变压器阻抗的函数，负载侧理想三角形电压由下式给出：

$$\left[Vt_{abc}\right]=\left[VLL_{abc}\right]+\left[Zt_{abc}\right]\cdot\left[ID_{abc}\right] \tag{4.97}$$

其中：

$$\left[Zt_{abc}\right]=\begin{bmatrix} Zt_{ab} & 0 & 0 \\ 0 & Zt_{bc} & 0 \\ 0 & 0 & Zt_{ca} \end{bmatrix} \tag{4.98}$$

将式 (4.97) 代入式 (4.85) 并整理得

$$\left[VLL_{abc}\right]=\left[AV\right]^{-1}\cdot\left[VLL_{ABC}\right]-\left[Zt_{abc}\right]\cdot\left[ID_{abc}\right] \tag{4.99}$$

等式 (4.99) 中的三角形电流需要由负载侧线电流来代替。为了建立所需的关系，需要三个独立的等式，前两个等式可以在二次侧的三角形接法的两个节点应用 KCL 获得。

$$I_a=I_{ba}-I_{ac} \qquad I_b=I_{cb}-I_{ba} \tag{4.100}$$

第三个等式可以由一次侧线对线电压的总和等于零导出，对二次侧三角形绕组应用 KVL 可以得到：

$$Vt_{ab}-Zt_{ab}\cdot I_{ba}+Vt_{bc}-Zt_{bc}\cdot I_{cb}+Vt_{ca}-Zt_{ca}\cdot I_{ac}=0 \tag{4.101}$$

用源端线电压替换理想的三角形电压：

$$\frac{V_{AB}}{n_{\mathrm{t}}}+\frac{V_{BC}}{n_{\mathrm{t}}}+\frac{V_{CA}}{n_{\mathrm{t}}}=Zt_{ab}\cdot I_{ba}+Zt_{bc}\cdot I_{cb}+Zt_{ca}\cdot I_{ac} \tag{4.102}$$

$$0=Zt_a\cdot I_{ba}+Zt_b\cdot I_{cb}+Zt_c\cdot I_{ac} \tag{4.103}$$

在式 (4.103) 中应该注意，如果三个变压器阻抗相等，那么三角形电流的总和将为零，这意味着三角形接法的零序电流将为零。

将式 (4.102)、式 (4.103) 整理成矩阵形式如下：

$$\begin{bmatrix} I_a \\ I_b \\ 0 \end{bmatrix}=\begin{bmatrix} 1 & 0 & -1 \\ -1 & 1 & 0 \\ Zt_{ab} & Zt_{bc} & Zt_{ca} \end{bmatrix}\cdot\begin{bmatrix} I_{ba} \\ I_{cb} \\ I_{ac} \end{bmatrix} \tag{4.104}$$

$$\left[I0_{abc}\right]=\left[F\right]\cdot\left[ID_{abc}\right] \tag{4.105}$$

其中：

$$[I0_{abc}]=\begin{bmatrix} I_a \\ I_b \\ 0 \end{bmatrix} \tag{4.106}$$

$$[F]=\begin{bmatrix} 1 & 0 & -1 \\ -1 & 1 & 0 \\ Zt_{ab} & Zt_{bc} & Zt_{ca} \end{bmatrix} \tag{4.107}$$

由式 (4.105) 有

$$\left[ID_{abc}\right]=\left[F\right]^{-1}\cdot\left[I0_{abc}\right]=\left[G\right]\cdot\left[I0_{abc}\right] \tag{4.108}$$

其中：

$$[G]=[F]^{-1}=\frac{1}{Zt_{ab}+Zt_{bc}+Zt_{ca}}\cdot\begin{bmatrix}Zt_{ca} & -Zt_{bc} & 1\\ Zt_{ca} & Zt_{ab}+Zt_{ca} & 1\\ -Zt_{ab}-Zt_{bc} & -Zt_{bc} & 1\end{bmatrix} \tag{4.109}$$

将式 (4.108) 化为矩阵形式：

$$\begin{bmatrix}I_{ba}\\ I_{cb}\\ I_{ac}\end{bmatrix}=\begin{bmatrix}G_{11} & G_{12} & G_{13}\\ G_{21} & G_{22} & G_{23}\\ G_{31} & G_{32} & G_{33}\end{bmatrix}\cdot\begin{bmatrix}I_a\\ I_b\\ 0\end{bmatrix} \tag{4.110}$$

从式 (4.108) 和式 (4.110) 可以看出，三角形电流是变压器阻抗和 a 相、b 相线电流的函数。通过将 $[G]$ 矩阵的最后一列置零，可以修改式 (4.110) 以包含 c 相的线电流：

$$\begin{bmatrix}I_{ba}\\ I_{cb}\\ I_{ac}\end{bmatrix}=\begin{bmatrix}G_{11} & G_{12} & 0\\ G_{21} & G_{22} & 0\\ G_{31} & G_{32} & 0\end{bmatrix}\cdot\begin{bmatrix}I_a\\ I_b\\ I_c\end{bmatrix} \tag{4.111}$$

式 (4.110) 最终形式可以写为

$$\left[ID_{abc}\right]=\left[G1\right]\cdot\left[I_{abc}\right] \tag{4.112}$$

其中：

$$\left[G1\right]=\frac{1}{Zt_{ab}+Zt_{bc}+Zt_{ca}}\cdot\begin{bmatrix}Zt_{ca} & -Zt_{bc} & 0\\ Zt_{ca} & Zt_{ab}+Zt_{ca} & 0\\ -Zt_{ab}-Zt_{bc} & -Zt_{bc} & 0\end{bmatrix} \tag{4.113}$$

如果三个变压器的阻抗相等，则：

$$\begin{bmatrix}I_{ba}\\ I_{cb}\\ I_{ac}\end{bmatrix}=\frac{1}{3}\cdot\begin{bmatrix}1 & -1 & 0\\ 1 & 2 & 0\\ -2 & -1 & 0\end{bmatrix}\cdot\begin{bmatrix}I_a\\ I_b\\ I_c\end{bmatrix}=\frac{1}{3}\cdot\begin{bmatrix}I_a-I_b\\ I_a+2\cdot I_b\\ -2\cdot I_a-I_b\end{bmatrix} \tag{4.114}$$

式 (4.114) 中三角形电流的总和为零，意味着在三角形绕组中不存在零序电流环流。以三角形-三角形方式连接的变压器为单相和三相组合负载供电是一种常见的做法。单相负载由三个变压器中的照明变压器供电，从而提供 220/380 V 电压。照明变压器的额定容量和阻抗与另外两个电力变压器不同。因此，在三角形绕组中会有零序环流。

将公式 (4.112) 代入公式 (4.99)：

$$\left[VLL_{ABC}\right]=\left[AV\right]\cdot\left[VLL_{abc}\right]+\left[AV\right]\cdot\left[Zt_{abc}\right]\cdot\left[G1\right]\cdot\left[I_{abc}\right] \tag{4.115}$$

广义矩阵根据变压器绕组两侧的线对中性点电压来定义，式 (4.115) 可以根据等效线对中性点电压修改为

$$\left[VLN_{ABC}\right]=\left[W\right]\cdot\left[VLL_{ABC}\right]$$

由式 (4.115) 和上式可得广义方程：

$$\left[VLN_{ABC}\right]=\left[a_{\mathrm{t}}\right]\cdot\left[VLN_{abc}\right]+\left[b_{\mathrm{t}}\right]\cdot\left[I_{abc}\right] \tag{4.116}$$

其中：

$$[a_t]=[W]\cdot[AV]\cdot[D]=\frac{n_t}{3}\cdot\begin{bmatrix}2&-1&-1\\-1&2&-1\\-1&-1&2\end{bmatrix}\tag{4.117}$$

$$[b_t]=[W]\cdot[AV]\cdot[Zt_{abc}]\cdot[G1]\tag{4.118}$$

式 (4.95) 给出了电流的广义方程：

$$\left[I_{ABC}\right]=\left[AI\right]^{-1}\cdot\left[I_{abc}\right]=\left[d_t\right]\cdot\left[I_{abc}\right]\tag{4.119}$$

其中：

$$[d_t]=\begin{bmatrix}\frac{1}{n_t}&0&0\\0&\frac{1}{n_t}&0\\0&0&\frac{1}{n_t}\end{bmatrix}\tag{4.120}$$

逆向广义方程可以通过用等效的线对中性点电压修正公式 (4.99) 来得到：

$$\left[VLN_{abc}\right]=\left[W\right]\cdot\left[VLL_{abc}\right]$$

则广义方程为

$$\left[VLN_{abc}\right]=\left[A_t\right]\cdot\left[VLN_{ABC}\right]-\left[B_t\right]\cdot\left[I_{abc}\right]\tag{4.121}$$

其中：

$$\left[A_t\right]=\left[W\right]\cdot\left[AV\right]^{-1}\cdot\left[D\right]=\frac{1}{3\cdot n_t}\cdot\begin{bmatrix}2&-1&-1\\-1&2&-1\\-1&-1&2\end{bmatrix}\tag{4.122}$$

$$\left[B_t\right]=\left[W\right]\cdot\left[Zt_{abc}\right]\cdot\left[G1\right]\tag{4.123}$$

至此三角形-三角形接法的广义矩阵推导完成。该推导过程为基础变压器理论和基础电路理论的应用提供了很好的练习。一旦为特定变压器接法定义了矩阵，对该接法进行分析将会是一项相对简单的任务。例 4.3 将示例使用广义矩阵对三角形-三角形接法进行分析。

例 4.3 图4-10为三角形-三角形接法变压器及不平衡三角形接法负荷示意图。

$$\left[VLL_{abc}\right]=\begin{bmatrix}380\angle 0\\380\angle -120\\380\angle 120\end{bmatrix}\ (\mathrm{V})$$

相净负载为：S_{ab}= 100 kVA，滞后功率因数为 0.9，S_{bc}= S_{ca}=50 kVA，滞后功率因数为 0.8。如例 4.2 所示，假定照明变压器为单相负载和三相负载的其中一相供电，两个电力变压器各为三相负载的一相供电。在上述假设前提下，变压器的参数选定为

照明变压器：100 kVA,19744 V-380 V, Z=0.01+j0.4

电力变压器：50 kVA,19744 V-380 V, Z=0.015+j0.35

求解：1. 负载中的电流；2. 二次侧线电流；3. 等效二次侧线对中性点电压；4. 一次侧线对中性点和线电压；5. 一次侧线电流；6. 一次侧和二次侧绕组中的三角形电流。

解答 在分析开始之前，将变压器阻抗转换为以欧姆为单位的有名值，基准阻抗选择为三角形接法的二次侧阻抗：

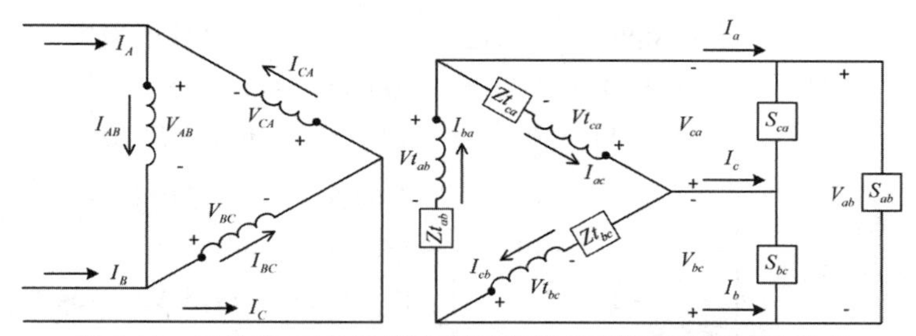

图 4-10　三角形-三角形接法变压器及不平衡三角形接法负荷

照明变压器：

$$Z_{\text{base}} = \frac{0.38^2 \times 1000}{100} = 1.444\ (\Omega)$$

$$Zt_{ab} = (0.01 + \text{j}0.4) \times 1.444 = 0.0144 + \text{j}0.5776\ (\Omega)$$

电力变压器：

$$Z_{\text{base}} = \frac{0.38^2 \times 1000}{50} = 2.888\ (\Omega)$$

$$Zt_{bc} = Zt_{ca} = (0.015 + \text{j}0.35) \times 2.888 = 0.0433 + \text{j}1.0108\ (\Omega)$$

现在可以确定变压器阻抗矩阵：

$$\left[Zt_{abc}\right] = \begin{bmatrix} 0.0144 + \text{j}0.5776 & 0 & 0 \\ 0 & 0.0433 + \text{j}1.0108 & 0 \\ 0 & 0 & 0.0433 + \text{j}1.0108 \end{bmatrix}\ (\Omega)$$

变压器匝数比为

$$n_{\text{t}} = 19744/380 = 51.9579$$

计算所有矩阵：

$$\left[W\right] = \frac{1}{3} \cdot \begin{bmatrix} 2 & 1 & 0 \\ 0 & 2 & 1 \\ 1 & 0 & 2 \end{bmatrix} \quad \left[D\right] = \begin{bmatrix} 1 & -1 & 0 \\ 0 & 1 & -1 \\ -1 & 0 & 1 \end{bmatrix} \quad \left[DI\right] = \begin{bmatrix} 1 & 0 & -1 \\ -1 & 1 & 0 \\ 0 & -1 & 1 \end{bmatrix}$$

$$\left[AV\right] = \begin{bmatrix} n_{\text{t}} & 0 & 0 \\ 0 & n_{\text{t}} & 0 \\ 0 & 0 & n_{\text{t}} \end{bmatrix} = \begin{bmatrix} 51.9579 & 0 & 0 \\ 0 & 51.9579 & 0 \\ 0 & 0 & 51.9579 \end{bmatrix}$$

$$\left[AI\right] = \begin{bmatrix} n_{\text{t}} & 0 & 0 \\ 0 & n_{\text{t}} & 0 \\ 0 & 0 & n_{\text{t}} \end{bmatrix} = \begin{bmatrix} 51.9579 & 0 & 0 \\ 0 & 51.9579 & 0 \\ 0 & 0 & 51.9579 \end{bmatrix}$$

$$\left[G1\right] = \frac{1}{Zt_{ab} + Zt_{bc} + Zt_{ca}} \cdot \begin{bmatrix} Zt_{ca} & -Zt_{bc} & 0 \\ Zt_{ca} & Zt_{ab} + Zt_{ca} & 0 \\ -Zt_{ab} - Zt_{bc} & -Zt_{bc} & 0 \end{bmatrix}$$

$$[G1]=\begin{bmatrix}0.3889-\mathrm{j}0.0015 & -0.3889+\mathrm{j}0.0015 & 0\\0.3889-\mathrm{j}0.0015 & 0.6111+\mathrm{j}0.0015 & 0\\-0.6111-\mathrm{j}0.0015 & -0.3889+\mathrm{j}0.0015 & 0\end{bmatrix}$$

$$[a_{\mathrm{t}}]=\frac{51.9579}{3}\cdot\begin{bmatrix}2 & -1 & -1\\-1 & 2 & -1\\-1 & -1 & 2\end{bmatrix}=\begin{bmatrix}34.6386 & -17.3193 & -17.3193\\-17.3193 & 34.6386 & -17.3193\\-17.3193 & -17.3193 & 34.6386\end{bmatrix}$$

$$[b_{\mathrm{t}}]=[AV]\cdot[W]\cdot[Zt_{abc}]\cdot[G1]=\begin{bmatrix}0.5437+\mathrm{j}14.5889 & 0.2063+\mathrm{j}2.9174 & 0\\0.2063+\mathrm{j}2.9174 & 0.5437+\mathrm{j}14.5889 & 0\\-0.7499-\mathrm{j}17.5063 & -0.7499-\mathrm{j}17.5063 & 0\end{bmatrix}$$

$$[A_{\mathrm{t}}]=\frac{1}{3\times 51.9579}\cdot\begin{bmatrix}2 & -1 & -1\\-1 & 2 & -1\\-1 & -1 & 2\end{bmatrix}=\begin{bmatrix}0.0128 & -0.0064 & -0.0064\\-0.0064 & 0.0128 & -0.0064\\-0.0064 & -0.0064 & 0.0128\end{bmatrix}$$

$$[B_{\mathrm{t}}]=[W]\cdot[Zt_{abc}]\cdot[G1]=\begin{bmatrix}0.0105+\mathrm{j}0.2808 & 0.0040+\mathrm{j}0.0561 & 0\\0.0040+\mathrm{j}0.0561 & 0.0105+\mathrm{j}0.2808 & 0\\-0.0144-\mathrm{j}0.3369 & -0.0144-\mathrm{j}0.3369 & 0\end{bmatrix}$$

（1）在已经定义广义常数矩阵的情况下，可以首先计算三角形负载电流：

$$IL_i=\left(\frac{SL_i\times 1000}{VLL_i}\right)^*=\begin{bmatrix}263.16\angle-25.84\\131.58\angle-156.87\\131.58\angle 83.13\end{bmatrix}\ (\mathrm{A})$$

（2）计算线电流：

$$[I_{abc}]=[DI]\cdot[IL]=\begin{bmatrix}330.27\angle-47.97\\363.35\angle 170.01\\227.90\angle 53.13\end{bmatrix}\ (\mathrm{A})$$

（3）计算二次侧等效线对中性线电压：

$$[VLN_{abc}]=[W]\cdot[VLL_{abc}]=\begin{bmatrix}219.39\angle-30\\219.39\angle-150\\219.39\angle 90\end{bmatrix}\ (\mathrm{V})$$

（4）使用广义常数矩阵来计算一次侧等效线对中性线电压：

$$[VLN_{ABC}]=[a_{\mathrm{t}}]\cdot[VLN_{abc}]+[b_{\mathrm{t}}]\cdot[I_{abc}]=\begin{bmatrix}13802\angle-15.28\\14507\angle-134.81\\14268\angle 102.50\end{bmatrix}\ (\mathrm{V})$$

一次侧线电压为

$$[VLL_{ABC}]=[D]\cdot[VLN_{ABC}]=\begin{bmatrix}24461\angle 15.78\\25250\angle-106.41\\24035\angle 133.04\end{bmatrix}\ (\mathrm{V})$$

（5）一次侧线电流为

$$[I_{ABC}] = [d_t] \cdot [I_{abc}] = \begin{bmatrix} 6.36\angle -47.98 \\ 6.99\angle 170.01 \\ 4.39\angle 53.13 \end{bmatrix} \text{(A)}$$

（6）式 (4.112) 可用于计算二次侧三角形电流：

$$[ID_{abc}] = [G1] \cdot [I_{abc}] = \begin{bmatrix} 255.13\angle -28.27 \\ 145.15\angle -156.53 \\ 124.56\angle 88.34 \end{bmatrix} \text{(A)}$$

一次侧电流由式 (4.89)、式 (4.91) 计算得出：

$$[ID_{ABC}] = [AI]^{-1} \cdot [ID_{abc}] = \begin{bmatrix} 4.91\angle -28.27 \\ 2.79\angle -156.53 \\ 2.40\angle 88.34 \end{bmatrix} \text{(A)}$$

$$[I_{ABC}] = [DI] \cdot [ID_{ABC}] = \begin{bmatrix} 6.36\angle -47.98 \\ 6.99\angle 170.01 \\ 4.39\angle 53.13 \end{bmatrix} \text{(A)}$$

这些与之前计算的一次侧线电流相同。下面对计算和模型的准确性进行检查：

$$[VLN_{abc}] = [A_t] \cdot [VLN_{ABC}] - [B_t] \cdot [I_{abc}] = \begin{bmatrix} 219.39\angle -30 \\ 219.39\angle -150 \\ 219.39\angle 90 \end{bmatrix} \text{(V)}$$

同样地，这些是与在分析开始时使用的等效二次侧线对中性点电压相同的值。

最后，我们可以确定每台变压器的运行功率和功率因数：

$$ST_i = \left| \frac{VLL_{ABC_i} \cdot (ID_{ABC_i})^*}{1000} \right| = \begin{bmatrix} 120.11 \\ 70.54 \\ 57.62 \end{bmatrix} \text{(kVA)}$$

$$PF_i = \begin{bmatrix} 0.72 \\ 0.64 \\ 0.71 \end{bmatrix} \text{(滞后)}$$

4.7　开放星形-开放三角形接法

配电馈线的常见负载是单相照明负载和三相电力负载的组合，三相电力负载通常是感应电动机，该组合负载可以通过前述的不接地星形-三角形方式连接或通过开放星形-开放三角形方式连接来供电。当三相负载与单相负载相比较小时，通常使用开放星形-开放三角形接法。这种连接方式仅需要两个变压器，但能为组合负载提供三相线路电压。图4-11显示了开放星形-开放三角形接法及其一次侧和二次侧正序电压相量，参考图4-11，电压之间有如下关系式：

$$\begin{bmatrix} V_{AG} \\ V_{BG} \\ V_{CG} \end{bmatrix} = \begin{bmatrix} n_t & 0 & 0 \\ 0 & n_t & 0 \\ 0 & 0 & 0 \end{bmatrix} \cdot \begin{bmatrix} Vt_{ab} \\ Vt_{bc} \\ Vt_{ca} \end{bmatrix} \tag{4.124}$$

$$[VLG_{ABC}] = [AV] \cdot [Vt_{abc}] \tag{4.125}$$

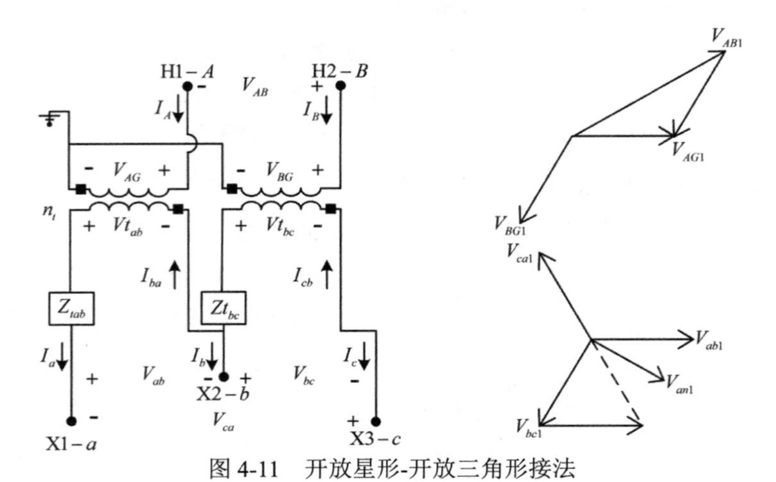

图 4-11　开放星形-开放三角形接法

作为匝数比的函数，电流可以由下式给出：

$$\begin{aligned} I_{ba} &= n_t \cdot I_A = I_a \\ I_{cb} &= n_t \cdot I_B = -I_c \\ I_b &= -I_a - I_c \end{aligned} \tag{4.126}$$

式 (4.126) 的矩阵形式为

$$\begin{bmatrix} I_a \\ I_b \\ I_c \end{bmatrix} = \begin{bmatrix} n_t & 0 & 0 \\ -n_t & n_t & 0 \\ 0 & -n_t & 0 \end{bmatrix} \cdot \begin{bmatrix} I_A \\ I_B \\ I_C \end{bmatrix} \tag{4.127}$$

$$[I_{abc}] = [AI] \cdot [I_{ABC}] \tag{4.128}$$

三角形绕组上的理想电压可通过下式确定：

$$Vt_{ab} = V_{ab} + Zt_{ab} \cdot I_a \qquad Vt_{bc} = V_{bc} - Zt_{bc} \cdot I_c \tag{4.129}$$

将式 (4.129) 代入式 (4.124)

$$V_{AG} = n_t \cdot Vt_{ab} = n_t \cdot V_{ab} + n_t \cdot Zt_{ab} \cdot I_a \qquad V_{BG} = n_t \cdot Vt_{bc} = n_t \cdot V_{bc} - n_t \cdot Zt_{bc} \cdot I_c \tag{4.130}$$

式 (4.130) 可以转化为三相矩阵形式

$$\begin{bmatrix} V_{AG} \\ V_{BG} \\ V_{CG} \end{bmatrix} = \begin{bmatrix} n_t & 0 & 0 \\ 0 & n_t & 0 \\ 0 & 0 & 0 \end{bmatrix} \cdot \begin{bmatrix} V_{ab} \\ V_{bc} \\ V_{ca} \end{bmatrix} + \begin{bmatrix} n_t \cdot Zt_{ab} & 0 & 0 \\ 0 & 0 & -n_t \cdot Zt_{bc} \\ 0 & 0 & 0 \end{bmatrix} \cdot \begin{bmatrix} I_a \\ I_b \\ I_c \end{bmatrix} \tag{4.131}$$

$$[VLG_{ABC}] = [AV] \cdot [VLL_{abc}] + [b_t] \cdot [I_{abc}] \tag{4.132}$$

式 (4.132) 中的二次侧线电压可以转换为二次侧线对中性点电压：

$$\left[VLG_{ABC}\right] = \left[AV\right] \cdot \left[D\right] \cdot \left[VLN_{abc}\right] + \left[b_t\right] \cdot \left[I_{abc}\right] \tag{4.133}$$

广义矩阵方程变为

$$\left[VLG_{ABC}\right] = \left[a_t\right] \cdot \left[VLN_{abc}\right] + \left[b_t\right] \cdot \left[I_{abc}\right] \tag{4.134}$$

其中：

$$[a_t] = \begin{bmatrix} n_t & -n_t & 0 \\ 0 & n_t & -n_t \\ 0 & 0 & 0 \end{bmatrix} \tag{4.135}$$

$$[b_t] = \begin{bmatrix} n_t \cdot Zt_{ab} & 0 & 0 \\ 0 & 0 & -n_t \cdot Zt_{bc} \\ 0 & 0 & 0 \end{bmatrix} \tag{4.136}$$

源侧线电流作为负载侧线电流的函数，可以表示为

$$\begin{bmatrix} I_A \\ I_B \\ I_C \end{bmatrix} = \begin{bmatrix} \frac{1}{n_t} & 0 & 0 \\ 0 & 0 & -\frac{1}{n_t} \\ 0 & 0 & 0 \end{bmatrix} \cdot \begin{bmatrix} I_a \\ I_b \\ I_c \end{bmatrix} \tag{4.137}$$

$$\left[I_{ABC}\right] = \left[d_t\right] \cdot \left[I_{abc}\right] \tag{4.138}$$

其中：

$$[d_t] = \begin{bmatrix} \frac{1}{n_t} & 0 & 0 \\ 0 & 0 & -\frac{1}{n_t} \\ 0 & 0 & 0 \end{bmatrix} \tag{4.139}$$

求解式 (4.130) 的两个二次侧线电压：

$$V_{ab} = \frac{1}{n_t} \cdot V_{AG} - Zt_{ab} \cdot I_a \qquad V_{bc} = \frac{1}{n_t} \cdot V_{BG} + Zt_{bc} \cdot I_c \tag{4.140}$$

根据 KVL 可得，V_{ca} 等于另外两个线电压和的相反数。二次侧线电压的矩阵形式为

$$\begin{bmatrix} V_{ab} \\ V_{bc} \\ V_{ca} \end{bmatrix} = \begin{bmatrix} \frac{1}{n_t} & 0 & 0 \\ 0 & \frac{1}{n_t} & 0 \\ -\frac{1}{n_t} & -\frac{1}{n_t} & 0 \end{bmatrix} \cdot \begin{bmatrix} V_{AG} \\ V_{BG} \\ V_{CG} \end{bmatrix} - \begin{bmatrix} Zt_{ab} & 0 & 0 \\ 0 & 0 & -Zt_{bc} \\ -Zt_{ab} & 0 & Zt_{bc} \end{bmatrix} \cdot \begin{bmatrix} I_a \\ I_b \\ I_c \end{bmatrix} \tag{4.141}$$

$$\left[VLL_{abc}\right] = \left[BV\right] \cdot \left[VLG_{ABC}\right] - \left[Zt_{abc}\right] \cdot \left[I_{abc}\right] \tag{4.142}$$

等效二次侧线对中性点电压为

$$\left[VLN_{abc}\right] = \left[W\right] \cdot \left[VLL_{abc}\right] = \left[A_t\right] \cdot \left[VLG_{ABC}\right] - \left[B_t\right] \cdot \left[I_{abc}\right] \tag{4.143}$$

其中：

$$\left[A_t\right] = \left[W\right]\cdot\left[BV\right] = \frac{1}{3\cdot n_t}\cdot\begin{bmatrix}2 & 1 & 0\\ -1 & 1 & 0\\ -1 & -2 & 0\end{bmatrix} \tag{4.144}$$

$$\left[B_t\right] = \left[W\right]\cdot\left[Zt_{abc}\right] = \frac{1}{3}\cdot\begin{bmatrix}2\cdot Zt_{ab} & 0 & -Zt_{bc}\\ -Zt_{ab} & 0 & -Zt_{bc}\\ -Zt_{ab} & 0 & 2\cdot Zt_{bc}\end{bmatrix} \tag{4.145}$$

本节中得到的开放星形-开放三角形接法考虑的是 A 相和 B 相接入的情况，这是三种可能的接法之一，另外两种可能的接法是使用 B 相和 C 相、C 相和 A 相。后两者广义矩阵与上述导出的矩阵不同，但推导步骤类似。开放星形-开放三角形接法中，存在“超前”和“滞后”两种接法。

当照明变压器接在两相之中的超前相时，称为“超前”接法；类似地，当照明变压器接在两相之中的滞后相时，称为“滞后”接法。例如，如果变压器组连接到 A 相和 B 相，且照明变压器接在 A 相和地之间，则为超前接法，因为电压 A-G 超前电压 B-G 120°。显然，三种可能的开放星形-开放三角形接法中的每一种，都存在超前和滞后两种接法。

例 4.4 例 4.2 中的不对称负载由使用 A 相和 B 相的超前接法开放星形-开放三角形接法变压器供电。假设负载电压三相平衡，以便例 4.2 的电压和线电流适用于本例。设照明变压器的额定容量为 100 kVA，电力变压器的额定容量为 50 kVA。计算每个变压器的一次侧电压、电流和工作功率。

解答 计算广义矩阵：

$$\left[a_t\right] = \begin{bmatrix}n_t & -n_t & 0\\ 0 & n_t & -n_t\\ 0 & 0 & 0\end{bmatrix} = \begin{bmatrix}30 & -30 & 0\\ 0 & 30 & -30\\ 0 & 0 & 0\end{bmatrix}$$

$$\left[b_t\right] = \begin{bmatrix}n_t\cdot Z_{ab} & 0 & 0\\ 0 & 0 & -n_t\cdot Z_{bc}\\ 0 & 0 & 0\end{bmatrix} = \begin{bmatrix}0.432+\mathrm{j}17.328 & 0 & 0\\ 0 & 0 & -1.299-\mathrm{j}30.324\\ 0 & 0 & 0\end{bmatrix}$$

$$\left[d_t\right] = \begin{bmatrix}\frac{1}{n_t} & 0 & 0\\ 0 & 0 & -\frac{1}{n_t}\\ 0 & 0 & 0\end{bmatrix} = \begin{bmatrix}0.0333 & 0 & 0\\ 0 & 0 & -0.0333\\ 0 & 0 & 0\end{bmatrix}$$

例 4.2 中的等效二次侧线对中性点电压和线电流为

$$\left[VLN_{abc}\right] = \left[W\right]\cdot\left[VLL_{abc}\right] = \begin{bmatrix}219.39\angle-30\\ 219.39\angle-150\\ 219.39\angle 90\end{bmatrix}\ (\mathrm{V})$$

$$\left[I_{abc}\right] = \begin{bmatrix}330.27\angle-47.97\\ 363.35\angle 170.01\\ 227.90\angle 53.13\end{bmatrix}\ (\mathrm{A})$$

一次侧线对地电压为

$$\left[VLG_{ABC}\right]=\left[a_{\mathrm{t}}\right]\cdot\left[VLN_{abc}\right]+\left[b_{\mathrm{t}}\right]\cdot\left[I_{abc}\right]=\begin{bmatrix}16181\angle 13.31\\14260\angle-91.40\\0\end{bmatrix}(\mathrm{V})$$

这里计算的 C 相电压为零。这并不意味着从 C 相到地的实际一次侧电压为零，而是表明在 C 相和地之间没有连接变压器。

一次侧变压器电流为

$$\left[I_{ABC}\right]=\left[d_{\mathrm{t}}\right]\cdot\left[I_{abc}\right]=\begin{bmatrix}11.01\angle-47.98\\7.60\angle-126.87\\0\end{bmatrix}(\mathrm{A})$$

每个变压器运行的功率和功率因数是：

$$ST_i=\left|\frac{VLG_i\cdot(I_{ABC_i})^*}{1000}\right|=\begin{bmatrix}178.14\\108.33\\0\end{bmatrix}(\mathrm{kVA})$$

$$PF_i=\begin{bmatrix}0.480\\0.814\\0\end{bmatrix}(\text{滞后})$$

可以发现，在上述情况下，两个变压器的运行功率远远高于其额定容量。同时，两个变压器的工作功率因数差距较大。

4.8　戴维南等效

目前已经推导出了五种三相变压器接法的相应的广义常数矩阵。在第 6 章中的短路分析部分要求对变压器一次侧电路进行戴维南等效，将其等效到变压器的二次侧。该等效电路必须考虑变压器一次侧端子和源端之间的等效阻抗。图4-12所示是一个通用变压器电路，需要在变压器组的二次侧节点处确定戴维南等效电路。变压器二次侧节点上所需的戴维南等效电路如图4-13所示。下面介绍一种可用于所有接法的通用戴维南等效电路，这种方法中使用了广义矩阵。

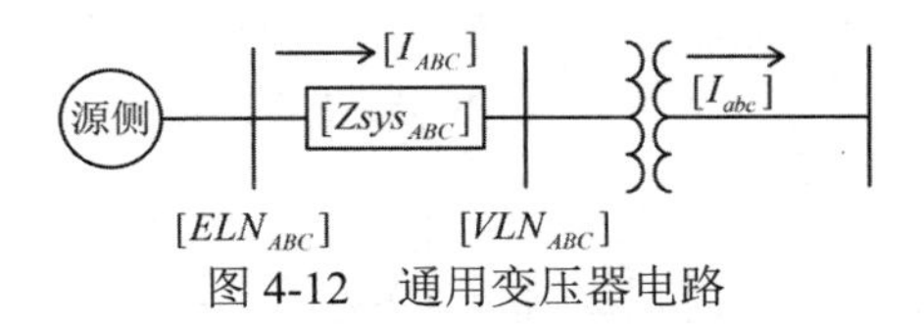

图 4-12　通用变压器电路

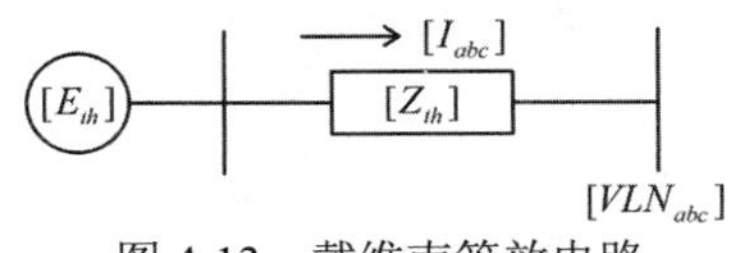

图 4-13　戴维南等效电路

在图4-12中，作为源电压和一次侧等效阻抗函数的一次侧变压器等效线对中性点电压由下式给出：

$$\left[VLN_{ABC}\right]=\left[ELN_{ABC}\right]-\left[Zsys_{ABC}\right]\cdot\left[I_{ABC}\right] \tag{4.146}$$

而

$$\left[I_{ABC}\right]=\left[d_{\mathrm{t}}\right]\cdot\left[I_{abc}\right]$$

因此

$$\left[VLN_{ABC}\right]=\left[ELN_{ABC}\right]-\left[Zsys_{ABC}\right]\cdot\left[d_{\mathrm{t}}\right]\cdot\left[I_{abc}\right] \tag{4.147}$$

二次侧线对中性点电压为一次侧线对中性点电压和二次侧电流的函数：

$$\left[VLN_{abc}\right]=\left[A_{\mathrm{t}}\right]\cdot\left[VLN_{ABC}\right]-\left[B_{\mathrm{t}}\right]\cdot\left[I_{abc}\right] \tag{4.148}$$

将式 (4.147) 代入式 (4.148) 中：

$$\left[VLN_{abc}\right]=\left[A_{\mathrm{t}}\right]\cdot\left\{\left[ELN_{ABC}\right]-\left[Zsys_{ABC}\right]\cdot\left[d_{\mathrm{t}}\right]\cdot\left[I_{abc}\right]\right\}-\left[B_{\mathrm{t}}\right]\cdot\left[I_{abc}\right] \tag{4.149}$$

参考公式 (4.149)，戴维南等效电压和阻抗可以定义为

$$\left[Eth_{abc}\right]=\left[A_{\mathrm{t}}\right]\cdot\left[ELN_{ABC}\right] \tag{4.150}$$

$$\left[Zth_{abc}\right]=\left[A_{\mathrm{t}}\right]\cdot\left[Zsys_{ABC}\right]\cdot\left[d_{\mathrm{t}}\right]+\left[B_{\mathrm{t}}\right] \tag{4.151}$$

等式 (4.150) 和式 (4.151) 中给出的戴维南等效电压和阻抗的定义具有通用性，可用于所有变压器接法。例 4.5 展示了戴维南等效的计算和应用。

例 4.5 示例 4.2 的不接地星形-三角形变压器组通过三相四线制连接到电源。线路的相阻抗矩阵为：

$$\left[Zsys_{ABC}\right]=\begin{bmatrix}0.4576+\mathrm{j}1.0780 & 0.1559+\mathrm{j}0.5017 & 0.1535+\mathrm{j}0.3849\\ 0.1559+\mathrm{j}0.5017 & 0.4666+\mathrm{j}1.0482 & 0.1580+\mathrm{j}0.4236\\ 0.1535+\mathrm{j}0.3849 & 0.1580+\mathrm{j}0.4236 & 0.4615+\mathrm{j}1.0651\end{bmatrix}(\Omega)$$

计算变压器组二次侧端口的戴维南等效电路。

解答 对于例 4.2 中的不平衡负载和平衡电压，一次侧线对中性点电压和线电流计算如下：

$$\left[VLN_{ABC}\right]=\begin{bmatrix}13669\angle 13.97\\ 15649\angle-107.51\\ 13635\angle 137.54\end{bmatrix}(\mathrm{V})$$

$$\left[I_{ABC}\right]=\left[d_{\mathrm{t}}\right]\cdot\left[I_{abc}\right]=\begin{bmatrix}7.29\angle-28.04\\ 5.65\angle-166.44\\ 4.84\angle 101.16\end{bmatrix}(\mathrm{A})$$

该负载条件下的一次侧线对中性点电压计算如下:

$$\left[ELN_{ABC}\right]=\left[VLN_{ABC}\right]+\left[Zsys_{ABC}\right]\cdot\left[I_{ABC}\right]=\begin{bmatrix}13674\angle 13.98\\ 15652\angle-107.51\\ 13638\angle 137.55\end{bmatrix}(\mathrm{V})$$

得变压器组二次侧端口的戴维南等效为

$$\left[Eth_{abc}\right]=\left[A_t\right]\cdot\left[ELN_{ABC}\right]=\begin{bmatrix}259.57\angle-20.87\\315.41\angle-133.33\\253.01\angle107.52\end{bmatrix}\text{(V)}$$

$$\left[Zth_{abc}\right]=\left[A_t\right]\cdot\left[Zsys_{ABC}\right]\cdot\left[d_t\right]+\left[B_t\right]$$

$$\left[Zth_{abc}\right]=\begin{bmatrix}0.008+\text{j}0.241 & 0.006+\text{j}0.096 & 0\\0 & 0.015+\text{j}0.337 & 0\\-0.018-\text{j}0.385 & -0.011-\text{j}0.289 & 0\end{bmatrix}(\Omega)$$

在例 4.2 中计算得出的负载电流为

$$\left[I_{abc}\right]=\begin{bmatrix}330.27\angle-47.97\\363.35\angle170.01\\227.90\angle53.13\end{bmatrix}\text{(A)}$$

使用戴维南等效电路和先前计算的线电流，可以计算出等效的线对中性点电压：

$$\left[VLN_{abc}\right]=\left[Eth_{abc}\right]-\left[Zth_{abc}\right]\cdot\left[I_{abc}\right]=\begin{bmatrix}219.39\angle-30\\219.39\angle-150\\219.39\angle90\end{bmatrix}\text{(V)}$$

此例说明可以在变压器组的二次侧使用戴维南等效电路进行等效。戴维南等效电路的主要应用是在第 6.3 节中阐述的配电系统短路分析中。

4.9　总　结

在本章中，五个常见的三相变压器组接法的广义矩阵被导出，读者可以使用与本书相同的方法为所有其他常见的三相变压器组接法导出广义矩阵。应用广义矩阵可以达到快速计算各个变压器在特定负载条件下的工作状态的目的。

对于短路计算，有必要在故障点处推导三相戴维南等效电路，由于所有变压器接法的模型都是由常数矩阵定义的，因此等效电路的计算非常简单。

参考文献

1. Kersting W H. Distribution system modeling and analysis[M]. New York: CRC Press, 2002.
2. 电力变压器第 1 部分：总则: GB 1094.1—2013[S]. 北京: 中国标准出版社, 2013.

习题

4.1 变电站的三相变压器以三角形-接地星形方式连接，额定参数为

$$5000\ \text{kVA，}115\ \text{kV 三角形-}12.47\ \text{kV 接地星形，}\quad Z=0.010+\text{j}0.075$$

变压器为一不平衡的星形接法负载供电：

$$a\text{相：}1384.5\ \text{kVA，}0.892\text{滞后功率因数，}\ 6922.5\angle-33.1\ \text{V}$$

$$b\text{相：}1691.2\ \text{kVA，}0.802\text{滞后功率因数，}\ 6776.8\angle-153.4\ \text{V}$$

$$c\text{相：}1563.0\ \text{kVA，单位功率因数，}\ 7104.7\angle 85.9\ \text{V}$$

计算：（1）变压器的广义矩阵；（2）变压器一次侧等效线对中性点电压；（3）一次侧线电压；（4）一次侧线电流；（5）高压侧三角形绕组内电流；（6）变压器有功功率损耗。

4.2 三个单相变压器以三角形-接地星形方式连接，为不平衡负载供电，三个变压器额定值分别为

$$A\text{-}B\text{: }100\ \text{kVA，}12470\ \text{V-}120\ \text{V}, Z=0.013+\text{j}0.017$$

$$B\text{-}C\text{: }50\ \text{kVA，}12470\ \text{V-}120\ \text{V}, Z=0.011+\text{j}0.014$$

$$C\text{-}A\text{: }50\ \text{kVA，}12470\ \text{V-}120\ \text{V}, Z=0.011+\text{j}0.014$$

不平衡星形接法负载为

$$a\text{相: }40\ \text{kVA，}0.8\ \text{滞后功率因数}, 117.5\angle-32.5\ \text{V}$$

$$b\text{相: }85\ \text{kVA，}0.95\ \text{滞后功率因数}, 115.7\angle-147.3\ \text{V}$$

$$c\text{相: }50\ \text{kVA，}0.8\ \text{滞后功率因数}, 117.0\angle-95.3\ \text{V}$$

计算：（1）广义矩阵；（2）负载电流；（3）一次侧线对中性点电压；（4）一次侧线电压；（5）一次侧电流；（6）三角形绕组内电流；（7）变压器组有功功率损耗。

4.3 若题 4.2 中的三个单相变压器为如下不平衡恒定阻抗负载供电：

$$a\ \text{相：}0.32+\text{j}0.14\ \Omega\text{，}\quad b\ \text{相：}0.21+\text{j}0.08\ \Omega\text{，}\quad c\ \text{相：}0.28+\text{j}0.12\ \Omega$$

变压器连接到一平衡 12.47 kV 电压源上，计算：（1）负载电流；（2）负载电压；（3）每个负载的复功率；（4）一次侧电流；（5）每个变压器的运行视在功率。

4.4 一三相变压器以不接地星形-三角形方式连接，额定值为

$$500\ \text{kVA，}4160\text{V-}240\text{V，}Z=0.011+\text{j}0.030$$

变压器为一不平衡三角形负载供电：

$$S_{ab}=150\ \text{kVA，滞后功率因数}\ 0.95$$

$$S_{bc}=125\ \text{kVA，滞后功率因数}\ 0.90$$

$$S_{ca}=160\ \text{kVA，滞后功率因数}\ 0.8$$

线电压大小为

$$V_{ab}=240\ \text{V}, V_{bc}=237\ \text{V}, V_{ca}=235\ \text{V}$$

求：（1）以 a-b 电压为基准的电压相位角；（2）三角形负载电流；（3）变压器组广义矩阵；（4）一次侧线电流；（5）每个变压器组的运行视在功率。

4.5 三个单相变压器以三角形-三角形方式连接，为一平衡三相电机（额定功率 150 kVA）供电，滞后功率因数 0.8，且有一跨接于 A-B 相的 25 kVA、滞后功率因数 0.95 的单相照明负载，变压器额定值为

$$A\text{-}B\text{相：}75\ \text{kVA，}4800\text{V-}240\text{V}, Z = 0.010 + \text{j}0.015$$

$$B\text{-}C\text{相：}50\ \text{kVA，}4800\text{V-}240\text{V}, Z = 0.011 + \text{j}0.014$$

$$C\text{-}A\text{相：}50\ \text{kVA，}4800\text{V-}240\text{V}, Z = 0.011 + \text{j}0.014$$

计算：（1）广义矩阵；（2）电机的输入电流；（3）单相照明负载电流；（4）一次侧线电流；（5）一次侧线对线电压；（6）一次侧与二次侧中三角形电流。

4.6 题 4.5 中的三相电机与单相照明负载现由一开放星形-开放三角形变压器组供电，负载电压为三相平衡的 240 V 线电压，变压器额定值为

照明变压器连接为 A 相接地:

$$100\ \text{kVA，}7200\text{V-}240\text{V，}Z=0.008+\text{j}0.015$$

电力变压器连接为 B 相接地：

$$75\ \text{kVA，}7200\text{V-}240\text{V，}Z=0.008+\text{j}0.012$$

计算：（1）广义矩阵；（2）一次侧线对线与线对地电压；（3）一次侧线电流；（4）每个变压器的运行视在功率，并说明其是否过载。

4.7 题 4.4 中负载现由一开放星形-开放三角形接法变压器组供电，负载线电压与题 4.4 中相同，每个变压器额定功率为

$$167\ \text{kVA，}2400\text{V-}240\text{V，}Z=0.011+\text{j}0.013$$

求：（1）每台变压器的运行视在功率与功率因数；（2）每台变压器过载百分比是多少？这样的过载程度正常吗？

第 5 章　负荷特性与负荷模型

5.1　负荷特性

电力系统的建模和分析与负荷模型紧密相关，而在不同类型的分析里，对负荷的定义不尽相同。例如，在对输电系统的稳态分析（潮流研究）中和在对配电馈线二次侧设备的分析中，负荷的电气模型就不相同。电力系统中的负荷每时每刻都在变化，而且离用户越近，负荷变化得越明显。因此，现实中并不存在所谓的稳态负荷。为了研究电力系统的负荷特性并建立其模型，首先要研究单个用户的负荷特性。

5.1.1　单个用户负荷

图5-1为单个用户的需求曲线示意图，其中展示了负荷消耗的有功功率在两个 15 分钟时间间隔内的变化趋势。在配电网中，个体用户、用户群的负荷时刻都在变化：每当打开或关闭一个用电设备时，负荷就发生了变化。为了能够描述时时刻刻变化的负荷，先明确以下几个定义。

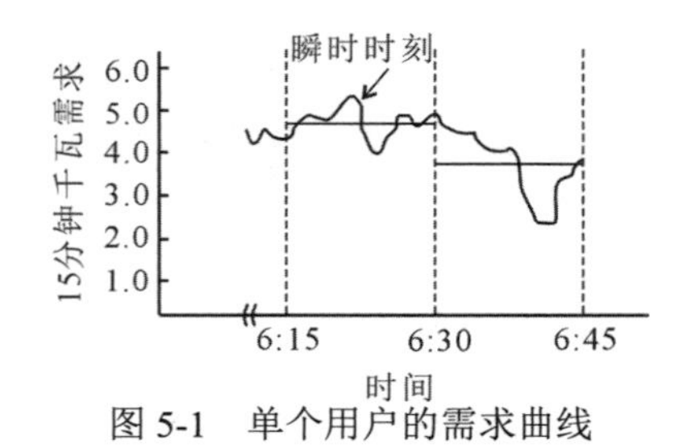

图 5-1　单个用户的需求曲线

1. 需求

一段时间内负荷消耗能量的平均值为**需求**，负荷消耗的能量可以是有功功率、无功功率、视在功率甚至电流。15 分钟内负荷消耗有功功率的平均值为 15 分钟有功功率需求。将需求曲线按照相等的时间间隔进行分割，在图5-1中取 15 分钟为一个时间段，在每一个时间段内求出负荷消耗有功功率的平均值，并用一条直线表示其大小。显然，时间间隔取得越短，得到的负荷需求就越精确，这个过程和数值积分非常相似。

24 小时内用户 #1 的 15 分钟有功功率需求曲线如图5-2所示。

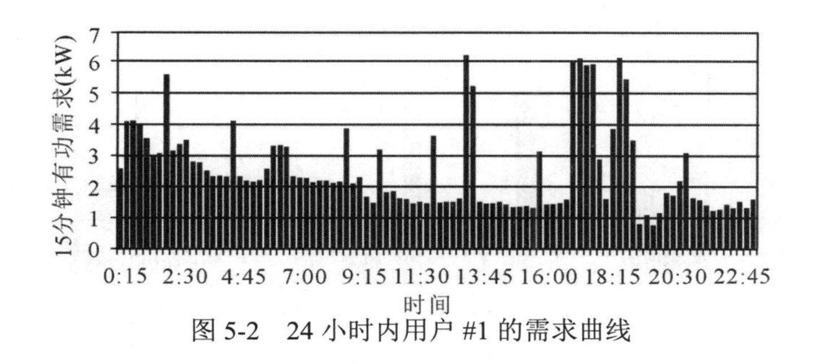

图 5-2　24 小时内用户 #1 的需求曲线

2. 最大需求

特定时间段内负荷需求的最大值为**最大需求**。图5-2是城市居民用户的典型负荷有功需求曲线，其中每个长条描述的就是 15 分钟有功需求，在这 24 小时内负荷消耗的有功功率有很明显的波动。对于该用户来说，在 24 小时内有三个时间段消耗的有功功率超过了 6.0kW。定义 24 小时内 15 分钟有功需求的最大值为 15 分钟最大有功需求。显然，该用户 24 小时内 15 分钟最大有功需求为 6.18kW，发生在 13 点 15 分。

3. 平均需求

特定时间段内负荷需求的平均值为**平均需求**。在每个 15 分钟的时间间隔内，消耗的电能计算方法如下：

$$15\text{ 分钟内消耗的电能} = 15\text{ 分钟有功需求} \times 0.25\text{h}$$

而一天消耗的总能量，就是每个 15 分钟内消耗能量的累加和。从原始数据中知，用户 #1 在 24 小时内消耗的总电能为 58.96kWh，因此 15 分钟平均有功需求计算方法如下：

$$15\text{ 分钟平均有功需求} = \frac{\text{总消耗电能}}{\text{小时数}} = \frac{58.96}{24} = 2.46\ (\text{kW})$$

4. 负荷率

特定时间段内的平均需求与最大需求之比定义为**负荷率**，它能够反映电气设备的利用率，是描述负荷的一个物理量。从电力系统的角度来看，最佳负荷率应为 1.00，因为电力系统在设计之初就要求其能承载最大负荷。国外的电力公司为了鼓励用户提高负荷率，常会采取交更多的电费的方式来惩罚负荷率低的用户。

对于图5-2中的用户 #1，其负荷率为

$$\text{负荷率} = \frac{15\text{ 分钟平均有功需求}}{15\text{ 分钟最大有功需求}} = \frac{2.46}{6.18} = 0.40$$

5.1.2　配电变压器负荷

一个配电变压器会给一个或多个用户供电。每个用户都会有类似于图5-2的需求曲线。然而对于每个用户负荷来说，有功需求中的峰值、谷值出现的时间以及最大有功需求都是不同的。图5-3至图5-5给出了另外三个由同一配电变压器供电的用户负荷的需求曲线，它们都有自己独特的负荷特性。对于每一个用户负荷，最大有功需求发生在一天的不同时刻，用户负荷 #3 是其中唯一负荷率较高的。各用户的负荷特性已经在表5.1中列出，从这四个用户负荷的需求曲线中也可以体现负荷的差异。

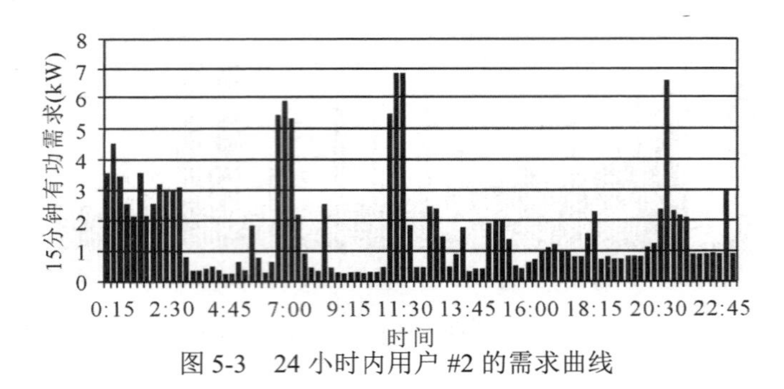

图 5-3　24 小时内用户 #2 的需求曲线

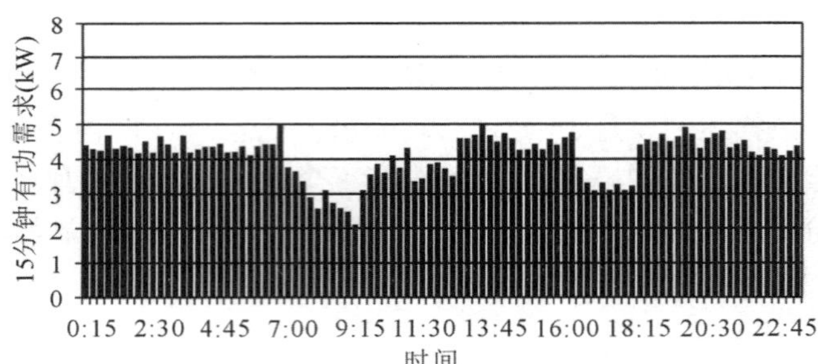

图 5-4　24 小时内用户 #3 的需求曲线

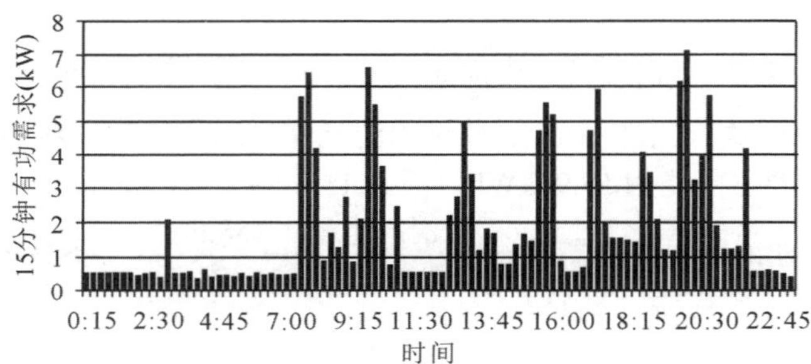

图 5-5　24 小时内用户 #4 的需求曲线

表 5.1　各用户的负荷特性

	用户 ♯1	用户 ♯2	用户 ♯3	用户 ♯4
消耗电能/kWh	58.96	36.46	95.64	42.75
最大有功需求/kW	6.18	6.82	4.93	7.05
最大有功需求出现时间	13:15	11:30	6:45	20:30
平均有功需求/kW	2.46	1.52	3.98	1.78
负荷率	0.40	0.22	0.81	0.25

1. 总需求

一段时间内一组负荷的需求之和称为**总需求**。在上一节所述的情境下，每个 15 分钟时间段内四个用户的有功需求之和就是这一组负荷的总需求，同时也是为之供电的变压器的总需求。图5-6显示了 24 小时内变压器的总需求曲线，该需求曲线相对单一用户的需求曲线来说较为平滑。

2. 最大总需求

特定时间段内总需求的最大值为**最大总需求**。图5-6的变压器需求曲线表明，多个用户

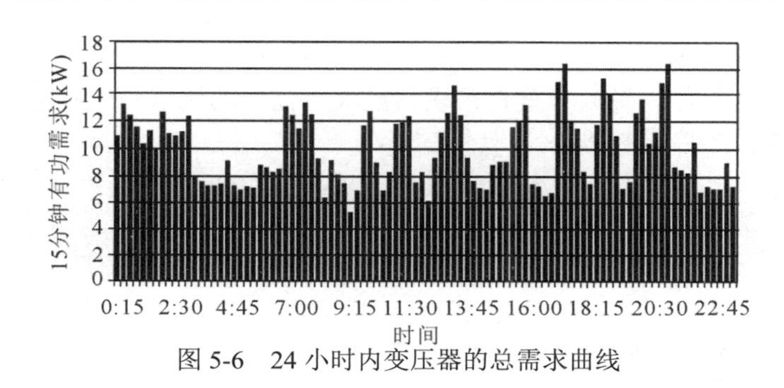

图 5-6　24 小时内变压器的总需求曲线

负荷互相联系并组成一个整体系统时，系统外部体现出的负荷需求曲线会变平缓。配电变压器的 15 分钟总有功需求有两次超过 16kW，其中较大的那个值 16.16kW 就是该变压器的 15 分钟**最大总有功需求**，发生在 17 点 30 分。需要注意的是，这个最大值出现的时间与系统中任何单个用户最大需求出现的时间也许都不相同，而且它也不是将单个用户的最大需求相加而得到的。

3. 负荷持续时间曲线

可以为变压器引入**负荷持续时间曲线**。若将图5-6的变压器需求曲线按降序排序，其有功功率需求量就形成了图5-7所示的变压器负荷持续时间曲线。该曲线以变压器在不低于某特定有功功率需求的条件下的工作时间占比为横坐标，以变压器的 15 分钟有功需求为纵坐标。从曲线中可以得知，变压器在不低于 12kW 的 15 分钟有功需求量下的工作时间占比为 22%。同时，负荷持续时间曲线也可以用来判断变压器是否过载。

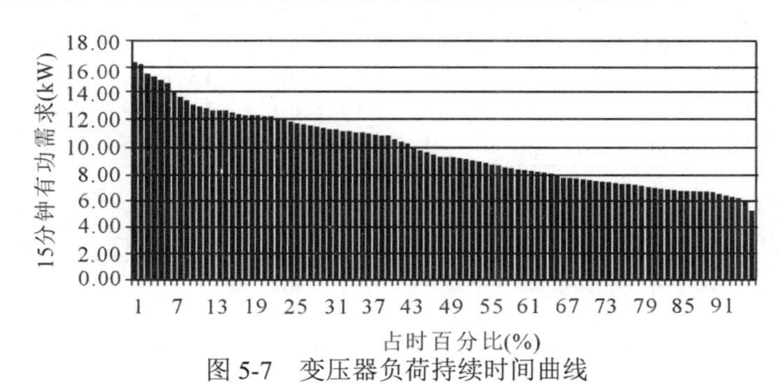

图 5-7　变压器负荷持续时间曲线

4. 最大非重合需求

特定时间段内所有负荷的最大需求之和就是这段时间内的**最大非重合需求**。对于上述情境，变压器的最大非重合有功需求为

$$\text{最大非重合有功需求} = 6.18 + 6.82 + 4.93 + 7.05 = 24.98\ (\text{kW})$$

这里对最大总需求和最大非重合需求进行一下区分。总需求在统计计算的过程中强调同时性，考虑某一时间段内组中所有用户的负荷需求之和，在一个特定的统计时间段内的最大值即为最大总需求。而最大非重合需求在统计计算的过程中不强调同时性，只考虑一个特定的统计时间段内组中所有用户负荷需求的最大值之和，这些最大值也许不出现在这个统计时间段中的同一时刻。

5. 差异系数

差异系数是一组用户的最大非重合需求与最大总需求的比值。在上述情境中，对于这四位用户组成的群体，差异系数为

$$差异系数 = \frac{最大非重合需求}{最大总需求} = \frac{24.98}{16.16} = 1.5458$$

这样，就可以用最大非重合需求来求解最大总需求。需要注意的是当组中用户数量不同时，差异系数也会不同，上式计算出来的差异系数只适用于前述四位用户组成的群体。如果现在有五位用户，要想确定他们的差异系数，就需要先对他们的负荷特性进行调查。表5.2列出了组中用户数从 1 到 70 的各个群体的差异系数，该表的数据来源和前述四位用户的并不一样，图5-8将表格中的数据以曲线的形式展示。可以看到，当用户数量达到 70 后，差异系数基本趋于稳定。这是一个很重要的结果，它意味着至少对于决定这些差异系数的系统而言，从 70 位用户起差异系数将稳定在 3.20。换句话说，在用户数目较多时，一条馈线上的最大总需求可以通过计算由该馈线供电的所有用户的最大非重合需求，再除以差异系数 3.20 来预测。

表 5.2　用户数从 1 到 70 的各个群体的差异系数

N	DF	N	DF	N	DF	N	DF	N	DF	N	DF	N	DF
1	1.0	11	2.67	21	2.90	31	3.05	41	3.13	51	3.15	61	3.18
2	1.60	12	2.70	22	2.92	32	3.06	42	3.13	52	3.15	62	3.18
3	1.80	13	2.74	23	2.94	33	3.08	43	3.14	53	3.16	63	3.18
4	2.10	14	2.78	24	2.96	34	3.09	44	3.14	54	3.16	64	3.19
5	2.20	15	2.80	25	2.98	35	3.10	45	3.14	55	3.16	65	3.19
6	2.30	16	2.82	26	3.00	36	3.10	46	3.14	56	3.17	66	3.19
7	2.40	17	2.84	27	3.01	37	3.11	47	3.15	57	3.17	67	3.19
8	2.55	18	2.86	28	3.02	38	3.12	48	3.15	58	3.17	68	3.19
9	2.60	19	2.88	29	3.04	39	3.12	49	3.15	59	3.18	69	3.20
10	2.65	20	2.90	30	3.05	40	3.13	50	3.15	60	3.18	70	3.20

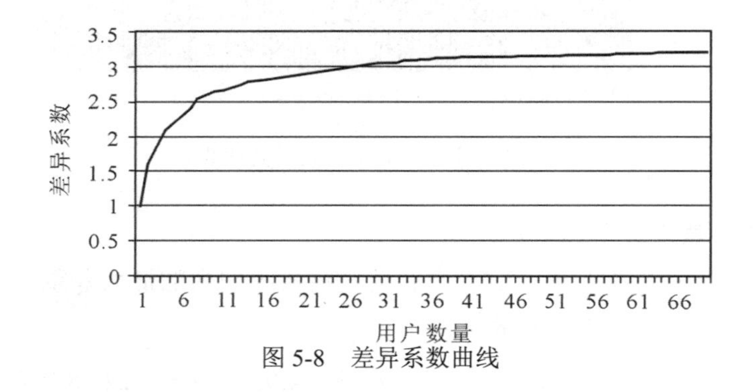

图 5-8　差异系数曲线

6. 需要系数

对于单一用户，可以定义需要系数这一概念，**需要系数**是用户的最大有功需求与该用户拥有的所有电气设备额定功率之和的比。举个例子，用户 #1 的 15 分钟最大有功需求为 6.18kW，为了确定需要系数，还需要知道该用户拥有的所有电气设备，不管这些设备是否已接入电网。假设用户 #1 拥有的所有电气设备的额定功率之和为 35kW，那么需要系数为

$$\text{需要系数} = \frac{\text{最大有功需求}}{\text{所有电气设备额定功率之和}} = \frac{6.18}{35} = 0.1766$$

需要系数能够反映在最大需求发生时正在运行的电气设备的比例。要注意的是需要系数只能针对单一用户，而不适用于配电变压器或全部馈线。

7. 利用率

利用率是最大视在功率需求和变压器额定容量之比，反映了电气设备效能发挥的程度。例如，给四个负荷供电的变压器的额定视在功率为 15kVA，设功率因数为 0.9，15 分钟最大总有功需求为 16.16kW，那么该变压器的 15 分钟最大总视在功率需求为

$$\text{最大视在功率需求} = \frac{\text{最大有功功率需求}}{\text{功率因数}} = \frac{16.16}{0.9} = 17.96\ (\text{kVA})$$

利用率为

$$\text{利用率} = \frac{\text{最大视在功率需求}}{\text{变压器额定容量}} = \frac{17.96}{15} = 1.197$$

8. 负荷差异程度

定义最大非重合需求与最大总需求的差值为**负荷差异程度**。对于前面讨论的变压器，它的负荷差异程度为

$$\text{负荷差异程度} = 24.97 - 16.16 = 8.81\ (\text{kW})$$

5.1.3 馈线负荷

如图5-9所示，馈线的功率需求曲线是一条平滑的曲线，曲线上没有单个用户和变压器需求曲线上可能出现的突变现象。对此的简单解释是，馈线供电的用户数通常很多，一个用户关掉一盏灯泡同时另一个用户打开一盏灯泡，这种情况出现的可能性很大。因此，馈线的功率需求曲线并不会像单一用户负荷的需求曲线那样出现跳变。

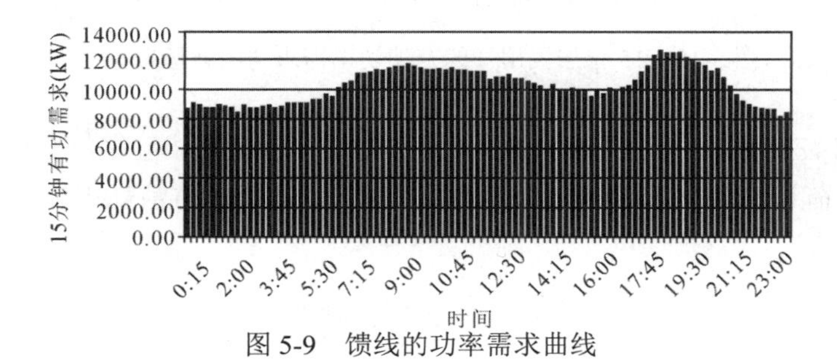

图 5-9　馈线的功率需求曲线

对馈线所带负荷进行分析时必须基于特定的数据，而这些数据的准确度取决于馈线模型的详细程度和用户负荷数据的准确性。最理想的馈线模型可以代表每个配电变压器，但在这之前需要确定变压器之间的负荷分配。负荷分配有如下几种方法。

1. 使用差异系数进行负荷分配

按照之前的定义和说明，不同用户数的差异系数已经在表5.2中列出。根据表格可以确定一组用户的最大总需求，计算出的最大总需求也体现了分配到变压器上负荷的多少。

$$最大总需求 = \frac{最大非重合需求}{差异系数}$$

2. 通过负荷调查进行负荷分配

很多时候，可以从测量仪表或与用户消耗电能相关的数据中了解到单个用户的最大功率需求。一些电力公司会对用户进行负荷调查，以确定消耗的电能与最大有功功率需求之间的关系。要进行这样的调查，就必须在用户处安装一个需求测量仪表，这个测量仪表可以是能够测量需求曲线的仪表，也可以是仅记录某一时间段内最大有功功率需求的简单仪表。在调查结束后，可以用线性回归的方法确定用户最大有功功率需求 (P_{max}，单位 kW) 与消耗电能 (W，单位 kWh) 之间的函数关系。图5-10为 15 位居民用户的有功功率需求与能耗函数关系示意图，经回归分析后得到的直线方程为

$$P_{max} = 0.1058 + 0.005014W$$

了解每个用户的最大有功需求是制作如表5.2所示的差异系数表的第一步，接下来就是在需要统计群体用户最大总需求的地区进行负荷调查，这涉及选择放置需求计量仪表的地点等问题，这些仪表将记录群体中 2 到 70 个用户的最大需求。同时，还需要了解这些放置地点末端用户的最大需求。有了这些数据，就可以为给定数量的末端用户计算差异系数了。

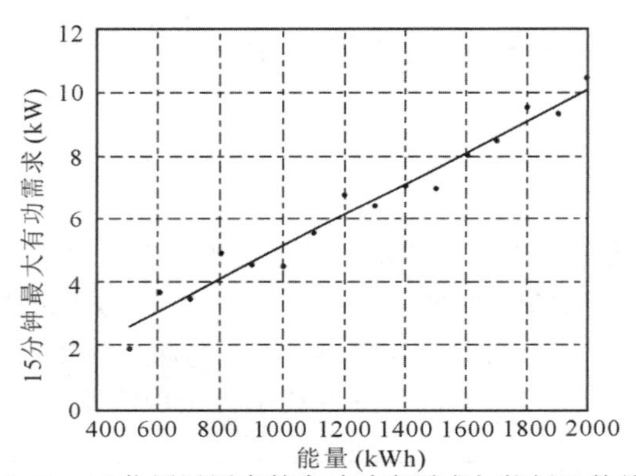

图 5-10 15 位居民用户的有功功率需求与能耗函数关系

例 5.1 图5-11是为三个配电变压器供电的单相分支线路示意图。已知每个用户在一个月内消耗的电能。经负荷调查，15 分钟最大有功功率需求 ($P_{15,max}$) 与消耗电能 (W) 的函数关系式如下：

$$P_{15,max} = 0.2 + 0.008W$$

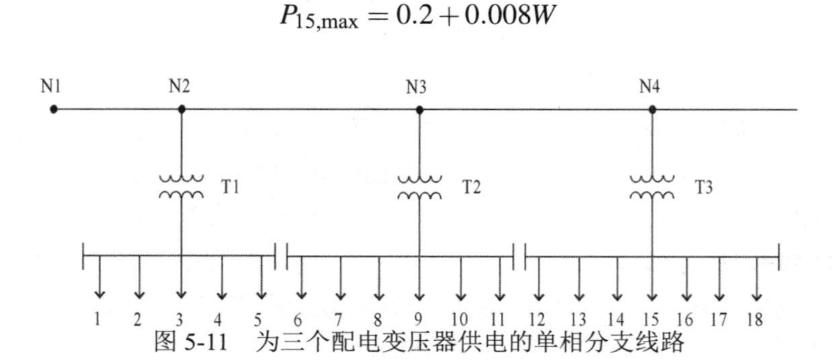

图 5-11 为三个配电变压器供电的单相分支线路

分析该线路的负荷特性。

解答 用户 #1 消耗的电能为 1523 kWh，则 15 分钟最大有功功率需求为

$$P_{15,\max,1} = 0.2 + 0.008 \times 1523 = 12.4 \text{ (kW)}$$

按照供电变压器分组，计算其余用户的 15 分钟最大有功功率需求，并列在以下表格中。

表 5.3　变压器 ♯1

用户	1	2	3	4	5
kWh	1523	1645	1984	1590	1456
kW	12.4	13.4	16.1	12.9	11.8

表 5.4　变压器 ♯2

用户	6	7	8	9	10	11
kWh	1235	1587	1698	1745	2015	1765
kW	10.1	12.9	13.8	14.2	16.3	14.3

表 5.5　变压器 ♯3

用户	12	13	14	15	16	17	18
kWh	2098	1856	2058	2265	2135	1985	2103
kW	17.0	15.0	16.7	18.3	17.3	16.1	17.0

从上述表格中可以确定每台变压器的 15 分钟最大非重合有功需求，使用表5.2中的差异系数，还可以确定他们的 15 分钟最大总有功需求，以变压器 T1 为例的计算结果如下：

$$\text{T1: 最大非重合有功需求} = 12.4 + 13.4 + 16.1 + 12.9 + 11.8 = 66.6 \text{ (kW)}$$

$$\text{最大总有功需求} = \frac{\text{最大非重合有功需求}}{\text{5 位用户的差异系数}} = \frac{66.6}{2.20} = 30.3 \text{ (kW)}$$

假设功率因数为 0.9，基于每台变压器的 15 分钟最大总有功需求，就可以计算出每台变压器上的 15 分钟最大总视在功率需求。计算结果如下：

$$\text{T1: 最大视在功率需求} = \frac{30.3}{0.9} = 33.6 \text{ (kVA)}$$

$$\text{T2: 最大视在功率需求} = \frac{35.5}{0.9} = 39.4 \text{ (kVA)}$$

$$\text{T3: 最大视在功率需求} = \frac{48.9}{0.9} = 54.4 \text{ (kVA)}$$

选定的这三台变压器的额定视在功率分别为 25 kVA、37.5 kVA、50 kVA。根据这些额定值，只有变压器 T1 的最大视在功率需求显著大于其额定值。

接下来确定每段供电线路上的 15 分钟最大非重合有功需求和 15 分钟最大总有功需求。

N1 到 N2 段：该段上的最大非重合有功需求为所有 18 名用户的最大需求之和。

$$\text{最大非重合需求} = 66.6 + 81.6 + 117.4 = 265.5 \text{ (kW)}$$

计算最大总有功需求需要用到 18 位用户群的差异系数，如下：

$$\text{最大总需求} = \frac{265.5}{2.86} = 92.8 \text{ (kW)}$$

N2 到 N3 段：在这一段上我们只需考虑后面的 13 位用户。则该段上的最大非重合需求就是用户 6 到用户 18 这 13 人的最大需求之和。同时需要采用 13 人用户群的差异系数（2.74）来计算最大总有功需求。

$$\text{非重合需求} = 81.6 + 117.5 = 199.0\ (\text{kW}),\ \text{最大总需求} = \frac{199.0}{2.74} = 72.6\ (\text{kW})$$

N3 到 N4 段：该段与变压器 T3 有着相同的非重合需求和总需求。

$$\text{非重合需求} = 117.4\ \text{kW},\ \text{最大总需求} = 48.9\ \text{kW}$$

例 5.1 说明，当对馈线上和接入变压器的负荷计算最大总需求时，基尔霍夫电流定律不成立。例如，在节点 N1 处，线路 N1-N2 的最大总需求是 92.8kW，流经变压器 T1 的是 30.3kW，根据基尔霍夫电流定律，流经线路 N2-N3 的最大总需求应为两者的差值，也就是 62.5kW。然而，前述的计算结果表明该段上的最大总需求为 72.6kW。对此的解释是，线路和变压器的最大总需求不一定同时出现：当线路 N2-N3 达到其最大总需求时，线路 N1-N2 和变压器 T1 并未处于总需求的最大值。能够确定的是，在线路 N2-N3 正处于其最大总需求时，线路 N1-N2 上的实际需求与变压器 T1 实际需求之间的差值将是 72.6kW。

3. 通过负荷管理进行负荷分配

变压器负荷管理程序会根据在高峰负荷月经由变压器传输的电能统计数据，确定变压器所带负荷大小。负荷管理程序主要用来确定变压器在何时因过载需要更换，也可以在进行馈线分析时用于变压器的负荷分配。

变压器负荷管理程序将配电变压器的最大总需求与其在特定月份内传输的总电能联系起来，它们之间的关系通常是线性的，可以通过负荷调查来确定方程中的系数。这种负荷调查除了统计变压器供电的所有用户消耗的总电能，还会测量变压器的最大功率需求。对从变压器样本中得到的数据进行分析，可以得到类似图5-10的曲线。这种方法具有较高的可行性，因为电力公司在费用数据库中存有每个用户每月消耗的电能数据，若通过已建立的数学模型明确每一个变压器供电的用户，那么在每个计费周期内，就可以确定一条馈线上各台变压器的最大总需求，完成负荷分配。

4. 根据变压器额定容量进行负荷分配

使用差异系数进行负荷分配的主要缺点是，多数电力公司并没有差异系数表，并且建立这样的表格通常是困难的。变压器负荷管理的主要缺点是需要有一个数据库来描述哪些变压器为哪些用户供电，而这样的数据库并不是时时可用的。

根据变压器额定容量进行负荷分配，所需要的数据量是最少的。变电站馈线上的测量设备，至少会给出一个月内三相最大总有功功率或视在功率总需求，以及每相中的最大电流。对于馈线来说，所有配电变压器的额定容量是已知的，因此通过仪表测量得到的视在功率需求数据，可以根据变压器的额定容量分配给每个变压器。定义**分配因数**（allocation factor, AF）为测量到的三相有功功率（P）或视在功率（S）需求与接入电网的配电变压器额定容量之和（$S_{N\Sigma}$）的比，即

$$AF = \frac{P}{S_{N\Sigma}} \quad \text{或} \quad AF = \frac{S}{S_{N\Sigma}}$$

每个变压器上分配的负荷大小 (P_T 或 S_T) 可以按照下式计算：

$$P_{\mathrm{T}} = AF \cdot S_{\mathrm{N}} \text{ 或 } S_{\mathrm{T}} = AF \cdot S_{\mathrm{N}}$$

当按相测量有功功率或视在功率时，负荷也可按相分配，这时需要知道每台配电变压器的相位。当测量的是每相的最大电流时，可以通过假定变压器电压为变电站的额定电压，然后计算得到视在功率，来完成配电变压器的负荷分配。如果没有关于馈线的无功功率或功率因数的测量数据，则需要为每个变压器设定一个功率因数。

现代变电站采用微处理器进行测量，可测得每相的有功功率、无功功率、视在功率、功率因数和电流，根据这些数据也可以对无功功率进行分配。注意这里提到的变电站测量数据包含损耗，因此在负荷分配时需要进行修正。

例 5.2 设例 5.1 中，测量得到系统的最大总有功需求是 92.8kW，请按照三个变压器的额定容量来进行负荷分配。

解答 变压器总额定容量：

$$S_{\mathrm{N}\Sigma} = 25 + 37.5 + 50 = 112.5\ (\mathrm{kVA})$$

$$AF = \frac{92.8}{112.5} = 0.8253\ (\mathrm{kW/kVA})$$

每台变压器分配到的有功功率为

$$\mathrm{T1}: P_{\mathrm{T1}} = 0.8253 \times 25 = 20.63\ (\mathrm{kW})$$

$$\mathrm{T2}: P_{\mathrm{T2}} = 0.8253 \times 37.5 = 30.95\ (\mathrm{kW})$$

$$\mathrm{T3}: P_{\mathrm{T3}} = 0.8253 \times 50 = 41.27\ (\mathrm{kW})$$

5. 采用负荷分配方法计算电压降的实例

上面提到的四种不同的负荷分配方法分别是：使用差异系数、进行负荷调查、负荷管理和根据变压器额定容量进行分配。本书将对基于差异系数和变压器额定容量的负荷分配方法进行示例分析，示例中设负荷的有功功率和无功功率恒定。

使用差异系数分配给线路段或配电变压器的负荷是线路或配电变压器下游总用户数的函数，例 5.1 阐述了差异系数的应用。知道了流经线路、变压器和阻抗的功率，就可以计算电压降。这里仍假定分配的负荷具有恒定的有功功率与无功功率。

为了避免迭代求解，需要事先设定电源处的电压，计算从该点开始到最后一个变压器的电压降。例 5.3 展示了使用差异系数来进行负荷分配的方法，其中系统和负荷分配与例 5.1 中相同。

例 5.3 对于例 5.1 中的系统，设节点 N1 处的电压为 2400V，运用差异系数来计算三个变压器的二次侧电压，系统如图5-12所示。设负荷的功率因数为 0.9（滞后），线路阻抗为 $z = 0.2 + \mathrm{j}0.4\ \Omega/\mathrm{km}$

解答 变压器的额定值：

$$\mathrm{T1}: 25\ \mathrm{kVA},\ 2400\mathrm{V}\text{-}240\mathrm{V},\ Z_{*} = 0.018\angle 40^{\circ}$$

$$\mathrm{T2}: 37.5\ \mathrm{kVA},\ 2400\mathrm{V}\text{-}240\mathrm{V},\ Z_{*} = 0.019\angle 45^{\circ}$$

$$\mathrm{T3}: 50\ \mathrm{kVA},\ 2400\mathrm{V}\text{-}240\mathrm{V},\ Z_{*} = 0.02\angle 50^{\circ}$$

在例 5.1 中已经计算了最大总有功功率需求。接下来使用功率因数 0.9（滞后），计算线

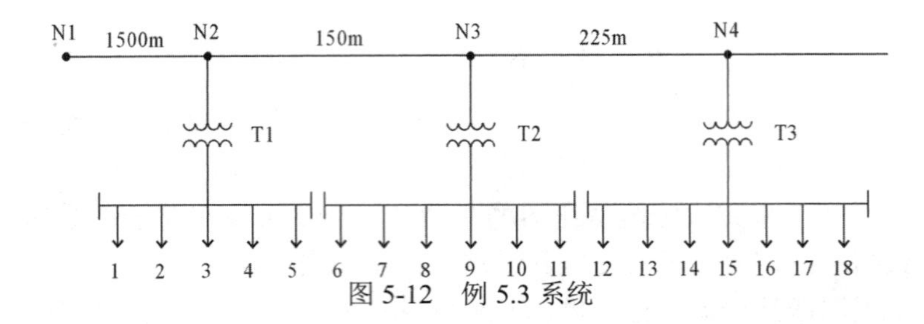

图 5-12　例 5.3 系统

路段以及变压器上的最大总有功及视在功率需求如下：

线路段 N1-N2: $P_{12}=92.8\text{ kW}$　　$S_{12}=92.8+\text{j}45.0\text{ kVA}$

线路段 N2-N3: $P_{23}=72.6\text{ kW}$　　$S_{23}=72.6+\text{j}35.2\text{ kVA}$

线路段 N3-N4: $P_{34}=48.9\text{ kW}$　　$S_{34}=48.9+\text{j}23.7\text{ kVA}$

变压器 T1: $P_{\text{T1}}=30.3\text{ kW}$　　$S_{\text{T1}}=30.3+\text{j}14.7\text{ kVA}$

变压器 T2: $P_{\text{T2}}=35.5\text{ kW}$　　$S_{\text{T2}}=35.5+\text{j}17.2\text{ kVA}$

变压器 T3: $P_{\text{T3}}=48.9\text{ kW}$　　$S_{\text{T3}}=48.9+\text{j}23.7\text{ kVA}$

以高压侧为基准计算变压器的阻抗，变压器高压侧阻抗基准值为

$$Z_{\text{base}}=1000\frac{U_1^2}{S}$$

式中：U_1 为变压器一次侧额定电压，以 kV 为单位；S 为变压器额定容量，以 kVA 为单位。

计算变压器归算到高压侧阻抗实际值：

$$\text{T1: } Z_{\text{base}}=\frac{2.4^2\times1000}{25}=230.4\ (\Omega)$$

$$Z_{\text{T1}}=(0.018\angle40^\circ)\times230.4=3.18+\text{j}2.67\ (\Omega)$$

$$\text{T2: } Z_{\text{base}}=\frac{2.4^2\times1000}{37.5}=153.6\ (\Omega)$$

$$Z_{\text{T2}}=(0.019\angle45^\circ)\times153.6=2.06+\text{j}2.06\ (\Omega)$$

$$\text{T3: } Z_{\text{base}}=\frac{2.4^2\times1000}{50}=115.2\ (\Omega)$$

$$Z_{\text{T3}}=(0.02\angle50^\circ)\times115.2=1.48+\text{j}1.76\ (\Omega)$$

计算线路上的阻抗：

$$\text{N1-N2:}\quad Z_{12}=(0.2+\text{j}0.4)\times\frac{1500}{1000}=0.3+\text{j}0.6\ (\Omega)$$

$$\text{N2-N3:}\quad Z_{23}=(0.2+\text{j}0.4)\times\frac{150}{1000}=0.03+\text{j}0.06\ (\Omega)$$

$$\text{N3-N4:}\quad Z_{34}=(0.2+\text{j}0.4)\times\frac{225}{1000}=0.045+\text{j}0.09\ (\Omega)$$

计算流经 N1-N2 段的电流：

$$I_{12}=\left(\frac{S_{12}}{U_1}\right)^*=\left(\frac{92.8+\text{j}45.0}{2.4\angle0^\circ}\right)^*=43.0\angle-25.84^\circ\ (\text{A})$$

计算节点 N2 处的电压：

$$V_2 = 2400\angle 0^\circ - (0.3 + j0.6) \times 43.0\angle -25.84^\circ = 2377.2\angle -0.4^\circ \ (V)$$

计算 T1 中的电流：

$$I_{T1} = \left(\frac{30.3 + j14.7}{2.3772\angle -0.4}\right)^* = 14.15\angle -26.27^\circ \ (A)$$

计算变压器 T1 二次侧电压（以高压侧为基准）：

$$V_{T1} = 2377.2\angle -0.4^\circ - (3.18 + j2.67) \times 14.15\angle -26.27^\circ = 2320.4\angle -0.8^\circ \ (V)$$

除以匝数比 10 得到实际二次侧电压：

$$Vlow_{T1} = \frac{2320.4\angle -0.8^\circ}{10} = 232.04\angle -0.8^\circ \ (V)$$

计算 N2-N3 段的电流：

$$I_{23} = \left(\frac{72.6 + j35.2}{2.3772\angle -0.4^\circ}\right)^* = 33.9\angle -26.27^\circ \ (A)$$

计算节点 N3 处的电压：

$$V_3 = 2377.2\angle -0.4^\circ - (0.03 + j0.06) \times 33.9\angle -26.27^\circ = 2375.4\angle -0.5^\circ \ (V)$$

计算 T2 中的电流：

$$I_{T2} = \left(\frac{35.5 + j17.2}{2.3754\angle -0.5^\circ}\right)^* = 16.59\angle -26.30^\circ \ (A)$$

计算变压器 T2 二次侧电压（以高压侧为基准）：

$$V_{T2} = 2375.4\angle -0.5^\circ - (2.06 + j2.06) \times 16.59\angle -26.30^\circ = 2329.7\angle -0.8^\circ \ (V)$$

除以匝数比 10 得到实际二次侧电压：

$$Vlow_{T2} = \frac{2329.7\angle -0.8^\circ}{10} = 232.97\angle -0.8^\circ \ (V)$$

计算 N3-N4 段的电流：

$$I_{34} = \left(\frac{48.9 + j23.7}{2.3754\angle -0.5^\circ}\right)^* = 22.9\angle -26.30^\circ \ (A)$$

计算节点 N4 处的电压：

$$V_4 = 2375.4\angle -0.5^\circ - (0.045 + j0.09) \times 22.9\angle -26.30^\circ = 2373.6\angle -0.5^\circ \ (V)$$

T3 中的电流和 N3-N4 段的电流相等：

$$I_{T3} = 22.9\angle -26.30^\circ \ A$$

计算变压器 T3 的二次侧电压（以高压侧为基准）：

$$V_{T3} = 2373.6\angle -0.5^\circ - (1.48 + j1.76) \times 22.9\angle -26.30^\circ = 2325.6\angle -1.0^\circ \ (V)$$

除以匝数比 10 得到实际二次侧电压：

$$Vlow_{T3} = \frac{2325.6\angle -1.0^\circ}{10} = 232.56\angle -1.0^\circ \ (V)$$

以高压侧为基准计算变压器 T3 二次侧电压降百分比：

$$V_{\text{drop}} = \frac{|V_1| - |V_{\text{T3}}|}{|V_1|} \times 100\% = \frac{2400 - 2325.6}{2400} \times 100\% = 3.10\%$$

当仅知道变压器额定容量时，可以根据测量到的负荷需求和变压器额定容量来对负荷进行分配。下面的例 5.4 运用了这种方法。

例 5.4 对于例 5.1 中的系统，假定节点 N1 处的电压为 2400V，计算三台变压器上的二次侧电压，并根据变压器的额定容量来分配负荷。节点 N1 处测得的有功功率需求为 92.8kW。线路和变压器的阻抗与例 5.3 相同。假设负荷的功率因数为 0.9（滞后）。

解答 节点 N1 消耗的视在功率为

$$S_{12} = \frac{92.8}{0.9}\angle\cos^{-1}(0.9) = 92.8 + \text{j}45.0 = 103.2\angle 25.84^\circ \text{ (kVA)}$$

分配因数为 $AF = \frac{103.2\angle 25.84^\circ}{25+37.5+50} = 0.9170\angle 25.84^\circ$

分配负荷到每一台变压器：

$$S_{\text{T1}} = AF \cdot S_{\text{T1N}} = (0.9170\angle 25.84^\circ) \times 25 = 20.6 + \text{j}10.0 \text{ (kVA)}$$
$$S_{\text{T2}} = AF \cdot S_{\text{T2N}} = (0.9170\angle 25.84^\circ) \times 37.5 = 30.9 + \text{j}15.0 \text{ (kVA)}$$
$$S_{\text{T3}} = AF \cdot S_{\text{T3N}} = (0.9170\angle 25.84^\circ) \times 50 = 41.3 + \text{j}20.0 \text{ (kVA)}$$

计算线路上消耗的功率：

$$S_{12} = S_{\text{T1}} + S_{\text{T2}} + S_{\text{T3}} = 92.8 + \text{j}45.0 \text{ (kVA)}$$
$$S_{23} = S_{\text{T2}} + S_{\text{T3}} = 72.2 + \text{j}35.0 \text{ (kVA)}$$
$$S_{34} = S_{\text{T3}} = 41.3 + \text{j}20.0 \text{ (kVA)}$$

在得到上面的结果后，接下来计算变压器二次侧电压的过程与例 5.3 完全相同，计算得到的节点和变压器二次侧电压为

$$V_2 = 2377.2\angle -0.4^\circ \text{ V} \qquad Vlow_{\text{T1}} = 233.85\angle -0.7^\circ \text{ V}$$
$$V_3 = 2375.4\angle -0.5^\circ \text{ V} \qquad Vlow_{\text{T2}} = 233.56\angle -0.8^\circ \text{ V}$$
$$V_4 = 2373.9\angle -0.5^\circ \text{ V} \qquad Vlow_{\text{T3}} = 233.34\angle -0.9^\circ \text{ V}$$

此情况下的电压降为

$$V_{\text{drop}} = \frac{|V_1| - |V_{\text{T3}}|}{|V_1|} \times 100\% = \frac{2400 - 2333.4}{2400} \times 100\% = 2.78\%$$

5.2　负荷模型

在配电系统中通常根据负荷所消耗的功率特征对其进行建模。参考第 5.1 节，其中的负荷是最大总需求，这种需求可以由视在功率和功率因数、有功功率和功率因数或有功功率和无功功率确定。负荷的电压始终是配电变电站低压端的电压。这就产生了一些问题，因为在电压未知的情况下无法确定负荷的电流，因此必须应用某种形式的迭代方法。迭代方法将在第 6.1 节中介绍。

配电馈线上的负荷可以是星形接法或三角形接法，根据负荷特性的不同可以建模为以下几类：恒定有功功率和无功功率；恒定电流；恒定阻抗；以上几种的组合。

下面介绍的负荷模型将用于潮流计算。潮流计算的结果之一是得到负荷实际电压。所有负荷模型初始都由每相复功率和假定的相电压（星形负荷）或线电压（三角形负荷）来定义，在潮流分析过程中需要计算注入负荷的线电流。

5.2.1　星形接法负荷

图5-13是星形接法负荷的模型。给定 a、b、c 三相复功率和电压的符号如下：

$$|S_a|\angle\theta_a = P_a + \mathrm{j}Q_a \quad |V_{an}|\angle\delta_a \tag{5.1}$$

$$|S_b|\angle\theta_b = P_b + \mathrm{j}Q_b \quad |V_{bn}|\angle\delta_b \tag{5.2}$$

$$|S_c|\angle\theta_c = P_c + \mathrm{j}Q_c \quad |V_{cn}|\angle\delta_c \tag{5.3}$$

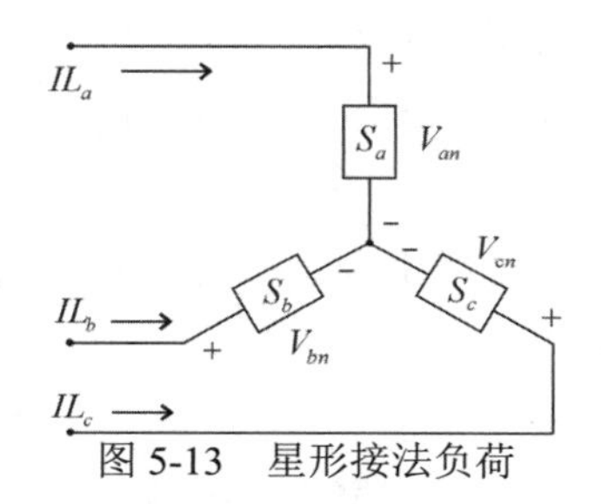

图 5-13　星形接法负荷

1. 恒定的有功功率负荷和无功功率负荷

恒定有功功率和无功功率负荷（PQ 负荷）的线电流由下式给出：

$$IL_a = \left(\frac{S_a}{V_{an}}\right)^* = \frac{|S_a|}{|V_{an}|}\angle(\delta_a - \theta_a) = |IL_a|\angle\alpha_a \tag{5.4}$$

$$IL_b = \left(\frac{S_b}{V_{bn}}\right)^* = \frac{|S_b|}{|V_{bn}|}\angle(\delta_b - \theta_b) = |IL_b|\angle\alpha_b \tag{5.5}$$

$$IL_c = \left(\frac{S_c}{V_{cn}}\right)^* = \frac{|S_c|}{|V_{cn}|}\angle(\delta_c - \theta_c) = |IL_c|\angle\alpha_c \tag{5.6}$$

在该模型中，线到中性点电压将在每次迭代期间改变，直到其收敛。

2. 恒定阻抗负荷

恒定阻抗负荷的阻抗值由指定的复功率和假设的线到中性点电压确定：

$$Z_a = \frac{|V_{an}|^2}{S_a^*} = \frac{|V_{an}|^2}{S_a}\angle\theta_a = |Z_a|\angle\theta_a \tag{5.7}$$

$$Z_b = \frac{|V_{bn}|^2}{S_b^*} = \frac{|V_{bn}|^2}{S_b}\angle\theta_b = |Z_b|\angle\theta_b \tag{5.8}$$

$$Z_c = \frac{|V_{cn}|^2}{S_c^*} = \frac{|V_{cn}|^2}{S_c}\angle\theta_c = |Z_c|\angle\theta_c \tag{5.9}$$

作为恒定负荷阻抗的函数, 负荷电流由下式给出：

$$IL_a = \frac{V_{an}}{Z_a} = \frac{|V_{an}|}{|Z_a|}\angle(\delta_a - \theta_a) = |IL_a|\angle\alpha_a \tag{5.10}$$

$$IL_b = \frac{V_{bn}}{Z_b} = \frac{|V_{bn}|}{|Z_b|}\angle(\delta_b - \theta_b) = |IL_b|\angle\alpha_b \tag{5.11}$$

$$IL_c = \frac{V_{cn}}{Z_c} = \frac{|V_{cn}|}{|Z_c|}\angle(\delta_c - \theta_c) = |IL_c|\angle\alpha_c \tag{5.12}$$

在此模型中，线到中性点电压将在每次迭代期间发生变化，但式 (5.7)、式 (5.8) 和式 (5.9) 中计算的阻抗将保持不变。

3. 恒定电流负荷

在该模型中，电流的大小根据式 (5.4)、式 (5.5) 和式 (5.6) 计算，然后保持恒定，同时电压的角度（δ）发生变化，导致电流角度发生变化，从而使负荷的功率因数保持恒定：

$$IL_a = |IL_a|\angle(\delta_a - \theta_a) \tag{5.13}$$

$$IL_b = |IL_b|\angle(\delta_b - \theta_b) \tag{5.14}$$

$$IL_c = |IL_c|\angle(\delta_c - \theta_c) \tag{5.15}$$

δ_a、δ_b、δ_c 和 θ_a、θ_b、θ_c 分别为线到中性点电压相角与功率因数角。

4. 组合负荷

组合负荷可以由上述三种负荷模型中的每一种占总负荷的百分比来建模。流入负荷的总线电流是三个负荷模型的总和。

例 5.5 一星形接法负荷的复功率为

$$[S_{abc}] = \begin{bmatrix} 2236.1\angle 26.6 \\ 2506.0\angle 28.6 \\ 2101.4\angle 25.3 \end{bmatrix} \text{ (kVA)}$$

负荷规定为 50%恒定复合功率模型，20%恒定阻抗模型和 30%恒定电流模型。馈线的额定线电压为 12.47 kV。(1) 假设负荷为额定电压，计算构成负荷的每个组件的负荷电流分量和总负荷电流。(2) 确定第二次迭代开始时的电流。

解答 （1）在迭代过程开始时假设线到中性电压为

$$[VLN_{abc}] = \begin{bmatrix} 7200\angle 0 \\ 7200\angle -120 \\ 7200\angle 120 \end{bmatrix} \text{ (V)}$$

由于复功率恒定产生的电流分量为

$$I_{\text{pq}i} = \left(\frac{S_i \cdot 1000}{VLN_i}\right)^* \cdot 0.5 = \begin{bmatrix} 155.3\angle -26.6 \\ 174.0\angle -148.6 \\ 146.0\angle 94.7 \end{bmatrix} \text{ (A)}$$

该部分负荷的恒定阻抗计算如下

$$Z_i = \frac{[VLN_i]^2}{S_i^* \cdot 1000} = \begin{bmatrix} 20.7 + \text{j}10.4 \\ 18.2 + \text{j}9.9 \\ 22.3 + \text{j}10.5 \end{bmatrix} \text{ } (\Omega)$$

对于第一次迭代，由负荷的恒定阻抗部分引起的电流是

$$I_{Zi}=\left(\frac{VLN_i}{Z_i}\right)\cdot 0.2=\begin{bmatrix}62.1\angle-26.6\\69.6\angle-148.6\\58.4\angle94.7\end{bmatrix}\ (\mathrm{A})$$

负荷的恒定电流部分大小为

$$I_{Mi}=\left|\left(\frac{S_i\cdot 1000}{VLN_i}\right)\right|^{*}\cdot 0.3=\begin{bmatrix}93.2\\104.4\\87.6\end{bmatrix}\ (\mathrm{A})$$

由负荷的恒定电流部分引起的电流是

$$I_{Ii}=I_{Mi}\angle(\delta_i-\theta_i)=\begin{bmatrix}93.2\angle-26.6\\104.4\angle-148.6\\87.6\angle94.7\end{bmatrix}\ (\mathrm{A})$$

总电流为

$$[I_{abc}]=[I_{pq}]+[I_Z]+[I_I]=\begin{bmatrix}310.6\angle-26.6\\348.1\angle-148.6\\292.0\angle94.7\end{bmatrix}\ (\mathrm{A})$$

（2）第一次迭代后负荷处的电压为

$$[VLN]=\begin{bmatrix}6850.0\angle-1.9\\6972.7\angle-122.1\\6886.1\angle117.5\end{bmatrix}\ (\mathrm{V})$$

重复这些步骤，不同之处在于负荷的恒定阻抗部分的阻抗不会改变，恒定电流部分的电流大小不会改变。

恒定复功率部分的负荷电流是

$$I_{pqi}=\left(\frac{S_i\cdot 1000}{VLN_i}\right)^{*}\cdot 0.5=\begin{bmatrix}163.2\angle-28.5\\179.7\angle-150.7\\152.7\angle92.1\end{bmatrix}\ (\mathrm{A})$$

由负荷的恒定阻抗部分引起的电流是

$$I_{Zi}=\left(\frac{VLN_i}{Z_i}\right)\cdot 0.2=\begin{bmatrix}59.1\angle-28.5\\67.4\angle-150.7\\55.9\angle92.1\end{bmatrix}\ (\mathrm{A})$$

由负荷的恒定电流部分引起的电流是

$$I_{Ii}=I_{Mi}\angle(\delta_i-\theta_i)=\begin{bmatrix}93.2\angle-28.5\\104.4\angle-150.7\\87.6\angle92.1\end{bmatrix}\ (\mathrm{A})$$

第二次迭代开始时的总负荷电流为

$$[I_{abc}]=[I_{\mathrm{pq}}]+[I_{\mathrm{Z}}]+[I_{\mathrm{I}}]=\begin{bmatrix}315.5\angle-28.5\\351.5\angle-150.7\\296.2\angle92.1\end{bmatrix}\ (\mathrm{A})$$

观察这些电流如何从原始电流开始变化，可以发现恒定复功率负荷的电流有所增加，因为电压从原始假设值开始减小。由于阻抗保持恒定但电压降低，负荷的恒定阻抗部分的电流减小。最后，负荷的恒定电流部分的大小保持不变。同样，负荷的所有三个分量具有相同的相角，因为负荷的功率因数也没有改变。

5.2.2　三角形接法负荷

三角形接法负荷的模型如图5-14所示。图5-14中指定的 ab 相、bc 相和 ca 相复功率和电压的符号分别如下：

$$|S_{ab}|\angle\theta_{ab}=P_{ab}+\mathrm{j}Q_{ab}\quad |V_{ab}|\angle\delta_{ab} \tag{5.16}$$

$$|S_{bc}|\angle\theta_{bc}=P_{bc}+\mathrm{j}Q_{bc}\quad |V_{bc}|\angle\delta_{bc} \tag{5.17}$$

$$|S_{ca}|\angle\theta_{ca}=P_{ca}+\mathrm{j}Q_{ca}\quad |V_{ca}|\angle\delta_{ca} \tag{5.18}$$

1. 恒定有功功率和无功功率负荷

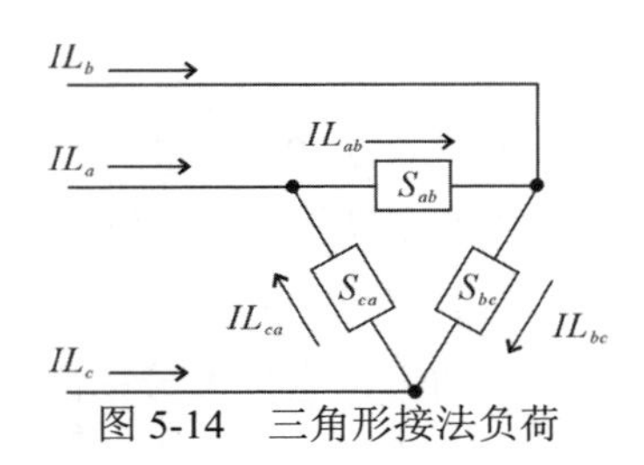

图 5-14　三角形接法负荷

三角形接法负荷中的电流为

$$IL_{ab}=\left(\frac{S_{ab}}{V_{ab}}\right)^{*}=\frac{|S_{ab}|}{|V_{ab}|}\angle(\delta_{ab}-\theta_{ab})=|IL_{ab}|\angle\alpha_{ab} \tag{5.19}$$

$$IL_{bc}=\left(\frac{S_{bc}}{V_{bc}}\right)^{*}=\frac{|S_{bc}|}{|V_{bc}|}\angle(\delta_{bc}-\theta_{bc})=|IL_{bc}|\angle\alpha_{bc} \tag{5.20}$$

$$IL_{ca}=\left(\frac{S_{ca}}{V_{ca}}\right)^{*}=\frac{|S_{ca}|}{|V_{ca}|}\angle(\delta_{ca}-\theta_{ca})=|IL_{ca}|\angle\alpha_{ca} \tag{5.21}$$

在该模型中，线电压将在每次迭代中改变，从而在每次迭代开始时产生新的电流。

2. 恒定阻抗负荷

恒定负荷的阻抗由指定的复功率和线电压决定：

$$Z_{ab}=\frac{|V_{ab}|^2}{S_{ab}^{*}}=\frac{|V_{ab}|^2}{S_{ab}}\angle\theta_{ab}=|Z_{ab}|\angle\theta_{ab} \tag{5.22}$$

$$Z_{bc}=\frac{|V_{bc}|^2}{S_{bc}^{*}}=\frac{|V_{bc}|^2}{S_{bc}}\angle\theta_{bc}=|Z_{bc}|\angle\theta_{bc} \tag{5.23}$$

$$Z_{ca} = \frac{|V_{ca}|^2}{S_{ca}^*} = \frac{|V_{ca}|^2}{S_{ca}} \angle \theta_{ca} = |Z_{ca}| \angle \theta_{ca} \tag{5.24}$$

作为恒定负荷阻抗的函数, 三角形负荷电流为

$$IL_{ab} = \frac{V_{ab}}{Z_{ab}} = \frac{|V_{ab}|}{|Z_{ab}|} \angle (\delta_{ab} - \theta_{ab}) = |IL_{ab}| \angle \alpha_{ab} \tag{5.25}$$

$$IL_{bc} = \frac{V_{bc}}{Z_{bc}} = \frac{|V_{bc}|}{|Z_{bc}|} \angle (\delta_{bc} - \theta_{bc}) = |IL_{bc}| \angle \alpha_{bc} \tag{5.26}$$

$$IL_{ca} = \frac{V_{ca}}{Z_{ca}} = \frac{|V_{ca}|}{|Z_{ca}|} \angle (\delta_{ca} - \theta_{ca}) = |IL_{ca}| \angle \alpha_{ca} \tag{5.27}$$

3. 恒定电流负荷

在该模型中，根据式 (5.19)、式 (5.20) 和式 (5.21) 计算电流的大小，然后保持恒定，同时在每次迭代期间电压（δ）的角度改变。这使负荷的功率因数保持不变：

$$IL_{ab} = |IL_{ab}| \angle (\delta_{ab} - \theta_{ab}) \tag{5.28}$$

$$IL_{bc} = |IL_{bc}| \angle (\delta_{bc} - \theta_{bc}) \tag{5.29}$$

$$IL_{ca} = |IL_{ca}| \angle (\delta_{ca} - \theta_{ca}) \tag{5.30}$$

4. 组合负荷

组合负荷可以由上述三种负荷模型中的每一种占总负荷的百分比来建模。负荷的总电流是三个模型的电流总和。

5. 线电流为三角形接法负荷供电

通过在三角形的每个节点处应用基尔霍夫电流定律来确定流入三角形接法负荷的线电流。以矩阵形式表示，方程式为

$$\begin{bmatrix} IL_a \\ IL_b \\ IL_c \end{bmatrix} = \begin{bmatrix} 1 & 0 & -1 \\ -1 & 1 & 0 \\ 0 & -1 & 1 \end{bmatrix} \cdot \begin{bmatrix} IL_{ab} \\ IL_{bc} \\ IL_{ca} \end{bmatrix} \tag{5.31}$$

5.2.3　两相及单相负荷

在星形和三角形接法的负荷中，可通过将缺失相的电流设置为零来为单相和两相负荷建模。对于恒定复功率、恒定阻抗和恒定电流模型，可以使用与上述相同的对应公式计算相电流。

5.2.4　分流电容器

分流电容器组通常用于配电系统的电压调节并提供无功功率支持。电容器组被建模为星形或三角形接法的恒定电纳。与负荷模型类似，所有电容器组都被建模为三相，对于单相和两相的情形，缺失相的电流设置为零。

1. 星形接法电容器组

三相星形接法电容器组的模型如图5-15所示。设各个相电容器单元的额定功率和额定电压单位分别为 kvar 和 kV。每个单位的恒定电纳可以以 Siemens（西门子）为单位计算。电

容器单元的电纳计算如下：

$$B_c = \frac{kvar}{kV_{\mathrm{IN}}^2 \cdot 1000}\ \mathrm{S} \tag{5.32}$$

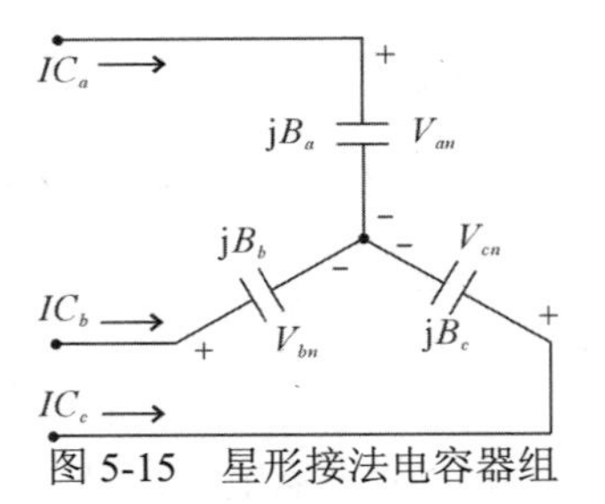

图 5-15　星形接法电容器组

在计算出电纳的情况下，流入电容器组提供的线电流可由下式给出：

$$IC_a = \mathrm{j}B_a \cdot V_{an} \tag{5.33}$$

$$IC_b = \mathrm{j}B_b \cdot V_{bn} \tag{5.34}$$

$$IC_c = \mathrm{j}B_c \cdot V_{cn} \tag{5.35}$$

2. 三角形接法电容器组

三角形接法电容器组的模型如图 5-16所示。各个相电容器单元的额定值单位为 kvar 和 kV。对于三角形接法的电容器，额定电压必须是线电压。每个单位的恒定电纳可以以 Siemens（西门子）为单位计算。电容器单元的电纳计算如下：

$$B_c = \frac{kvar}{kV_{\mathrm{LL}}^2 \cdot 1000}\ \mathrm{S} \tag{5.36}$$

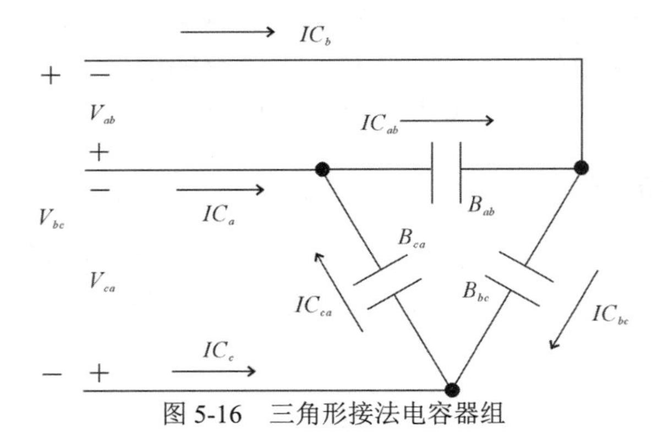

图 5-16　三角形接法电容器组

在已知电纳的情况下，流入电容器组的电流由下式给出：

$$IC_{ab} = \mathrm{j}B_a \cdot V_{ab} \tag{5.37}$$

$$IC_{bc} = \mathrm{j}B_b \cdot V_{bc} \tag{5.38}$$

$$IC_{ca} = \mathrm{j}B_c \cdot V_{ca} \tag{5.39}$$

通过在每个节点处应用基尔霍夫电流定律来计算流入三角形接法电容器的线电流。以矩阵形式表示，方程式为

$$
\begin{bmatrix} IC_a \\ IC_b \\ IC_c \end{bmatrix} = \begin{bmatrix} 1 & 0 & -1 \\ -1 & 1 & 0 \\ 0 & -1 & 1 \end{bmatrix} \cdot \begin{bmatrix} IC_{ab} \\ IC_{bc} \\ IC_{ca} \end{bmatrix} \tag{5.40}
$$

5.2.5　三相感应电动机

在不对称电压条件下，对感应电动机的分析一般使用对称分量法。这种方法导出了电机的正序和负序等效电路。零序网络不是必需的，因为电机通常连接成三角形或不接地星形，这意味着不会有任何零序电流或电压。

星形接法三相感应电机的序等效电路如图5-17所示。图中的电路适用于正序和负序网络。两者之间的唯一区别是负荷电阻 RL 的值由下式定义：

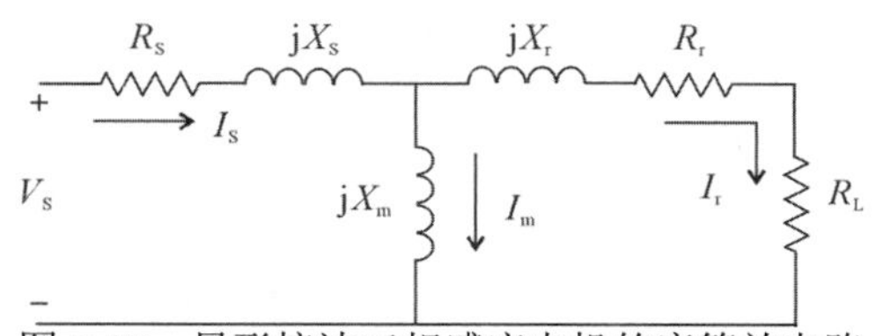

图 5-17　星形接法三相感应电机的序等效电路

$$
RL_i = \frac{1-s_i}{s_i} \cdot Rr_i \tag{5.41}
$$

式中：正序中 i=1，负序中 i=2。

$$
s_1 = \frac{n_s - n_r}{n_s}\ (\text{正序}) \tag{5.42}
$$

$$
s_2 = 2 - s_1\ (\text{负序}) \tag{5.43}
$$

$$
n_s = \text{同步转速} \quad n_r = \text{转子转速}
$$

注意，负序负荷电阻 RL_2 是负值，这将导致负序中出现负功率。负序电流使电动机产生反向旋转的转矩，产生的负功率将导致电动机产生额外的功率损耗和发热。因此，根据 ANSI C84.1-2016 标准，当电压不对称大于 1%时，必须降低电机的电压额定值。

如果正序滑差（s_1）的值已知，那么正序和负序网络的输入序阻抗可以确定为

$$
ZM_i = Rs_i + jXs_i + \frac{(jXm_i)(Rr_i + RL_i + jXr_i)}{Rr_i + RL_i + j(Xm_i + Xr_i)} \tag{5.44}
$$

通过取阻抗的倒数将输入序阻抗转换为输入序导纳：

$$
YM_i = \frac{1}{ZM_i} \tag{5.45}
$$

正序电机电流是

$$
IM_i = YM_i \cdot VLN_i \tag{5.46}
$$

星形接法的感应电动机不会使中性点接地。不接地则零序电流为零，线到中性点零序电压也将为零。因此，零序电流和零序线到中性点电压为

$$
IM_0 = VLN_0 = 0 \tag{5.47}
$$

式 (5.46) 和式 (5.47) 可以转化为矩阵形式：

$$\begin{bmatrix} IM_0 \\ IM_1 \\ IM_2 \end{bmatrix} = \begin{bmatrix} 1 & 0 & 0 \\ 0 & YM_1 & 0 \\ 0 & 0 & YM_2 \end{bmatrix} \cdot \begin{bmatrix} VLN_0 \\ VLN_1 \\ VLN_2 \end{bmatrix} \tag{5.48}$$

$$[IM_{012}] = [YM_{012}] \cdot [VLN_{012}] \tag{5.49}$$

在中性点不接地的情况下，唯一可以测量的电压是电机端子的线电压。在对称分量理论中，序线到中性线和序线电压之间的关系由下式给出：

$$\begin{bmatrix} VLN_0 \\ VLN_1 \\ VLN_2 \end{bmatrix} = \begin{bmatrix} 1 & 0 & 0 \\ 0 & t_s^* & 0 \\ 0 & 0 & t_s \end{bmatrix} \cdot \begin{bmatrix} VLL_0 \\ VLL_1 \\ VLL_2 \end{bmatrix} \tag{5.50}$$

其中：

$$t_s = \frac{1}{\sqrt{3}} \cdot \angle 30 \tag{5.51}$$

式 (5.50) 可以简写为

$$[VLN_{012}] = [T] \cdot [VLL_{012}] \tag{5.52}$$

将式 (5.52) 代入式 (5.49)：

$$[IM_{012}] = [YM_{012}] \cdot [T] \cdot [VLL_{012}] \tag{5.53}$$

式 (5.53) 可用于计算序线电压已知时的正序电机电流。实际需要的是电机相电流和线电压之间的关系。在对称分量理论中：

$$[IM_{abc}] = [A_s] \cdot [IM_{012}] \tag{5.54}$$

$$[VLL_{012}] = [A_s]^{-1} \cdot [VLL_{abc}] \tag{5.55}$$

将式 (5.54) 和式 (5.55) 应用于式 (5.53) 从而得出最终的期望结果：

$$[IM_{abc}] = [A_s] \cdot [YM_{012}] \cdot [T] \cdot [A_s]^{-1} \cdot [VLL_{abc}] = [YM_{abc}] \cdot [VLL_{abc}] \tag{5.56}$$

其中：

$$[YM_{abc}] = [A_s] \cdot [YM_{012}] \cdot [T] \cdot [A_s]^{-1} \tag{5.57}$$

$$[YM_{abc}] = \begin{bmatrix} YM_{aa} & YM_{ab} & YM_{ac} \\ YM_{ba} & YM_{bb} & YM_{bc} \\ YM_{ca} & YM_{cb} & YM_{cc} \end{bmatrix} \tag{5.58}$$

从相导纳矩阵可看出三相异步电动机可以建模为星形接法的恒定导纳负荷，各相之间具有互导纳。即使将电动机建模为星形接法，所施加的电压也必须是线到线的。恒定导纳仅对于给定的滑差值是恒定的。但是，该模型允许电动机在从启动（$s_1 = 1$）到满载（$s_1 \approx 0.03$）的所有负荷情况下建模。

例 5.6 感应电机参数设定如下：25 Hp, 240 V 工作状态，滑差 =0.035，$Z_s = 0.0774 + j0.1843\ \Omega$，$Z_m = 0 + j4.8384\ \Omega$，$Z_r = 0.0908 + j0.1843\ \Omega$。计算电机相电流。

解答 负荷阻抗为

$$RL_1=\left(\frac{1-0.035}{0.035}\right)\cdot 0.0908=2.5035\ (\Omega)$$
$$RL_2=\left(\frac{1-1.965}{1.965}\right)\cdot 0.0908=-0.0446\ (\Omega)$$

输入序阻抗是

$$ZM_1=Z_s+\frac{Z_m\cdot(Z_r+RL_1)}{Z_m+Z_r+RL_1}=1.9778+\mathrm{j}1.3434\ (\Omega)$$
$$ZM_2=Z_s+\frac{Z_m\cdot(Z_r+RL_2)}{Z_m+Z_r+RL_2}=0.1203+\mathrm{j}0.3622\ (\Omega)$$

正序和负序输入导纳是

$$YM_1=\frac{1}{ZM_1}=0.3460-\mathrm{j}0.2350\ (\mathrm{S})$$
$$YM_2=\frac{1}{ZM_2}=0.8256-\mathrm{j}2.4865\ (\mathrm{S})$$

序导纳矩阵是

$$[YM_{012}]=\begin{bmatrix}1 & 0 & 0\\ 0 & 0.3460-\mathrm{j}0.2350 & 0\\ 0 & 0 & 0.8256-\mathrm{j}2.4865\end{bmatrix}(\mathrm{S})$$

应用式 (5.57)，得相导纳矩阵:

$$[YM_{abc}]=\begin{bmatrix}0.7453-\mathrm{j}0.4074 & -0.1000-\mathrm{j}0.0923 & 0.3547+\mathrm{j}0.4997\\ 0.3547+\mathrm{j}0.4997 & 0.7453-\mathrm{j}0.4074 & -0.1000-\mathrm{j}0.0923\\ -0.1000-\mathrm{j}0.0923 & 0.3547+\mathrm{j}0.4997 & 0.7453-\mathrm{j}0.4074\end{bmatrix}(\mathrm{S})$$

测量电机线电压为

$$V_{ab}=235\ \mathrm{V}\quad V_{bc}=240\ \mathrm{V}\quad V_{ca}=245\ \mathrm{V}$$

由于线电压之和必须为零，因此余弦定理可用于确定电压相角。应用余弦定理可得

$$[VLL_{abc}]=\begin{bmatrix}235\angle 0\\ 240\angle -117.9\\ 245\angle 120.0\end{bmatrix}(\mathrm{V})$$

现在可以计算电机相电流:

$$[IM_{abc}]=[YM_{abc}]\cdot[VLL_{abc}]=\begin{bmatrix}53.14\angle -71.0\\ 55.24\angle -175.3\\ 66.49\angle 55.7\end{bmatrix}(\mathrm{A})$$

很明显，电流非常不对称。电压和电流不对称程度可以按下式计算:

$$V_{\text{unbalance}} = \left(\frac{(V_{\text{deviation}})_{\max}}{|V_{\text{average}}|}\right) \cdot 100 = \left(\frac{5}{240}\right) \cdot 100 = 0.0208$$

$$I_{\text{unbalance}} = \left(\frac{(V_{\text{deviation}})_{\max}}{|I_{\text{average}}|}\right) \cdot 100 = \left(\frac{8.1992}{58.29}\right) \cdot 100 = 0.1407$$

该示例表明电流不对称是电压不对称的七倍，这个电流电压不对称比是较为典型的。

5.3 总 结

本章阐述了负荷特性和负荷模型。单一用户之间的需求存在巨大的差异，但是从变电站的角度来看，当研究一段线路上的需求时，这些差异的影响就会变得非常小。分析结果表明，在计算变压器需求时必须考虑用户需求差异的影响。表5.2的差异系数表明，当用户数量超过 70 时，负荷差异的影响几乎消失。事实也证明，随着用户数量接近 70，差异系数几乎不再改变。需要注意的是，这里的数量 70 仅适用于表5.2中的差异系数。如果某个电力公司需要使用差异系数，就必须进行全面的负荷调查来制定适用于特定系统的差异系数表。

例 5.3 和例 5.4 表明，末端节点处的电压和变压器处的电压大致相等。采用差异系数和根据变压器额定容量这两种方法进行负荷分配时，最后得到的结果不存在显著差异。

参考文献

1. Kersting W H. Distribution system modeling and analysis[M]. New York: CRC Press, 2002.
2. American National Standard for Electric Power Systems and Equipment—Voltage Ratings (60 Hertz), ANSI C84.1-2016[S]. Rosslyn: National Electrical Manufacturers Association, 2016.
3. Kersting W H, Phillips W H. Phase frame analysis of the effects of voltage unbalance on induction machines[J]. IEEE Transactions on Industry Applications, 1997, 33(2): 415-420.

习题

5.1 下表显示的是四名用户的 15 分钟有功需求（单位为 kW）。

时间	用户 1	用户 2	用户 3	用户 4	时间	用户 1	用户 2	用户 3	用户 4
17:00	8.81	4.96	11.04	1.44	19:15	3.72	8.52	3.68	0.96
17:15	2.12	3.16	7.04	1.62	19:30	8.72	4.52	0.32	2.56
17:30	9.48	7.08	7.68	2.46	19:45	10.84	2.92	3.04	1.28
17:45	7.16	5.08	6.08	0.84	20:00	6.96	2.08	2.72	1.92
18:00	6.04	3.12	4.32	1.12	20:15	6.62	1.48	3.24	1.12
18:15	9.88	6.56	5.12	2.24	20:30	7.04	2.33	4.16	1.76
18:30	4.68	6.88	6.56	1.12	20:45	6.69	1.89	4.96	2.72
18:45	5.12	3.84	8.48	2.24	21:00	1.88	1.64	4.32	2.41
19:00	10.44	4.44	4.12	1.12					

（1）求每位用户的：a. 最大 15 分钟有功需求。b. 平均 15 分钟有功需求。c. 4 小时内消耗的总能量。d. 负荷率。

（2）为用户供电的是一台 25kVA 单相变压器，求变压器的：a. 最大 15 分钟总需求。b. 最大 15 分钟非重合需求。c. 利用率（假定是单位功率因数）。d. 差异系数。e. 负荷差异程度。

（3）画出变压器的负荷持续时间曲线。

5.2 图5-18给出了一个变压器-负荷系统，每个变压器为四位用户供电。

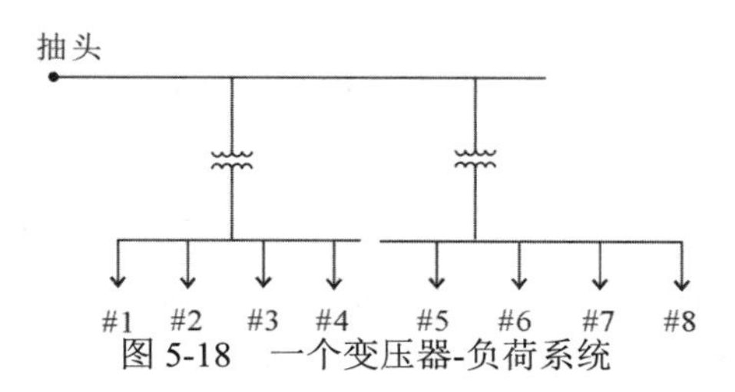

图 5-18　一个变压器-负荷系统

下表给出了一年中高峰负荷的数据（单位为 kW），包含八位用户的视在功率需求以及对应的时间段。假定功率因数为 0.9（滞后）。

时间	用户 1	用户 2	用户 3	用户 4	用户 5	用户 6	用户 7	用户 8
3:00—3:30	10	0	10	5	15	10	50	30
3:30—4:00	20	25	15	20	25	20	30	40
4:00—4:30	5	30	30	15	10	30	10	10
4:30—5:00	0	10	20	10	13	40	25	50
5:00—5:30	15	5	5	25	30	30	15	5
5:30—6:00	15	15	10	10	5	20	30	25
6:00—6:30	5	25	25	15	10	10	30	25
6:30—7:00	10	50	15	30	15	5	10	30

（1）求每台变压器：a. 30 分钟最大视在功率需求。b. 最大非重合视在功率需求。c. 负荷率。d. 差异系数。e. 建议的变压器额定值（50，75，100，167）。f. 利用率。g. 4 小时消耗的能量（kWh）。

（2）计算抽头处的最大 30 分钟总视在功率需求。

5.3 如图5-19，两台单相变压器为 12 位用户供电。

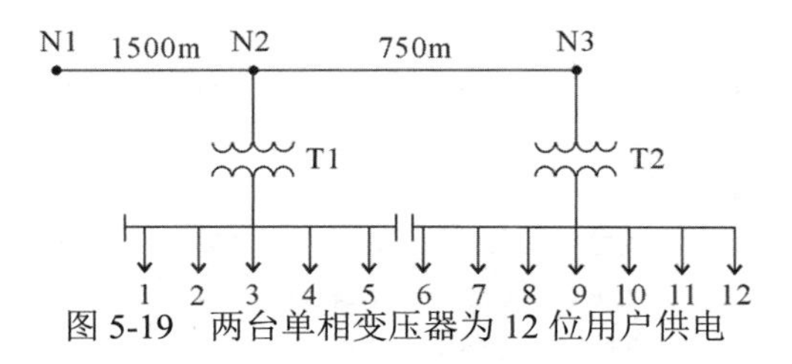

图 5-19　两台单相变压器为 12 位用户供电

下面的表格中给出了 17:00 时到 21:00 时间，12 位用户的 15 分钟有功需求（单位为 kW）。假定负荷功率因数为 0.95（滞后），线路的阻抗为 $Z = 0.191 + \mathrm{j}0.392\ \Omega/\mathrm{km}$。节点 N1 处的电压为 2500∠0V。变压器的额定值如下：

$$\text{T1:}\quad 25\ \text{kVA}\quad 2400\ \text{V-}240\ \text{V}\qquad Z_{\text{pu}} = 0.018\angle 40$$

$$\text{T2:}\quad 37.5\ \text{kVA}\quad 2400\ \text{V-}240\ \text{V}\qquad Z_{\text{pu}} = 0.020\angle 50$$

（1）求每位用户的最大有功需求、平均有功需求。

（2）求在该时段内每位用户消耗的能量（kWh）和负荷率。

（3）求每台变压器的最大总需求、最大非重合需求。

（4）求每台变压器的利用率（假定功率因数为 1.0）、负荷的差异系数。

（5）求节点 N1 处的最大总需求。

（6）考虑负荷差异的影响，计算每台变压器的二次侧电压。

变压器 1-25kVA

时间	用户 1	用户 2	用户 3	用户 4	用户 5
17:00	2.13	0.19	4.11	8.68	0.39
17:15	2.09	0.52	4.11	9.26	0.36
17:30	2.15	0.24	4.24	8.55	0.43
17:45	2.52	1.80	4.04	9.09	0.3
18:00	3.25	0.69	4.22	9.34	0.46
18:15	3.26	0.24	4.27	8.22	0.34
18:30	3.22	0.54	4.29	9.57	0.44
18:45	2.27	5.34	4.93	8.45	0.36
19:00	2.24	5.81	3.72	10.29	0.38
19:15	2.20	5.22	3.64	11.26	0.39
19:30	2.08	2.12	3.35	9.25	5.66
19:45	2.13	0.86	2.89	10.21	6.37
20:00	2.12	0.39	2.55	10.41	4.17
20:15	2.08	0.29	3.00	8.31	0.85
20:30	2.10	2.57	2.76	9.09	1.67
20:45	3.81	0.37	2.53	9.58	1.30
21:00	2.04	0.21	2.40	7.88	2.70

变压器 2-37.5kVA

时间	用户 6	用户 7	用户 8	用户 9	用户 10	用户 11	用户 12
17:00	0.87	2.75	0.63	8.73	0.48	9.62	2.55
17:15	0.91	5.35	1.62	0.19	0.40	7.98	1.72
17:30	1.56	13.39	0.19	5.72	0.70	8.72	2.25
17:45	0.97	13.38	0.05	3.28	0.42	8.82	2.38
18:00	0.76	13.23	1.51	1.26	3.01	7.47	1.73
18:15	1.10	13.48	0.05	7.99	4.92	11.60	2.42
18:30	0.79	2.94	0.66	0.22	3.58	11.78	2.24
18:45	0.60	2.78	0.52	8.97	6.58	8.83	1.74
19:00	0.60	2.89	1.80	0.11	7.96	9.21	2.18
19:15	0.87	2.75	0.07	7.93	6.80	7.65	1.98
19:30	0.47	2.60	0.16	1.07	7.42	7.78	2.19
19:45	0.72	2.71	0.12	1.35	8.99	6.27	2.63
20:00	1.00	3.04	1.39	6.51	8.98	10.92	1.59
20:15	0.47	1.65	0.46	0.18	7.99	5.60	1.81
20:30	0.44	2.16	0.53	2.24	8.01	7.74	2.13
20:45	0.95	0.88	0.56	0.11	7.75	11.72	1.63
21:00	0.79	1.58	1.36	0.95	8.19	12.23	1.68

5.4 对于题 5.3 中的系统，在另外一天节点 N1 处的 15 分钟有功功率需求为 72.43kW。假定功率因数为 0.95（滞后）。根据变压器的视在功率额定值为每一台变压器分配需求。又假设负荷电流为恒定值。计算每台变压器的二次侧电压。

5.5 如图5-20所示，一条单相分支线路为四台变压器供电。每位用户的最大需求为 15.5kW＋j7.5kvar。单相分支线路的阻抗为 $z=0.2763+\mathrm{j}0.2008\ \Omega/\mathrm{km}$。四台变压器的额定值如下：

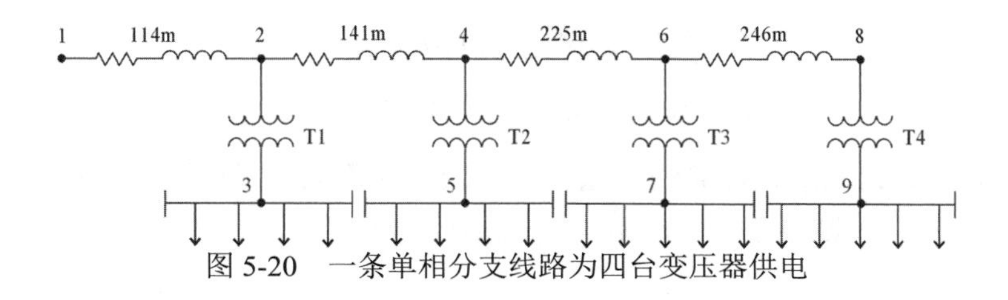

图 5-20　一条单相分支线路为四台变压器供电

$$\text{T1 和 T2: 37.5 kVA, 2400 V-240 V, } Z = 0.01 + \text{j}0.03$$

$$\text{T3 和 T4: 50 kVA, 2400 V-240 V, } Z = 0.015 + \text{j}0.035$$

利用表5.2中的差异系数求：

（1）每台变压器上的 15 分钟最大总有功需求和无功需求。

（2）每段线路上的 15 分钟最大总有功需求和无功需求。

（3）如果节点 1 处的电压为 $2600\angle 0$V，求节点 2、3、4、5、6、7、8、9 处的电压。计算的时候考虑问（1）和问（2）中的负荷差异影响。

（4）利用问（2）中求得的支路 1-2 段的 15 分钟最大总需求，将其除以用户的数量 18 并分配给每位用户，作为临时负荷。现在用该临时负荷计算问（3）中罗列的各节点处的电压。

（5）假定负荷电流是恒定的，即将问（4）中从节点 1 流向节点 2 的电流除以用户数量 18 并分配给每位用户作为瞬时恒定电流负荷，然后求问（3）中罗列的各节点处的电压。

（6）取节点 1 到节点 2 间的最大总需求，根据每台变压器的视在功率额定值，将最大总需求分配给各变压器。要达到这个条件，将最大总需求除以所有变压器的视在功率和 175kVA，然后将每台变压器的视在功率额定值乘上这个数，得到每台变压器的总需求。最后，再次求问（3）中罗列的各节点处的电压。

（7）以问（3）的结果为基准，计算问（4）、（5）、（6）中得到的各节点处的电压的相对误差。

5.6 一 12470V 馈线对一不对称星形接法负荷供电：

a 相：1000kVA，滞后功率因数 0.9

b 相：800kVA，滞后功率因数 0.95

c 相：1100kVA，滞后功率因数 0.85

计算：（1）恒定复功率负荷时的初始负荷电流。（2）恒定电流负荷时的初始负荷电流。（3）恒定阻抗负荷时的负荷阻抗。（4）假设有 60% 恒定复功率负荷，25% 恒定电流负荷，15% 恒定阻抗负荷，计算初始负荷电流。

5.7 使用题 5.6 的结果进行第二次迭代，若第一次迭代后的负荷电压给出如下，重新计算题 5.6 中各项待求数据。

$$[VLN_{abc}] = \begin{bmatrix} 6851\angle -1.9 \\ 6973\angle -122.1 \\ 6886\angle 117.5 \end{bmatrix} \text{ V}$$

5.8 假设题 5.7 中的电机运行时有 0.03 的滑差，并且线电压为对称的 240V 电压，计算：（1）输入线电流及三相复功率。（2）转子电路中的电流。（3）轴功率。

5.9 设题 5.7 中的电机运行滑差为 0.03，线电压大小为

$$V_{ab} = 240\ \text{V},\ V_{bc} = 230\ \text{V},\ V_{ca} = 250\ \text{V}$$

（1）以电压 a-b 为基准，计算线电压相角。（2）计算输入线电流与三相复功率。（3）计算转子电流。（4）计算轴功率。

第 6 章　配电网潮流计算

配电网潮流计算是配电网设计、调度运行、无功优化以及其他相关方面研究工作的基础。前面章节中已经建立了配电网中元件的模型，这些模型将应用于配电网潮流计算等问题的分析。

配电网的潮流计算与输电网潮流计算类似，通常在分析之前需要知道变电站处的三相电压以及所有负荷的负荷模型（恒定复功率、恒定阻抗、恒定电流或组合模型）。有时，变电站提供给馈线的输入复功率也是已知的。

通过对配电网的潮流计算可以获得以下信息：各节点处的电压大小与相角、线路潮流、各线路的功率损耗、总的输入有功功率和无功功率、线路总有功功率损耗、根据负荷的指定模型确定负荷的功率。

6.1　配电网潮流计算的梯形迭代法

由于配电馈线是辐射状的，即各条线路有明确的始端与末端。为了提高收敛性，辐射状网络的潮流计算通常不使用输电网潮流计算中常用的牛顿迭代法，而是使用专门为辐射状网络设计的迭代方法。

6.1.1　梯形迭代法

1. 线性网络

对线性系统梯形网络理论的修改可得出用于配电网潮流计算的鲁棒迭代方法。由于假定大多数负荷是恒功率的，因此配电网络是非线性的。但是可以通过修改线性系统所采用的方法从而考虑配电馈线的非线性特性。图6-1显示了一个线性梯形网络，计算该网络潮流的方案是假设末端负荷的电压为 V_5，然后计算负荷电流 I_5 为

$$I_5 = \frac{V_5}{ZL_5} \tag{6.1}$$

对于该末端节点情况，线电流 I_{45} 等于负荷电流 I_5。应用基尔霍夫电压定律，可以得到节点 4 处的电压（V_4）：

$$V_4 = V_5 + Z_{45} \cdot I_{45} \tag{6.2}$$

容易计算负荷电流 I_4，由基尔霍夫电流定律，可以求得线电流 I_{34}：

$$I_{34}=I_{45}+I_{4} \tag{6.3}$$

节点电压 V_3 可以由基尔霍夫电压定律确定。重复该过程直到在源处计算出电压（V_1）。

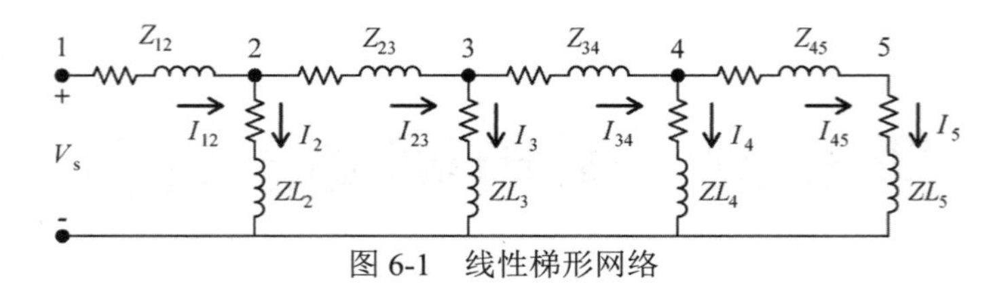

图 6-1　线性梯形网络

将计算出的电压 V_1 与给定实际电压 V_s 进行比较，二者之间存在差异。实际电压与计算所得电压的比率可确定为

$$r=\frac{V_s}{V_1} \tag{6.4}$$

由于网络是线性的，因此网络中的所有线路和负荷的电流以及节点电压都可以乘以上述比率，得到最终结果。

2. 非线性网络

用恒定复功率负荷替换所有恒定阻抗负荷，则图6-1的线性梯形网络被修改为非线性梯形网络，如图6-2所示。针对线性网络的计算过程同样可应用于非线性网络，唯一的区别是每个节点的负荷电流由下式计算：

$$I_n=\left(\frac{S_n}{V_n}\right)^* \tag{6.5}$$

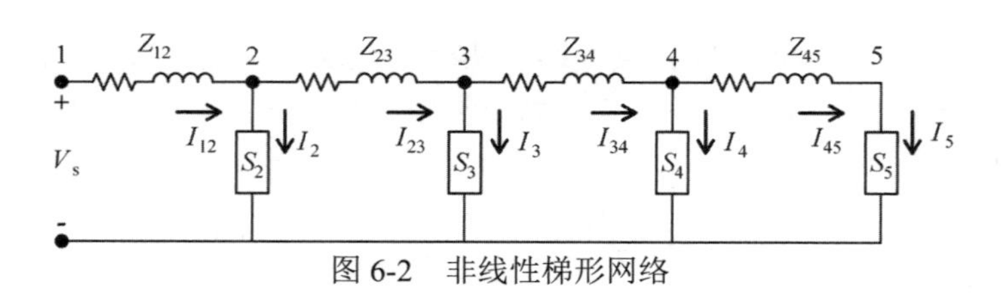

图 6-2　非线性梯形网络

回代过程将得到电源电压 V_1，第一次迭代得到的电源电压通常不等于给定电压 V_s。由于网络是非线性的，因此将电流和电压乘以给定电压与计算所得电压的比率无法得到正确结果。对梯形网络理论的修正是再进行前推计算。通过使用给定电源电压和回代计算所得的线电流开始向网络末端计算。可以通过下式计算节点 2 处的电压：

$$V_2=V_s-Z_{12}\cdot I_{12} \tag{6.6}$$

对每条线路重复上述计算，直到在节点 5 处得到一个新的电压值。使用节点 5 处的新电压，开始第二次回代计算，这样又可得到一个新的电源电压计算结果。

不断重复前推和回代计算过程，直到电源节点的计算电压和给定电压之间的差值在容许的误差范围内。

例 6.1 一单相系统如图6-3所示。线路阻抗是

$$Z=0.1864+\mathrm{j}0.3728\ (\Omega/\mathrm{km})$$

线路 1-2 的阻抗为

$$Z_{12}=(0.1864+\mathrm{j}0.3728)\cdot\frac{914.4}{1000}=0.1705+\mathrm{j}0.3409\ (\Omega)$$

线路 2-3 的阻抗为

$$Z_{23}=(0.1864+\mathrm{j}0.3728)\cdot\frac{1219.2}{1000}=0.2273+\mathrm{j}0.4545\ (\Omega)$$

负荷为

$$S_2=1500+\mathrm{j}750\ \mathrm{kVA}$$

$$S_3=900+\mathrm{j}500\ \mathrm{kVA}$$

节点 1 处源电压为 7200 V。求经过一次完整前推回代计算后的节点电压。

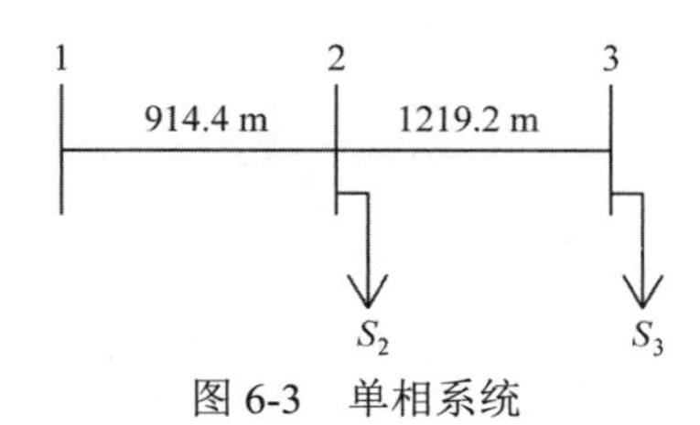

图 6-3　单相系统

解答 回代过程开始时，假设节点 3 处的电压为 7200 V，相角为 0。节点 3 处负荷电流为

$$I_3=\left(\frac{(900+\mathrm{j}500)\cdot 1000}{7200\angle 0}\right)^*=143.0\angle -29.0\ (\mathrm{A})$$

线路 2-3 处电流为

$$I_{23}=I_3=143.0\angle -29.0\ (\mathrm{A})$$

节点 2 处电压为

$$V_2=V_3+Z_{23}\cdot I_{23}=7200\angle 0+(0.2273+\mathrm{j}0.4545)\cdot 143.0\angle -29.0=7260.1\angle 0.32\ (\mathrm{V})$$

节点 2 处负荷电流为

$$I_2=\left(\frac{(1500+\mathrm{j}750)\cdot 1000}{7260\cdot 1\angle 0.32}\right)^*=231.0\angle -26.3\ (\mathrm{A})$$

线路 1-2 处电流为

$$I_{12}=I_{23}+I_2=373.9\angle -27.3\ (\mathrm{A})$$

节点 1 处电源电压为

$$V_1=V_2+Z_{12}\cdot I_{12}=7376.2\angle 0.97\ (\mathrm{V})$$

此时将节点 1 处计算得到的电压与给定的电源电压大小进行比较：

$$Error=||V_\mathrm{s}|-|V_1||=176.2\ (\mathrm{V})$$

如果误差小于规定值，则已得到最终结果。如果误差大于规定值，则开始前推计算。通常误差允许值为 0.001pu，在 7200 V 基准电压下为 7.2 V. 由于此情况下的误差大于允许误差，因此通过将节点 1 处的电压设置为给定的电源电压来开始前推计算：

$$V_1 = V_s = 7200\angle 0 \ (\mathrm{V})$$

计算节点 2 的电压时使用节点 1 电压值和回代计算得到的线电流：

$$V_2 = V_1 - Z_{12} \cdot I_{12} = 7200\angle 0 - (0.1705 + \mathrm{j}0.3409) \cdot 373.9\angle -27.2 = 7085.4\angle -0.68 \ (\mathrm{V})$$

继续向网络末端计算，在回代计算中得到的所有电流都用于前推计算。

$$V_3 = V_2 - Z_{23} \cdot I_{23} = 7026.0\angle -1.02 \ (\mathrm{V})$$

这样就完成了第一次迭代。此后将重复回代计算，但节点 3 使用的是计算得到的新电压，而不是最初假设的电压。

6.1.2　梯形迭代法的步骤

图6-4显示了一典型配电网络, 其梯形迭代过程如下：

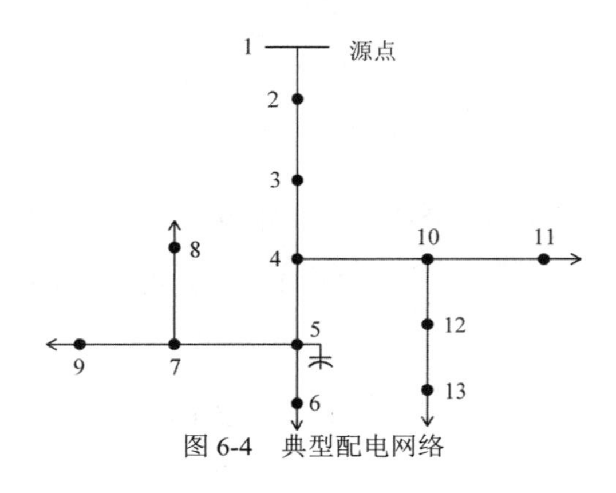

图 6-4　典型配电网络

（1）假设末端节点（6,8,9,11,13）的三相电压初始值，通常取额定电压。

（2）从节点 13 开始，计算节点电流（负荷电流加电容器电流）。

（3）利用该电流，应用基尔霍夫电压定律计算 12 和 10 处的节点电压。

（4）节点 10 被称为 “结” 节点，因为横向从节点沿两个方向分支。对于此馈线，转至节点 11 并计算节点电流。使用该电流计算节点 10 处的电压，将此称为 “节点 10 处的最新电压”。

（5）使用节点 10 处的最新电压值，计算节点 10 处的节点电流（如果存在）。

（6）应用基尔霍夫电流定律来确定从节点 4 到节点 10 的电流。

（7）计算节点 4 处电压。

（8）节点 4 是结节点。选择节点 4 的其他下游末端节点开始向节点 4 进行回代计算。

（9）选择节点 6，计算节点电流，然后计算连接节点 5 处的电压。

（10）转到下游末端节点 8，计算节点电流，然后计算接线节点 7 处的电压。

（11）转到下游末端节点 9，计算节点电流，然后计算接线节点 7 处的电压。

（12）使用节点 7 电压的最新值，计算节点 7 处的节点电流。

（13）在节点 7 处应用 KCL 以计算从节点 5 到节点 7 的线段上的当前电流。

（14）计算节点 5 处的电压。

（15）在节点 5 处计算节点电流。

（16）在节点 5 处应用 KCL 确定从节点 4 到节点 5 的当前电流。

（17）计算节点 4 处的电压。

（18）在节点 4 处计算节点电流。

（19）在节点 4 处应用 KCL 以计算从节点 3 到节点 4 的当前电流。

（20）计算节点 3 的电压。

（21）计算节点 3 的节点电流。

（22）在节点 3 处应用 KCL 以计算节点 2 到节点 3 的当前电流。

（23）计算节点 2 的电压。

（24）计算节点 2 的节点电流。

（25）在节点 2 处应用 KCL。

（26）计算节点 1 的电压。

（27）将节点 1 的计算电压与指定的电源电压进行比较。

（28）如果不在容许误差范围内，则使用给定的电源电压和从节点 1 到节点 2 的回代计算电流，计算节点 2 处的新电压。

（29）使用新的上游电压和线路电流继续前推计算新的下游电压。

（30）当所有端节点上的新电压计算完成时，完成前推计算。

（31）这完成了第一次迭代。

（32）重复回代计算，现在只使用新的末端电压而不是第一次迭代中的假设电压。

（33）继续回代和前推计算，直到电源处的计算电压在允许误差范围内。

（34）此时，所有节点电压和所有线路上的电流都是已知的，得到最终计算结果。

6.1.3　不对称三相配电馈线

上一小节概述了进行梯形迭代的基本过程。本小节将介绍该算法如何用于不对称三相馈线。图6-5为一三相不对称配电网络的单线图。图6-5中网络的拓扑结构与图6-4中的网络相同。但是，图6-5显示了网络的更多细节。图6-5的馈线可以分为“串联”元件和“分流”元件。

1. 串联元件

配电馈线的串联元件包括：配电线路、变压器和电压调节器。在前面的章节中已经建立了每个串联元件的模型。在各种情况下，模型（三相、两相和单相）都是广义矩阵。图6-6显示了串联元件的通用模型。

输入（节点 n）和输出（节点 m）电压、电流的通用方程式由式 (6.7) 和式 (6.8) 给出。

$$[V_{abc}]_n = [a]\cdot[V_{abc}]_m + [b]\cdot[I_{abc}]_m \tag{6.7}$$

$$[I_{abc}]_n = [c]\cdot[V_{abc}]_m + [d]\cdot[I_{abc}]_m \tag{6.8}$$

关于输出（节点 m）和输入（节点 n）电压的通用等式由下式给出：

$$[V_{abc}]_m = [A]\cdot[V_{abc}]_n - [B]\cdot[I_{abc}]_m \tag{6.9}$$

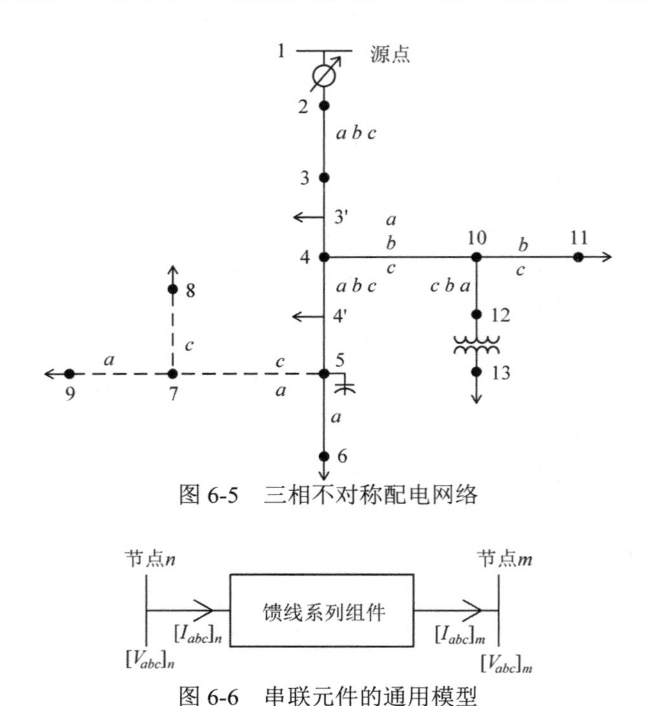

图 6-5　三相不对称配电网络

图 6-6　串联元件的通用模型

在式 (6.7)、(6.8) 和 (6.9) 中，对于四线三角形馈线，电压是线对中性线的，对于三线三角形系统，电压是等效的线对中性线的。对于电压调节器，连接到四线星形的端子和连接到三线三角形的电压是线对中性线的。

2. 分流器件

配电馈线的分流元件包括：点负荷、分布式负荷和电容器组。

点负荷位于节点处，可以是三相、两相或单相的，并以星形或三角形方式连接。负荷可以建模为恒定功率、恒定电流、恒定阻抗或三者的组合。

分布式负荷与点负荷一样可以是三相、两相或单相的，并以星形或三角形方式连接，负荷可以建模为恒定功率、恒定电流、恒定阻抗或三者的组合。当线段上的负荷沿着线段的长度均匀分布时，分布式负荷等效于三分之二的负荷量连接在位于线路四分之一点的虚拟节点处，剩余的三分之一负荷连接在线路段的末端。

电容器组位于节点处，可以是三相、两相或单相的，并且可以以星形或三角形方式连接。电容器组被建模为恒定导纳形式。

在图6-5中，实线段表示架空线，而虚线表示地下线。请注意，图中显示了所有线段的相位。在第 2 章中，介绍了用于计算架空线和地下线路线路阻抗的 Carson 方程的应用。在该章指出了两相和单相线可由 3×3 矩阵表示，其中在缺失相的行和列中设置零。第 2 章还介绍了计算架空线路和地下线路并联电容电纳的方法。大多数情况下，线路的并联电容可以忽略不计，但对于较长的地下线路，应考虑并联电容。

节点电流可以是三相、两相或单相的，并且由节点处的负荷电流加上节点处的电容器电流（如果有的话）的总和组成。

6.1.4　应用梯形迭代法

第 6.1.2 节概述了应用梯形迭代法所需的步骤。我们已经在第 2 章、第 3 章和第 4 章中为串联元件导出了广义矩阵。通过应用广义矩阵，串联元件上的电压降的计算过程将总是相似的。

在为潮流研究准备数据时，使用准确的间距和相位计算线段的阻抗和导纳是极其重要的。不对称负荷将导致线电流不对称，由线路的相互耦合引起的电压降变得非常重要（在不对称线段的轻负载相位上观察到电压上升并不罕见）。

不能使用相电流的平方乘以相电阻来计算元件中的实际功率损耗。在不对称系统中，线段的实际功率损耗为线段中输入功率和输出功率（通过相位）的差。与其他两相相比，在轻载的相上可能具有负的功率损耗。

例 6.2　一个简单的配电网络如图6-7所示。对于图6-7中的系统，无穷大母线的线电压三相对称，为 12.47 kV。从节点 1 到节点 2 的三线三角形线路长度为 609.6 m，线路构造如图 2-7 所示。从节点 3 到节点 4 的四线星形负荷线路的构造如图 2-7 所示，长度为 762.0 m。

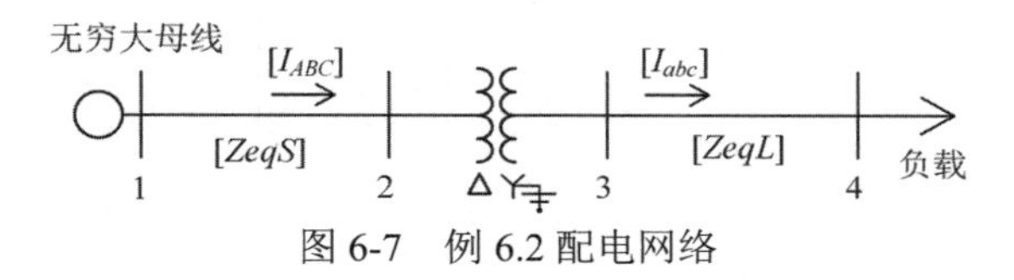

图 6-7　例 6.2 配电网络

两条线路的相导线均使用 336,400 26/7 钢芯铝绞线，四线星形线上的中性线为 4/0 6/1 钢芯铝绞线。由于线路较短，线路导纳可忽略。两条线路的相阻抗矩阵为

$$[ZeqS_{ABC}] = \begin{bmatrix} 0.1414+j0.5353 & 0.0361+j0.3225 & 0.0361+j0.2752 \\ 0.0361+j0.3225 & 0.1414+j0.5353 & 0.0361+j0.2955 \\ 0.0361+j0.2752 & 0.0361+j0.2955 & 0.1414+j0.5353 \end{bmatrix} (\Omega)$$

$$[ZeqL_{abc}] = \begin{bmatrix} 0.1907+j0.5035 & 0.0607+j0.2302 & 0.0598+j0.1751 \\ 0.0607+j0.2302 & 0.1939+j0.4885 & 0.0614+j0.1931 \\ 0.0598+j0.1751 & 0.0614+j0.1931 & 0.1921+j0.4970 \end{bmatrix} (\Omega)$$

变压器组为三角形 - 接地星形接法，由三个单相变压器组成，每个变压器额定值为

$$2000\ \text{kVA},\ 12.47\ \text{kV-}2.4\ \text{kV},\ Z = 1.0+j6.0\%$$

不对称的三相星形连接负荷为

$$S_a = 750\ \text{kVA}\quad \text{滞后功率因数}0.85$$

$$S_b = 1000\ \text{kVA}\quad \text{滞后功率因数}0.90$$

$$S_c = 1250\ \text{kVA}\quad \text{滞后功率因数}0.95$$

计算该配电网络的潮流。

解答　在开始迭代之前，必须计算三个串联元件的广义矩阵。

电源线路段:

由式 (2.124) 和式 (2.133):

$$[a_1]=[d_1]=[U]=\begin{bmatrix}1&0&0\\0&1&0\\0&0&1\end{bmatrix}$$

由式 (2.125):

$$[b_1]=[ZeqS_{ABC}]=\begin{bmatrix}0.1414+j0.5353&0.0361+j0.3225&0.0361+j0.2752\\0.0361+j0.3225&0.1414+j0.5353&0.0361+j0.2955\\0.0361+j0.2752&0.0361+j0.2955&0.1414+j0.5353\end{bmatrix}$$

由式 (2.132):

$$[c_1]=[0]$$

由式 (2.142):

$$[A_1]=[a_1]^{-1}=\begin{bmatrix}1&0&0\\0&1&0\\0&0&1\end{bmatrix}$$

由式 (2.143):

$$[B_1]=[a_1]^{-1}\cdot[b_1]=\begin{bmatrix}0.1414+j0.5353&0.0361+j0.3225&0.0361+j0.2752\\0.0361+j0.3225&0.1414+j0.5353&0.0361+j0.2995\\0.0361+j0.2752&0.0361+j0.2955&0.1414+j0.5353\end{bmatrix}$$

负荷线路段（使用与电源线路段相同的公式）:

$$[a_2]=[d_2]=\begin{bmatrix}1&0&0\\0&1&0\\0&0&1\end{bmatrix}$$

$$[b_2]=\begin{bmatrix}0.1907+j0.5035&0.0607+j0.2302&0.0598+j0.1751\\0.0607+j0.2302&0.1939+j0.4885&0.0614+j0.1931\\0.0598+j0.1751&0.0614+j0.1931&0.1921+j0.4970\end{bmatrix}$$

$$[c_2]=[0]$$

$$[A_2]=\begin{bmatrix}1&0&0\\0&1&0\\0&0&1\end{bmatrix}$$

$$[B_2]=\begin{bmatrix}0.1907+j0.5035&0.0607+j0.2302&0.0598+j0.1751\\0.0607+j0.2302&0.1939+j0.4885&0.0614+j0.1931\\0.0598+j0.1751&0.0614+j0.1931&0.1921+j0.4970\end{bmatrix}$$

变压器:

将变压器阻抗转换为以低压绕组为参考的实际值，单位为 Ω。

$$Z_{\text{base}} = \frac{2.4^2 \cdot 1000}{2000} = 2.88\ (\Omega)$$

$$Zt_{\text{kw}} = (0.01 + \text{j}0.06) \cdot 2.88 = 0.0288 + \text{j}0.1728\ (\Omega)$$

变压器的相阻抗矩阵为

$$[Zt_{abc}] = \begin{bmatrix} 0.0288+\text{j}0.1728 & 0 & 0 \\ 0 & 0.0288+\text{j}0.1728 & 0 \\ 0 & 0 & 0.0288+\text{j}0.1728 \end{bmatrix} (\Omega)$$

匝数比和变压比分别为

$$n_{\text{t}} = \frac{12.47}{2.4} = 5.1958, \quad a_{\text{t}} = \frac{12.47}{\sqrt{3} \cdot 2.4} = 2.9998$$

计算变压器的广义矩阵。由式 (4.22) 可得

$$[a_{\text{t}}] = \frac{-n_{\text{t}}}{3} \cdot \begin{bmatrix} 0 & 2 & 1 \\ 1 & 0 & 2 \\ 2 & 1 & 0 \end{bmatrix} = \begin{bmatrix} 0 & -3.4639 & -1.7319 \\ -1.7319 & 0 & -3.4639 \\ -3.4639 & -1.7319 & 0 \end{bmatrix}$$

由式 (4.26) 可得

$$[b_{\text{t}}] = \frac{-n_{\text{t}}}{3} \cdot \begin{bmatrix} 0 & 2 \cdot Z_{\text{t}} & Z_{\text{t}} \\ Z_{\text{t}} & 0 & 2 \cdot Z_{\text{t}} \\ 2 \cdot Z_{\text{t}} & Z_{\text{t}} & 0 \end{bmatrix}$$

$$[b_{\text{t}}] = \begin{bmatrix} 0 & -0.0998-\text{j}0.5986 & -0.0499-\text{j}0.2993 \\ -0.0499-\text{j}0.2993 & 0 & -0.0998-\text{j}0.5986 \\ -0.0998-\text{j}0.5986 & -0.0499-\text{j}0.2993 & 0 \end{bmatrix}$$

由式 (4.41) 可得

$$[c_{\text{t}}] = \begin{bmatrix} 0 & 0 & 0 \\ 0 & 0 & 0 \\ 0 & 0 & 0 \end{bmatrix}$$

由式 (4.40) 可得

$$[d_{\text{t}}] = \frac{1}{n_{\text{t}}} \cdot \begin{bmatrix} 1 & -1 & 0 \\ 0 & 1 & -1 \\ -1 & 0 & 1 \end{bmatrix} = \begin{bmatrix} 0.1925 & -0.1925 & 0 \\ 0 & 0.1925 & -0.1925 \\ -0.1925 & 0 & 0.1925 \end{bmatrix}$$

由式 (4.32) 可得

$$[A_{\text{t}}] = \frac{1}{n_{\text{t}}} \cdot \begin{bmatrix} 1 & 0 & -1 \\ -1 & 1 & 0 \\ 0 & -1 & 1 \end{bmatrix} = \begin{bmatrix} 0.1925 & 0 & -0.1925 \\ -0.1925 & 0.1925 & 0 \\ 0 & -0.1925 & 0.1925 \end{bmatrix}$$

由式 (4.34) 可得

$$[B_{\text{t}}] = [Zt_{abc}] = \begin{bmatrix} 0.0288+\text{j}0.1728 & 0 & 0 \\ 0 & 0.0288+\text{j}0.1728 & 0 \\ 0 & 0 & 0.0288+\text{j}0.1728 \end{bmatrix}$$

确定无穷大母线的线电压和线到中性点电压：

$$[ELL_s] = \begin{bmatrix} 12470\angle 30 \\ 12470\angle -90 \\ 12470\angle 150 \end{bmatrix} \text{(V)}$$

$$[ELN_s] = \begin{bmatrix} 7199.6\angle 0 \\ 7199.6\angle -120 \\ 7199.6\angle 120 \end{bmatrix} \text{(V)}$$

将节点 4 处的线电压设置为滞后 30° 的额定电压：

$$[V_4] = \begin{bmatrix} 2400\angle -30 \\ 2400\angle -150 \\ 2400\angle 90 \end{bmatrix} \text{(V)}$$

确定节点 4 的负荷：

$$[S_4] = \begin{bmatrix} 750\angle 31.79 \\ 1000\angle 25.84 \\ 1250\angle 18.19 \end{bmatrix} \text{(kVA)}$$

通过计算节点 4 处的负荷电流开始回代计算：

$$[I_{4i}] = \left(\frac{S_i \cdot 1000}{V_{4i}}\right)^* = \begin{bmatrix} 312.5\angle -61.8 \\ 416.7\angle -175.8 \\ 520.8\angle 71.8 \end{bmatrix} \text{(A)}$$

计算节点 3 的电压和电流：

$$[V_3] = [a_2] \cdot [V_4] + [b_2] \cdot [I_4] = \begin{bmatrix} 2470.9\angle -29.5 \\ 2534.4\angle -148.4 \\ 2509.5\angle 94.1 \end{bmatrix} \text{(V)}$$

$$[I_3] = [c_2] \cdot [V_4] + [d_2] \cdot [I_4] = \begin{bmatrix} 312.5\angle 61.8 \\ 416.7\angle -175.8 \\ 520.8\angle 71.8 \end{bmatrix} \text{(A)}$$

计算节点 2 的电压和电流：

$$[V_2] = [a_t] \cdot [V_3] + [b_t] \cdot [I_3] = \begin{bmatrix} 7956.4\angle 3.3 \\ 7344.5\angle -113.4 \\ 7643.0\angle 120.5 \end{bmatrix} \text{(V)}$$

$$[I_2] = [c_t] \cdot [V_3] + [d_t] \cdot [I_3] = \begin{bmatrix} 118.2\angle -23.5 \\ 150.3\angle -137.8 \\ 148.3\angle 88.9 \end{bmatrix} \text{(A)}$$

计算节点 1 处的等效线到中性点电压和线电流：

$$[V_1]=[a_1]\cdot[V_2]+[b_1]\cdot[I_2]=\begin{bmatrix}7985.9\angle 3.4\\7370.6\angle -113.2\\7673.6\angle 120.7\end{bmatrix}\ \text{(V)}$$

$$[I_1]=[c_1]\cdot[V_2]+[d_1]\cdot[I_2]=\begin{bmatrix}118.2\angle -23.5\\150.3\angle -137.8\\148.3\angle 88.9\end{bmatrix}\ \text{(A)}$$

节点 1 处的线电压为

$$[VLL_1]=[D]\cdot[V_1]=\begin{bmatrix}13067.5\angle 33.7\\13411.4\angle -85.7\\13375.9\angle 152.7\end{bmatrix}\ \text{(V)}$$

计算线电压误差的大小：

$$[Error]_{\text{pu}}=\frac{|[ELL_{\text{s}}-VLL_1]|}{12470}=\begin{bmatrix}0.0809\\0.1086\\0.0876\end{bmatrix}$$

由于这些误差大于 0.001pu 的典型允许误差，因此开始前推计算。前推计算使用电源处的等效线到中性点电压作为节点 1 电压，电流为回代计算的线电流。

$$[V_2]=[A_1]\cdot[VLN_{\text{s}}]-[B_1]\cdot[I_2]=\begin{bmatrix}7171.1\angle -0.1\\7176.7\angle -120.2\\7169.3\angle 119.8\end{bmatrix}\ \text{(V)}$$

$$[V_3]=[A_{\text{t}}]\cdot[V_2]-[B_{\text{t}}]\cdot[I_3]=\begin{bmatrix}2354.0\angle -31.2\\2351.0\angle -151.6\\2349.9\angle 87.8\end{bmatrix}\ \text{(V)}$$

$$[V_4]=[A_2]\cdot[V_3]-[B_2]\cdot[I_4]=\begin{bmatrix}2283.7\angle -31.7\\2221.4\angle -153.6\\2261.0\angle 83.2\end{bmatrix}\ \text{(V)}$$

这样就完成了第一次迭代。第二次迭代使用节点 4 电压的新值计算节点 4 的负荷电流。回代计算使用这些新电流。反复进行回代和前推计算，直到电源处的误差小于每单位 0.001。经过 4 次迭代后，计算结果已收敛到每单位 0.0003 的误差。得到节点 4 处的负荷电压为

$$[V_{4\text{final}}]=\begin{bmatrix}2278.7\angle -31.8\\2199.8\angle -153.5\\2211.2\angle 83.1\end{bmatrix}\ \text{(V)}$$

在 120 V 基准下，最终电压为

$$[V_{4\ 120}]=\begin{bmatrix}113.9\angle -31.8\\110.0\angle -153.5\\110.6\angle 83.1\end{bmatrix}\ \text{(V)}$$

节点 4 处的电压低于所需的 120（121±1）V。这些低电压可以通过在变压器的低压端

（节点 3）上安装星形连接的三个步进电压调节器来校正。新的网络结构如图6-8所示。对于调节器，电压互感器比率为 2400V-120V（$N_{\mathrm{pt}}=20$），并选择合适的 CT 比率来承载变压器组的额定电流。额定电流为

$$I_{\mathrm{rated}}=\frac{6000}{\sqrt{3}\cdot 2.4}=832.7$$

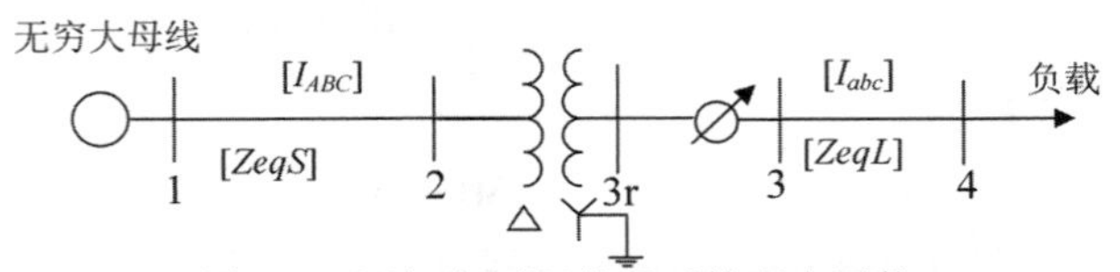

图 6-8　添加电压调节器后的配电网络

CT 比率选为 1000A-5A = CT = 200。使用两个节点处的计算收敛电压计算节点 3 和节点 4 之间的等效相阻抗。这样做可以确定补偿器的 R 和 X 设置：

$$Zeq_i=\frac{V_{3i}-V_{4i}}{I_{3i}}=\begin{bmatrix}0.1414+\mathrm{j}0.1829\\0.2078+\mathrm{j}0.2826\\0.0889+\mathrm{j}0.3833\end{bmatrix}\ (\Omega)$$

三个调节器应具有相同的 R 和 X 补偿器设置。阻抗的平均值为

$$Z_{\mathrm{avg}}=\frac{1}{3}\cdot\sum_{k=1}^{3}Zeq_k=0.1461+\mathrm{j}0.2830\ (\Omega)$$

以 V 为单位的补偿器阻抗值由式 (3.82) 给出：

$$R'+\mathrm{j}X'=(0.1461+\mathrm{j}0.2830)\cdot\frac{1000}{20}=7.3+\mathrm{j}14.2\ (\mathrm{V})$$

以 Ω 为单位的补偿器设置值为

$$R_{\Omega}+\mathrm{j}X_{\Omega}=\frac{7.3+\mathrm{j}14.2}{5}=1.46+\mathrm{j}2.84\ (\Omega)$$

当调节器处于中性位置时，在给定条件下输入补偿器电路的电压是

$$Vreg_i=\frac{V_{3i}}{PT}=\begin{bmatrix}117.5\angle-31.2\\117.1\angle-151.7\\116.7\angle 87.8\end{bmatrix}\ (\mathrm{V})$$

利用输入电压和补偿器电流，计算补偿器电路中的电压继电器两端的电压：

$$[V_{\mathrm{relay}}]=[V_{\mathrm{reg}}]-[Z_{\mathrm{comp}}]\cdot[I_{\mathrm{comp}}]=\begin{bmatrix}113.0\angle-32.5\\111.2\angle-153.8\\110.0\angle 84.7\end{bmatrix}\ (\mathrm{V})$$

注意其与节点 4 上 120 V 基准的实际电压相比的差距。假设电压电平设置为 121 V，带宽为 2 V。调节器将改变抽头直到相电压至少为 120 V。通过继电器上的计算电压，每个调节器将移动的大致距离可通过以下公式计算：

$$Tap_i=\frac{120-|V_{4i}|}{0.75}=\begin{bmatrix}9.3\\11.7\\13.4\end{bmatrix}\approx\begin{bmatrix}9\\12\\13\end{bmatrix}$$

当抽头设置为 9、12 和 13 时，调节器的 $[a]$ 矩阵为

$$[a_{\mathrm{r}}]=\begin{bmatrix}1.0-0.00625\cdot Tap_1 & 0 & 0\\ 0 & 1.0-0.00625\cdot Tap_2 & 0\\ 0 & 0 & 1.0-0.00625\cdot Tap_3\end{bmatrix}$$

$$[a_{\mathrm{r}}]=\begin{bmatrix}0.9438 & 0 & 0\\ 0 & 0.9250 & 0\\ 0 & 0 & 0.9188\end{bmatrix}$$

调节器的 $[d]$ 矩阵为

$$[d_{\mathrm{r}}]=[a_{\mathrm{r}}]^{-1}=\begin{bmatrix}1.0596 & 0 & 0\\ 0 & 1.0811 & 0\\ 0 & 0 & 1.0884\end{bmatrix}$$

$[b]$、$[c]$ 和 $[B]$ 矩阵为零，$[A]$ 矩阵由下式给出：

$$[A_{\mathrm{r}}]=[a_{\mathrm{r}}]^{-1}=\begin{bmatrix}1.0596 & 0 & 0\\ 0 & 1.0811 & 0\\ 0 & 0 & 1.0884\end{bmatrix}$$

后续步骤是执行与前述相同的梯形迭代，调节器是节点 3r 和 3 之间的附加元件，如图6-8所示。系统在 4 次迭代后收敛，节点 4 的以 120 V 为基准的电压为

$$[V_{4\ 120}]=\begin{bmatrix}121.0\angle-31.8\\ 120.1\angle-153.3\\ 121.5\angle 83.9\end{bmatrix}\ (\mathrm{V})$$

此时所有相的电压都在规定的范围内。

例 6.2 说明了如何对配电网的串联元件进行建模，然后应用梯形迭代法计算潮流。该示例还说明了如何确定补偿器电路的设置，以及补偿器电路如何使各个调节器上的抽头发生变化，从而使负荷中心（节点 4）的最终电压在指定的限制范围内。

6.1.5　负荷分配

根据变电站的计量方式，通常输入到馈线的复功率是已知的。该信息可以是三相的，也可以是单相的。在某些情况下，计量数据可以是每相中的电流和功率因数。

若期望计算得到的输入复功率与计量得到的输入复功率相吻合，可以通过计算计量得到的复功率与计算得到的复功率的比率来实现。可以将负荷乘以该比率来修改相负荷。因为当负荷改变时馈线的损耗也会改变，所以必须通过梯形迭代来进一步确定馈线的输入功率。这个新的输入功率将更接近计量输入功率，但很可能不在指定的允许误差范围内。同样，可以确定比率并修改负荷。重复该过程，直到计算的输入功率和计量得到的输入功率误差在指定范围内。

负荷分配不必限于匹配变电站的计量读数。我们可以在馈线上能获得计量数据的任何位置执行相同的过程。唯一的区别是只有计量点的下游节点的负荷才能被修改。

6.2　基于回路电流法的含 DG 配电网潮流计算

随着分布式电源（distributed generation，DG）在配电网中的推广和应用，研究含 DG 的配电网潮流计算方法、提升潮流计算的适应面与性能，对配电网自动化和智能配电网技术的发展具有重大意义。DG 是指接入中压、低压配电网的电源，其发电功率在几千瓦到 50 MW 之间。接入配电网的 DG 种类很多，包括光伏发电、风力发电、微型燃气轮机、燃料电池、储能设备等。

目前广泛应用的梯形迭代法具有运算简单、收敛性好、节省内存等优点，这些特点恰好符合规模庞大、拓扑结构简单的配电网潮流计算的要求。但是梯形迭代法的最大缺点是环路处理能力弱，应用于存在一定数量环路的配电网络时，计算容易发散，其另一缺点是难以处理 PV 节点。为了处理 PV 类型的节点，目前的做法通常是根据电压和无功之间的灵敏度，在前推过程中将 PV 节点转化为 PQ 节点，但这样处理对算法的收敛性会产生多大影响目前缺乏理论分析和充分的算例验证。上述 PV 节点是指注入有功功率为给定值，且电压幅值也保持为给定数值的节点，PQ 节点是指注入有功功率和无功功率为给定的节点。

配电网中一般可以忽略馈线对地电纳和变压器对地支路。当配电网处于辐射状或弱环网运行状态时，其独立环路数比节点数少得多，所以回路电流法比较适用于进行配电网潮流计算。基于此思想，本节提出一种基于回路电流法的配电网潮流算法，并对该方法进行扩展，使之能够处理 PV 节点模型、异步电机模型等所有常见的 DG 模型。该方法具有环路处理能力强、收敛性好等特点，且不需要将环路解列，不需要复杂的节点编号，在处理 PV 节点时无须进行 PV 转 PQ 的过程，求解时没有对 Jacobian 矩阵进行简化和近似，具有二阶收敛性。

本节首先针对不含 DG 的情况，提出基于回路电流法的配电网基本潮流方程，接着提出各种常见的 DG 模型及其在潮流计算中的处理方法，然后提出基于回路电流法的配电潮流方程的求解步骤，最后基于 IEEE 标准配电系统和 33 节点系统设计了多个算例，并从收敛性、计算速度、环网处理能力、DG 处理能力等方面说明该算法的有效性。

6.2.1　基于回路电流法的配电网潮流基本方程

本小节仅考虑不含 DG 的配电网，DG 的处理将在下一小节中详述。首先将配电网看成是由顶点和支路组成的图，图上的支路对应于馈线、变压器绕组、负荷、并联电容、电压源等设备。以 IEEE 4 节点标准配电网络为例，其示意图见图6-9（其中 1 ft=0.3048 m），网络中变压器采用三角形-三角形接法，则网络拓扑图如图6-10所示，图中给出了连枝和树枝、支路编号、回路编号以及等效电压源的位置。本节建立图时：进行三相建模；忽略馈线对地导纳；大地节点和根节点之间加入等效电压源。图6-10中共 18 条支路，节点 1、2、3 代表用电压源表示的根节点，节点 G 代表接地点。图中共有 7 条连枝（用虚线表示），对应 7 个基本回路，文中出现的“回路”均指拓扑图中的回路。

支路电流和回路电流之间的关系如式 (6.10) 所示。

$$\boldsymbol{I}_b = \boldsymbol{B}^{\mathrm{T}}\boldsymbol{I}_1 \tag{6.10}$$

式中：$\boldsymbol{I}_b$ 为支路电流复向量；$\boldsymbol{B}$ 为回路矩阵；$\boldsymbol{I}_1$ 为回路电流复向量。矩阵 $\boldsymbol{B}$ 中行对应回路，

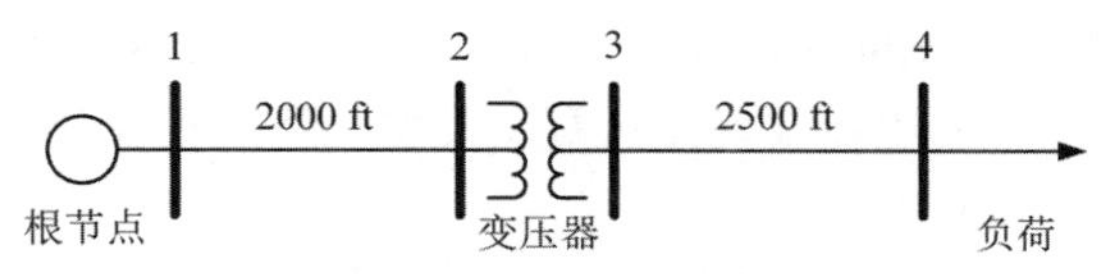

图 6-9　IEEE 4 节点标准配电网络

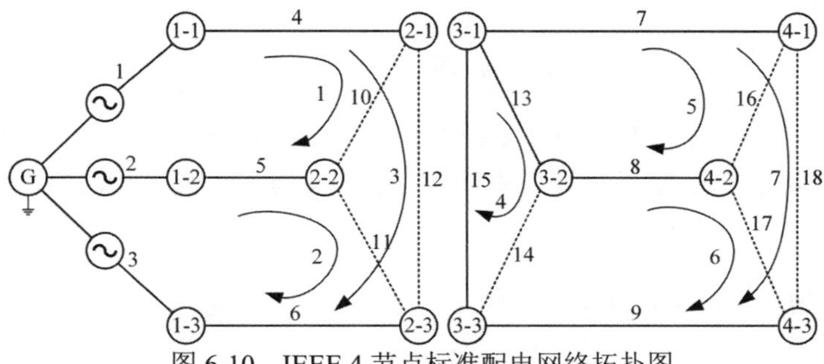

图 6-10　IEEE 4 节点标准配电网络拓扑图

列对应支路。如果将变压器原边绕组、变压器副边绕组、恒功率负荷、恒电流负荷对应的支路排在最后，则 $\boldsymbol{B}$ 可以表示为

$$\boldsymbol{B}=\begin{bmatrix}\boldsymbol{B}_{\mathrm{o}} & \boldsymbol{B}_{\mathrm{T1}} & \boldsymbol{B}_{\mathrm{T2}} & \boldsymbol{B}_{\mathrm{L1}} & \boldsymbol{B}_{\mathrm{L2}}\end{bmatrix} \tag{6.11}$$

式中：$\boldsymbol{B}_{\mathrm{o}}$ 为馈线、恒阻抗、电容和电抗支路对应的部分；$\boldsymbol{B}_{\mathrm{T1}}$ 为变压器原边支路对应的部分；$\boldsymbol{B}_{\mathrm{T2}}$ 为变压器副边支路对应的部分；$\boldsymbol{B}_{\mathrm{L1}}$ 为恒功率负荷支路对应的部分；$\boldsymbol{B}_{\mathrm{L2}}$ 为恒电流负荷支路对应的部分。图6-10中支路编号已经按照此顺序进行排列。

设定支路电流的正方向：馈线对应支路的正方向为编号小的节点流向编号大的节点；对于变压器绕组和负荷对应的支路，正方向如第 4 章中所示。此时图6-10对应的回路矩阵为

$$\begin{array}{c|c|c|c} \boldsymbol{B}_{\mathrm{o}} & \boldsymbol{B}_{\mathrm{T1}} & \boldsymbol{B}_{\mathrm{T2}} & \boldsymbol{B}_{\mathrm{L1}} \end{array}$$

$$\boldsymbol{B}=\begin{bmatrix}
1 & -1 & 0 & 1 & -1 & 0 & 0 & 0 & 0 & 1 & 0 & 0 & 0 & 0 & 0 & 0 & 0 & 0\\
0 & 1 & -1 & 0 & 1 & -1 & 0 & 0 & 0 & 0 & 1 & 0 & 0 & 0 & 0 & 0 & 0 & 0\\
1 & 0 & -1 & 1 & 0 & -1 & 0 & 0 & 0 & 0 & 0 & -1 & 0 & 0 & 0 & 0 & 0 & 0\\
0 & 0 & 0 & 0 & 0 & 0 & 0 & 0 & 0 & 0 & 0 & 0 & -1 & -1 & -1 & 0 & 0 & 0\\
0 & 0 & 0 & 0 & 0 & 0 & 1 & -1 & 0 & 0 & 0 & 0 & 1 & 0 & 0 & 1 & 0 & 0\\
0 & 0 & 0 & 0 & 0 & 0 & 0 & 1 & -1 & 0 & 0 & 0 & -1 & 0 & -1 & 0 & 1 & 0\\
0 & 0 & 0 & 0 & 0 & 0 & 1 & 0 & -1 & 0 & 0 & 0 & 0 & 0 & -1 & 0 & 0 & -1
\end{bmatrix}$$

由于图6-10中负荷为恒功率负荷，不含恒电流负荷，回路矩阵中不含有对应的分块矩阵 $\boldsymbol{B}_{\mathrm{L2}}$。

配电网络中一般只有电压源，基尔霍夫电压定律 (KVL) 的矩阵形式为

$$\boldsymbol{B}\boldsymbol{Z}\boldsymbol{B}^{\mathrm{T}}\boldsymbol{I}_{\mathrm{l}}-\boldsymbol{B}\boldsymbol{U}_{\mathrm{s}}=0 \tag{6.12}$$

式中：$\boldsymbol{Z}$ 为阻抗矩阵；$\boldsymbol{U}_{\mathrm{s}}$ 为电压源复向量。与式6.11中支路顺序对应，$\boldsymbol{U}_{\mathrm{s}}$ 可以表示为

$$\boldsymbol{U}_{\mathrm{s}}=\begin{bmatrix}\boldsymbol{U}_{\mathrm{o}}^{\mathrm{T}} & -\boldsymbol{U}_{\mathrm{T1}}^{\mathrm{T}} & \boldsymbol{U}_{\mathrm{T2}}^{\mathrm{T}} & -\boldsymbol{U}_{\mathrm{L1}}^{\mathrm{T}} & -\boldsymbol{U}_{\mathrm{L2}}^{\mathrm{T}}\end{bmatrix}^{\mathrm{T}} \tag{6.13}$$

式中：$\boldsymbol{U}_\text{o}$ 为对应电压源电压复向量，值为常数；$\boldsymbol{U}_{\text{T1}}$ 为变压器原边支路对应的电压复向量；$\boldsymbol{U}_{\text{T2}}$ 为变压器副边支路对应的电压复向量；$\boldsymbol{U}_{\text{L1}}$ 为恒功率负荷支路对应的电压复向量；$\boldsymbol{U}_{\text{L2}}$ 为恒电流阻抗支路对应的电压复向量。

$\boldsymbol{U}_{\text{T1}}$、$\boldsymbol{U}_{\text{L1}}$、$\boldsymbol{U}_{\text{L2}}$ 正方向与电流正方向相同，$\boldsymbol{U}_{\text{T2}}$ 正方向和电流正方向相反，故只有 $\boldsymbol{U}_{\text{T2}}$ 前面是正号，其余均加上负号。$\boldsymbol{U}_{\text{T1}}$ 和 $\boldsymbol{U}_{\text{T2}}$ 之间有如下关系：

$$\boldsymbol{U}_{\text{T2}} = \boldsymbol{N}_{\text{T1}}\boldsymbol{U}_{\text{T1}} \tag{6.14}$$

式中：$\boldsymbol{N}_{\text{T1}}$ 为常数方阵，采用有名值计算时数值为原副边匝数比的倒数，采用标幺值计算时数值均为 1，不同接法变压器对应的非零元位置详见第 4 章。将式 (6.13) 和式 (6.14) 代入式 (6.12)，则有

$$\boldsymbol{BZB}^{\text{T}}\boldsymbol{I}_1 + (\boldsymbol{B}_{\text{T1}} - \boldsymbol{B}_{\text{T2}}\boldsymbol{N}_{\text{T1}})\boldsymbol{U}_{\text{T1}} + \boldsymbol{B}_{\text{L1}}\boldsymbol{U}_{\text{L1}} + \boldsymbol{B}_{\text{L2}}\boldsymbol{U}_{\text{L2}} - \boldsymbol{B}_\text{o}\boldsymbol{U}_\text{o} = 0 \tag{6.15}$$

将 $\boldsymbol{I}_1$、$\boldsymbol{U}_{\text{T1}}$、$\boldsymbol{U}_{\text{L1}}$、$\boldsymbol{U}_{\text{L2}}$ 作为未知量，除式 (6.15) 之外，还需要增加相应数量的方程才能求解，本小节对此做如下处理。

（1）变压器绕组电流关系。变压器原副边之间电流关系式为

$$\boldsymbol{N}_{\text{T}}\boldsymbol{B}_{\text{T1}}^{\text{T}}\boldsymbol{I}_1 - \boldsymbol{B}_{\text{T2}}^{\text{T}}\boldsymbol{I}_1 = 0 \tag{6.16}$$

式中：$\boldsymbol{N}_{\text{T}}$ 为对角矩阵，采用有名值计算时其值为变压器匝数比，采用标幺值计算时其为单位阵。

（2）非恒阻抗负荷功率平衡方程。恒功率负荷的功率平衡方程为

$$\text{diag}(\boldsymbol{U}_{\text{L1}})\boldsymbol{B}_{\text{L1}}^{\text{T}}\boldsymbol{I}_1^* - \boldsymbol{S}_{\text{L}} = 0 \tag{6.17}$$

式中：diag() 表示取对角矩阵，括号内向量为对角线元素；上标 “*” 表示共轭；$\boldsymbol{S}_{\text{L}}$ 为负荷功率组成的常复数向量。

恒电流负荷 (指电流幅值和功率因数恒定的负荷) 的功率平衡方程为

$$\text{diag}(\boldsymbol{U}_{\text{L2}})\boldsymbol{B}_{\text{L2}}^{\text{T}}\boldsymbol{I}_1^* - |\boldsymbol{U}_{\text{L2}}| \cdot \boldsymbol{I}_{\text{L2}} = 0 \tag{6.18}$$

式中：$|\boldsymbol{U}_{\text{L2}}|$ 为 $\boldsymbol{U}_{\text{L2}}$ 中元素取模后组成的向量；$\boldsymbol{I}_{\text{L2}}$ 为恒电流负荷电流向量，该向量第 k 个元素 $\boldsymbol{I}_{\text{L2},k}=|\boldsymbol{I}_{\text{L2},k}|\angle\phi_{\text{L2},k}$，其中 $|\boldsymbol{I}_{\text{L2},k}|$ 为该负荷电流的幅值，$\phi_{\text{L2},k}$ 为其功率因数角；“·” 表示 2 个维数相同向量取对应元素相乘得到新向量。

将式 (6.15)~ 式 (6.18) 联立，以 $\boldsymbol{I}_1$、$\boldsymbol{U}_{\text{T1}}$、$\boldsymbol{U}_{\text{L1}}$、$\boldsymbol{U}_{\text{L2}}$ 作为未知量，方程个数和未知量个数相同。将方程中所有复数矩阵 ($\boldsymbol{I}_1$、$\boldsymbol{U}_{\text{T1}}$、$\boldsymbol{U}_{\text{L1}}$、$\boldsymbol{U}_{\text{L2}}$、$\boldsymbol{Z}$) 的实部和虚部分开，以 $\boldsymbol{I}_1$、$\boldsymbol{U}_{\text{T1}}$、$\boldsymbol{U}_{\text{L1}}$、$\boldsymbol{U}_{\text{L2}}$ 的实部和虚部作为未知量，使用牛拉法求解，可得 Jacobian 矩阵的形式如式 (6.19) 所示：

$$\boldsymbol{J}_{\text{ac}} = [\boldsymbol{J}_{\text{ac},1}, \boldsymbol{J}_{\text{ac},2}] \tag{6.19}$$

其中：

$$
[\boldsymbol{J}_{\mathrm{ac},1}]=\begin{bmatrix}
\boldsymbol{B}\boldsymbol{Z}^x\boldsymbol{B}^{\mathrm{T}} & -\boldsymbol{B}\boldsymbol{Z}^y\boldsymbol{B}^{\mathrm{T}} & \boldsymbol{B}_{\mathrm{T1}}-\boldsymbol{B}_{\mathrm{T2}}\boldsymbol{N}_{\mathrm{T1}} & 0\\
\boldsymbol{B}\boldsymbol{Z}^y\boldsymbol{B}^{\mathrm{T}} & \boldsymbol{B}\boldsymbol{Z}^x\boldsymbol{B}^{\mathrm{T}} & 0 & \boldsymbol{B}_{\mathrm{T1}}-\boldsymbol{B}_{\mathrm{T2}}\boldsymbol{N}_{\mathrm{T1}}\\
\boldsymbol{N}_{\mathrm{T}}\boldsymbol{B}_{\mathrm{T1}}^{\mathrm{T}}-\boldsymbol{B}_{\mathrm{T2}}^{\mathrm{T}} & 0 & 0 & 0\\
0 & \boldsymbol{N}_{\mathrm{T}}\boldsymbol{B}_{\mathrm{T1}}^{\mathrm{T}}-\boldsymbol{B}_{\mathrm{T2}}^{\mathrm{T}} & 0 & 0\\
\mathrm{diag}(\boldsymbol{U}_{\mathrm{L1}}^x)\boldsymbol{B}_{\mathrm{L1}}^{\mathrm{T}} & \mathrm{diag}(\boldsymbol{U}_{\mathrm{L1}}^y)\boldsymbol{B}_{\mathrm{L1}}^{\mathrm{T}} & 0 & 0\\
\mathrm{diag}(\boldsymbol{U}_{\mathrm{L1}}^y)\boldsymbol{B}_{\mathrm{L1}}^{\mathrm{T}} & -\mathrm{diag}(\boldsymbol{U}_{\mathrm{L1}}^x)\boldsymbol{B}_{\mathrm{L1}}^{\mathrm{T}} & 0 & 0\\
\mathrm{diag}(\boldsymbol{U}_{\mathrm{L2}}^x)\boldsymbol{B}_{\mathrm{L2}}^{\mathrm{T}} & \mathrm{diag}(\boldsymbol{U}_{\mathrm{L2}}^y)\boldsymbol{B}_{\mathrm{L2}}^{\mathrm{T}} & 0 & 0\\
\mathrm{diag}(\boldsymbol{U}_{\mathrm{L2}}^y)\boldsymbol{B}_{\mathrm{L2}}^{\mathrm{T}} & -\mathrm{diag}(\boldsymbol{U}_{\mathrm{L2}}^x)\boldsymbol{B}_{\mathrm{L2}}^{\mathrm{T}} & 0 & 0
\end{bmatrix}
$$

$$
[\boldsymbol{J}_{\mathrm{ac},2}]=\begin{bmatrix}
\boldsymbol{B}_{\mathrm{L1}} & 0 & \boldsymbol{B}_{\mathrm{L2}} & 0\\
0 & \boldsymbol{B}_{\mathrm{L1}} & 0 & \boldsymbol{B}_{\mathrm{L2}}\\
0 & 0 & 0 & 0\\
0 & 0 & 0 & 0\\
\mathrm{diag}(\boldsymbol{B}_{\mathrm{L1}}^{\mathrm{T}}\boldsymbol{I}_1^x) & \mathrm{diag}(\boldsymbol{B}_{\mathrm{L1}}^{\mathrm{T}}\boldsymbol{I}_1^y) & 0 & 0\\
-\mathrm{diag}(\boldsymbol{B}_{\mathrm{L1}}^{\mathrm{T}}\boldsymbol{I}_1^y) & \mathrm{diag}(\boldsymbol{B}_{\mathrm{L1}}^{\mathrm{T}}\boldsymbol{I}_1^x) & 0 & 0\\
0 & 0 & \mathrm{diag}(\boldsymbol{B}_{\mathrm{L2}}^{\mathrm{T}}\boldsymbol{I}_1^x-\boldsymbol{U}_{\mathrm{L2}}^x/|\boldsymbol{U}_{\mathrm{L2}}|\cdot\boldsymbol{I}_{\mathrm{L2}}^x) & \mathrm{diag}(\boldsymbol{B}_{\mathrm{L2}}^{\mathrm{T}}\boldsymbol{I}_1^y-\boldsymbol{U}_{\mathrm{L2}}^y/|\boldsymbol{U}_{\mathrm{L2}}|\cdot\boldsymbol{I}_{\mathrm{L2}}^x)\\
0 & 0 & \mathrm{diag}(-\boldsymbol{B}_{\mathrm{L2}}^{\mathrm{T}}\boldsymbol{I}_1^y-\boldsymbol{U}_{\mathrm{L2}}^x/|\boldsymbol{U}_{\mathrm{L2}}|\cdot\boldsymbol{I}_{\mathrm{L2}}^y) & \mathrm{diag}(\boldsymbol{B}_{\mathrm{L2}}^{\mathrm{T}}\boldsymbol{I}_1^x-\boldsymbol{U}_{\mathrm{L2}}^y/|\boldsymbol{U}_{\mathrm{L2}}|\cdot\boldsymbol{I}_{\mathrm{L2}}^y)
\end{bmatrix}
$$

式中：上标“x”“y”分别表示复数矩阵 (复向量) 的实部、虚部。

图6-10对应的具体潮流计算结果见表6.1。

表 6.1　图6-10对应的潮流计算结果

节点	相别	方案 1		方案 2		方案 3		方案 4		方案 5	
		幅值/V	相角/(°)	幅值/V	相角/(°)	幅值/V	相角/(°)	幅值/V	相角/(°)	幅值/V	相角/(°)
1	*A*	7.20	0	7.20	0	7.20	0	7.20	0	7.20	0
	B	7.20	-120.0	7.20	-120.0	7.20	-120.0	7.20	-120.0	7.20	-120.0
	C	7.20	120.0	7.20	120.0	7.20	120.0	7.20	120.0	7.20	120.0
2	*A*	7.12	-0.3	7.12	-0.3	7.12	-0.3	7.13	-0.3	7.12	-0.2
	B	7.15	-120.3	7.15	-120.3	7.13	-120.3	7.15	-120.3	7.14	-120.3
	C	7.13	119.7	7.13	119.7	7.13	119.6	7.14	119.7	7.13	119.7
3	*A*	2.27	-3.2	2.27	-3.3	2.27	-3.2	2.29	-2.9	2.26	-2.9
	B	2.28	-123.1	2.28	-123.1	2.25	-123.1	2.30	-122.8	2.27	-122.8
	C	2.28	116.8	2.27	116.7	2.26	116.8	2.29	117.2	2.26	117.2
4	*A*	1.98	-7.8	1.97	-8.0	2.00	-7.1	2.03	-6.8	1.95	-6.7
	B	2.10	-127.3	2.10	-127.4	2.00	-126.9	2.13	-126.5	2.06	-126.4
	C	2.04	112.0	2.03	111.8	2.00	111.5	2.08	112.9	2.00	113.0

6.2.2　智能配电网潮流计算中 DG 的处理方法

智能配电网潮流计算中常见的 DG 模型可以分为下面几类。

1. PQ 节点模型

在潮流计算中，采用恒功率因数和恒功率控制方式的工频热电联产同步机组的有功和无功出力可看成恒定值，可将其作为 PQ 节点进行处理，本节称其为 PQ 节点模型。PQ 节点模型 DG 支路方程为

$$\mathrm{diag}(\boldsymbol{U}_{\mathrm{G1}})\boldsymbol{B}_{\mathrm{G1}}^{\mathrm{T}}\boldsymbol{I}_1^*+\boldsymbol{S}_{\mathrm{G1}}=0 \tag{6.20}$$

式中：$\boldsymbol{B}_{\text{G1}}$ 为回路矩阵 $\boldsymbol{B}$ 中该类型 DG 支路对应的部分；$\boldsymbol{U}_{\text{G1}}$ 为 DG 支路电压复向量；$\boldsymbol{S}_{\text{G1}}$ 为 DG 功率组成的常复数向量。

2. 恒电流模型

光伏发电系统和蓄电池并网控制的是输入电网的电流，在潮流计算中可以将它们视为向电网输入电流的恒电流负荷。本节中的恒电流负荷是指电流幅值和功率因数恒定的负荷(并非电路理论中的恒流源)。恒电流模型 DG 支路方程为

$$\text{diag}(\boldsymbol{U}_{\text{G2}})\boldsymbol{B}_{\text{G2}}^{\text{T}}\boldsymbol{I}_1^* + |\boldsymbol{U}_{\text{G2}}| \cdot \boldsymbol{I}_{\text{G2}} = 0 \tag{6.21}$$

式中：$\boldsymbol{B}_{\text{G2}}$ 为 $\boldsymbol{B}$ 中该类型 DG 支路对应的部分；$\boldsymbol{U}_{\text{G2}}$ 为 DG 支路电压复向量，$|\boldsymbol{U}_{\text{G2}}|$ 表示 $\boldsymbol{U}_{\text{G2}}$ 中元素取模后组成的向量；$\boldsymbol{I}_{\text{G2}}$ 为 DG 支路电流常复数向量。

3. PV 节点模型

在潮流计算中，燃料电池、微型燃气轮机、采用自动电压调节的工频热电联产同步机组的有功出力和电压幅值可看成恒定值，故可将其作为 PV 节点进行处理，本节称其为 PV 节点模型。PV 节点模型 DG 支路方程为

$$\text{diag}(\boldsymbol{U}_{\text{G3}}^x)\boldsymbol{B}_{\text{G3}}^{\text{T}}\boldsymbol{I}_1^x + \text{diag}(\boldsymbol{U}_{\text{G3}}^y)\boldsymbol{B}_{\text{G3}}^{\text{T}}\boldsymbol{I}_1^y + \boldsymbol{P}_{\text{G3}} = 0 \tag{6.22}$$

$$|\boldsymbol{U}_{\text{G3}}| - \boldsymbol{U}_{\text{FG3}} = 0 \tag{6.23}$$

式中：$\boldsymbol{B}_{\text{G3}}$ 为 $\boldsymbol{B}$ 中该类型 DG 支路对应的部分；$\boldsymbol{U}_{\text{G3}}^x$、$\boldsymbol{U}_{\text{G3}}^y$ 分别为 DG 支路电压实部和虚部组成的向量；$\boldsymbol{I}_1^x$、$\boldsymbol{I}_1^y$ 分别为回路电流实部和虚部组成的向量；$\boldsymbol{P}_{\text{G3}}$、$\boldsymbol{U}_{\text{FG3}}$ 分别为 DG 支路有功和电压幅值常数向量。

对于以上 3 类 DG，处理方法与非恒阻抗负荷支路是类似的，即在状态变量中增加 DG 支路电压，并增加相应的 DG 支路方程与其他方程联立求解。

4. 异步发电机模型

风机是一种常见的 DG，它在潮流计算中常作为异步发电机模型参与计算。异步发电机本身没有励磁装置，主要靠电网提供的无功功率建立磁场，在潮流计算中既不能作为 PQ 节点，也不能作为 PV 节点，其三相有功一般是已知量，而无功是电压和转差率的函数，考虑到三相不平衡的情况，需要采用序分量进行分析。

以星形接法的三相异步电机为例，采用序分量进行分析，异步电机等效电路如图6-11所示。异步电机一般采用中性点不接地的方式，因此电机的零序电压和电流均为 0。图6-11中，R_{s} 为定子电阻；X_{s} 为定子漏抗；R_{r} 为转子电阻；X_{r} 为转子漏抗；X_{m} 为励磁电抗；$\boldsymbol{U}_i$ 为序电压，$\boldsymbol{I}_i$ 为序电流，s_i 为转差率，i=1 表示正序，i=2 表示负序。

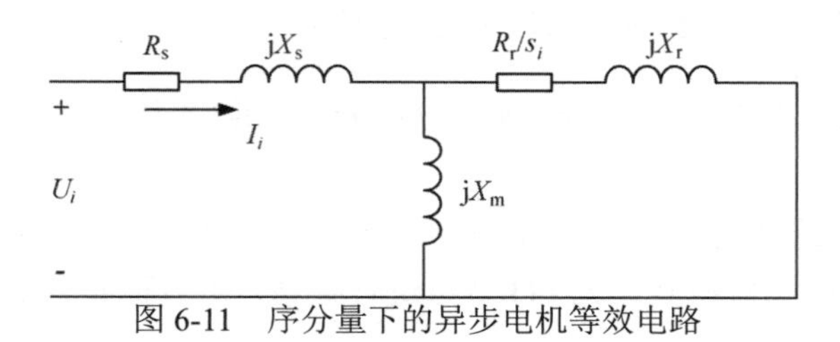

图 6-11　序分量下的异步电机等效电路

正序和负序等效电路的唯一区别在于 s_i 不同，正序和负序转差率有如下关系式：

$$s_1=\frac{n_s-n}{n_s} \tag{6.24}$$

$$s_2=2-s_1 \tag{6.25}$$

式中：n_s 为同步转速；n 为转子转速。

在潮流计算中，认为风机发出的有功功率是给定值，设为 P，则可得下面 3 个方程：

$$U_{1,x}I_{1,x}+U_{1,y}I_{1,y}+U_{2,x}I_{2,x}+U_{2,y}I_{2,y}+P/3=0 \tag{6.26}$$

$$\frac{\boldsymbol{U}_1-(R_s+jX_s)\boldsymbol{I}_1}{jX_m}+\frac{\boldsymbol{U}_1-(R_s+jX_s)\boldsymbol{I}_1}{j(R_r/s_1+jX_r)}-\boldsymbol{I}_1=0 \tag{6.27}$$

$$\frac{\boldsymbol{U}_2-(R_s+jX_s)\boldsymbol{I}_2}{jX_m}+\frac{\boldsymbol{U}_2-(R_s+jX_s)\boldsymbol{I}_2}{j(R_r/s_2+jX_r)}-\boldsymbol{I}_2=0 \tag{6.28}$$

式中：$U_{1,x}$、$U_{1,y}$、$U_{2,x}$、$U_{2,y}$ 分别为序电压的实部和虚部；$I_{1,x}$、$I_{1,y}$、$I_{2,x}$、$I_{2,y}$ 分别为序电流的实部和虚部。将式 (6.27)、式 (6.28) 写成实部、虚部的形式，并整理可得

$$\begin{aligned}R_rU_{i,x}-R_rR_sI_{i,x}+(R_rX_s+R_rX_m)I_{i,y}+s_i[(X_sX_r+X_sX_m+X_rX_m)I_{i,x}+\\(R_sX_r+R_sX_m)I_{i,y}-(X_r+X_m)U_{i,y}]=0\end{aligned} \tag{6.29}$$

$$\begin{aligned}R_rU_{i,y}+R_rR_sI_{i,y}-(R_rX_s+R_rX_m)I_{i,x}+s_i[(X_sX_r+X_sX_m-X_rX_m)I_{i,y}-\\(R_sX_r+R_sX_m)I_{i,x}+(X_r+X_m)U_{i,x}]=0\end{aligned} \tag{6.30}$$

式中：i=1,2。当已知序电压时，可以通过方程式 (6.26) 至式 (6.30) 求解序电流和转差率。基于上述方法求解含感应电机模型的配电网潮流时，需要进行如下改进。

（1）增加感应电机的正序电压、负序电压、正序转差率作为状态变量。

（2）在回路 KVL 方程中 $\boldsymbol{U}_s$ 部分，异步电机支路对应的位置增加等效电压源，其值为 $-\boldsymbol{A}_{p1}\boldsymbol{U}_{i,1}-\boldsymbol{A}_{p2}\boldsymbol{U}_{i,2}$，其中 $p\in\{1,2,3\}$ 为该支路对应的相位；$\boldsymbol{A}_{p1}$、$\boldsymbol{A}_{p2}$ 分别为正序和负序分量到三相分量的变换矩阵；$\boldsymbol{U}_{i,1}$、$\boldsymbol{U}_{i,2}$ 为第 i 台异步电机的正序和负序电压。

（3）用回路电流表示异步电机的正序、负序电流，并代入方程式 (6.26) 至式 (6.30) 中，和式 (6.15) 至式 (6.18) 联立，用牛顿法进行求解。

6.2.3　基于回路电流法的潮流算法

本节所提基于回路电流法的潮流算法的步骤如下。

（1）初始化，形成配电网络详细拓扑图，从大地顶点开始广度优先遍历图，形成树枝和连枝，每一条连枝对应一个基本回路，基本回路由一条连枝和若干树枝组成 (如图6-10所示)，根据基本回路形成回路矩阵 $\boldsymbol{B}$，设置 $\boldsymbol{I}_1$、$\boldsymbol{U}_{T1}$、$\boldsymbol{U}_{L1}$、$\boldsymbol{U}_{L2}$，以及 DG 支路电压和异步电机正序电压、负序电压、转差率的初值。通常电压初值为额定值，电流和转差率初值均为 0，并置 k=1。

（2）计算式 (6.15) 到式 (6.18) 以及 DG 相关方程式的不平衡量，将计算结果实部和虚部依次排列组成向量并设为 $\Delta\boldsymbol{f}$。

（3）计算 Jacobian 矩阵，即式 (6.19)，计算结果为 $\boldsymbol{J}_{ac}$。

（4）通过计算 $-\boldsymbol{J}_{ac}^{-1}\Delta\boldsymbol{f}$，得到修正量 $\Delta\boldsymbol{I}_1^x$、$\Delta\boldsymbol{I}_1^y$、$\Delta\boldsymbol{U}_{T1}^x$、$\Delta\boldsymbol{U}_{T1}^y$、$\Delta\boldsymbol{U}_{L1}^x$、$\Delta\boldsymbol{U}_{L1}^y$、$\Delta\boldsymbol{U}_{L2}^x$、$\Delta\boldsymbol{U}_{L2}^y$，以及与 DG 相关的状态变量的修正量，并更新未知量：

$$
\begin{cases}
\boldsymbol{I}_1^{k+1} = \boldsymbol{I}_1^k + \Delta \boldsymbol{I}_1^x + j\Delta \boldsymbol{I}_1^y \\
\boldsymbol{U}_{\mathrm{T1}}^{k+1} = \boldsymbol{U}_{\mathrm{T1}}^k + \Delta \boldsymbol{U}_{\mathrm{T1}}^x + \mathrm{j}\Delta \boldsymbol{U}_{\mathrm{T1}}^y \\
\boldsymbol{U}_{\mathrm{L1}}^{k+1} = \boldsymbol{U}_{\mathrm{L1}}^k + \Delta \boldsymbol{U}_{\mathrm{L1}}^x + \mathrm{j}\Delta \boldsymbol{U}_{\mathrm{L1}}^y \\
\boldsymbol{U}_{\mathrm{L2}}^{k+1} = \boldsymbol{U}_{\mathrm{L2}}^k + \Delta \boldsymbol{U}_{\mathrm{L2}}^x + \mathrm{j}\Delta \boldsymbol{U}_{\mathrm{L2}}^y \\
\quad\vdots
\end{cases}
\tag{6.31}
$$

（5）判断连续 2 次之间的修正量绝对值是否都小于收敛标准，若是，则结束；否则令 $k = k+1$ 并返回步骤（2）。

6.2.4　算例分析

1. 基于 IEEE 34 节点系统构造的算例

IEEE 34 节点系统是根据真实的配电网络数据建立的，附录 C 给出了其单线图和具体参数。该系统线路很长且负荷很轻，具有并联电容，有缺相的现象。由于系统线路很长、负荷不平衡，该系统可能会存在收敛问题。表6.2给出了系统的 DG 配置，表6.3设计了系统的测试方案，表6.4给出了含 DG 的 IEEE 34 节点系统测试结果。由表6.4可见，在梯形迭代收敛的情况下，本节方法的迭代次数少于梯形迭代法。在方案 6 中出现梯形迭代法不收敛的情况，但用本节方法计算能够收敛。同时，由计算结果的对比可以看出，本节所采用的方法在梯形迭代法也收敛的情况下，比梯形迭代法计算速度更快，证明了本节算法的快速性。

表 6.2　IEEE 34 节点系统中 DG 配置

DG 编号	类型	接入节点	参数
DG1	PQ 节点	846	Y 接, 每相额定功率 30+j20 kV·A
DG2	恒电流	836	Y 接, 每相额定功率 30+j20 kV·A
DG3	PV 节点	860	Y 接, 每相额定有功 30 kW
DG4	异步发电机	848	见文献 [3] T1、G1
DG5	异步发电机	890	见文献 [3] T2、G2

表 6.3　IEEE 34 节点系统测试方案

方案	DG 类型	DG 接入情况
1	PQ 节点	仅接入 DG1
2	恒电流	仅接入 DG2
3	PV 节点	仅接入 DG3
4	PQ 节点 + 恒电流 +PV 节点	接入 DG1—DG3
5	异步电机	仅接入 DG4
6	异步电机	接入 DG4、DG5
7	PQ 节点 + 恒电流 +PV 节点 + 异步电机	接入 DG1—DG5

为了测试算法处理环路的能力，本节通过合并节点增加环路的方式构造了相应算例。所谓合并是指把 2 个电压等级相同的节点变成一个节点，并将原来连在 2 个节点上的设备连到合并后的节点上。对于 IEEE 34 节点系统，将节点 822 和 848 合并、节点 826 和 858 合并。合并后，原辐射状网络变成含 2 个环路的网络。该弱环状配电测试系统的 DG 接入方案

表 6.4　含 DG 的 IEEE 34 节点系统测试结果

方案	迭代次数		计算时间/s		偏差范围/V
	梯形迭代法	本节方法	梯形迭代法	本节方法	
1	8	4	0.235	0.215	<0.1
2	8	4	0.234	0.229	<0.1
3	8	4	0.206	0.194	——
4	7	4	0.223	0.207	——
5	11	6	0.344	0.245	<1
6	不收敛	6	——	0.250	——
7	不收敛	7	——	0.269	——

仍与表6.3相同，测试结果如表6.5所示。其中环网方案 6 的异步发电机计算结果见表6.6。由表6.5可见本节方法在测试中收敛次数在 7 次之内，验证了本节方法的有效性。同时，针对配电网中 DG 常见的 PV 节点处理，方案 3 算例中节点 836 接入 PV 型 DG，其节点电压计算结果为 13.00 kV(见表6.7)，这与额定相电压相同，因此验证了本节方法对 PV 节点处理的正确性。

表 6.5　基于 IEEE 34 节点系统的弱环网测试结果

方案	本节方法迭代次数	方案	本节方法迭代次数
1	4	5	6
2	4	6	6
3	4	7	7
4	4		

表 6.6　异步发电机计算结果

电机	正序电压		负序电压		转差率
	幅值/V	相角/(°)	幅值/V	相角/(°)	
G1	252.64	6.9	1.13	123.0	-0.00966
G2	0.22	19.5	1.24	82.1	-0.01330

2. 基于 IEEE 123 节点系统构造的算例

附录 C 给出了 123 节点系统的单线图和具体参数，本节以该系统为基础，通过闭合所有开关与合并节点增加环路，构造含有环路的配电网。测试结果如表6.8所示，表中 (85,75) 表示节点 85 和节点 75 合并，计算时间取 10 次测试的平均值。从表6.8中可以看出，随着环路的增加，本节方法均迭代 4 次以内即可收敛，计算时间在 0.08 s 左右，表现出良好的收敛性和高效的计算性能。

3. 基于 33 节点系统构造的算例

本节对文献 [4] 的 33 节点系统进行测试，该系统包含 37 条支路、5 个环，电压基准值取 12.66 kV，功率基准值取为 10 MVA，其负荷和线路参数均有明显三相不平衡的情况，结果如表6.9和表6.10所示 (表6.9中两者偏差及表6.10中所有数据均为标幺值)。由表可见本节方法计算结果和文献 [4] 中结果的偏差在 0.001 之内，本节方法仅 3 次迭代就能收敛。

目前常见的环路处理方法大多需要利用梯形迭代法求解辐射状网络的潮流。本节在 33 节点系统的节点 17 处接入了变压器 T1 和风机 G1，并在文献 [4] 中合环点处将环路解列，构造

表 6.7　IEEE 34 节点系统环网方案 3 电压计算结果

节点	A 相		B 相		C 相	
	幅值/kV	相角/(°)	幅值/kV	相角/(°)	幅值/kV	相角/(°)
800	14.38	0	14.38	-120.0	14.38	120.0
802	14.35	-0.1	14.36	-120.1	14.36	119.9
806	14.34	-0.1	14.35	-120.1	14.35	119.9
808	14.04	-1.2	14.14	-120.8	14.13	119.1
810	——	——	14.13	-120.8	——	——
812	13.70	-2.5	13.91	-121.6	13.89	118.1
814	13.44	-3.6	13.74	-122.3	13.70	117.2
816	13.44	-3.6	13.74	-122.3	13.69	117.2
818	13.42	-3.6	——	——	——	——
820	13.05	-3.6	——	——	——	——
822	13.00	-3.6	——	——	——	——
824	13.37	-4.0	13.62	-122.6	13.60	116.8
826	——	——	13.62	-122.6	——	——
828	13.36	-4.0	13.61	-122.6	13.59	116.8
830	13.22	-4.8	13.41	-123.0	13.39	116.0
832	13.00	-6.3	13.06	-123.8	13.05	114.5
834	12.98	-6.8	13.00	-124.1	13.00	114.1
836	13.00	-6.9	13.00	-124.1	13.00	114.0
838	——	——	13.00	-124.1	——	——
840	13.00	-6.9	13.00	-124.1	13.00	114.0
842	12.98	-6.8	13.00	-124.1	13.00	114.1
844	12.98	-6.8	13.00	-124.1	12.99	114.1
846	12.98	-6.9	13.00	-124.1	13.00	114.0
848	12.98	-6.9	13.00	-124.2	13.00	114.0
850	13.44	-3.6	13.74	-122.3	13.70	117.2
852	13.00	-6.3	13.06	-123.8	13.05	114.5
854	13.22	-4.8	13.41	-123.0	13.38	116.0
856	——	——	13.40	-123.0	——	——
858	12.99	-6.5	13.03	-123.9	13.02	114.3
860	12.99	-6.8	13.00	-124.1	13.00	114.0
862	13.00	-6.9	13.00	-124.1	13.00	114.0
864	12.99	-6.5	——	——	——	——

表 6.8　基于 IEEE 123 节点系统的环状配电网络测试结果

方式	新增合并节点	环路个数	迭代次数	计算时间/s
0	无	0	4	0.054
1	(85,75),(36,57)	3	4	0.078
2	(39,66),(56,90)	5	4	0.074
3	(23,44),(62,101)	7	4	0.079
4	(81,86),(70,100)	9	4	0.085
5	(9,18),(30,47)	11	3	0.071
6	(34,94),(64,300)	13	3	0.081

表 6.9　2 种算法收敛性比较

方法	迭代次数	两者偏差
本节方法	3	$\leqslant 10^{-3}$
文献 [4] 方法	外层不大于 5，内层不小于 15	

了含 DG 的辐射型网络算例。算例中 T1 的参数为 750 kVA，12.66 kV-0.48 kV，Z_{T1}=0.01+j0.05 %；G1 参数与文献 [3] 中相同。对于解环后的网络，表6.11给出了风机有功出力变化时 2 种算法的收敛性对比。可以看出，当出力增加时，梯形迭代法不再收敛，意味着传统处理弱环网的潮流算法将失效，而本节方法均能较快收敛。

表 6.10　33 节点系统潮流计算结果对比

节点	A 相潮流		B 相潮流		C 相潮流	
	本节方法	文献 [4] 方法	本节方法	文献 [4] 方法	本节方法	文献 [4] 方法
0	1.00000	1.00000	-0.50000-j0.86603	-0.50000-j0.86603	-0.50000+j0.86603	-0.50000+j0.86603
1	0.99718+j0.00020	0.99718+j0.00207	-0.49833-j0.86371	-0.49833-j0.86370	-0.49878+j0.86339	-0.49878+j0.86339
2	0.98666+j0.00070	0.98666+j0.00071	-0.49235-j0.85498	-0.49236-j0.85494	-0.49400+j0.85371	-0.49400+j0.85370
3	0.98307+j0.00075	0.98306+j0.00076	-0.49059-j0.85208	-0.49058-j0.85201	-0.49228+j0.85051	-0.49229+j0.85052
4	0.97976+j0.00074	0.97975+j0.00076	-0.48875-j0.84905	-0.48872-j0.84897	-0.49063+j0.84750	-0.49063+j0.84753
5	0.97210-j0.00113	0.97208-j0.00111	-0.48618-j0.84095	-0.48613-j0.84081	-0.48506+j0.84144	-0.48509+j0.84151
6	0.97115-j0.00267	0.97113-j0.00264	-0.48708-j0.83922	-0.48708-j0.83907	-0.48329+j0.84142	-0.48331+j0.84148
7	0.97011-j0.00295	0.97009-j0.00293	-0.48674-j0.83811	-0.48675-j0.83798	-0.48251+j0.84071	-0.48253+j0.84075
8	0.96710-j0.00334	0.96708-j0.00332	-0.48540-j0.83504	-0.48543-j0.83491	-0.48059+j0.83824	-0.48060+j0.83825
9	0.96669-j0.00371	0.96668-j0.00369	-0.48550-j0.83442	-0.48553-j0.83430	-0.48024+j0.83826	-0.48025+j0.83827
10	0.96670-j0.00375	0.96669-j0.00373	-0.48553-j0.83439	-0.48556-j0.83427	-0.48018+j0.83824	-0.48019+j0.83825
11	0.96685-j0.00385	0.96683-j0.00384	-0.48569-j0.83444	-0.48573-j0.83433	-0.48011+j0.83835	-0.48011+j0.83836
12	0.96370-j0.00375	0.96368-j0.00374	-0.48391-j0.83158	-0.48396-j0.83146	-0.47831+j0.83532	-0.47831+j0.83532
13	0.96261-j0.00392	0.96259-j0.00391	-0.48348-j0.83042	-0.48354-j0.83029	-0.47742+j0.83439	-0.47742+j0.83438
14	0.96239-j0.00380	0.96237-j0.00378	-0.48320-j0.83014	-0.48327-j0.83001	-0.47730+j0.83400	-0.47729+j0.83398
15	0.96061-j0.00355	0.96059-j0.00354	-0.48192-j0.82872	-0.48200-j0.82860	-0.47666+j0.83221	-0.47665+j0.82895
16	0.95713-j0.00372	0.95711-j0.00371	-0.47996-j0.82558	-0.48008-j0.82546	-0.47486+j0.82903	-0.47483+j0.82895
17	0.95599-j0.00328	0.95598-j0.00326	-0.47886-j0.82488	-0.47899-j0.82476	-0.47476+j0.82775	-0.47472+j0.82765
18	0.99548-j0.00006	0.99547-j0.00005	-0.49766-j0.86208	-0.49766-j0.86206	-0.49772+j0.86201	-0.49772+j0.86201
19	0.98149-j0.00152	0.98148-j0.00151	-0.49148-j0.84888	-0.49149-j0.84881	-0.48942+j0.85013	-0.48942+j0.85015
20	0.97758-j0.00237	0.97756-j0.00235	-0.49013-j0.84493	-0.49014-j0.84484	-0.48674+j0.84706	-0.48675+j0.84707
21	0.97404-j0.00334	0.97403-j0.00333	-0.48908-j0.84115	-0.48911-j0.84105	-0.48414+j0.84442	-0.48414+j0.84443
22	0.98139+j0.00047	0.98138+j0.00048	-0.48957-j0.85015	-0.48960-j0.85009	-0.49110+j0.84900	-0.49109+j0.84897
23	0.97113-j0.00063	0.97112-j0.00062	-0.48471-j0.84037	-0.48481-j0.84029	-0.48483+j0.84016	-0.48480+j0.84007
24	0.96397-j0.00094	0.96396-j0.00093	-0.48094-j0.83393	-0.48110-j0.83382	-0.48110+j0.83400	-0.48104+j0.83386
25	0.97114-j0.00098	0.97113-j0.00096	-0.48502-j0.84021	-0.48543-j0.84003	-0.48489+j0.84088	-0.48474+j0.84053
26	0.96995-j0.00076	0.96993-j0.00073	-0.48413-j0.83922	-0.48452-j0.83905	-0.48447+j0.83961	-0.48432+j0.83828
27	0.96505-j0.00093	0.96504-j0.00091	-0.48151-j0.83463	-0.48179-j0.83449	-0.48171+j0.83501	-0.48160+j0.83477
28	0.96173-j0.00088	0.96171-j0.00086	-0.47958-j0.83165	-0.47978-j0.83153	-0.47997+j0.83177	-0.47989+j0.83160
29	0.95879+j0.00015	0.95878+j0.00017	-0.47688-j0.82941	-0.47407-j0.82929	-0.47942+j0.82833	-0.47934+j0.82817
30	0.95586-j0.00191	0.95585-j0.00189	-0.47732-j0.82553	-0.47749-j0.82541	-0.47596+j0.82674	-0.47589+j0.82661
31	0.95532-j0.00251	0.95531-j0.00249	-0.47763-j0.82472	-0.47749-j0.82460	-0.47516+j0.82664	-0.47510+j0.82652
32	0.95553-j0.00288	0.95552-j0.00287	-0.47816-j0.82470	-0.47831-j0.82458	-0.47491+j0.82708	-0.47486+j0.82697

表 6.11　解环后 33 节点系统 2 种算法收敛性比较

方法	迭代次数			
	出力 300 kW	出力 400 kW	出力 500 kW	出力 600 kW
本节方法	5	5	5	5
梯形迭代法	8	8	不收敛	不收敛

4. 基于 69 节点配电系统的算例

本节对文献 [5] 和文献 [6] 中所述的美国 PG&E 69 节点配电系统进行了计算分析。对文献 [5] 中所述的 6 种运行方式，利用本节方法进行仿真计算。通过闭合联络开关，改变网络中的回路数，测试结果如表6.12所示。从表6.12中可以看出，随着回路数的增加，本节方法迭代次数均为 4 次。本节方法计算时间在 0.28 s 左右，文献 [5] 方法的计算时间在 0.3~0.4s 之间。表6.13给出了含 PV 节点的环状配电网络测试结果，其中方案 1~6 分别对应在节点 88、46、14、52、34、23 接入额定有功功率为 200 kW、300 kW、250 kW、300 kW、200 kW、250 kW 的 PV 节点。从表6.13可以看出，本节方法迭代次数在 5 次以内，能够快速有效地处理含 PV 节点的配电网络。文献 [5] 和文献 [6] 所采用的基于回路分析法的潮流算法是一种收敛性较好的潮流计算方法，与之相比，本节方法具有更少的迭代次数，计算速度更快，不失为一种良好的潮流计算方法。

表 6.12　基于 PG& E 69 节点系统的配电网络测试结果

方式	打开的联络开关	本节方法耗时/s	迭代次数	
			本节方法	文献 [5] 方法
1	12-20,10-70,14-90,26-54,38-48	0.281	4	7
2	12-20,10-70,14-90,26-54	0.278	4	7
3	12-20,10-70,14-90	0.282	4	7
4	12-20,10-70	0.279	4	7
5	12-20	0.275	4	6
6	无	0.269	4	5

表 6.13　基于 PG& E 69 节点系统的含 PV 节点的环状配电网络测试结果

方式	打开的联络开关	PV 节点接入方案	迭代次数	
			本节方法	文献 [6] 方法
1	全部闭合	接入节点 1~6	4	5
2	全部闭合	不接入	4	4
3	全部打开	接入节点 1~6	5	7
4	26-54,38-48	接入节点 1~3	5	6
5	全部打开	接入节点 1~3	5	6
6	26-54,38-48	不接入	4	6

6.2.5　算法特点分析与总结

随着对供电可靠性要求的提高和对绿色能源的进一步利用，配电系统逐渐接入了风机等各种 DG，并出现弱环网运行的现象，这给配电网潮流计算带来了新的困难。目前最常见的梯形迭代法处理环路的能力比较弱，环路增加到一定数目会出现不收敛问题。同时，目前常见的回路电流法大多需要计算节点注入电流，对智能配电网中各类复杂的 DG 模型计算注入电流较为困难，且没有通用的计算方法。为此本节提出了一种基于回路电流法的配电网三相潮流算法，并提出了异步电机模型等多种 DG 模型的处理方法，所提方法具有以下特征：

（1）本节方法采用牛顿法求解，没有对 Jacobian 矩阵进行简化或近似，算法具有二阶收敛性；

（2）本节方法基于回路电流法建立潮流方程，具有较强的处理环网的能力，对于辐射状和弱环状配电网不需要区别对待、环路解列以及额外的拓扑分析和复杂的节点编号；

（3）在推导过程中没有对 R/X 做任何假设；

（4）Jacobian 矩阵中的大部分元素是恒定值，只有非恒阻抗负荷与 DG 对应的部分是变化的，更新 Jacobian 的工作量较小；

（5）本节方法能够处理恒电流、恒功率、恒阻抗等类型的负荷，也能够处理异步电机、PV 节点等类型的 DG，处理 PV 节点过程不需要将 PV 节点转换成 PQ 节点。

本节方法不受配电网三相不平衡的影响，无须确定环路解列点，并解决了求解含 DG 智能配电网潮流的问题，通用性较强。综上所述，本节方法收敛性好，迭代次数少，计算速度快，对于环路的处理能力强，并且能够处理所有常见的 DG 模型，在配电网潮流计算方面具有一定的优越性。

6.3　短路分析

输电网通过应用对称分量法来解决正常对称三相系统中的不对称故障的短路电流计算问题。然而，该方法不太适合于不对称的配电网络。相之间的相互耦合会导致序网络之间的相互耦合，当存在这种情况时，使用对称分量法没有任何优势。本节将推导一种对不对称三相配电网络进行短路分析的方法。

6.3.1　基本理论

图6-12显示了不对称网络的短路分析模型。图6-12所示的任何一个点都可能发生短路。节点 1 是配电变电站的高压母线。节点 1 处的短路电流值通常由输电网短路分析确定。这些分析的结果以三相和单相短路复功率的形式提供。使用短路复功率，可以确定等效系统的正序和零序阻抗。图6-12中其他四点的短路分析需要用到这些值。

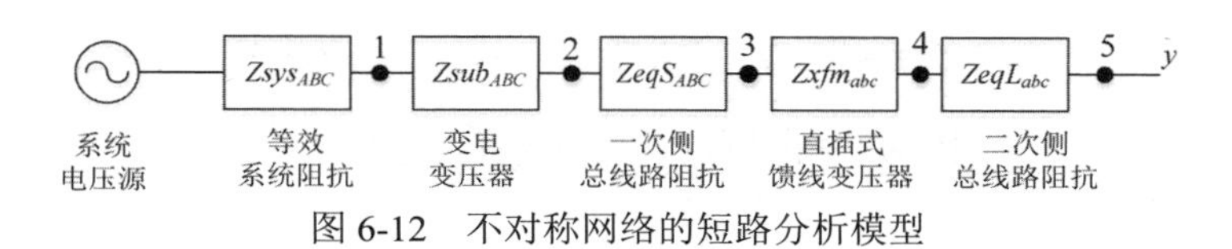

图 6-12　不对称网络的短路分析模型

给定三相短路复功率的幅度和角度，以欧姆为单位的正序等效系统阻抗由下式确定：

$$Z_{+} = \frac{KVLL^2}{\left(MVA_{\text{三相}}\right)^*}\ (\Omega) \tag{6.32}$$

给定单相短路复功率的幅度和角度，以欧姆为单位的零序等效系统阻抗由下式确定：

$$Z_0 = \frac{3 \cdot KVLL^2}{\left(MVA_{\text{单相}}\right)^* - 2Z_{+}}\ (\Omega) \tag{6.33}$$

在式 (6.32) 和式 (6.33) 中，$KVLL$ 是系统的额定线电压，单位为 kV。计算出的正序和零序阻抗需要转换为相阻抗矩阵，如第 2 章中的式 (2.152) 和式 (2.153) 所示。

对于第 2、3、4 和 5 点的短路，需要在短路点计算戴维南等效三相电路。戴维南等效电压是具有适当角度的额定线对地电压。例如，假设等效系统线对地电压是额定三相电压，相角为零。点 2 和 3 处的戴维南等效电压将通过将系统电压乘以变电站变压器的广义变压器矩阵 $[A_{\text{t}}]$ 来计算。进一步地，第 4 点和第 5 点的戴维南等效电压将是节点 3 的电压乘以变压器的广义矩阵 $[A_{\text{t}}]$。

戴维南等效相阻抗矩阵将是系统电压源和故障点之间每个元件的相阻抗矩阵之和。假设步进电压调节器设置在中性位置，它们不会进入短路计算。对于三角形 - 接地星形变压器，变压器高压侧的总相阻抗矩阵必须使用公式 (4.125) 换算到低压侧。

图6-13显示了故障节点处的戴维南等效电路。在图6-13中，电压源 E_a，E_b 和 E_c 表示故障节点处的戴维南等效线对地电压。矩阵 $[ZTOT]$ 表示故障节点处的戴维南等效相阻抗矩阵。故障阻抗由图6-13中的 Z_{f} 表示。

矩阵形式的基尔霍夫电压定律可应用于图6-13的电路：

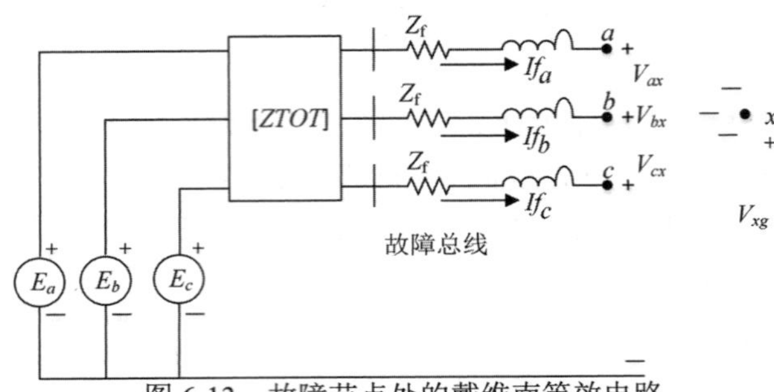

图 6-13　故障节点处的戴维南等效电路

$$\begin{bmatrix} E_a \\ E_b \\ E_c \end{bmatrix} = \begin{bmatrix} Z_{aa} & Z_{ab} & Z_{ac} \\ Z_{ba} & Z_{bb} & Z_{bc} \\ Z_{ca} & Z_{cb} & Z_{cc} \end{bmatrix} \cdot \begin{bmatrix} If_a \\ If_b \\ If_c \end{bmatrix} + \begin{bmatrix} Z_f & 0 & 0 \\ 0 & Z_f & 0 \\ 0 & 0 & Z_f \end{bmatrix} \cdot \begin{bmatrix} If_a \\ If_b \\ If_c \end{bmatrix} + \begin{bmatrix} V_{ax} \\ V_{bx} \\ V_{cx} \end{bmatrix} + \begin{bmatrix} V_{xg} \\ V_{xg} \\ V_{xg} \end{bmatrix} \tag{6.34}$$

将式 (6.34) 简写为

$$[E_{abc}] = [ZTOT] \cdot [If_{abc}] + [ZF] \cdot [If_{abc}] + [V_{abcx}] + [V_{xg}] \tag{6.35}$$

$$[E_{abc}] = [ZEQ] \cdot [If_{abc}] + [V_{abcx}] + [V_{xg}] \tag{6.36}$$

其中：

$$[ZEQ] = [ZTOT] + [ZF] \tag{6.37}$$

解方程 (6.36) 的故障电流：

$$[If_{abc}] = [Y] \cdot [E_{abc}] - [Y] \cdot [V_{abcx}] - [Y] \cdot [V_{xg}] \tag{6.38}$$

其中：

$$[Y] = [ZEQ]^{-1} \tag{6.39}$$

由于矩阵 $[Y]$ 和 $[E_{abc}]$ 均已知，令：

$$[IP_{abc}] = [Y] \cdot [E_{abc}] \tag{6.40}$$

将式 (6.40) 代入式 (6.38)，得到：

$$[IP_{abc}] = [If_{abc}] + [Y] \cdot [V_{abcx}] + [Y] \cdot [V_{xg}] \tag{6.41}$$

展开式 (6.41)：

$$\begin{bmatrix} IP_a \\ IP_b \\ IP_c \end{bmatrix} = \begin{bmatrix} If_a \\ If_b \\ If_c \end{bmatrix} + \begin{bmatrix} Y_{aa} & Y_{ab} & Y_{ac} \\ Y_{ba} & Y_{bb} & Y_{bc} \\ Y_{ca} & Y_{cb} & Y_{cc} \end{bmatrix} \cdot \begin{bmatrix} V_{ax} \\ V_{bx} \\ V_{cx} \end{bmatrix} + \begin{bmatrix} Y_{aa} & Y_{ab} & Y_{ac} \\ Y_{ba} & Y_{bb} & Y_{bc} \\ Y_{ca} & Y_{cb} & Y_{cc} \end{bmatrix} + \begin{bmatrix} V_{xg} \\ V_{xg} \\ V_{xg} \end{bmatrix} \tag{6.42}$$

执行式 (6.41) 中的矩阵运算：

$$\begin{aligned} IP_a &= If_a + (Y_{aa} \cdot V_{ax} + Y_{ab} \cdot V_{bx} + Y_{ac} \cdot V_{cx}) + Ys_a \cdot V_{xg} \\ IP_b &= If_b + (Y_{ba} \cdot V_{ax} + Y_{bb} \cdot V_{bx} + Y_{bc} \cdot V_{cx}) + Ys_b \cdot V_{xg} \\ IP_c &= If_c + (Y_{ca} \cdot V_{ax} + Y_{cb} \cdot V_{bx} + Y_{cc} \cdot V_{cx}) + Ys_c \cdot V_{xg} \end{aligned} \tag{6.43}$$

其中：

$$
\begin{aligned}
Ys_a &= Y_{aa} + Y_{ab} + Y_{ac} \\
Ys_b &= Y_{ba} + Y_{bb} + Y_{bc} \\
Ys_c &= Y_{ca} + Y_{cb} + Y_{cc}
\end{aligned}
\tag{6.44}
$$

式 (6.43) 是用于计算所有类型短路的通用公式，其中有三个方程和七个未知数。等式中的其他三个变量（IP_a，IP_b 和 IP_c）是总阻抗和戴维南电压的函数，因此是已知的。为了求解方程 (6.43)，有必要给定四个附加的独立方程。这些方程是故障类型的函数。下面针对各种类型故障给出附加的四个等式。通过在图6-13中设置短路来模拟特定类型的故障。例如，通过将节点 a、b 和 c 连接到 x 来模拟三相故障。这给出了三个电压方程，第四个等式来自于在节点 x 处应用基尔霍夫电流定律，即故障电流的总和为零。

6.3.2　特定短路分析

三相故障：

$$
\begin{aligned}
V_{ax} = V_{bx} = V_{cx} = 0 \\
I_a + I_b + I_c = 0
\end{aligned}
\tag{6.45}
$$

三相接地故障：

$$
V_{ax} = V_{bx} = V_{cx} = V_{xg} = 0 \tag{6.46}
$$

线到线故障（假设 i-j 故障，k 相无故障）：

$$
\begin{aligned}
V_{ix} = V_{jx} = 0 \\
If_k = 0 \\
If_i + If_j = 0
\end{aligned}
\tag{6.47}
$$

线对地故障（假设 k 相故障，i 相和 j 相无故障）：

$$
\begin{aligned}
V_{kx} = V_{xg} = 0 \\
If_i = If_j = 0
\end{aligned}
\tag{6.48}
$$

式 (6.47) 和式 (6.48) 允许模拟所有相的线对线故障和线对地故障。

求解七个方程的较好方法是将其写为矩阵形式:

$$
\begin{bmatrix} IP_a \\ IP_b \\ IP_c \\ 0 \\ 0 \\ 0 \\ 0 \end{bmatrix}
=
\begin{bmatrix}
1 & 0 & 0 & Y_{1,1} & Y_{1,2} & Y_{1,3} & Y_{S1} \\
0 & 1 & 0 & Y_{2,1} & Y_{2,2} & Y_{2,3} & Y_{S2} \\
0 & 0 & 1 & Y_{3,1} & Y_{3,3} & Y_{3,3} & Y_{S3} \\
- & - & - & - & - & - & - \\
- & - & - & - & - & - & - \\
- & - & - & - & - & - & - \\
- & - & - & - & - & - & -
\end{bmatrix}
\cdot
\begin{bmatrix} If_a \\ If_b \\ If_c \\ V_{ax} \\ V_{bx} \\ V_{cx} \\ V_{xg} \end{bmatrix}
\tag{6.49}
$$

将式 (6.49) 简写为

$$[IP_s] = [C] \cdot [X] \tag{6.50}$$

求解式 (6.50) 中矩阵 $[X]$ 内的未知数：

$$[X] = [C]^{-1} \cdot [IP_s] \tag{6.51}$$

式 (6.49) 中系数矩阵的最后四行中的空白用已知变量填充，具体取决于要模拟的故障类型。例如，模拟三相故障的矩阵 $[C]$ 中的元素将是

$$C_{4,4} = 1, C_{5,5} = 1, C_{6,6} = 1$$

$$C_{7,1} = C_{7,2} = C_{7,3} = 1$$

最后四行中的所有其他元素设置为零。

例 6.3 使用例 6.2 的系统计算节点 4 的相 a 和 b 之间（$Z_f = 0$）的线到线故障的短路电流。

无穷大母线的对称线电压为 12.47 kV，则相电压为 7.2 kV 的对称电压。

$$[ELL_s] = \begin{bmatrix} 12470\angle 30 \\ 12470\angle -90 \\ 12470\angle 150 \end{bmatrix} \text{V}$$

$$[ELN_s] = \begin{bmatrix} 7199.6\angle 0 \\ 7199.6\angle -120 \\ 7199.6\angle 120 \end{bmatrix} \text{V}$$

节点 4 的线到中性点戴维南等效电压为

$$[Eth_4] = [A_t] \cdot [ELN_s] = \begin{bmatrix} 2400\angle -30 \\ 2400\angle -150 \\ 2400\angle 90 \end{bmatrix} (\text{V})$$

变压器低压端（节点 3）处的戴维南等效阻抗由线路阻抗加上变压器阻抗组成：

$$[Zth_3] = [A_t] \cdot [ZeqS_{ABC}] \cdot [d_t] + [Zt_{abc}]$$

$$[Zth_3] = \begin{bmatrix} 0.0366 + \text{j}0.1921 & -0.0039 - \text{j}0.0086 & -0.0039 - \text{j}0.0106 \\ -0.0039 - \text{j}0.0086 & 0.0366 + \text{j}0.1886 & -0.0039 - \text{j}0.0071 \\ -0.0039 - \text{j}0.0106 & -0.0039 - \text{j}0.0071 & 0.0366 + \text{j}0.1906 \end{bmatrix} (\Omega)$$

注意，戴维南阻抗矩阵不对称。节点 4 处的总戴维南阻抗为

$$[Zth_4] = [ZTOT] = [Zth_3] + [ZeqL_{abc}]$$

$$[ZTOT] = \begin{bmatrix} 0.2273 + \text{j}0.6955 & 0.0568 + \text{j}0.2216 & 0.0559 + \text{j}0.1645 \\ 0.0568 + \text{j}0.2216 & 0.2305 + \text{j}0.6771 & 0.0575 + \text{j}0.1860 \\ 0.0559 + \text{j}0.1645 & 0.0575 + \text{j}0.1860 & 0.2287 + \text{j}0.6876 \end{bmatrix} (\Omega)$$

节点 4 处的等效导纳矩阵为

$$[Yeq_4] = [ZTOT]^{-1}$$

利用式 (6.40) 得到故障点的等效注入电流为

$$[IP] = [Yeq_4] \cdot [Eth_4] = \begin{bmatrix} 4466.8\angle -96.4 \\ 4878.9\angle 138.0 \\ 4440.9\angle 16.4 \end{bmatrix} \text{(A)}$$

等效导纳矩阵的每一行的总和根据式 (6.44) 计算：

$$Y_i = \sum_{k=1}^{3} Yeq_{i,k} = \begin{bmatrix} 0.2580 - \text{j}0.8353 \\ 0.2590 - \text{j}0.8240 \\ 0.3007 - \text{j}0.8889 \end{bmatrix} \text{(S)}$$

对于节点 4 处的 a-b 故障，根据式 (6.47) 有

$$If_a + If_b = 0$$

$$I_c = 0$$

$$V_{ax} = 0$$

$$V_{bx} = 0$$

利用式 (6.49) 计算系数矩阵 $[C]$:

$$[C] = \begin{bmatrix} 1 & 0 & 0 & 0.501 - \text{j}1.477 & -0.176 + \text{j}0.390 & -0.069 + 0.252 & 0.258 - \text{j}0.835 \\ 0 & 1 & 0 & -0.176 + \text{j}0.390 & 0.550 - \text{j}1.528 & -0.115 + \text{j}0.314 & 0.259 = \text{j}0.824 \\ 0 & 0 & 1 & -0.069 + \text{j}0.251 & -0.115 + \text{j}0.313 & 0.484 - \text{j}1.452 & 0.301 - \text{j}0.889 \\ 1 & 1 & 0 & 0 & 0 & 0 & 0 \\ 0 & 0 & 1 & 0 & 0 & 0 & 0 \\ 0 & 0 & 0 & 0 & 1 & 0 & 0 \\ 0 & 0 & 0 & 1 & 0 & 0 & 0 \end{bmatrix}$$

注入电流矩阵为

$$[IP_{\text{s}}] = \begin{bmatrix} 4466.8\angle -96.4 \\ 4878.9\angle 138.0 \\ 4440.9\angle 16.4 \\ 0 \\ 0 \\ 0 \\ 0 \end{bmatrix} \text{(A)}$$

未知数的计算方法如下：

$$[X] = [C]^{-1} \cdot [IP_{\text{s}}] = \begin{bmatrix} 8901.7\angle -8.4 \\ 8901.7\angle 171.6 \\ 0 \\ 7740.4\angle -90.6 \\ 0 \\ 0 \\ 2587.9\angle 89.1 \end{bmatrix}$$

解得

$$If_a = X_1 = 8901.7\angle -8.4\ (\text{A})$$
$$If_b = X_2 = 8901.7\angle 171.6\ (\text{A})$$
$$If_c = X_3 = 0\ (\text{A})$$

计算节点 4 处的线对地电压和短路电流，通过广义矩阵可以检查这些结果的正确性。节点 4 的线对地电压是

$$[VLG_4] = \begin{bmatrix} V_{ax}+V_{xg} \\ V_{bx}+V_{xg} \\ V_{cx}+V_{xg} \end{bmatrix} = \begin{bmatrix} 5153.4\angle -90.4 \\ 2587.2\angle 89.1 \\ 2587.2\angle 89.1 \end{bmatrix}\ (\text{V})$$

矩阵形式的短路电流为

$$I_4 = I_3 = \begin{bmatrix} 8901.7\angle -8.4 \\ 8901.7\angle 171.6 \\ 0 \end{bmatrix}\ (\text{A})$$

节点 3 的线对地电压为

$$[VLG_3] = [a_2]\cdot[VLG_4] + [b_1]\cdot[I_4] = \begin{bmatrix} 3261.1\angle -63.4 \\ 1544.3\angle 161.7 \\ 2430.9\angle 89.9 \end{bmatrix}\ (\text{V})$$

变压器高压端（节点 2）的等效线电压和线电流为

$$[VLN_2] = [a_\text{t}]\cdot[VLG_3] + [b_\text{t}]\cdot[I_3] = \begin{bmatrix} 6766.3\angle -6.4 \\ 6833.7\angle -119.6 \\ 7480.3\angle 116.6 \end{bmatrix}\ (\text{V})$$

$$[I_2] = [d_\text{t}]\cdot[I_3] = \begin{bmatrix} 3426.4\angle -8.4 \\ 1713.2\angle 171.6 \\ 1713.2\angle 171.6 \end{bmatrix}\ (\text{A})$$

最后计算无穷大母线上的等效线电压：

$$[VLN_1] = [a_1]\cdot[VLN_2] + [b_1]\cdot[I_2] = \begin{bmatrix} 7199.6\angle 0 \\ 7199.6\angle -120 \\ 7199.6\angle 120 \end{bmatrix}\ (\text{V})$$

6.4 总　结

本章利用配电网络的元件模型，推导出了潮流和短路分析方法。在建立模型和进行分析时，强调了对配电系统元件进行建模的重要性。由于配电网络的不对称性，如果没有建立精确的三相模型，分析结果将是不可靠的。

参考文献

1. 董树锋, 章杜锡, 周飞, 等. 一种基于回路电流法的有源配电网潮流算法 [J]. 电力自动化设备, 2018, 38(2): 9-17.
2. Kersting W H. Distribution system modeling and analysis[M]. New York: CRC Press, 2002.
3. Dugan R C, Kersting W H. Induction machine test case for the 34-bus test feeder-description[C]. Power Engineering Society General Meeting, 2006: 1-15.
4. 车仁飞, 李仁俊. 一种少环配电网三相潮流计算新方法 [J]. 中国电机工程学报, 2003, 23(1): 74-79.
5. 吴文传, 张伯明. 配电网潮流回路分析法 [J]. 中国电机工程学报, 2004, 24(3): 67-71.
6. 李红伟, 张安安. 含 PV 型分布式电源的弱环配电网三相潮流计算 [J]. 中国电机工程学报, 2012, 32(4): 128-135.

习题

习题 6.1~6.6 将基于图6-14所示的网络进行描述：

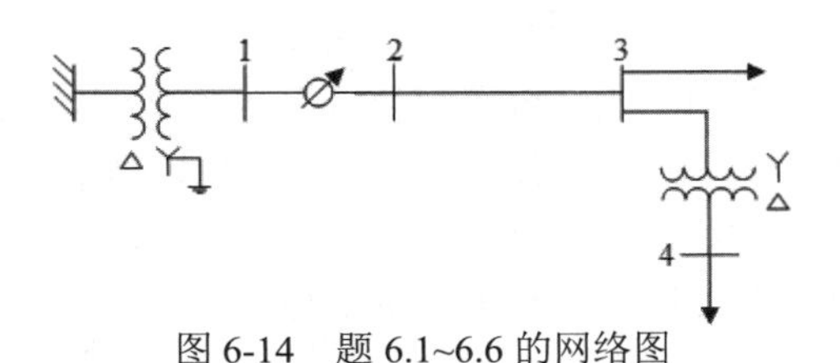

图 6-14　题 6.1~6.6 的网络图

变电站变压器连接到无穷大母线，对称三相电压为 69 kV，额定值为

$$5000\ \text{kVA},\ 69\ \text{kV-}4.16\text{kV},\ Z = 1.5 + \text{j}8.0\%$$

四线星形线路的相阻抗矩阵为

$$[Z_{\text{4-wire}}] = \begin{bmatrix} 0.2843+\text{j}0.6698 & 0.0969+\text{j}0.3117 & 0.0954+\text{j}0.2392 \\ 0.0969+\text{j}0.3117 & 0.2899+\text{j}0.6513 & 0.0982+\text{j}0.2632 \\ 0.0954+\text{j}0.2392 & 0.0982+\text{j}0.2632 & 0.2868+\text{j}0.6618 \end{bmatrix} \Omega/\text{km}$$

变电站变压器的二次侧电压是对称的，为 4.16 kV。四线星形馈线长 466 m。不对称的星形接法负荷位于节点 3，值为

a 相：750 kVA，滞后功率因数 0.85。

b 相：500 kVA，滞后功率因数 0.90。

c 相：850 kVA，滞后功率因数 0.95。

节点 4 的初始负荷为 0。

6.1 对于如上所述的系统，假设调节器处于中性位置，

（1）计算线路段广义矩阵。（2）使用梯形迭代法确定节点 3 的线对地电压，设允许误差为每单位 0.001。分别以 1 V 和 120 V 为基准给出电压值。

6.2 三个 B 型步进电压调节器以星形接法安装在变电站中，以便将负荷电压保持在 121 V 的电压水平和 2 V 的带宽。

（1）计算变电站和负荷节点之间的实际等效线路阻抗。（2）使用 2400 V-120 V 的电压互感器比率和 500A-5A 的电流互感器比率。确定以 V 和 Ω 为单位的 *R* 和 *X* 补偿器设置，三个调节器的设置必须相同。（3）对于题 6.1 的负荷和稳压器处于中性位置的条件，计算补偿器电路中电压继电器两端的电压。（4）确定三个调节器的抽头设置，将节点 3 电压保持在 121 V，带宽为 2 V。（5）通过设置调节器抽头，计算以 120 V 为基准的负荷电压。

6.3 在节点 3 上安装一个每相 300 kVA 的三相并联电容器组。使用题 6.2 中的调节器补偿设置，计算：（1）三个电压调节器的抽头设置。（2）以 120 V 为基准的负荷电压。（3）补偿电路中继电器两端的电压。

6.4 节点 4 的负荷由未接地星形 –三角形变压器组供电。三角形连接的负荷值为

a-b 相：400 kVA，滞后功率因数 0.9。

b-c 相：150 kVA，滞后功率因数 0.8。

c-a 相：150 kVA，滞后功率因数 0.8。

三个单相变压器额定值为

照明变压器：500 kVA, 2400 V-240 V, Z=0.9+j0.03%

电力变压器：167 kVA, 2400 V-240 V, Z=1.0+j0.16%

使用节点 3 处的原始负荷和并联电容器组以及节点 4 处的新负荷，确定：

（1）假设调节器处于中性位置，节点 3 处的以 120 V 为基准的电压。（2）假设调节器处于中性位置，节点 4 处的以 120 V 为基准的电压。（3）三个调节器的抽头设置。（4）调节器设置改变后，节点 3 和节点 4 处以 120 V 为基准的电压值。

6.5 在短路条件下，无穷大母线电压是唯一恒定的电压，变电站中的电压调节器处于中性位置。确定节点 3 处发生以下短路时节点 1、2、3 的短路电流和电压：（1）三相接地；（2）*b* 相接地；（3）*a-c* 相线对线故障。

6.6 在节点 4 处发生线对线故障。确定故障处电流以及节点 2 和 3 之间的线路段电流，确定节点 1、2、3 和 4 处的电压。

6.7 一条长度为 0.75 km 的三线三角形线为以下不对称的三角形连接负荷供电：

a-b 相：600 kVA，滞后功率因数 0.9。

b-c 相：800 kVA，滞后功率因数 0.8。

c-a 相：500 kVA，滞后功率因数 0.95。

相阻抗矩阵为

$$[Z_{\text{3-wire}}]=\begin{bmatrix}0.2494+\mathrm{j}0.8782 & 0.0592+\mathrm{j}0.5291 & 0.0592+\mathrm{j}0.4848\\0.0592+\mathrm{j}0.5291 & 0.2494+\mathrm{j}0.8782 & 0.0592+\mathrm{j}0.4515\\0.0592+\mathrm{j}0.4848 & 0.0592+\mathrm{j}0.4515 & 0.2494+\mathrm{j}0.8782\end{bmatrix}\ (\Omega/\text{km})$$

该线路连接到提供恒定对称 4.8 kV 线电压的电压源。试确定 120 V 基准下的负荷电压。

6.8 添加两个开放三角形接法的 B 型步进电压调节器（使用 *A-B* 和 *B-C* 相）到习题 6.7 中的系统。设置调节器使电压保持为（121±1）V。确定 *R* 和 *X* 的设置以及最终的抽头设置（对于开放三角形接法，两个电压调节器上的 *R* 和 *X* 设置可能不同）。

第7章　配电网状态估计

7.1　概　述

随着用户对电能质量和可靠性的要求越来越高，配电 SCADA 系统的应用越来越广，这为配电系统实时分析和控制提供了便利。但出于经济性的考虑，量测设备安装的数目是有限的，这导致实时数据不足。并且由于设备和通信的问题，可能使传送到控制中心的数据不准确、不正常或者具有时延。本章所讲述的配电网的状态估计就是解决上述问题的有效方法。

配电网状态估计是在获知全网网络结构的条件下，结合从馈线 FTU 和母线 RTU 得到的实时功率和电压信息，补充负荷预测数据以及抄表数据，运用新型的数学和计算机手段估计配电网用户实时负荷，由此获得全网当前时刻各部分的运行状态和参数的过程，可以为其他配电系统高级应用软件提供可靠的实时数据信息。

配电网状态估计具有如下不同于输电网状态估计的特点：

（1）配电网中的量测量包括实时量测、伪量测和零注入量测等，由于配电馈线分支数量庞大，不可能对所有馈线分支配置实时量测，往往利用用户数据库中的数据得到的预测值作为伪量测使用。显然这种量测的误差较大，且随时间段的不同而发生变化；而实时量测的标准差则较小，这就需要每次状态估计之后，对于量测的权重重新赋值，以改善预测可信度。

（2）关于第一次状态估计伪量测权重值，可以根据各类用电的预测可信度以及量测值来源对不同类型的伪量测赋予相应权值。

（3）在配电网中可以对电流幅值与电压实时测量，这些量测数量较大，而且较容易获得，可以有效提高配电网状态估计的精度。

（4）在辐射状配电网状态估计中变电站出口电压一般视为精确值而不参与状态估计，并且馈线之间除根节点以外没有电气联系，所以各条馈线可以分别进行状态估计，即以馈线作为状态估计基本单元。

配电网量测与调度系统如图7-1所示，可以发现例如一个电压量测值的上传过程需要经过多个环节才能到达调度中心，在此期间每个环节都可能对数据产生误差，导致测量误差。对一个经过良好的校对的量测系统来说，其误差具有正态分布的性质，即对于每一个量测量，量测误差标准差 σ 为正常量测范围的 0.5% 至 2%。据统计在正常量测采样条件下有 99.73% 的量测值在 $\pm 3\sigma$ 范围内，在理论上将 $\pm 3\sigma$ 范围外的量测值称为不良数据，而实际中所采用的不良数据常常为范围 $\pm 6\sigma$ 外的数据。配电网调度中心收到的不良数据主要来自于测量与传送系统受到的较大随机干扰或偶然故障、配电网快速变化过程中各测量点间的非同时测量以及系统过渡过程。

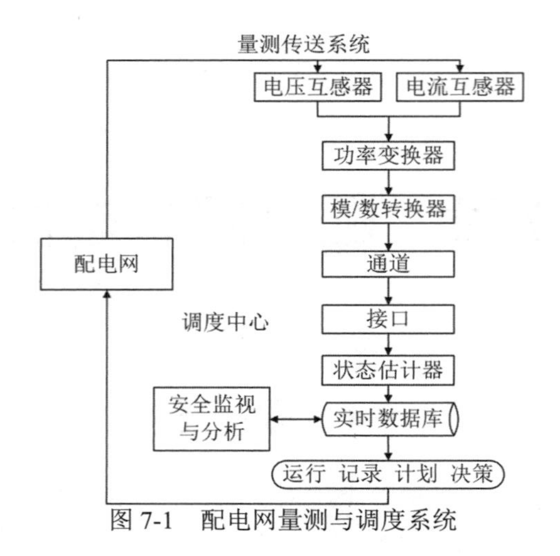

图 7-1　配电网量测与调度系统

配电网状态估计的主要作用可以总结为以下几点：

（1）提高数据精度。根据量测量的精度和基尔霍夫定律按最佳估计准则对生数据进行计算，得到最接近于系统真实状态的最佳估计值。

（2）提高数据系统的可靠性。对生数据进行不良数据的检测与辨识，对不良数据进行删除或修正。

（3）推算出完整而精确的各种电气量。例如根据周围相邻的变电站的量测量推算出某一装设有远动装置的变电站的各种电气量；或者根据现有类型的量测量推算其他难以量测的电气量，如根据有功功率量测值推算各节点电压的相角。

（4）网络结线辨识或开关状态辨识。根据遥测量估计电网的实际开关状态，纠正偶然出现的错误的开关状态信息，以保证数据库中电网结线方式的正确性。

（5）数据预测。可以应用状态估计算法以现有的数据预测未来的趋势和可能出现的状态。丰富数据库的内容，为安全分析与运行计划等提供必要的计算条件。

（6）参数估计。如果把某些可疑或未知的参数作为状态量处理时，也可以用状态估计的方法估计出这些参数的值。例如带负荷自动改变分接头位置的变压器，如果分接头位置信号没有传送到中调，可以把它作为参数估计求出。

（7）确定合适的测点数量及其合理分布。状态估计的离线模拟试验，可以确定配电网合理的数据收集与传送系统，改进现有的远动系统或规划未来的远动系统，使软件与硬件联合以发挥更大的效益，既保证了数据的质量，又降低了整个系统的投资。

以目前配电网状态估计的实际应用情况来看，其主要内容包括估计计算和结线分析、简单的不良数据检测与辨识、结线辨识以及在线应用的功能。其主要目的是提高配电网的安全与经济运行水平。为了对配电网运行的安全性和经济性进行正确的分析与判断，首先要求正确而全面地掌握配电网过去、现在，甚至未来的状态。为了满足各种应用对数据不断增长的要求，建立一个实时数据库是非常必要的。数据库中的数据可供安全监视、电压和无功控制等配电网高效应用系统使用。在线应用还会向更高级的阶段发展，它将会帮助或代替调度人员的工作，而这就依赖对大量数据的运算，也就是依赖完整而可靠的数据库。

综上所述，配电网状态估计是远动装置与数据库之间的重要一环。通过配电网状态估计使从远动装置接收的低精度、不完整的数据，转变成最终数据库中高精度的、完整且可靠的数据。状态估计不仅提高了数据精度，滤掉了不良数据，还补充了一些测点，能够得到某些难以直接量测的物理量（如节点电压的相角）。

7.2　电力系统状态估计的一个简单例子

监控电力系统的功率潮流和电压，对于维持系统的安全性、稳定性非常重要，通过简单地检查每个量测量与其上下限，调度员可以判断输电系统中存在的问题，并且可以采取措施来缓解线路过载或电压越限。系统监控过程中遇到的问题，主要来自传感器的特性以及将量测量传回调度中心的通信过程。与其他任何量测设备类似，用于电力系统量测的传感器也存在误差：如果误差很小，它们自身可能无法检测到，并可能导致读取量测值的调度人员忽视该误差；如果测量误差很大，则可能导致传感器输出无效，这样的错误数据可能对电力系统自身运行的安全和稳定带来重大影响。更糟糕的情况是，某部分传感器与控制中心的通信线路完全断开，这样系统调度员就无法得知电力系统这部分的任何信息。

出于这些原因，研究人员提出了电力系统状态估计技术。状态估计可以平滑仪表读数中的随机误差，检测并识别总测量误差，并补充由于通信故障而无法获得的仪表读数。在本节中将使用一个简单的直流潮流模型来说明状态估计的原理。假设三母线直流系统在如图7-2所示的负荷和发电机出力条件下运行，系统的量测信息由 3 个功率潮流量测提供，量测放置位置如图7-3所示。在这些量测信息中，只需要两个就可以计算得到所有母线的相角以及所有负载和发电机的功率大小，也就是系统的当前状态。

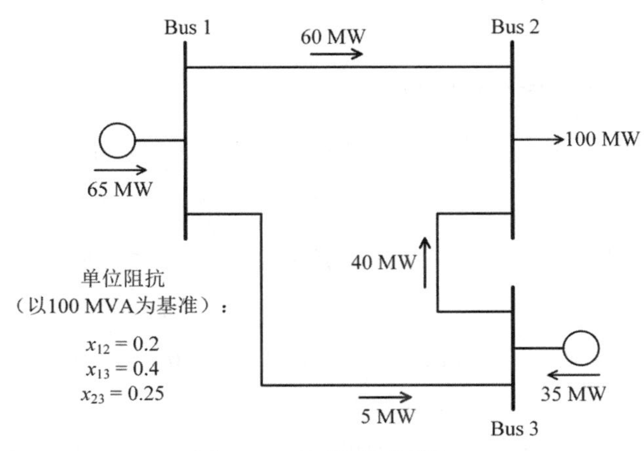

图 7-2　三母线直流系统

7.2.1　量测仪表无误差的情况

若使用 M_{13} 和 M_{32} 这两个量测值进行计算，并进一步假设它们与真实值的误差为 0，即能够对潮流进行准确测量，它们的量测值如下：

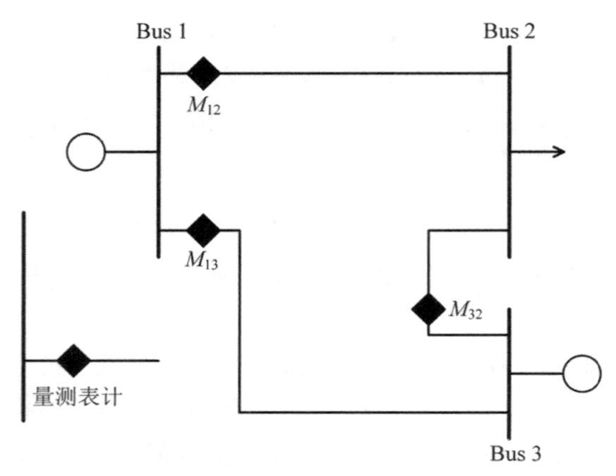

图 7-3　量测放置位置

$$M_{13} = 5\ \text{MW}, M_{32} = 40\ \text{MW}$$

由直流潮流公式可知，线路 1-3 传输的功率大小为

$$f_{13} = \frac{1}{x_{13}}(\theta_1 - \theta_3) = M_{13} = 5\ \text{MW}$$

线路 3-2 传输的功率大小为

$$f_{32} = \frac{1}{x_{23}}(\theta_3 - \theta_2) = M_{32} = 40\ \text{MW}$$

选择母线 3 为参考点，则 $\theta_3 = 0$，代入上述方程解得

$$\theta_1 = 0.02\ \text{rad}, \theta_2 = -0.10\ \text{rad}$$

7.2.2　量测仪表有微小误差的情况

现在来看三个量测仪表具有微小误差的情况，假设量测值分别为

$$M_{13} = 6\ \text{MW},\ M_{32} = 37\ \text{MW},\ M_{12} = 62\ \text{MW}$$

如果按照上一小节的方法，仍然选择量测仪表 M_{13} 和 M_{32} 的两个量测值进行计算，可以求得相角为

$$\theta_1 = 0.024\ \text{rad}, \theta_2 = -0.0925\ \text{rad}, \theta_3 = 0\ \text{rad}$$

则使用量测仪表 M_{13} 和 M_{32} 计算得到的潮流结果如图7-4所示，注意到线路 1-2 上的功率潮流计算结果与量测结果 M_{12} 不符。如果忽略量测仪表 M_{13} 的测量结果，而采用量测仪表 M_{12} 和 M_{32} 的两个量测值进行计算，可以得到如图7-5的潮流结果。图7-5的结果中，线路 1-2 上的功率潮流计算结果与量测结果 M_{12} 相符，但线路 1-3 上的功率潮流计算结果与量测结果 M_{13} 不相符。因此，需要采用一种方法，能够充分利用所有三个量测仪表的量测信息，得到系统的最佳状态估计值，包括相角、线路潮流、母线负荷和发电机输出功率等。

由于电力系统中唯一的已知信息是量测仪表的量测值，因此需要使用量测值来估计系统的状态。在前面的讨论中，量测值可用于计算母线 1 和 2 处的相角，进而确定所有未安装

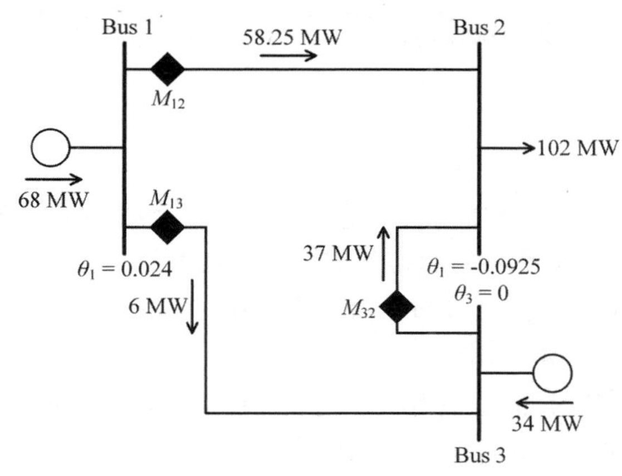

图 7-4　使用量测仪表 M_{13} 和 M_{32} 计算得到的潮流结果

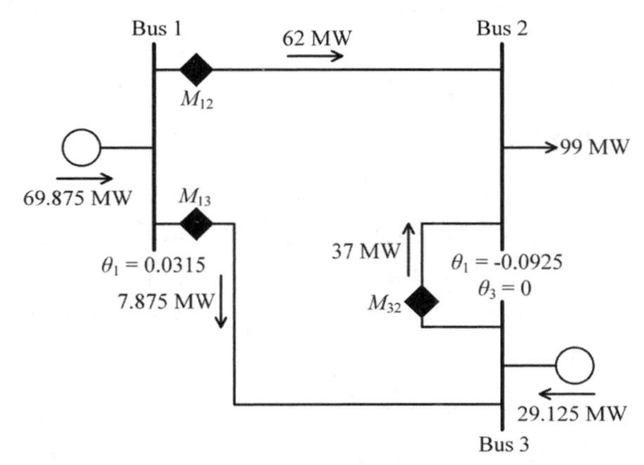

图 7-5　使用量测仪表 M_{12} 和 M_{32} 计算得到的潮流结果

量测装置处的功率流、负载大小和发电机输出功率。将 θ_1 和 θ_2 称为上述三母线系统的状态变量，因为一旦知道它们的值，就可以计算所有其他的未知量。通常，电力系统的状态变量包括所有节点的电压幅值和除参考节点外的所有节点电压相角，参考节点的相角通常假定为 0 rad。假设网络结构（如断路器和隔离开关的状态）已知，并且网络中的阻抗也已知，网络中通常还有自动负载分接变换自耦变压器或调相机，并且它们的分接位置可以作为量测量被遥测到。严格地说，变压器分接头和调相机的位置也应该被认为是状态量，因为必须知道它们才能计算通过变压器和调相器的功率潮流。

回到三母线直流负荷模型，系统中的量测仪表提供了三个冗余的量测值，用于估算两个状态量 θ_1 和 θ_2。实际上使用两个量测值就可以计算两个状态量了，但额外的量测值中包含有用信息，不能简单地舍弃掉。通过这个简单的例子说明了电力系统状态估计的基本思想和方法，状态估计是在电力系统中使用一组带有误差的量测值来较精确地估计系统状态的方法。接下来将介绍状态估计的数学原理和算法。

7.3　极大似然加权最小二乘状态估计法

7.3.1　统计原理

统计估计是用量测值（采样值）估计电力系统中一个或多个状态量（未知参数）的过程。由于量测值是不精确的，因此对状态量的估计也是不精确的，如何利用已知的量测值对状态量进行最佳的估计，是人们研究的一类重要问题。经过各种应用场合和时间的检验，研究人员总结出了最常用的三条准则：

（1）极大似然准则。其目的是使得状态量的估计值 $\hat{x}$ 是其真实值 x 的可能性最大。

（2）加权最小二乘准则。其目的是最小化估计量测值 $\hat{z}$ 与真实量测值 z 的加权偏差的平方和。

（3）最小方差准则。其目的是使状态变量向量的估计值与真实值的偏差平方和的数学期望最小。

假定测量仪器的误差服从正态无偏分布，则根据上述准则中的任一条都能得出相同的估计量。本节将采用极大似然法进行后续分析，该方法直接引入了测量误差的权重矩阵 $\boldsymbol{R}$。

极大似然法主要讨论对于已经通过测量仪器得到的量测值，在不同的状态变量描述的系统状态下出现这样量测值的概率是多少，而这个概率取决于测量仪器的随机误差和待估计的未知参数。在应用极大似然估计法的过程中，选择使得上述概率最大的估计值作为估计的真实值，就完成了一次估计的过程，极大似然估计法的前提是假设测量随机误差的概率密度函数已知。除了极大似然估计法，其他的估计方法也可以使用。其中，最小二乘估计法不需要知道样本或测量误差的概率密度函数，若认为样本或测量误差的概率密度函数呈正态分布，则可以得到与极大似然估计法相同的估计公式。接下来，在假定测量误差呈正态分布的基础上，本小节将根据极大似然准则推导估计公式，得到的结果与通过加权最小二乘准则推导得到的估计公式相同。

随机测量误差是从测量设备得到的某个参数量测值和其真实值之间的偏差，量测值与真实值之间的关系如下式所示：

$$z_{\mathrm{c}} = z_{\mathrm{t}} + \eta \tag{7.1}$$

式中：z_{c} 为量测值；z_{t} 为真实值；η 为随机测量误差，用来表征测量中的不确定性。

如果测量误差是无偏的，那么 η 的概率密度函数服从均值为 0 的正态分布。需要注意的是，其他的概率密度函数也可用极大似然法进行分析。η 的概率密度函数表达式如下：

$$f(\eta) = \frac{1}{\sigma\sqrt{2\pi}}\mathrm{e}^{-\frac{\eta^2}{2\sigma^2}} \tag{7.2}$$

式中：σ 为标准差；σ^2 为方差。正态分布 $f(\eta)$ 的曲线如图7-6所示。标准差 σ 反映了随机测量误差的大小，σ 越大，测量就越不准确。这里采用正态分布来描述测量误差分布的原因是当多重因素作用在测量误差上时，整体的测量误差就趋向于呈现正态分布。

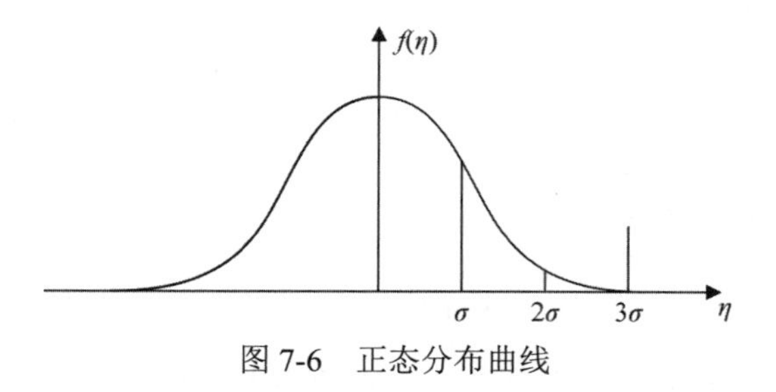

图 7-6 正态分布曲线

7.3.2 极大似然估计的一个例子

以下通过简单直流电路说明极大似然估计的原理，带有电流量测的直流电路如图7-7所示。本例将使用带有误差的电流表来估算电压源的值 V，其中电流表误差的标准差已知。电流表显示的值记为 I_1，等于电路中电流的真实值 I_{1t} 加上电流表测量的随机误差 η_1，即

$$I_1 = I_{1t} + \eta_1 \tag{7.3}$$

由于 η_1 的均值为 0，所以 I_1 与 I_{1t} 的均值相等。因此，I_1 的概率密度函数为

$$f(I_1) = \frac{1}{\sigma_1\sqrt{2\pi}} e^{-\frac{(I_1 - I_{1t})^2}{2\sigma_1^2}} \tag{7.4}$$

式中：σ_1 是随机误差 η_1 的标准差。假设电路中电阻的值已知为 r_1，那么上式可以改写成：

$$f(I_1) = \frac{1}{\sigma_1\sqrt{2\pi}} e^{-\frac{\left(I_1 - \frac{V}{r_1}\right)^2}{2\sigma_1^2}} \tag{7.5}$$

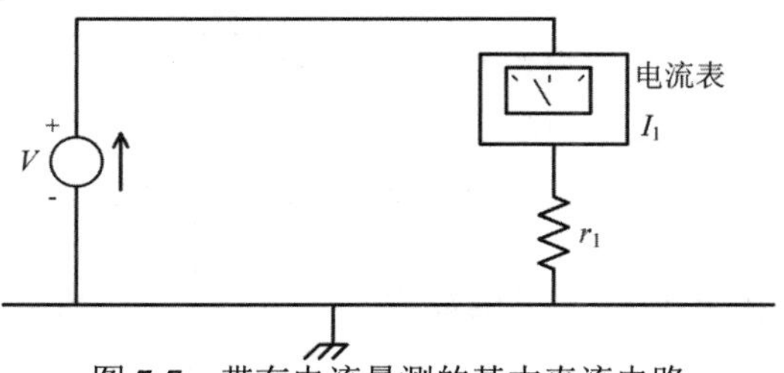

图 7-7 带有电流量测的基本直流电路

根据极大似然估计法的要求，现在要做的是找到 V 的估计值 V_{est}，使得出现电流表示数为 I_1 情况的概率最大。由于 I_1 的概率密度函数已知，则：

$$p(I_1) = \int_{I_1}^{I_1 + \mathrm{d}I_1} f(I_1)\,\mathrm{d}I_1 = f(I_1)\,\mathrm{d}I_1 \tag{7.6}$$

上式中是将 V 作为变量，则 $f(I_1)$ 为 V 的函数，而且当 $f(I_1)$ 取最大值时 $p(I_1)$ 最大。为了运算方便，可以取 $f(I_1)$ 的自然对数，即

$$\ln(f(I_1)) = -\left(\ln\left(\sigma_1\sqrt{2\pi}\right) + \frac{\left(I_1 - \frac{V}{r_1}\right)^2}{2\sigma_1^2}\right) \tag{7.7}$$

上式括号中第一项为常数，因此问题转化为求括号中第二项的最大值，对第二项求导得

$$\frac{\mathrm{d}}{\mathrm{d}V}\left[\frac{\left(I_1-\frac{V}{r_1}\right)^2}{2\sigma_1^2}\right]=-\frac{I_1-\frac{V}{r_1}}{r_1\sigma_1^2}=0 \tag{7.8}$$

求解上式得到 V 的估计值 V_{est}：

$$V_{\mathrm{est}}=I_1\times r_1$$

在原电路上再并联一条支路，得到的并联直流电路如图7-8所示。假设两条支路的电阻均为已知，分别记为 r_1、r_2。两个电流表的量测值分别记为 I_1、I_2。由上例可得

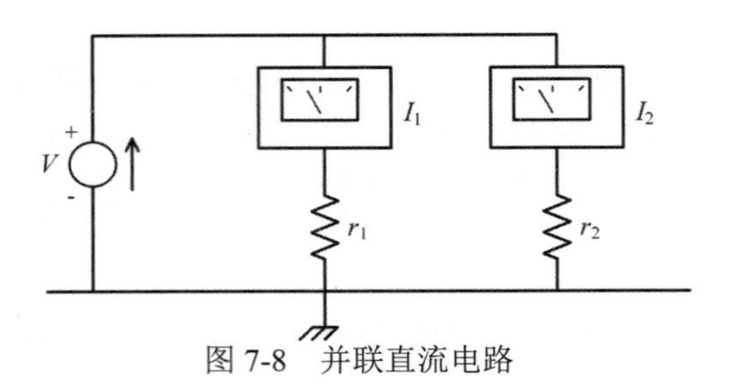

图 7-8　并联直流电路

$$\begin{aligned}I_1&=I_{1\mathrm{t}}+\eta_1\\I_2&=I_{2\mathrm{t}}+\eta_2\end{aligned} \tag{7.9}$$

其中：$I_{1\mathrm{t}}$、$I_{2\mathrm{t}}$ 分别为对应支路电流的真实值；η_1、η_2 分别为对应电流表的随机误差。两个误差的概率密度函数相互独立，均值为0，呈正态分布，因此：

$$\begin{aligned}f(\eta_1)&=\frac{1}{\sigma_1\sqrt{2\pi}}e^{-\frac{\eta_1^2}{2\sigma_1^2}}\\f(\eta_2)&=\frac{1}{\sigma_2\sqrt{2\pi}}e^{-\frac{\eta_2^2}{2\sigma_2^2}}\end{aligned} \tag{7.10}$$

由上例同理可得 I_1、I_2 的概率密度函数为

$$\begin{aligned}f(I_1)&=\frac{1}{\sigma_1\sqrt{2\pi}}e^{-\frac{\left(I_1-\frac{V}{r_1}\right)^2}{2\sigma_1^2}}\\f(I_2)&=\frac{1}{\sigma_2\sqrt{2\pi}}e^{-\frac{\left(I_2-\frac{V}{r_2}\right)^2}{2\sigma_2^2}}\end{aligned} \tag{7.11}$$

这里的似然函数是 I_1、I_2 量测值同时出现的概率，由于之前已经假定它们的随机误差 η_1、η_2 相互独立，所以：

$$p(I_1I_2)=p(I_1)\times p(I_2)=f(I_1)f(I_2)\,\mathrm{d}I_1\mathrm{d}I_2=\frac{1}{\sigma_1\sqrt{2\pi}}e^{-\frac{\left(I_1-\frac{V}{r_1}\right)^2}{2\sigma_1^2}}\times\frac{1}{\sigma_2\sqrt{2\pi}}e^{-\frac{\left(I_2-\frac{V}{r_2}\right)^2}{2\sigma_2^2}}\mathrm{d}I_1\mathrm{d}I_2 \tag{7.12}$$

对上式取对数再求导，由极值的必要条件可得

$$\frac{\mathrm{d}}{\mathrm{d}V}\left[\frac{\left(I_1-\frac{V}{r_1}\right)^2}{2\sigma_1^2}+\frac{\left(I_2-\frac{V}{r_2}\right)^2}{2\sigma_2^2}\right]=-\frac{I_1-\frac{V}{r_1}}{r_1\sigma_1^2}-\frac{I_2-\frac{V}{r_2}}{r_2\sigma_2^2}=0 \tag{7.13}$$

解得

$$V_{\mathrm{est}}=\frac{\frac{I_1}{r_1\sigma_1^2}+\frac{I_2}{r_2\sigma_2^2}}{\frac{1}{r_1^2\sigma_1^2}+\frac{1}{r_2^2\sigma_2^2}} \tag{7.14}$$

当其中一个电流表的方差远小于另一个，如 $\sigma_2^2 \ll \sigma_1^2$ 时，电压估计值为

$$V_{\mathrm{est}} \simeq I_2 \times r_2$$

因此，通过极大似然估计法来估计未知参数，能够根据测量结果的好坏来给它们赋予不同的权重值，以期得到更准确的估计结果。

通过上面的例子中式 (7.8) 和式 (7.13) 可以发现，极大似然估计法的目标函数是量测值与真实值误差平方和，求此目标函数的最小值。其中，真实值是未知参数的函数。因此，用 n 个量测值来估计参数 V 时，得到表达式如下：

$$\min_{V} J(V)=\sum_{i=1}^{n}\frac{[I_i-f_i(V)]^2}{\sigma_i^2} \tag{7.15}$$

如果需要用 n 个量测值来估计 m 个参数，则表达式为

$$\min_{V_1,V_2,\cdots,V_m} J(V_1,V_2,\cdots,V_m)=\sum_{i=1}^{n}\frac{[I_i-f_i(V_1,V_2,\cdots,V_m)]^2}{\sigma_i^2} \tag{7.16}$$

式 (7.15)、(7.16) 的算法称为加权最小二乘估计法，如前面所说，如果测量误差服从正态分布，则加权最小二乘估计法等价于极大似然估计法。

7.3.3　加权最小二乘法的矩阵表达形式

如果函数 $f_i(x_1,x_2,\cdots,x_{N_s})$ 是线性函数,则方程 (7.16) 有一个封闭解。将函数 $f_i(x_1,x_2,\cdots,x_{N_s})$ 写成：

$$f_i(x_1,x_2,\cdots,x_{N_s})=f_i(\boldsymbol{x})=h_{i1}x_1+h_{i2}x_2+\cdots+h_{iN_s}x_{N_s} \tag{7.17}$$

将所有 f_i 函数写成向量形式，则

$$\boldsymbol{f}(\boldsymbol{x})=\begin{bmatrix} f_1(\boldsymbol{x}) \\ f_2(\boldsymbol{x}) \\ \vdots \\ f_{N_m}(\boldsymbol{x}) \end{bmatrix}=\boldsymbol{H}\boldsymbol{x} \tag{7.18}$$

式中：$\boldsymbol{H}$ 是包含线性函数 $f_i(\boldsymbol{x})$ 系数的 $N_m \times N_s$ 矩阵；N_m 是量测值的个数；N_s 是待估计的未知参数的个数。

将量测值写成向量形式：

$$\boldsymbol{z}^{\text{meas}} = \begin{bmatrix} z_1^{\text{meas}} \\ z_2^{\text{meas}} \\ \vdots \\ z_{N_\text{m}}^{\text{meas}} \end{bmatrix} \tag{7.19}$$

则式 (7.16) 可以写成：

$$\min_{\boldsymbol{x}} J(\boldsymbol{x}) = [\boldsymbol{z}^{\text{meas}} - \boldsymbol{f}(\boldsymbol{x})]^{\text{T}} \boldsymbol{R}^{-1} [\boldsymbol{z}^{\text{meas}} - \boldsymbol{f}(\boldsymbol{x})] \tag{7.20}$$

式中：矩阵 $\boldsymbol{R}$ 是测量误差的协方差矩阵。

$$\boldsymbol{R} = \begin{bmatrix} \sigma_1^2 & & & \\ & \sigma_2^2 & & \\ & & \ddots & \\ & & & \sigma_{N_\text{m}}^2 \end{bmatrix}$$

为获得式 (7.20) 最小值的一般表达式，展开并用 $\boldsymbol{Hx}$ 替换 $\boldsymbol{f}(\boldsymbol{x})$ 得

$$\min_{\boldsymbol{x}} J(\boldsymbol{x}) = (\boldsymbol{z}^{\text{meas}})^{\text{T}} \boldsymbol{R}^{-1} \boldsymbol{z}^{\text{meas}} - \boldsymbol{x}^{\text{T}} \boldsymbol{H}^{\text{T}} \boldsymbol{R}^{-1} \boldsymbol{z}^{\text{meas}} - (\boldsymbol{z}^{\text{meas}})^{\text{T}} \boldsymbol{R}^{-1} \boldsymbol{Hx} + \boldsymbol{x}^{\text{T}} \boldsymbol{H}^{\text{T}} \boldsymbol{R}^{-1} \boldsymbol{Hx} \tag{7.21}$$

当 $\partial J(\boldsymbol{x})/\partial x_i = 0, i = 1, \cdots, N_\text{s}$ 时，$J(\boldsymbol{x})$ 最小，即 $\nabla J(x)$ 为零。而 $J(\boldsymbol{x})$ 的梯度为

$$\nabla J(\boldsymbol{x}) = -2\boldsymbol{H}^{\text{T}} \boldsymbol{R}^{-1} \boldsymbol{z}^{\text{meas}} + 2\boldsymbol{H}^{\text{T}} \boldsymbol{R}^{-1} \boldsymbol{Hx}$$

由 $\nabla J(\boldsymbol{x}) = 0$ 得

$$\boldsymbol{x}^{\text{est}} = (\boldsymbol{H}^{\text{T}} \boldsymbol{R}^{-1} \boldsymbol{H})^{-1} \boldsymbol{H}^{\text{T}} \boldsymbol{R}^{-1} \boldsymbol{z}^{\text{meas}} \tag{7.22}$$

注意当 $N_\text{s} < N_\text{m}$，即当需要估计的参数的数量小于量测值的数量时，式 (7.22) 成立。当 $N_\text{s} = N_\text{m}$ 时，上述估计问题简化为

$$\boldsymbol{x}^{\text{est}} = \boldsymbol{H}^{-1} \boldsymbol{z}^{\text{meas}} \tag{7.23}$$

当 $N_\text{s} > N_\text{m}$ 时，这个问题依然有一个封闭解，但是，在这种情况下不再估计使似然函数最大的 $\boldsymbol{x}$ 值，因为 $N_\text{s} > N_\text{m}$ 通常意味着能找到很多不同的 $\boldsymbol{x}^{\text{est}}$，使得对于所有的 $i = 1, \cdots, N_\text{m}$，$f_i(\boldsymbol{x}^{\text{est}})$ 等于 z_i^{meas}。取而代之的目标是找到使 x_i^{est} 的平方和最小的 $\boldsymbol{x}^{\text{est}}$，即

$$\min_{\boldsymbol{x}} \sum_{i=1}^{N_\text{s}} x_i^2 = \boldsymbol{x}^{\text{T}} \boldsymbol{x} \tag{7.24}$$

受 $\boldsymbol{z}^{\text{meas}} = \boldsymbol{Hx}$ 的限制，这种情况下的封闭解为

$$\boldsymbol{x}^{\text{est}} = \boldsymbol{H}^{\text{T}} (\boldsymbol{H} \boldsymbol{H}^{\text{T}})^{-1} \boldsymbol{z}^{\text{meas}} \tag{7.25}$$

在电力系统状态估计中，欠确定问题（即 $N_\text{s} > N_\text{m}$ 的情况）无法解决，如式 (7.25) 所示。因此，需要向量测值集合中添加伪量测量，以使得它变为完全确定或过确定的问题。表7.1总结了本节的状态估计公式。

表 7.1　状态估计公式

情况	问题类型	解	说明
$N_s < N_m$	过确定问题	$\boldsymbol{x}^{est} = (\boldsymbol{H}^T\boldsymbol{R}^{-1}\boldsymbol{H})^{-1}\boldsymbol{H}^T\boldsymbol{R}^{-1}\boldsymbol{z}^{meas}$	$\boldsymbol{x}^{est}$ 是用给定的量测值 $\boldsymbol{z}^{meas}$ 对 $\boldsymbol{x}$ 的极大似然估计
$N_s = N_m$	完全确定问题	$\boldsymbol{x}^{est} = \boldsymbol{H}^{-1}\boldsymbol{z}^{meas}$	$\boldsymbol{x}^{est}$ 是用给定的量测值 $\boldsymbol{z}^{meas}$ 对 $\boldsymbol{x}$ 的精确估计
$N_s > N_m$	欠确定问题	$\boldsymbol{x}^{est} = \boldsymbol{H}^T(\boldsymbol{H}\boldsymbol{H}^T)^{-1}\boldsymbol{z}^{meas}$	$\boldsymbol{x}^{est}$ 是具有最小范数的向量，是用量测值 $\boldsymbol{z}^{meas}$ 对 $\boldsymbol{x}$ 的不确定估计（向量的范数是其各元素的平方和）

7.3.4　算例分析

在图7-2所示的三母线直流潮流模型中，有三个量测值来确定母线 1、2 的相位角 θ_1、θ_2。从前一节中的展开式中，可以知道状态 θ_1 、θ_2 可以通过最小化残差 $J(\theta_1,\theta_2)$ 来估计，其中 $J(\theta_1,\theta_2)$ 是每个量测值的残差平方除以量测值分布的方差的总和。假设算例中的三个仪表的满量程值为 100 MW，仪表精度为 ±3 MW（表示在大约 99%的时间内，仪表测量误差不超过 ±3 MW）。在数学上，认为测量误差服从标准差为 σ 的正态分布，如图7-9所示。随着误差绝对值的增大，出现此误差的概率会降低。对概率密度函数在 -3σ 和 $+3\sigma$ 之间积分，得到的结果约为 0.99。假设仪表的精度（在本算例的情况下为 ±3 MW）等于概率密度函数的 3σ 点，则 σ=1 MW。

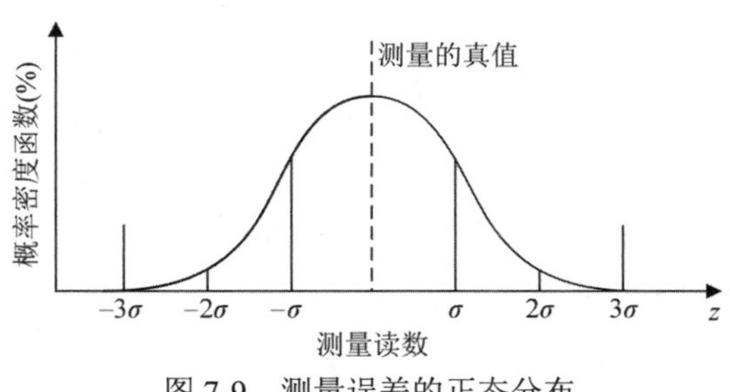

图 7-9　测量误差的正态分布

加权最小二乘估计的公式为

$$\boldsymbol{x}^{est} = (\boldsymbol{H}^T\boldsymbol{R}^{-1}\boldsymbol{H})^{-1}\boldsymbol{H}^T\boldsymbol{R}^{-1}\boldsymbol{z}^{meas}$$

式中：$\boldsymbol{x}^{est}$ 为状态变量的估计值；$\boldsymbol{H}$ 为量测系数矩阵；$\boldsymbol{R}$ 为权重系数，也是量测值的协方差矩阵；$\boldsymbol{z}^{meas}$ 是量测值向量。

对于三母线问题，有

$$\boldsymbol{x}^{est} = \begin{bmatrix}\theta_1^{est}\\ \theta_2^{est}\end{bmatrix} \tag{7.26}$$

为了推导 $\boldsymbol{H}$ 矩阵，需要将量测量 M_{12}、M_{13}、M_{32} 用状态变量 θ_1 和 θ_2 表示：

$$
\begin{aligned}
M_{12} &= f_{12} = \frac{1}{0.2}(\theta_1 - \theta_2) = 5\theta_1 - 5\theta_2 \\
M_{13} &= f_{13} = \frac{1}{0.4}(\theta_1 - \theta_3) = 2.5\theta_1 \\
M_{32} &= f_{32} = \frac{1}{0.25}(\theta_3 - \theta_2) = -4\theta_2
\end{aligned} \tag{7.27}
$$

参考母线相位角 θ_3 假定为零，则：

$$
\boldsymbol{H} = \begin{bmatrix} 5 & -5 \\ 2.5 & 0 \\ 0 & -4 \end{bmatrix}
$$

权重矩阵 $\boldsymbol{R}$ 为

$$
\boldsymbol{R} = \begin{bmatrix} \sigma_{M_{12}}^2 & & \\ & \sigma_{M_{13}}^2 & \\ & & \sigma_{M_{32}}^2 \end{bmatrix} = \begin{bmatrix} 0.0001 & & \\ & 0.0001 & \\ & & 0.0001 \end{bmatrix}
$$

注意，由于 $\boldsymbol{H}$ 的系数是经过归一化的，因此需要用归一化量表示 $\boldsymbol{R}$ 和 $\boldsymbol{z}^{\text{meas}}$。通过最小二乘法计算得到 θ_1 和 θ_2 的最佳估计值为

$$
\begin{aligned}
\begin{bmatrix} \theta_1^{\text{est}} \\ \theta_2^{\text{est}} \end{bmatrix} &= \left[\begin{bmatrix} 5 & 2.5 & 0 \\ -5 & 0 & -4 \end{bmatrix} \begin{bmatrix} 0.0001 & & \\ & 0.0001 & \\ & & 0.0001 \end{bmatrix}^{-1} \begin{bmatrix} 5 & -5 \\ 2.5 & 0 \\ 0 & -4 \end{bmatrix} \right]^{-1} \\
&\quad \times \begin{bmatrix} 5 & 2.5 & 0 \\ -5 & 0 & -4 \end{bmatrix} \begin{bmatrix} 0.0001 & & \\ & 0.0001 & \\ & & 0.0001 \end{bmatrix}^{-1} \begin{bmatrix} 0.62 \\ 0.06 \\ 0.37 \end{bmatrix} \\
&= \begin{bmatrix} 312500 & -250000 \\ -250000 & 410000 \end{bmatrix}^{-1} \begin{bmatrix} 32500 \\ -45800 \end{bmatrix} \\
&= \begin{bmatrix} 0.028571 \\ -0.094286 \end{bmatrix}
\end{aligned}
$$

其中：

$$
\boldsymbol{z}^{\text{meas}} = \begin{bmatrix} 0.62 \\ 0.06 \\ 0.37 \end{bmatrix}
$$

根据 θ_1 和 θ_2 的最佳估计值得到的潮流结果如图7-10所示。计算 $J(\theta_1, \theta_2)$ 的值如下：

$$
\begin{aligned}
J(\theta_1, \theta_2) &= \frac{[z_{12} - f_{12}(\theta_1, \theta_2)]^2}{\sigma_{12}^2} + \frac{[z_{13} - f_{13}(\theta_1, \theta_2)]^2}{\sigma_{13}^2} + \frac{[z_{32} - f_{32}(\theta_1, \theta_2)]^2}{\sigma_{32}^2} \\
&= \frac{[0.62 - (5\theta_1 - 5\theta_2)]^2}{0.0001} + \frac{[0.06 - (2.5\theta_1)]^2}{0.0001} + \frac{[0.37 + (4\theta_2)]^2}{0.0001} \\
&= 2.14
\end{aligned}
$$

假设 M_{13} 输电线上的仪表在测量精度上比 M_{12} 和 M_{32} 上的仪表高，可以推断从 M_{13} 得

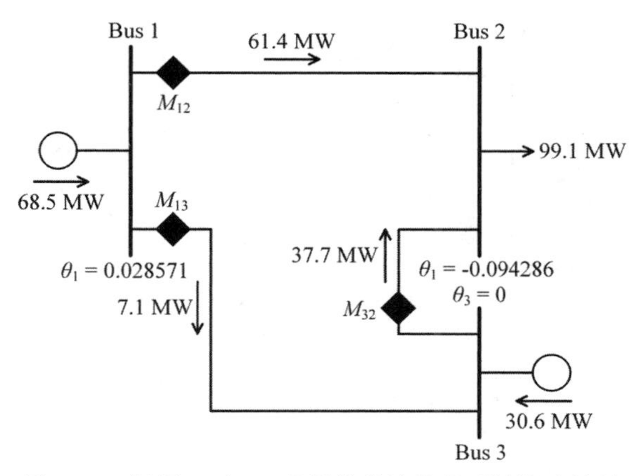

图 7-10　根据 θ_1 和 θ_2 的最佳估计值得到的潮流结果

到的量测值将比 M_{12} 和 M_{32} 的更接近线路的真实功率值。如果在仪表参数上体现了 M_{13} 仪表精度更高，那么也期望在状态估计计算结果中利用这一优势，以期得到更加精确的估计结果。因此，采用如下的仪表参数数据进行分析：

仪表 M_{12} 和 M_{32}　量程 100 MW　精度 ±3 MW　$\sigma = 1$ MW

仪表 M_{13}　量程 100 MW　精度 ±0.3 MW　$\sigma = 0.1$ MW

则权重值矩阵 $\boldsymbol{R}$ 为

$$\boldsymbol{R} = \begin{bmatrix} \sigma_{M_{12}}^2 & & \\ & \sigma_{M_{13}}^2 & \\ & & \sigma_{M_{32}}^2 \end{bmatrix} = \begin{bmatrix} 1\times 10^{-4} & & \\ & 1\times 10^{-6} & \\ & & 1\times 10^{-4} \end{bmatrix}$$

代入方程 (7.22)，解得

$$\begin{bmatrix} \theta_1^{\text{est}} \\ \theta_2^{\text{est}} \end{bmatrix} = \left[\begin{bmatrix} 5 & 2.5 & 0 \\ -5 & 0 & -4 \end{bmatrix} \begin{bmatrix} 1\times 10^{-4} & & \\ & 1\times 10^{-6} & \\ & & 1\times 10^{-4} \end{bmatrix}^{-1} \begin{bmatrix} 5 & -5 \\ 2.5 & 0 \\ 0 & -4 \end{bmatrix} \right]^{-1}$$

$$\times \begin{bmatrix} 5 & 2.5 & 0 \\ -5 & 0 & -4 \end{bmatrix} \begin{bmatrix} 1\times 10^{-4} & & \\ & 1\times 10^{-6} & \\ & & 1\times 10^{-4} \end{bmatrix}^{-1} \begin{bmatrix} 0.62 \\ 0.06 \\ 0.37 \end{bmatrix}$$

$$= \begin{bmatrix} 6.5\times 10^6 & -2.5\times 10^5 \\ -2.5\times 10^5 & 4.1\times 10^5 \end{bmatrix}^{-1} \begin{bmatrix} 1.81\times 10^5 \\ -0.458\times 10^5 \end{bmatrix}$$

$$= \begin{bmatrix} 0.024115 \\ -0.097003 \end{bmatrix}$$

由上述结果可以得到当测量仪表 M_{13} 精度更高时的潮流结果，如图7-11所示。比较 1-3 线路上的潮流估计值可知，将 $\sigma_{M_{13}}$ 设置为 0.1 MW 使得 1-3 线路的潮流估计值更接近 6.0 MW 的仪表读数（量测值）。此外，线路 1-2 和 3-2 上的潮流估计值在本例下分别比 M_{12} 和 M_{32} 的仪表读数误差更大。

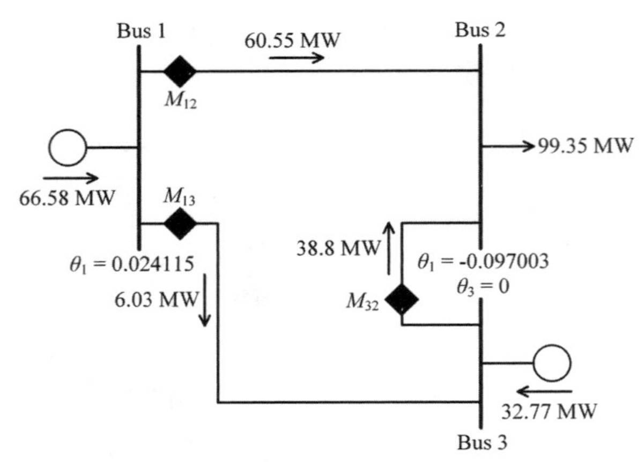

图 7-11　测量仪表 M_{13} 精度更高时得到的潮流结果

7.4　三相配电网状态估计方法

传统配电网中的功率流动是单向的，相对容易预测和管理。如今以小型分布式发电、智能家居和储能系统等为代表的分布式能源技术发展迅速，配电网变得越来越复杂，需要对其进行更加有效的状态估计。接下来将用两种模型对负载和线路参数具有显著不对称性的三相配电线路进行状态估计，第一个模型考虑相间耦合，第二个模型不考虑相间耦合。

7.4.1　模型建立

IEEE 13 节点算例是典型的小型配电网，包含不对称馈线如单相馈线、两相馈线等，同时网络中含有不对称负荷，如三相不对称负荷、两相负荷和单相负荷。网络及量测配置如图7-12所示，其中馈线 632-645 和 645-646 只包含 B 相，馈线 671-684 包含 A 相和 C 相，馈线 684-611 只包含 A 相，馈线 684-652 只包含 C 相。总之，图中配电网的三相具有明显的不对称性。

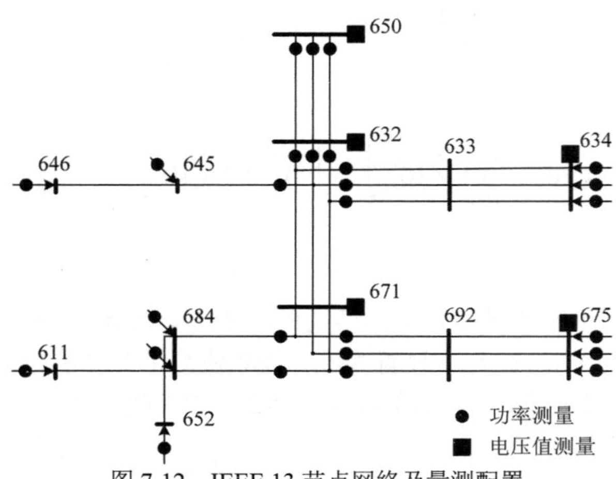

图 7-12　IEEE 13 节点网络及量测配置

为简化起见，模型中忽略了电压调节器、并联电容器组和变压器等元件。用于分析的第一个模型考虑相间耦合，称为耦合模型，第二个忽略相间相互耦合，称为解耦模型。表7.2列出了该模型初始情况下的潮流计算结果，功率和电压基准值分别为 1.4 MVA 和 2.4 kV。

表 7.2　初始潮流计算结果

测点	标幺值	测点	标幺值	测点	标幺值	测点	标幺值
$P_{650-632(a)}$	1.003	$Q_{650-632(a)}$	0.641	$P_{634(a)}$	-0.133	$Q_{634(a)}$	-0.092
$P_{650-632(b)}$	0.812	$Q_{650-632(b)}$	0.571	$P_{634(b)}$	-0.100	$Q_{634(b)}$	-0.075
$P_{650-632(c)}$	0.863	$Q_{650-632(c)}$	0.596	$P_{634(c)}$	-0.100	$Q_{634(c)}$	-0.075
$P_{632-645(b)}$	0.338	$Q_{632-645(b)}$	0.219	$P_{684(a)}$	0.000	$Q_{684(a)}$	0.000
$P_{632-634(a)}$	0.134	$Q_{632-634(a)}$	0.092	$P_{684(c)}$	0.000	$Q_{684(c)}$	0.000
$P_{632-634(b)}$	0.100	$Q_{632-634(b)}$	0.075	$P_{611(c)}$	-0.142	$Q_{611(c)}$	-0.067
$P_{632-634(c)}$	0.100	$Q_{632-634(c)}$	0.075	$P_{652(a)}$	-0.107	$Q_{652(a)}$	-0.072
$P_{632-671(a)}$	0.844	$Q_{632-671(a)}$	0.480	$P_{675(a)}$	-0.404	$Q_{675(a)}$	-0.158
$P_{632-671(b)}$	0.373	$Q_{632-671(b)}$	0.235	$P_{675(b)}$	-0.057	$Q_{675(b)}$	-0.050
$P_{632-671(c)}$	0.738	$Q_{632-671(c)}$	0.469	$P_{675(c)}$	-0.242	$Q_{675(c)}$	-0.177
$P_{671-684(a)}$	0.108	$Q_{671-684(a)}$	0.072	$V_{650(a)}$	1.010	$V_{671(a)}$	0.925
$P_{671-684(c)}$	0.140	$Q_{671-684(c)}$	0.068	$V_{650(b)}$	1.010	$V_{671(b)}$	0.992
$P_{671-675(a)}$	0.407	$Q_{671-675(a)}$	0.161	$V_{650(c)}$	1.010	$V_{671(c)}$	0.911
$P_{671-675(b)}$	0.057	$Q_{671-675(b)}$	0.050	$V_{634(a)}$	0.958	$V_{675(a)}$	0.917
$P_{671-675(c)}$	0.243	$Q_{671-675(c)}$	0.177	$V_{634(b)}$	0.984	$V_{675(b)}$	0.994
$P_{645(b)}$	-0.142	$Q_{645(b)}$	-0.104	$V_{634(c)}$	0.960	$V_{675(c)}$	0.907
$P_{646(b)}$	-0.192	$Q_{646(b)}$	-0.110				

7.4.2 算法的数学原理

配电网络的状态可以由系统中每个节点的电压幅值和相角的矢量 $\boldsymbol{x}$ 表示，状态变量的集合 $\boldsymbol{x}$ 和量测值的关系为

$$\boldsymbol{z}=\boldsymbol{h}(\boldsymbol{x})-\boldsymbol{e}$$

式中：$\boldsymbol{z}=[z_1,z_2,\cdots,z_m]^{\mathrm{T}}$ 为量测值矩阵；$\boldsymbol{x}=[x_1,x_2,\cdots,x_n]^{\mathrm{T}}$ 为状态变量矩阵；$\boldsymbol{e}=[e_1,e_2,\cdots,e_m]^{\mathrm{T}}$ 为量测误差；$\boldsymbol{h}=[h_1(\boldsymbol{x}),h_2(\boldsymbol{x}),\cdots,h_m(\boldsymbol{x})]^{\mathrm{T}}$，其中 $h_i(\boldsymbol{x})$ 是非线性函数，代入状态向量 $\boldsymbol{x}$ 可以计算得到量测值；m 是独立量测值的数量；n 是状态变量的数量。

将加权最小二乘状态估计法应用于目标函数：

$$J(\boldsymbol{x})=\sum_{i=1}^{m}W_{ii}\cdot(z_j-h_i(\boldsymbol{x}))^2$$

式中：$\boldsymbol{W}$ 是测量权重矩阵，为对角阵。

三相线路和单相线路状态估计之间的主要区别在于函数集 h_i。在三相状态估计中，它由潮流方程确定，同时需要考虑网络相位间的关系。三相状态估计中节点的有功功率和无功功率（注入）为

$$P_i^k=V_i^k\cdot\sum_{j=1}^{\mathrm{NB}}\sum_{l=1}^{3\in(a,b,c)}V_i^l[G_{ij}^{k,l}\cdot\cos(\delta_i^k-\delta_j^l)+B_{ij}^{k,l}\cdot\sin(\delta_i^k-\delta_j^l)]-V_j^l[G_{ij}^{k,l}\cdot\cos(\delta_i^k-\delta_j^l)+B_{ij}^{k,l}\cdot\sin(\delta_i^k-\delta_j^l)]$$

$$Q_i^k=V_i^k\cdot\sum_{j=1}^{\mathrm{NB}}\sum_{l=1}^{3\in(a,b,c)}V_i^l[G_{ij}^{k,l}\cdot\sin(\delta_i^k-\delta_j^l)+B_{ij}^{k,l}\cdot\cos(\delta_i^k-\delta_j^l)]-V_j^l[G_{ij}^{k,l}\cdot\sin(\delta_i^k-\delta_j^l)+B_{ij}^{k,l}\cdot\cos(\delta_i^k-\delta_j^l)]$$

线路有功功率和无功功率的量测值为

$$P_{ij}^{k}=V_{i}^{k}\cdot\sum_{l=1}^{3\in(a,b,c)}V_{i}^{l}[g_{ij}^{k,l}\cdot\cos(\delta_{i}^{k}-\delta_{j}^{l})+b_{ij}^{k,l}\cdot\sin(\delta_{i}^{k}-\delta_{j}^{l})]-V_{j}^{l}[g_{ij}^{k,l}\cdot\cos(\delta_{i}^{k}-\delta_{j}^{l})+b_{ij}^{k,l}\cdot\sin(\delta_{i}^{k}-\delta_{j}^{l})]$$

$$Q_{ij}^{k}=V_{i}^{k}\cdot\sum_{l=1}^{3\in(a,b,c)}V_{i}^{l}[g_{ij}^{k,l}\cdot\sin(\delta_{i}^{k}-\delta_{j}^{l})+b_{ij}^{k,l}\cdot\cos(\delta_{i}^{k}-\delta_{j}^{l})]-V_{j}^{l}[g_{ij}^{k,l}\cdot\sin(\delta_{i}^{k}-\delta_{j}^{l})+b_{ij}^{k,l}\cdot\cos(\delta_{i}^{k}-\delta_{j}^{l})]$$

式中：$G_{ij}^{k,l}$ 是导纳矩阵中节点 i 第 k 相与节点 k 第 l 相之间的电导；$B_{ij}^{k,l}$ 是导纳矩阵中节点 i 第 k 相与节点 k 第 l 相之间的电纳；$g_{ij}^{k,l}$ 是连接节点 i 和 j 的线路的第 k 相和第 l 相之间的串联电导；$b_{ij}^{k,l}$ 是连接节点 i 和 j 的线路的第 k 相和第 l 相之间的串联电纳；NB 为节点数；i,j 为节点编号；k,l 为相编号，取决于网络拓扑结构；P_{i}^{k},Q_{i}^{k} 是节点 i 第 k 相的有功功率和无功功率注入；P_{ij}^{k},Q_{ij}^{k} 是从节点 i 传输到节点 j 的第 k 相有功功率和无功功率；V_{i}^{l} 是节点 i 上第 l 相的电压幅值；δ_{i}^{l} 是节点 i 上第 l 相的电压相角。

7.4.3　算例测试结果

在 Matlab 中对上述的简化三相测试网络建模，并进行潮流计算。考虑到配电网系统中缺少三相循环换位，因此馈线模型采用分布式参数。在基础潮流计算结果上，叠加服从不同方差标准正态分布的随机误差，模拟测量仪器的误差。根据测量仪表的估计精度确定权重矩阵的对角元素，算法收敛条件设置为 10^{-4}。得到电压幅值、相角的真实值和估计值如表7.3所示。结果表明，耦合模型的电压相角更接近真实值，而解耦模型的电压相角与真实值存在较大的误差。

表 7.3　电压幅值、相角的真实值和估计值

母线	相	状态估计电压幅值 (标幺值)			状态估计电压相角		
		解耦模型	耦合模型	负荷潮流	解耦模型	耦合模型	负荷潮流
650	A	0.9762	1.0097	1.0101	0.00	0.00	0.00
650	B	1.0167	1.0143	1.0101	−120.00	−120.00	−120.00
650	C	0.9579	1.0015	1.0101	120.00	120.00	120.00
632	A	0.9565	0.9609	0.9612	−0.95	−2.38	−2.24
632	B	1.0006	0.9926	0.9858	−120.70	−121.85	−122.00
632	C	0.9396	0.9519	0.9631	119.15	118.39	118.36
645	B	0.9970	0.9786	0.9709	−120.75	−121.99	−122.19
646	B	0.9959	0.9740	0.9659	−120.77	−122.05	−122.27
634	A	0.9555	0.9579	0.9579	−0.98	−2.45	−2.32
634	B	0.9998	0.9906	0.9839	−120.72	−121.90	−122.05
634	C	0.9388	0.9492	0.9604	119.13	118.38	118.37
671	A	0.9410	0.9257	0.9250	−1.78	−5.45	−5.37
671	B	0.9935	0.9991	0.9925	−121.06	−122.30	−122.46
671	C	0.9246	0.8986	0.9107	118.38	117.01	117.08
684	A	0.9402	0.9236	0.9229	−1.79	−5.51	−5.43
684	C	0.9237	0.8949	0.9070	118.36	116.98	117.05
611	C	0.9229	0.8912	0.9034	118.33	116.89	116.96
652	A	0.9388	0.9174	0.9167	−1.77	−5.42	−5.34
675	A	0.9390	0.9176	0.9169	−1.79	−5.63	−5.54
675	B	0.9932	1.0003	0.9936	−121.05	−122.39	−122.55
675	C	0.9232	0.8944	0.9068	118.39	117.13	117.20

本节使用 IEEE 13 节点网络进行分析，给出了三相耦合和解耦模型下配电网络的状态估计结果。算例表明，耦合模型的状态估计误差更小，且耦合模型状态估计的均方根偏差与解耦模型的均方根偏差相比显著减小。此外，耦合模型状态估计得出的电压相角值与潮流计算得到的值相近。

7.5　以合格率最大为目标的电力系统状态估计新方法

本节介绍一种以合格率最大为目标，考虑潮流约束和运行中上下界约束的电力系统状态估计方法。与以往方法相比，该方法可用现代内点法求解，得到的状态估计结果合格率高，估计结果有较强的抗差性，计算中无须做坏数据检验、可观性校验，无须主观设定测点权重，大幅减少了调试和维护工作量。

7.5.1　投票表决的评价策略

如前所述，电力系统的遥测量方程可表示为 $Z_i = h_i(\boldsymbol{x}) + e_i$，$i = 1,2,3,\cdots,N$，在实际应用中，对测点 i 若：

$$|e_i| = |Z_i - h_i(\boldsymbol{x})| \leqslant \alpha_i \tag{7.28}$$

则称测点 i 合格，反之则不合格。α_i 为给定常量，可按电力公司已有标准选取。

经典最小二乘状态估计方法的基本思想是在已知量测情况下，找到某个状态 x 使得残差平方和最小。这样，当某个测点量测数据为坏数据时，其残差较大，对最小二乘结果影响也较大，造成所谓“残差污染”。实际应用中，为克服这一问题，往往要通过某些方法判断出该量测数据为坏数据，计算时给予较小的权重，来减少坏数据对估计结果的影响（即提高“抗差性”）。这种方法需要主观确定加权因子，调试和维护较为困难。对这一问题，本节采用一种全新思路：(1) 任给系统某个状态 x。(2) 在这一状态下，对任一测点 i，若其是合格测点，则认为该测点“投票同意”这一状态；反之，认为该测点“投票反对”这一状态。(3) 认为最多测点赞同的状态即为待求的系统状态。显然，在该状态下系统合格点数最多（即合格率最大）。

7.5.2　测点评价函数的数学模型

根据上文思想，可建立如下测点评价函数：

$$g_i(e_i) = \begin{cases} 0 & |e_i| \leqslant \alpha_i \\ 1 & |e_i| > \alpha_i \end{cases} \tag{7.29}$$

上式意义为当测点 i 合格（$|e_i| \leqslant \alpha_i$）时，$g_i(e_i)$ 为 0；反之，$g_i(e_i)$ 为 1。$g_i(e_i)$ 形状见图7-13，其缺点是在 $\pm\alpha_i$ 处有间断点，并且不是处处连续可导，不便于实际应用。

为此，建立 $g_i(e_i)$ 的近似函数，令

$$f_i(e_i) = \frac{1}{1+e^{-\frac{(e_i-\alpha_i)c}{\alpha_i}}} + \frac{1}{1+e^{\frac{(e_i+\alpha_i)c}{\alpha_i}}} \tag{7.30}$$

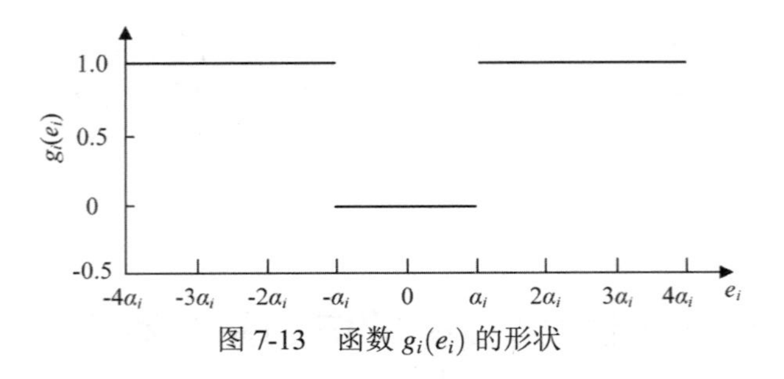

图 7-13　函数 $g_i(e_i)$ 的形状

式中：c 一般为大于 3 的常数。

$f_i(e_i)$ 的形状（$\alpha_i=10, c=10$）如图7-14所示。由图7-14可见，$f_i(e_i)$ 没有间断点，处处连续可导，且 $f_i(e_i)$ 与 $g_i(e_i)$ 的特性接近，即当测点 i 合格时，$f_i(e_i)$ 接近于 0；反之，$f_i(e_i)$ 接近于 1。因此，本节采用 $f_i(e_i)$ 作为测点评价函数。需要说明的是，测点评价函数也可采用其他形式，只要保证处处连续可导，且当测点 i 合格时，测点评价函数值接近于 0，反之接近于 1 即可。

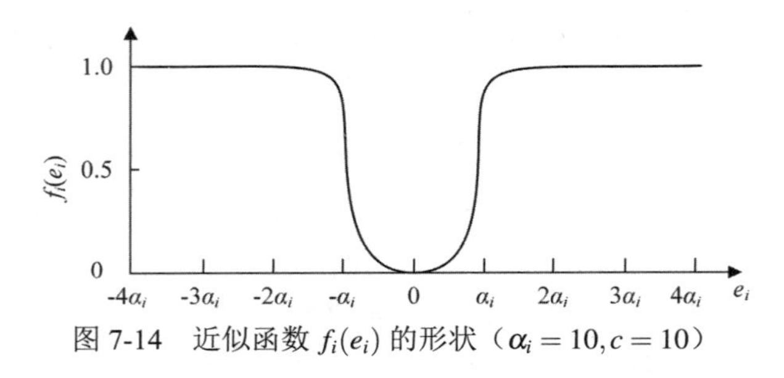

图 7-14　近似函数 $f_i(e_i)$ 的形状（$\alpha_i=10, c=10$）

设系统中不合格测点数目为 k，则 $\sum_{i=1}^{N} f_i(e_i)\approx k$。而要寻求某一系统状态，使得合格测点数最多，即相当于寻求某一系统状态，使得在该状态下 $\sum_{i=1}^{N} f_i(e_i)$ 最小。得到新的状态估计模型如下：

$$\begin{cases}\min_{\boldsymbol{x}} \sum_{i=1}^{N} f_i(e_i)\\ s.t.\ Z_i=h_i(\boldsymbol{x})+e_i \quad i=1,2,\cdots,N\end{cases} \tag{7.31}$$

由于实际运行中，真实系统状态必然满足潮流约束和运行中上下界约束，考虑这些约束后，得到改进的状态估计模型：

$$\begin{cases}\min_{\boldsymbol{x}} \sum_{i=1}^{N} f_i(e_i)\\ s.t.\ Z_i=h_i(\boldsymbol{x})+e_i \quad i=1,2,\cdots,N\\ \qquad g(\boldsymbol{x})=0\\ \qquad \underline{\boldsymbol{x}}\leqslant \boldsymbol{x}\leqslant \bar{\boldsymbol{x}} \qquad i=1,2,\cdots,N\end{cases} \tag{7.32}$$

式中：$g(\boldsymbol{x})=0$ 代表潮流约束；$\underline{\boldsymbol{x}}\leqslant \boldsymbol{x}\leqslant \bar{\boldsymbol{x}}$ 代表各测点运行中上下界约束。

将 e_i 代入上式中的目标函数即得

$$\begin{cases}\min_{\boldsymbol{x}} \sum_{i=1}^{N} f_i(Z_i-h_i(\boldsymbol{x}))\\ \qquad s.t.\ g(\boldsymbol{x})=0\\ \qquad \underline{\boldsymbol{x}}\leqslant \boldsymbol{x}\leqslant \bar{\boldsymbol{x}} \qquad i=1,2,\cdots,N\end{cases} \tag{7.33}$$

7.5.3　以合格率最大为目标的配电网状态估计

基于上述状态估计的新理念，本小节构造了以合格率最大为目标的配电网状态估计模型。设某一三相不平衡配电系统的支路数目为 m，节点数目为 $n+1$（其中包含一个参考节点）。系统中 φ 相第 l 条支路电流 $\dot{I}_{l,\varphi}$ 及 φ 相第 k 个节点电压如下：

$$\begin{aligned}\dot{I}_{l,\varphi} &= I_{\mathrm{r}l,\varphi}+\mathrm{j}I_{\mathrm{x}l,\varphi} \quad l=1,2,\cdots,m;\varphi=a,b,c\\ \dot{U}_{k,\varphi} &= U_{\mathrm{r}k,\varphi}+\mathrm{j}U_{\mathrm{x}k,\varphi} \quad k=1,2,\cdots,n;\varphi=a,b,c\end{aligned} \tag{7.34}$$

本小节以三相支路电流相量的实部和虚部、节点电压相量的实部和虚部作为状态变量，则该配电系统的状态变量共 $6m+6n$ 个。

配电网状态估计的目标函数与式 (7.33) 中相同。实际配电系统中，需要考虑的量测包括支路电流幅值、节点电压幅值、节点注入功率（负荷功率）、支路功率。下面分别就不同量测给出相应的量测方程。

1. 量测方程

（1）支路电流幅值量测

支路电流幅值量测可由式 (7.35) 描述：

$$|\dot{I}_{l,\varphi}|=\sqrt{I_{\mathrm{r}l,\varphi}{}^2+I_{\mathrm{x}l,\varphi}{}^2} \quad l=1,2,\cdots,m;\varphi=a,b,c \tag{7.35}$$

由于上式中存在根号，雅可比矩阵对应电流幅值部分的表示形式过于复杂，求解困难。为了简化雅可比矩阵，将电流幅值量测转变为电流幅值平方的量测，如式 (7.36) 所示：

$$|\dot{I}_{l,\varphi}|^2=I_{\mathrm{r}l,\varphi}{}^2+I_{\mathrm{x}l,\varphi}{}^2 \quad l=1,2,\cdots,m;\varphi=a,b,c \tag{7.36}$$

（2）节点电压幅值量测

与上述电流幅值量测的处理方式相同，电压幅值量测由如下量测方程进行描述：

$$|\dot{U}_{k,\varphi}|^2=U_{\mathrm{r}k,\varphi}{}^2+U_{\mathrm{x}k,\varphi}{}^2 \quad k=1,2,\cdots,n;\varphi=a,b,c \tag{7.37}$$

（3）节点注入功率量测

规定电流的正方向是从节点编号较小的节点流向节点编号大的节点。对于编号为 k 的节点，假设有 $p+q$ 个节点与之相连，其中有 p 个节点编号小于 k，q 个节点编号大于 k。则有 p 条支路电流流向节点 k，q 条支路电流流出节点 k，如图7-15所示。

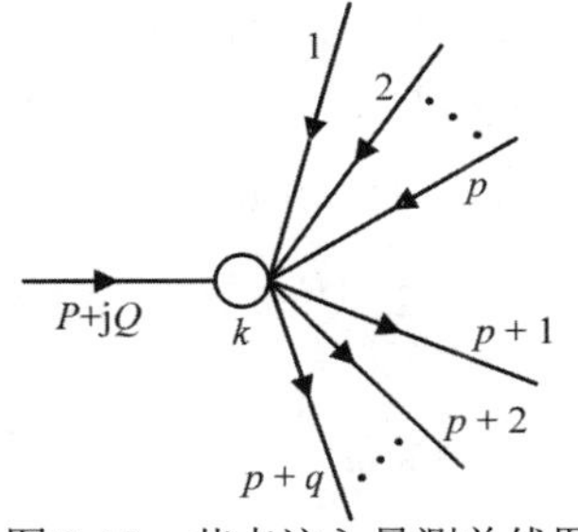

图 7-15　节点注入量测单线图

根据上图可知节点 k 的 φ 相注入功率为

$$P_{k,\varphi}+\mathrm{j}Q_{k,\varphi}=\dot{U}_{k,\varphi}(\sum_{l=p+1}^{p+q}\dot{I}_{l,\varphi}-\sum_{i=1}^{p}\dot{I}_{l,\varphi})^{*} \tag{7.38}$$

用状态量表示如下：

$$P_{k,\varphi}=\sum_{l=p+1}^{p+q}(U_{\mathrm{r}k,\varphi}I_{\mathrm{r}l,\varphi}+U_{\mathrm{x}k,\varphi}I_{\mathrm{x}l,\varphi})-\sum_{l=1}^{p}(U_{\mathrm{r}k,\varphi}I_{\mathrm{r}l,\varphi}+U_{\mathrm{x}k,\varphi}I_{\mathrm{x}l,\varphi}) \tag{7.39}$$

$$Q_{k,\varphi}=\sum_{l=p+1}^{p+q}(U_{\mathrm{x}k,\varphi}I_{\mathrm{r}l,\varphi}-U_{\mathrm{r}k,\varphi}I_{\mathrm{x}l,\varphi})-\sum_{l=1}^{p}(U_{\mathrm{x}k,\varphi}I_{\mathrm{r}l,\varphi}-U_{\mathrm{r}k,\varphi}I_{\mathrm{x}l,\varphi}) \tag{7.40}$$

（4）支路功率量测

支路 l（首端和末端节点分别为 i 和 j）的首末端功率可表示如下：

$$\begin{cases}P_{ij,\varphi}+\mathrm{j}Q_{ij,\varphi}=\dot{U}_{i,\varphi}\dot{I}_{l,\varphi}^{*}\\ P_{ji,\varphi}+\mathrm{j}Q_{ji,\varphi}=\dot{U}_{j,\varphi}(-\dot{I}_{l,\varphi})^{*}\end{cases} \tag{7.41}$$

用状态量表示如下：

$$\begin{cases}P_{ij,\varphi}=U_{\mathrm{r}i,\varphi}I_{\mathrm{r}l,\varphi}+U_{\mathrm{x}i,\varphi}I_{\mathrm{x}l,\varphi}\\ Q_{ij,\varphi}=-U_{\mathrm{r}i,\varphi}I_{\mathrm{x}l,\varphi}+U_{\mathrm{x}i,\varphi}I_{\mathrm{r}l,\varphi}\end{cases} \tag{7.42}$$

$$\begin{cases}P_{ji,\varphi}=-U_{\mathrm{r}j,\varphi}I_{\mathrm{r}l,\varphi}-U_{\mathrm{x}j,\varphi}I_{\mathrm{x}l,\varphi}\\ Q_{ji,\varphi}=U_{\mathrm{r}j,\varphi}I_{\mathrm{x}l,\varphi}-U_{\mathrm{x}j,\varphi}I_{\mathrm{r}l,\varphi}\end{cases} \tag{7.43}$$

2. 约束方程

（1）电压约束

除首节点外，每个子节点 t 都存在父节点 s，如图7-16所示。它们的节点电压存在如式(7.44) 所示关系。

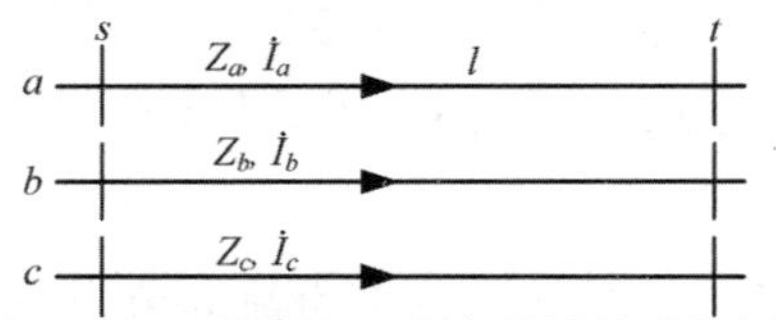

图 7-16　子节点和父节点的馈线连接图

$$\begin{bmatrix}\dot{U}_{s,a}\\ \dot{U}_{s,b}\\ \dot{U}_{s,c}\end{bmatrix}=\begin{bmatrix}\dot{U}_{t,a}\\ \dot{U}_{t,b}\\ \dot{U}_{t,c}\end{bmatrix}+\begin{bmatrix}Z_{aa}&Z_{ab}&Z_{ac}\\ Z_{ba}&Z_{bb}&Z_{bc}\\ Z_{ca}&Z_{cb}&Z_{cc}\end{bmatrix}\begin{bmatrix}\dot{I}_{l,a}\\ \dot{I}_{l,b}\\ \dot{I}_{l,c}\end{bmatrix} \tag{7.44}$$

对 φ 相电压，用状态变量表示式 (7.45) 如下：

$$\begin{cases}U_{\mathrm{r}t,\varphi}-U_{\mathrm{r}s,\varphi}+\sum\limits_{\phi=a}^{c}(R_{\varphi\phi}I_{\mathrm{r}l,\phi}-X_{\varphi\phi}I_{\mathrm{x}l,\phi})=0\\ U_{\mathrm{x}t,\varphi}-U_{\mathrm{x}s,\varphi}+\sum\limits_{\phi=a}^{c}(R_{\varphi,\phi}I_{\mathrm{x}l,\phi}+X_{\varphi\phi}I_{\mathrm{r}l,\phi})=0\end{cases} \tag{7.45}$$

式中：$R_{\varphi\phi}=\mathrm{Re}(Z_{\varphi\phi})$；$X_{\varphi\phi}=\mathrm{Im}(Z_{\varphi\phi})$。

（2）电流约束

对于配电网内部的连接节点（无功率注入），如图7-15中的节点 k，有 p 条支路流向节

点 k，q 条支路电流流出节点 k。根据基尔霍夫电流定律，流入节点 k 的电流等于流出该节点的电流的总和，即

$$\sum_{l=1}^{p}\dot{I}_{l,\varphi}-\sum_{l=p+1}^{p+q}\dot{I}_{l,\varphi}=0 \quad \varphi=a,b,c \tag{7.46}$$

用状态变量的形式表示如下：

$$\begin{cases}\sum\limits_{l=1}^{p}I_{\mathrm{r}l,\varphi}-\sum\limits_{l=p+1}^{p+q}I_{\mathrm{r}l,\varphi}=0 \quad \varphi=a,b,c\\ \sum\limits_{l=1}^{p}I_{\mathrm{x}l,\varphi}-\sum\limits_{l=p+1}^{p+q}I_{\mathrm{x}l,\varphi}=0 \quad \varphi=a,b,c\end{cases} \tag{7.47}$$

3. 求解算法

式 (7.33) 是一最优潮流问题，可用求解最优潮流的算法求解。由于现代内点法在最优潮流求解中的成功应用，最优潮流的收敛性和计算速度均得到保证，因而式 (7.33) 所示模型也可用现代内点法顺利求解。

引入松弛变量 $\boldsymbol{s_{xl}}$、$\boldsymbol{s_{xu}}$，将不等式约束变成等式约束：

$$\begin{cases}\boldsymbol{x}-\boldsymbol{s_{xl}}-\underline{\boldsymbol{x}}=\boldsymbol{0}\\ \boldsymbol{x}+\boldsymbol{s_{xu}}-\bar{\boldsymbol{x}}=\boldsymbol{0}\end{cases} (\boldsymbol{s_{xl}},\boldsymbol{s_{xu}}\geqslant\boldsymbol{0}) \tag{7.48}$$

进一步，将目标函数改造为障碍函数，可得

$$\begin{cases}\min\limits_{x}F(\boldsymbol{x})-\mu[\sum\limits_{j=1}^{6m+6n}\ln(s_{xl(j)})+\sum\limits_{j=1}^{6m+6n}\ln(s_{xu(j)})]\\ s.t.g(\boldsymbol{x})=0\\ \boldsymbol{x}-\boldsymbol{s_{xl}}-\underline{\boldsymbol{x}}=0\\ \bar{\boldsymbol{x}}-\boldsymbol{x}-\boldsymbol{s_{xu}}=0\end{cases} \tag{7.49}$$

式中：$F(\boldsymbol{x})=\sum\limits_{i=1}^{N}f_i(Z_i-h_i(\boldsymbol{x}))$；$6m+6n$ 为状态变量个数；μ 为扰动因子，$\mu\geqslant 0$。

式 (7.49) 为只含等式约束的优化问题，可用拉格朗日乘子法求解，其增广拉格朗日函数为

$$L=F(\boldsymbol{x})-\boldsymbol{y}^{\mathrm{T}}\boldsymbol{g}(\boldsymbol{x})-\boldsymbol{y}_{\boldsymbol{xl}}^{\mathrm{T}}(\boldsymbol{x}-\boldsymbol{s_{xl}}-\underline{\boldsymbol{x}})-\boldsymbol{y}_{\boldsymbol{xu}}^{\mathrm{T}}(\bar{\boldsymbol{x}}-\boldsymbol{x}-\boldsymbol{s_{xu}})-\mu[\sum_{j=1}^{6m+6n}\ln(s_{xl(j)})+\sum_{j=1}^{6m+6n}\ln(s_{xu(j)})] \tag{7.50}$$

式中：$\boldsymbol{y}$、$\boldsymbol{y_{xl}}$、$\boldsymbol{y_{xu}}$ 为拉格朗日乘子。

进一步，通过 KKT 条件得到：

$$\begin{cases}\nabla_{\boldsymbol{x}}L=\nabla F(\boldsymbol{x})-\nabla g(\boldsymbol{x})^{\mathrm{T}}\boldsymbol{y}-\boldsymbol{y_{xl}}+\boldsymbol{y_{xu}}\\ \nabla_{\boldsymbol{y}}L=-g(\boldsymbol{x})=0\\ \nabla_{\boldsymbol{y_{xl}}}L=\boldsymbol{s_{xl}}+\underline{\boldsymbol{x}}-\boldsymbol{x}=0\\ \nabla_{\boldsymbol{y_{xu}}}L=\boldsymbol{x}+\boldsymbol{s_{xu}}-\bar{\boldsymbol{x}}=0\\ \nabla_{\boldsymbol{s_{xl}}}L=\boldsymbol{S_{xl}}\boldsymbol{Y_{xl}}\boldsymbol{e}-\boldsymbol{\mu}=0\\ \nabla_{\boldsymbol{s_{xu}}}L=\boldsymbol{S_{xu}}\boldsymbol{Y_{xu}}\boldsymbol{e}-\boldsymbol{\mu}=0\end{cases} \tag{7.51}$$

式中：$\boldsymbol{S_{xl}}$、$\boldsymbol{Y_{xl}}$、$\boldsymbol{S_{xu}}$、$\boldsymbol{Y_{xu}}$ 分别是以 $\boldsymbol{s_{xl}}$、$\boldsymbol{y_{xl}}$、$\boldsymbol{s_{xu}}$、$\boldsymbol{y_{xu}}$ 为对角元素的对角矩阵；$\boldsymbol{e}$ 为

单位列向量；$\boldsymbol{\mu}$ 是元素均为 μ 的列向量。

式 (7.49) 的最优解可以通过求解方程组 (7.51) 求得，而式 (7.51) 则可用牛顿法求解。当松弛因子 μ 趋近于零时，式 (7.49) 和式 (7.33) 有相同的最优解。

4. 算例分析

本例采用 IEEE 13 节点系统对以合格率最大为目标的配电网状态估计方法进行算例分析。量测数据用如下方法来模拟：首先用梯形迭代法计算网络潮流，然后将潮流计算结果加上 2% 的高斯噪声，得到试验用的生数据；进一步通过将生数据改变符号、置零或加减量测值 20% 以上等方法得到试验用的不良数据；用加权最小二乘法（WLS 法）计算时，测点 i 的权重取 $1/\sigma_i^2$，σ_i 为正态分布的标准差。本算例中取 $\alpha_i = 3_i$，$c = 3$。

本节评价配电网状态估计算法主要从算法性能（收敛性和计算时间）和估计结果合理性 2 个方面衡量。采用文献 [4] 中真值已知情况下的结果评价指标 $\xi_{3\sigma}$、$\xi_{2\sigma}$、ξ_{σ} 对本节方法和 WLS 法的估计结果合理性进行评价分析。$\xi_{3\sigma}$、$\xi_{2\sigma}$、ξ_{σ} 分别表示系统中估计值与真值之差绝对值在 3 倍标准差、2 倍标准差、1 倍标准差之内的测点数目与总测点数目的比值，表征不同标准差下系统中测点估计值与真值的靠近程度。指标越大，方法的估计结果合理性越高。

表7.4给出了 IEEE 13 节点系统在坏数据比例为 0、3%、6% 时的量测配置，表7.5给出了本节方法和 WLS 法的收敛性、计算时间和结果合理性指标的比较结果。

表 7.4　IEEE 13 节点系统量测配置

坏数据比例/%	量测配置				量测冗余
	有功	无功	电压幅值	电流幅值	
0	45	49	33	17	24
3	47	49	33	17	26
6	47	48	33	17	25

表 7.5　本节方法和 WLS 法比较结果

坏数据比例/%	估计方法	迭代次数	计算时间/ms	状态估计结果评价指标		
				$\xi_{3\sigma}$	$\xi_{2\sigma}$	ξ_{σ}
0	本节方法	9	46	1.0000	0.9931	0.8819
	WLS 方法	9	48	1.0000	0.9931	0.8819
3	本节方法	9	47	1.0000	0.9931	0.9306
	WLS 方法	10	63	0.9722	0.9306	0.8472
6	本节方法	9	47	1.0000	0.9932	0.9595
	WLS 方法	9	63	0.7432	0.7027	0.6757

对算例结果进行分析，可以得出如下结论：

（1）当系统中不存在坏数据时，本节方法和 WLS 方法的迭代次数、计算时间以及 3 个指标基本相同。

（2）当系统中存在坏数据时，本节方法的迭代次数和计算时间低于 WLS 方法，保持很好的收敛性。随着坏数据的增多，本节方法的 3 个指标变化较小，测点正常率保持在 98% 以上，估计结果的合理性较高。WLS 法的 3 个指标急剧减小，估计结果的合理性急剧降低。

从测试结果可以看出，本节方法在系统中存在坏数据时，具有明显的优势。该方法不易受坏数据影响，具有很强的抗差性。随着坏数据增多，合理性指标仍保持较高水平，估计结果具有稳定性和合理性。同时，随着系统规模的增大和测点数目的增多，该方法的迭代次数和计算时间只是略有增加，仍保持较好的收敛性。

7.5.4　算法特点总结

与以往状态估计方法相比，以合格率最大为目标的状态估计方法具有以下特点：

（1）估计准确性不易受不良数据影响，具有很强的抗差性。以往状态估计方法易受不良数据影响，且估计值偏离量测值越远，受影响就越大。该方法中，当测点不合格（不满足式（7.28））时，无论估计值偏离量测值多远，其反映在目标函数中大小都是 1，因而估计准确性不易受不良数据影响，抗差性强。

（2）可自动对坏数据点进行识别。该方法所估计状态为绝大多数测点所赞同的状态，由此推论：若绝大多数点赞同某一状态，则投票反对该状态的测点必为坏量测点。因而该方法在进行状态估计时，自动对坏数据点进行了识别。

（3）其他特点。所求得的状态估计结果为潮流解，且满足各种物理约束，更加接近实际；计算中无须做坏数据校验、可观性校验、权重因子设置，调试和维护极为简单；求解算法为现代内点法，收敛性好、计算速度快。

7.6　总　结

本章介绍了配电网状态估计的问题来源、概念和必要性，并通过一个简单例子说明了电力系统状态估计的基本思想和方法，进而介绍了目前应用最为广泛的极大似然加权最小二乘法和一种以合格率最大为目标的状态估计新方法，基于这两种方法建立了配电网的三相状态估计模型。随着配电网中分布式电源的接入，电源出力的不确定性将会影响状态估计的精度，读者可在本章介绍方法的基础上进行含分布式电源的配电网状态估计方法研究。

参考文献

1. 何正友. 配电网分析及应用 [M]. 北京: 科学出版社, 2017.
2. Wood A J, Wollenberg B F. Power generation, operation and control[M]. Beijing: Tsinghua University press, 2003.
3. Chusovitin P, Polyakov I, Pazderin A. Three-phase state estimation model for distribution grids[C]//. 2016 International Conference on the Science of Electrical Engineering, 2016.
4. 董树锋, 何光宇, 孙英云, 等. 以合格率最大为目标的电力系统状态估计新方法 [J]. 电力系统自动化, 2009, 33(16): 40-43.
5. 何光宇, 董树锋. 基于测量不确定度的电力系统状态估计（一）结果评价 [J]. 电力系统自动化, 2009, 33(19): 21-35.

6. 何光宇, 董树锋. 基于测量不确定度的电力系统状态估计（二）方法研究 [J]. 电力系统自动化, 2009, 33(20): 32-36.
7. 何光宇, 董树锋. 基于测量不确定度的电力系统状态估计（三）算法比较 [J]. 电力系统自动化, 2009, 33(21): 28-71.
8. 王雅婷, 何光宇, 董树锋. 基于测量不确定度的配电网状态估计新方法 [J]. 电力系统自动化, 2010, 34(7): 40-44.

第 8 章　配电网拓扑模型

8.1　概　述

目前，国内外配电网大多采用以辐射状结构运行的供电方式，其目的一方面是限制短路故障电流，另一方面是控制故障波及范围，避免故障停电范围扩大。这种辐射状的拓扑结构约束在配电网重构等问题的分析中均需要考虑。目前在配电网络拓扑建模中的一个难点是用简洁明了的数学公式表示出配电网的辐射状拓扑结构约束。配电网辐射状约束的考虑与否以及表达该约束的数学模型的复杂程度，对配电网问题的可行解获取和求解效率有较大影响。国内外有很多学者对这个问题进行了研究，总体的研究方向和研究趋势为由不在配电网络模型中考虑辐射状约束，直接在问题分析得到的结果中删去不满足辐射状结构的解，到在模型中加入配电网辐射状约束的等价描述，从而直接得到可行的配电网络结构。目前国内外已经发展出以下几种配电网辐射状约束的等价描述方法：

（1）基于网络潮流平衡约束的配电网辐射状约束描述方法；

（2）基于虚拟潮流和虚拟需求的配电网辐射状约束描述方法；

（3）基于图的生成树的配电网辐射状约束描述方法；

（4）基于供电路径的配电网辐射状约束描述方法。

除上述四种方法以外，本章还将在现有方法的基础上，介绍基于供电环路的配电网辐射状约束描述方法。在介绍这些方法的过程中，将会用到一些基础的图论知识。

8.2　图论基础

8.2.1　图论的术语和定义

自然界和人类社会中，大量的事物以及事物之间的关系，常可以用图来描述，图论已经渗透到大多数自然学科，电力网络是最早应用图论的学科之一。这里所说的图是反映对象之间关系的一种工具，图的理论和方法，就是从形形色色的具体的图以及与它们相关的实际问题中，抽象出共性的东西，找出其规律、性质、方法，再应用到要解决的实际问题中去。下面将简单地介绍图论的相关概念和定义。

图是由点集 $V=\{v_i\}$ 和 V 中元素对的集合 $E=\{e_k\}$ 所构成的二元组，记为 $G=(V,E)$。V 中的元素 v_i 叫作顶点，E 中的元素 e_k 叫作边。两个点 u，v 属于 V，如果边 (u,v) 属于 E，

则称 u，v 两点相邻，u 和 v 称为边 (u,v) 的端点。在一个图中，边的长短、形状是无所谓的，可称图 G 为线形图、拓扑图或线图。

对于任意一条属于 E 的边 (v_i,v_j)，如果边 (v_i,v_j) 的端点无序，则其为无向边，此时图 G 称为无向图。如果边 (v_i,v_j) 的端点有序，即它表示以 v_i 为始点、v_j 为终点的有向边，此时图 G 称为有向图。例如，图8-1示例中的 G_1 是无向图，G_2 是有向图。

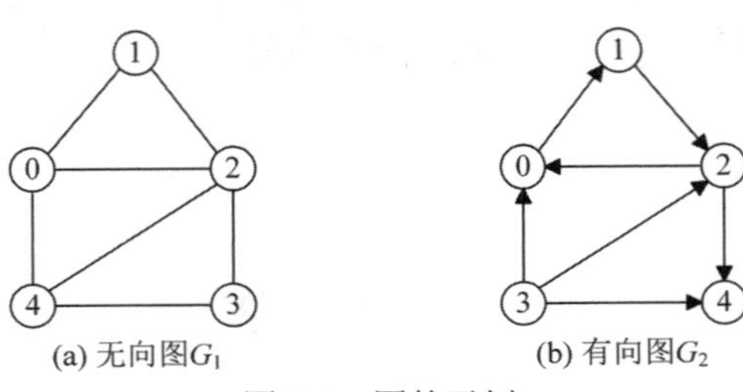

图 8-1　图的示例

一条边的两个端点如果相同，则称该边为自环或自回路，如图8-2(a) 所示。两个点之间存在多于一条边的，称为多重边。允许有多重边的图，称为多重图，如图8-2(b) 所示。不含自环和多重边的图称为简单图，后续讨论的图如无特殊说明，都指简单图。

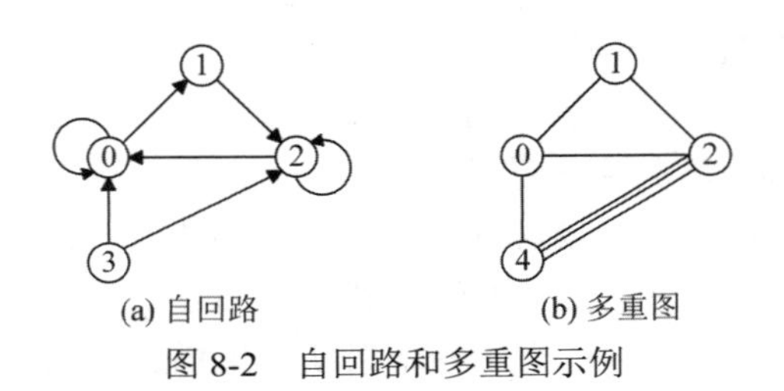

图 8-2　自回路和多重图示例

每一对顶点间都有边相连的无向简单图称为完全图。有向完全图则是指每一对顶点间有且仅有一条有向边的简单图。图8-3是一个无向完全图。

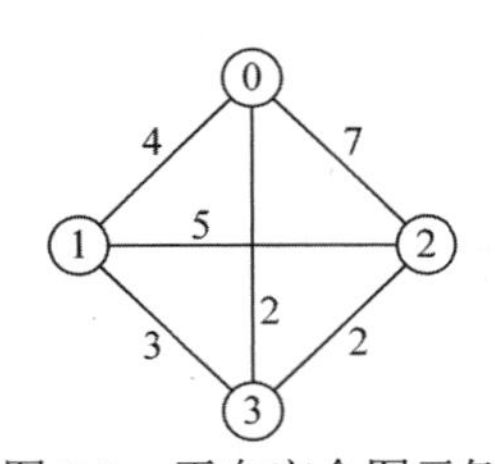

图 8-3　无向完全图示例

若可将 G 的点集 V 分成两个非空子集，使得 E 中每条边的两个端点分别属于这两个集合，则称 G 为二部图。

图中与顶点 v 关联的边数称为顶点 v 的度。度为 1 的节点称为悬挂点，连接悬挂点的边称为悬挂边。度为零的点称为孤点。在有向图中，以顶点 v 为始点的边数称为点 v 的出度，以顶点 v 为终点的边数称为点 v 的入度。

图 $G=(V,E)$，若 E' 是 E 的子集，V' 是 V 的子集，且 E' 中的边仅与 V' 中的顶点相关联，

则称 $G' = (V', E')$ 是 G 的一个子图。特别地，若 $V' = V$，则 G' 称为 G 的生成子图。图8-4给出了图8-1所示的图 G_1 和 G_2 的一个子图。

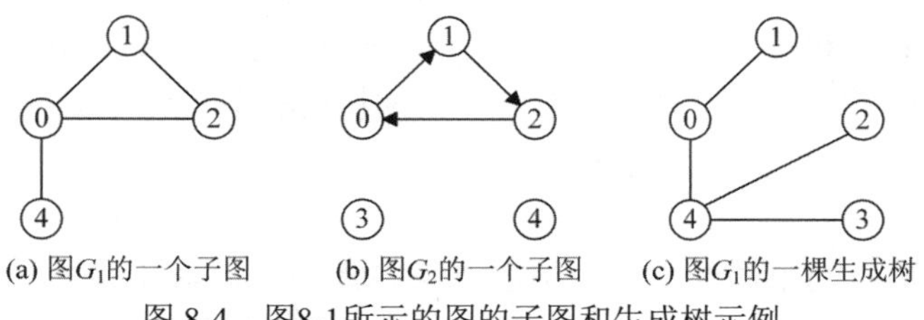

(a) 图G_1的一个子图　(b) 图G_2的一个子图　(c) 图G_1的一棵生成树

图 8-4　图8-1所示的图的子图和生成树示例

在无向图 $G = (V, E)$ 中，一条从顶点 v_0 到 v_k 的路径是一个顶点的序列 $(s, v_1, v_2, \cdots, v_{k-1}, v_k)$，使得 $(v_0, v_1), (v_1, v_2), \ldots, (v_{k-1}, v_k)$ 是图 G 的边。路径上边的数目称为路径长度。

除起始顶点和终止顶点可以相同以外，如果一条路径上的所有其他顶点各不相同，则称其为简单路径。起始顶点和终止顶点相同的简单路径称为回路。

一个图中任意两点间至少存在一条路径，则称此图为连通图。任何一个不连通图都可以分为若干个连通子图，每一个称为原图的一个分图。

8.2.2　树

树是图论中结构最简单但又十分重要的图，在自然科学和社会科学的许多领域都有广泛的应用。

连通并且不含回路的无向图称为树。树中度为 1 的顶点称为树叶，度大于 1 的节点称为分枝点。

若图 $G = (V, E)$ 中顶点的数量为 N，边的数量为 B，则下列关于 G 为树的说法是等价的。

（1）G 是一棵树。

（2）G 中无回路，且 $B = N - 1$。

（3）G 连通，且 $B = N - 1$。

（4）G 中无回路，但每加一条新边即得唯一一个回路。

（5）G 连通，但舍去任意一条边就不连通。

（6）G 中任意两点之间存在唯一一条路径。

若图 G 的生成子图是一棵树，则称该树为图 G 的生成树。图8-4(c) 是图8-1(a) 无向图 G_1 的一棵生成树。图 G 中属于生成树的边称为树枝，不在生成树中的边称为连枝。图 G 有生成树的充分必要条件是 G 为连通图。寻找图的生成树可采用深度优先搜索和广度优先搜索两种不同方法。

无向图的生成森林是由若干棵互不相交的树组成的子图，这些树包含了图中的全部顶点。

8.3　基于潮流约束的配电网辐射状约束描述方法

通过改变配电网络支路上的开关状态，可以改变配电网的拓扑结构。配电网的网络拓扑可以看作是由 B 条边和 N 个顶点组成的图；配电网在运行中的辐射状结构，可将其看作由多棵树组成的森林。因此可以采用运筹学中图和树的相关理论来研究配电网的拓扑模型。为了便于表述，后续内容将图中的边表述为支路，将顶点改用节点表述，将回路改用环路表述。

本节介绍基于潮流约束的配电网辐射状约束描述方法。对于仅含一个电源节点的配电网，要使网络呈辐射状结构，则须使所有节点和连通的支路构成一棵树。根据 8.2.2 节中树的第 3 种等价描述，易得保证配电网为辐射状结构需要满足以下两个条件：

（1）网络是连通的。

（2）闭合支路数等于节点总数减 1。

对于含有多个电源的配电网，为保证其为辐射状结构，可对上述条件进行修正：

（3）网络由多个连通子图构成，并且每个连通子图中包含一个电源节点。

（4）闭合支路数等于节点总数减去电源节点的数量。

容易证明上述两个条件是配电网满足辐射状结构的充分必要条件。其中，条件（4）可以用一条简单的等式约束表示：

$$\sum_{b=1}^{B} x_b = N - N_{\mathrm{s}} \tag{8.1}$$

式中：B 为配电网络中的支路总数；b 为支路序号，$b=1,2,\cdots,B$；x 为表示支路状态的二进制变量，当支路闭合时值为 1，当支路断开时值为 0；x_b 为第 b 条支路的状态。

对于上述条件（3），在配电网络中不含联络节点或分布式电源的情况下，可以利用潮流平衡约束使网络满足该约束。在配电网中，变电站即电源节点可提供功率，而负荷节点消耗功率，要使潮流能够平衡，则负荷节点必有一条通到电源节点的路径。由此可得每个连通子图中必包含电源节点，再结合条件（4）可得连通子图的数量和电源节点数量相同，且连通子图均为树。

在配电网重构问题中，支路的状态为整数变量，为了便于问题的求解，通常需对配电网模型进行适当的简化。若忽略三相不对称的影响和线路损耗，则潮流方程如下：

$$\sum_{(n_j)\in\Gamma_i} f_{ij} = -u_i, n_i \in \Omega_{\mathrm{u}} \tag{8.2}$$

式中：n_i 和 n_j 为第 b 条支路两端的节点；Γ_i 为节点 n_i 的邻接节点集合；f_{ij} 为由节点 n_i 流向节点 n_j 的功率，其满足关系 $f_{ij}=-f_{ji}$；u_i 为第 i 个节点的负荷量；Ω_{u} 为负荷节点集合。

支路上的潮流还应与支路状态建立联系，即若支路状态为断，则支路上无潮流通过：

$$-x_b F_b \leqslant f_{ij} \leqslant x_b F_b \tag{8.3}$$

式中：F_b 为第 b 条支路的最大功率流量。

式 (8.1)、式 (8.2) 和式 (8.3) 即为基于潮流约束的配电网辐射状约束描述模型。该模型存在的缺陷是不适用于含有联络节点的网络。因为联络节点的注入功率是 0，这将导致潮流约束失效。这一缺陷限制了该模型的通用性，一种解决方案是为所有非变电站节点额外注入一个较小的功率，以消除联络节点的影响，但该方法会在问题计算结果中引入一定的误差。

8.4　基于虚拟潮流的配电网辐射状约束描述方法

8.4.1　虚拟潮流定义

针对基于潮流约束的配电网辐射状约束描述方法无法有效处理联络节点的问题，本节介绍一种基于虚拟潮流的配电网辐射状约束描述方法。该方法仍利用 8.3 节中的条件（3）和条件（4）使配电网满足辐射状结构，并仍基于潮流平衡的思路使条件（3）得到满足。

首先对配电网的节点进行分类。一般来说，配电网中的节点可分为以下四类:

（1）变电站电源节点: 指变电站母线，作为配电网主电源;

（2）分布式电源节点: 指接有分布式电源（DG）的节点;

（3）负荷节点：指有负荷需求的节点;

（4）联络节点: 指未接发电机或负荷的节点，节点有功及无功注入功率均为零，仅用来连接相关支路，其支路功率输出等于功率输入。

对于上述网络为辐射状必须满足的条件（3）——网络由多个连通子图构成，并且每个连通子图中包含一个电源节点，表明网络中的所有带电节点均需有一条通到电源节点的路径。为了解决连通性的问题，本节定义“虚拟需求”的概念，并赋予其以下性质:

（1）虚拟需求仅由电源节点提供;

（2）除电源节点以外的其他所有带电节点均各有一个单位的虚拟需求;

（3）虚拟需求通过实际供电支路传输。

不同于实际功率需求，虚拟需求是一种假想的、虚构的需求，它的引入仅仅是为了使得任一带电节点与某一电源节点之间有由实际供电支路构成的连通路径，并未改变电源节点、分布式电源节点输出实际功率的属性或联络节点转送实际功率的属性，亦未改变配电网的拓扑结构。

例如图8-5所示是一个 9 节点配电网络示意图，其中节点 1 是电源节点，节点 5 和 7 是分布式电源节点，节点 2、3、8 是联络节点，节点 4、6、9 是负荷节点。电源节点 1 作为唯一的虚拟需求供出点向每个分布式电源节点、联络节点和负荷节点分别提供一个单位的虚拟需求，虚拟需求的流通路径在图中以实线标注。可以看出，分布式电源节点、联络节点和负荷节点的虚拟需求保证了它们与电源节点之间必须有连通路径。通过引入虚拟需求，配电网中所有带电节点均与某一电源节点处在同一个连通图中，配电网的连通性得到了严格保证。

8.4.2　模型建立

通过上述分析，为保证配电网为辐射状的条件（3）和条件（4）均能得到满足，只需在配电网问题数学模型的约束条件中分别将两个条件用数学语言描述即可。其中条件（4）可采用式 (8.1) 描述，条件（3）基于虚拟潮流的表达如下：

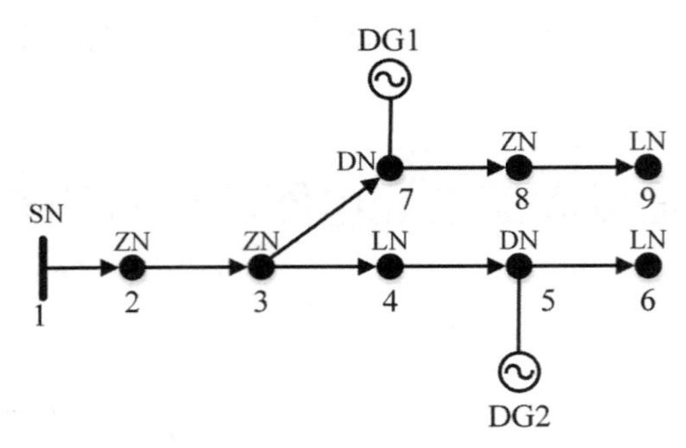

图 8-5　9 节点配电网络

$$v_{ij} = -v_{ji} \tag{8.4}$$

$$\sum_{(n_j)\in\Gamma_i} v_{ji} = 1, n_i \in \Omega_\mathrm{u} \tag{8.5}$$

式中：v_{ij} 为由节点 n_i 流向节点 n_j 的虚拟潮流。

支路上的虚拟潮流还应与支路状态建立联系，即若支路状态为开断，则支路上应无虚拟潮流通过：

$$-x_b N \leqslant v_{ij} \leqslant x_b N \tag{8.6}$$

式 (8.1)、式 (8.4)、式 (8.5) 和式 (8.6) 即为基于虚拟潮流的配电网辐射状约束描述模型。

8.5　基于图的生成树的配电网辐射状约束描述方法

配电网运行时的拓扑结构为辐射状，对于仅有一个电源的网络，其拓扑结构可视为图中的生成树；对于含有多个电源的网络，其拓扑结构可视为图的生成森林。一棵树由节点和边组成，其中有一个节点为根节点，除根节点外的每个节点有且仅有一个父节点。基于图的生成树的配电网辐射状约束描述方法也是利用 8.3 节中的条件（3）和条件（4）使配电网满足辐射状结构，不同的是该方法直接从图和生成树的概念出发推导配电网的拓扑模型。

利用图和生成树的概念，可以通过引入两个表示支路两端节点各自是否为对方的父节点的二进制变量 α_{ij} 和 α_{ji}，来使得配电网拓扑结构与图的生成树相对应。不管潮流方向如何，只有连通的支路两端节点之间存在父子层级关系。条件（3）可基于树的特性来描述：变电站节点为树的根节点，并且除了根节点（变电站节点）之外，其余节点均有且仅有一个父节点。根据上述描述可将条件（3）用如下约束来表示：

$$\sum_{(n_j)\in\Gamma_i} \alpha_{ij} = 0, n_i \in \Omega_\mathrm{s} \tag{8.7}$$

$$\sum_{(n_j)\in\Gamma_i} \alpha_{ij} = 1, n_i \in \Omega_\mathrm{u} \tag{8.8}$$

式中：α_{ij} 为引入的二进制变量，在配电网的树状结构中当节点 n_j 为节点 n_i 的父节点时值为 1，否则为 0；Ω_s 为电源节点集合。

α_{ij} 和 α_{ji} 与支路 b 相对应，需要与支路状态建立联系。若支路状态为开断，则支路两端节点不存在父子层级关系，α_{ij} 和 α_{ji} 均应为 0；若支路状态为通，则 α_{ij} 和 α_{ji} 二者中有且仅有一个为 1：

$$\alpha_{ij}+\alpha_{ji}=x_b \tag{8.9}$$

式 (8.1)、式 (8.7)、式 (8.8) 和式 (8.9) 即为基于图的生成树的配电网辐射状约束描述模型。

8.6　基于供电路径的配电网辐射状约束描述方法

8.6.1　方法原理

供电路径是指从电源到负荷的一条连通路径。基于供电路径的配电网辐射状约束描述方法从 8.2.2 节中树的第 6 种等价描述出发，得到配电网的拓扑模型。该方法将配电网中的各节点分为负荷节点和电源节点，其中电源节点指给配电网负荷供电的变电站节点。对于配电网中的任意一个负荷节点，一般有多条可供选择的供电路径。而在实际运行时，由于配电网的辐射状结构，每一个负荷节点有且仅有一条供电路径，这对于网络中存在一个或多个电源节点的情况都成立。容易证明，每一个负荷节点有且仅有一条供电路径是配电网呈辐射状结构的充分必要条件。由此可见，配电网络拓扑可以用该网络中所有负荷节点及其所有可能供电路径的集合加以描述。

定义 $\pi_{i,k}$ 为负荷节点 n_i 的第 k 条可能供电路径。设负荷节点 n_i 共有 z 条可能的供电路径，若用集合 Π_i 表示上述所有供电路径, 则

$$\Pi_i=\{\pi_{i,1},\pi_{i,2},\cdots,\pi_{i,k},\cdots,\pi_{i,z}\} \tag{8.10}$$

根据配电网辐射状运行的特点, 集合 Π_i 中的路径至多有一条是通路, 故有必要对路径的连通与否进行描述，定义二进制变量 $W_{i,k}$ 描述路径 $\pi_{i,k}$ 的状态：

$$W_{i,k}=\begin{cases}1, & \text{路径}\pi_{i,k}\text{连通}\\ 0, & \text{路径}\pi_{i,k}\text{不连通}\end{cases} \tag{8.11}$$

如上所述配电网络是辐射状的须满足：对于任意一个负荷节点 i 对应的供电路径集合，有且仅有一条是连通的，即

$$\sum_{\pi_{i,k}\in\Pi_i}W_{i,k}=1,\quad \forall i \tag{8.12}$$

不同供电路径状态之间存在约束关系：若路径 $\pi_{i,k}$ 为通路，那么包含在路径 $\pi_{i,k}$ 内的任意路径 $\pi_{l,m}$ 也是通路，即

$$W_{i,k}\leqslant W_{l,m},\quad \forall\pi_{l,m}\subset\pi_{i,k} \tag{8.13}$$

式 (8.12) 和式 (8.13) 即为基于供电路径的配电网辐射状约束描述模型。为便于理解，下面以图8-6所示的简单配电网拓扑为例阐述上述模型。在图8-6中，S_1 和 S_2 为电源节点，A、B、C 为负荷节点，1 至 6 为支路编号。该网络负荷节点的所有可能供电路径如表8.1所示。

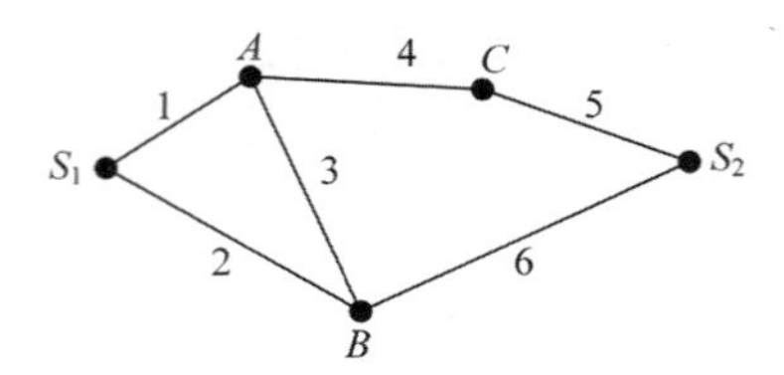

图 8-6　简单配电网拓扑

表 8.1　负荷节点的所有可能供电路径

负荷节点	供电路径	路径上的节点	路径上的支路
A	$\pi_{A,1}$	S_1,A	1
	$\pi_{A,2}$	S_1,B,A	2,3
	$\pi_{A,3}$	S_2,C,A	4,5
	$\pi_{A,4}$	S_2,B,A	3,6
B	$\pi_{B,1}$	S_1,B	2
	$\pi_{B,2}$	S_1,A,B	1,3
	$\pi_{B,3}$	S_2,B	6
	$\pi_{B,4}$	S_2,C,A,B	3,4,5
C	$\pi_{C,1}$	S_1,A,C	1,4
	$\pi_{C,2}$	S_2,C	5
	$\pi_{C,3}$	S_2,B,A,C	3,4,6

若图8-6中的网络为辐射状的，则式 (8.12) 和式 (8.13) 同时成立，得到式 (8.14) 和式 (8.15)。满足式 (8.14) 和式 (8.15) 的路径状态可使网络呈辐射状。

$$\begin{cases}\sum\limits_{\pi_{A,k}\in\Pi_A} W_{A,k}=1\\ \sum\limits_{\pi_{B,k}\in\Pi_B} W_{B,k}=1\\ \sum\limits_{\pi_{C,k}\in\Pi_C} W_{C,k}=1\end{cases} \tag{8.14}$$

$$\begin{cases}W_{B,2}\leqslant W_{A,1}\\ W_{C,1}\leqslant W_{A,1}\\ W_{A,2}\leqslant W_{B,1}\\ W_{B,4}\leqslant W_{A,3}\leqslant W_{C,2}\\ W_{C,3}\leqslant W_{A,4}\leqslant W_{B,3}\end{cases} \tag{8.15}$$

(8.16)

8.6.2　基于深度优先遍历的配电网供电路径搜索算法

应用基于供电路径的配电网辐射状约束描述方法，首先需要搜索出配电网络中的所有供电路径，本小节介绍一种基于深度优先遍历的配电网供电路径搜索算法。

为得到所有供电路径，需要对每一个电源节点分别搜索出以该电源为起点的所有供电路径。与深度优先遍历算法类似，搜索从一个电源出发的所有路径也是一个递归的过程。为了在搜索到某个节点时，能够向前推出该节点到电源节点的供电路径信息，本节采用一个堆栈结构来实现递归。将搜索得到的路径集合存入数组 R 中。

栈中存储的元素是图中的节点。基于深度优先的思路，每次成功访问一个节点后，需要令该节点入栈，再对新栈顶元素 T 的邻接点进行搜索。若 T 的所有邻接点都不满足被访问的条件，则 T 出栈。将栈中保存的节点依次相连，就能得到从栈底节点即电源节点到栈顶节点之间的一条路径。再将栈顶节点与新搜索到的节点相连，得到一条新的路径 r。新搜索到的节点，需要满足下列 3 个条件才能入栈：1）该节点不存在于栈中；2）当前生成的该节点的供电路径 r 与已经搜索得到的路径都不同；3）该节点不是电源节点。

若新搜索到的节点不满足上述任意一个条件，则继续对 T 的下一个邻接点进行搜索；否则，节点入栈，同时增加一条新的路径记录 r。若在搜索 T 的邻接点过程中没有新节点入栈，则 T 出栈，据此设置一个标记变量 f 记录 T 是否需要出栈。

所述算法的流程如图8-7所示。

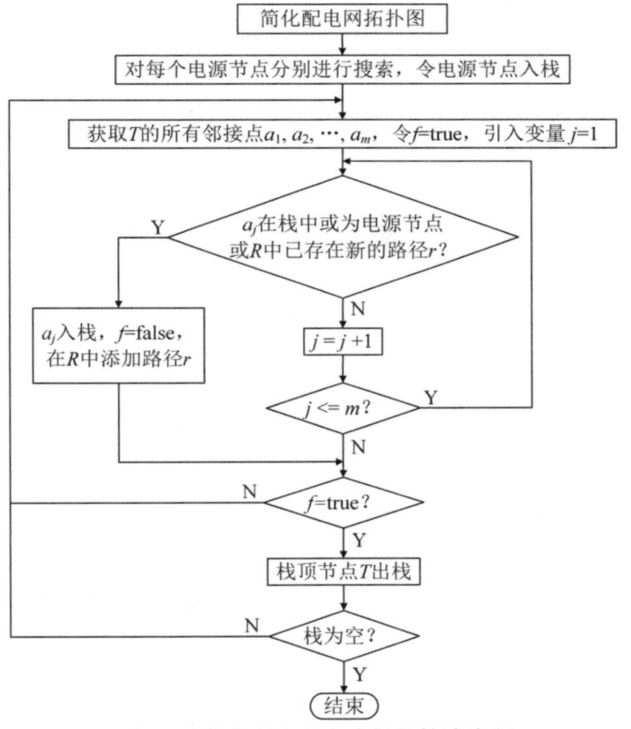

图 8-7　搜索所有供电路径的算法流程

8.7　基于供电环路的配电网辐射状约束描述方法

8.7.1　方法原理

当配电网处于弱环网运行状态时，其环路的数量远少于节点、支路或供电路径的数量，若能利用环路描述配电网拓扑，则可显著降低配电网拓扑模型的复杂度。基于此，本小节将介绍一种新的基于供电环路的配电网辐射状约束描述方法，该方法是从 8.2.2 节中树的第 2 种等价描述出发推导得到的。

首先给出配电网络中供电环路的概念。定义供电环路包含如下三类对象：

（1）网络中不包含电源节点的环路。

（2）网络中仅包含一个电源节点的环路。

（3）两个电源节点之间的路径。

在上述定义的基础上，给出配电网络满足辐射状拓扑结构的充分必要条件如下：

（1）配电网络中不存在连通的供电环路。

（2）网络中的闭合支路数等于节点总数减去电源节点数。

条件（2）与 8.3 节中的条件（4）相同，可用式 (8.1) 表示。条件（1）可以用式 (8.17) 表示：

$$\sum_{m=1}^{M_l} x_{lm} \leqslant M_l - 1 \quad l = 1, 2, \cdots, L \tag{8.17}$$

式中：L 为网络中供电环路总数；M_l 为第 l 个供电环路中的支路数量；x_{lm} 为第 l 个供电环路中的第 m 条支路的状态。

下面给出条件 1 和条件 2 是配电网满足辐射状拓扑结构的充分必要条件的证明。

易知配电网络中有如下关系：

$$\sum_{c=1}^{C} Q_c = N \tag{8.18}$$

式中：C 为网络中连通子图的数量；Q_c 为第 c 个连通子图中的节点数量。

充分性证明：

条件（1）保证了网络中不存在连通的环路，且每个连通子图上最多只有一个电源节点，则网络拓扑可能存在不满足辐射状结构的情况仅为网络中存在无电源的孤岛。下面采用反证法证明。

假设网络不满足辐射状拓扑，则如上所述网络中将存在孤岛。由于每个连通子图上最多只有一个电源节点，可得连通子图的数量 $C > N_{\mathrm{s}}$。又由于每个连通子图内部无闭合环路，即连通子图呈树状结构，则每个子图中的闭合支路数量满足式 (8.19) 关系。

$$\sum_{r=1}^{R} x_{cr} = Q_c - 1 \tag{8.19}$$

式中：x_{cr} 为第 c 个连通子图中第 r 条支路的状态，$c = 1, 2, \cdots, C$。

利用式 (8.18) 和式 (8.19) 求出网络中闭合的支路总数，如式 (8.20) 所示。

$$\sum_{c=1}^{C} \sum_{r=1}^{R_c} x_{cr} = \sum_{c=1}^{C} (Q_c - 1) = N - C \tag{8.20}$$

由于 $C > N_{\mathrm{s}}$，网络中闭合的支路总数 $N - C < N - N_{\mathrm{s}}$，与配电网中有 $N - N_{\mathrm{s}}$ 条闭合的支路这一条件矛盾，可得假设不成立，网络满足辐射状拓扑，充分性得证。

必要性证明：

若配电网拓扑是辐射状的，则显然网络中不存在连通的供电环路，配电网络中不存在连通的供电环路这一条件成立。另外辐射状拓扑的连通子图均为树状结构，因此连通子图中闭合的支路数量满足式 (8.19)。每个连通子图中包含 1 个电源，则连通子图的个数与电源数量相同，即有 $C=N_{\mathrm{s}}$。式 (8.21) 给出网络中闭合的支路总数。

$$\sum_{c=1}^{C}\sum_{r=1}^{R_c}x_{cr}=\sum_{c=1}^{N_{\mathrm{s}}}(Q_c-1)=N-N_{\mathrm{s}} \tag{8.21}$$

由式 (8.21) 可得配电网中有 $N-N_{\mathrm{s}}$ 条闭合的支路这一条件也成立，故必要性得证。

式 (8.1) 和式 (8.17) 即为基于供电环路的配电网辐射状约束描述模型。

8.7.2 配电网供电环路搜索算法

采用上述基于供电环路非连通条件的方法描述配电网的辐射状约束，首先需要获取配电网中所有的供电环路。本节将介绍一种基于深度优先遍历的供电环路搜索算法，用以获取配电网中的所有供电环路。

1. 基本供电环路的搜索算法

图的基本环路可由其生成树得到，在生成树中加入任意一条连枝都会产生一个环路，这些环路的集合即为图的一组基本环路。

将获得基本环路的方法推广到基本供电环路。基本供电环路可由图的生成森林得到。配电网的辐射状结构即可视为是其拓扑图的一个生成森林，每棵树中包含了一个电源，加入任意一条连枝，则会产生一个环路，或将两棵树合并为一棵树从而产生从一个电源到另外一个电源的一条路径，这些环路和路径的集合构成一组基本供电环路。

本节提出基于深度优先遍历的算法，在搜索生成森林的过程中得到基本供电环路。设计搜索配电网络中所有基本供电环路的算法详细流程如下：

配电网的辐射状结构可视为其拓扑图的一个生成森林，基本供电环路可由图的生成森林得到。该算法详细流程如下：

（1）初始化所有节点为未被访问状态。

（2）依次对每个电源节点进行搜索，令电源节点入栈。

（3）获取栈顶节点的邻接节点 $n_1,n_2,\cdots,n_A$，其中 A 为邻接节点的数量。令变量 $f=\mathrm{true}$，$i=1$。

（4）判断是否已访问过 n_i，若是，则转入（7）。

（5）判断 n_i 是否为电源或栈中是否已存在 n_i，若否，则令 n_i 入栈，$f=\mathrm{false}$，并转入 9。

（6）找到一条新的供电环路，将其记录。

（7）$i=i+1$。

（8）判断 $i\leqslant A$ 是否成立，若是，则转入（4）。

（9）判断 $f=\mathrm{true}$ 是否成立，若否，则转到（3）。

（10）栈顶节点出栈，并标记为已访问。

（11）判断栈是否为空。若否，则转入（3）；若是，则搜索完成，结束。

上述算法的流程图如图8-8所示。

2. 基本供电环路组合得到所有供电环路

确定配电网拓扑图中的支路以某一顺序排列，在之后的分析中保持该顺序不变。为每个供电环路定义一个长度为 B 的二值数组，数组中的每一个元素对应一条支路，对应支路的

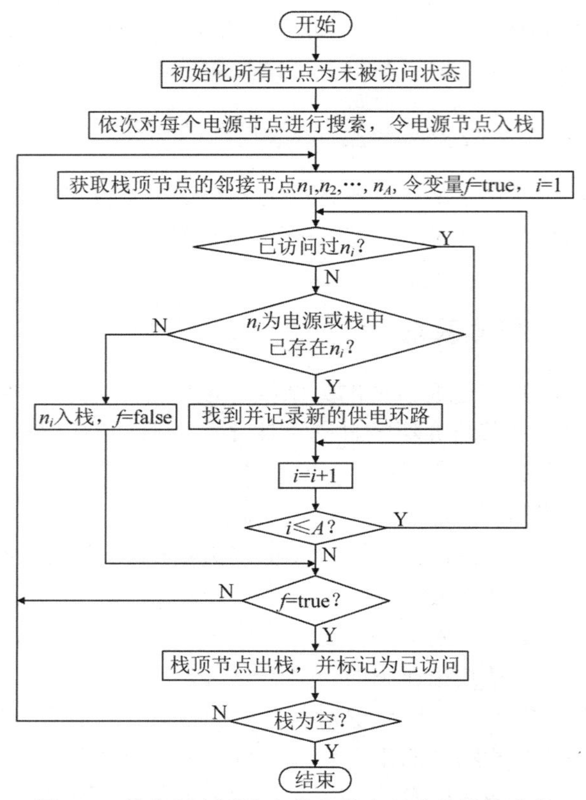

图 8-8　搜索配电网络中基本供电环路的算法流程

顺序与前面确定的顺序相同。对于供电环路中包含的那些支路，对数组中的相应位置元素赋值为 1，其他位置的元素赋值为 0。两个供电环路的组合方法为对两者的二值数组逐位进行异或运算，这样新的供电环路中仅保留了二者各自独有的支路。

由基本供电环路组合得到所有供电环路的过程如下：在供电环路集合中，初始加入一个基本供电环路。然后依次从剩余的基本供电环路中取出一条基本供电环路，与集合中所有的供电环路进行上述的组合操作，并将该基本供电环路与新得到的供电环路加入集合中。最后对得到的供电环路中的支路按拓扑连接顺序排列，若支路无法连接到一起，则说明该组合得到的供电环路不存在，应将其从供电环路集合中删除。

以图8-9所示网络为例说明上述组合过程，其中 G1 和 G2 为电源，D1 ~ D4 为负荷，数字 1 ~ 7 表示支路编号，支路按编号从小到大的顺序排列。

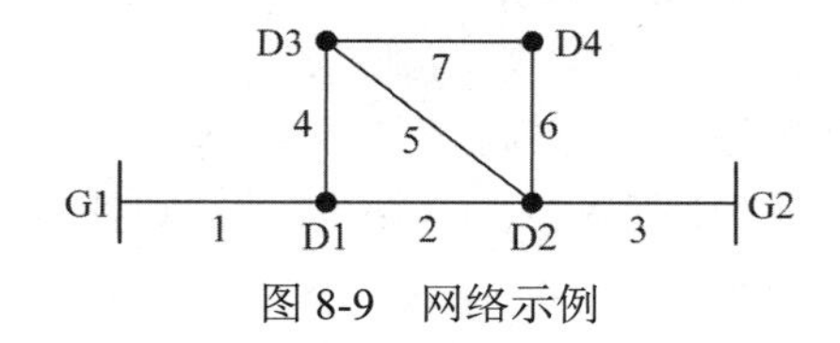

图 8-9　网络示例

图8-9中有 3 条基本供电环路，设用上一节中的算法搜索得到的基本供电环路为 1—2—3、2—4—5 和 5—6—7。则这三条基本供电环路对应的二值数组分别为 [1,1,1,0,0,0,0]、

[0,1,0,1,1,0,0] 和 [0,0,0,0,1,1,1]。

初始在供电环路集合中加入 1—2—3，先对 2—4—5 进行组合，将它们的二值数组进行逐位异或运算，得到 [1,0,1,1,1,0,0]，即供电环路 1—4—5—3。将供电环路 2—4—5 和 1—4—5—3 加入集合中。再令 5—6—7 与集合中的供电环路进行组合，得到 1—2—3—5—6—7、2—4—6—7 和 1—4—7—6—3，并将它们加到集合中。

然后对集合中供电环路的支路按拓扑连接顺序排列，得出其中 1—2—3—5—6—7 的支路无法首尾相连，将其删去。

最终得到图8-9所示网络中的所有供电环路为 1—2—3、2—4—5、1—4—5—3、5—6—7、2—4—6—7 和 1—4—7—6—3。

8.8　配电网拓扑描述方法对比

本小节将本章介绍的 5 种配电网拓扑模型进行对比，分析每种方法的复杂程度及其适用场合。

基于网络潮流平衡约束的配电网辐射状约束描述方法较为简单，该方法采用潮流平衡约束使得负荷节点与电源节点的连通性得到保证，而潮流平衡约束在配电网重构等问题的分析中是必须考虑的，因此该方法仅额外引入了式 (8.1) 来描述配电网的拓扑。但是该方法给出的约束条件并非是使网络满足辐射状结构的充分必要条件，当网络中存在联络节点等注入功率为 0 的节点时，该方法将会失效。

基于虚拟潮流的配电网辐射状约束描述方法、基于图的生成树的配电网辐射状约束描述方法、基于供电路径的配电网辐射状约束描述方法和基于供电环路的配电网辐射状约束描述方法均能够确保配电网络的辐射状结构。其中基于虚拟潮流的配电网辐射状约束描述模型中的变量为网络中的支路状态和支路虚拟流量，基于图的生成树的配电网辐射状约束描述模型中的变量为支路状态和节点间的父子层级关系，基于供电路径的配电网辐射状约束描述模型中的变量为网络中的供电路径状态，基于供电环路的配电网辐射状约束描述模型中的变量为支路状态。令 P 表示网络中的供电路径数量，这 4 种不同配电网拓扑模型的变量个数、变量类型和约束方程数量对比如表8.2所示。

表 8.2　不同配电网拓扑模型对比

模型	变量个数	变量类型	约束方程数量
虚拟潮流模型	$2B$	支路状态、支路虚拟流量	$2B+N+1$
图的生成树模型	$3B$	支路状态、节点间父子层级关系	$B+N$
供电路径模型	P	供电路径状态	$N+P-2N_\mathrm{s}$
供电环路模型	B	支路状态	$L+1$

根据上述分析可知，当配电网络中不存在联络节点等注入功率为 0 的节点时，采用基于网络潮流平衡约束的配电网辐射状约束描述方法是最合适的，而当网络中存在注入功率为 0 的节点时，应当采用其他方法。当配电网络处于弱环网的运行状态时，采用基于供电环路的配电网辐射状约束描述方法是合适的。而当配电网络中的环路数量较多时，应采用基于虚拟潮流的配电网辐射状约束描述方法或基于图的生成树的配电网辐射状约束描述方法。

当所要分析的配电网问题与供电路径紧密相关，或用路径对问题进行描述更为简洁时，可采用基于供电路径的配电网辐射状约束描述方法。

8.9　总　结

本章介绍了 5 种配电网拓扑描述方法：基于网络潮流平衡约束的配电网辐射状约束描述方法、基于虚拟潮流的配电网辐射状约束描述方法、基于图的生成树的配电网辐射状约束描述方法、基于供电路径的配电网辐射状约束描述方法和基于供电环路的配电网辐射状约束描述方法。配电网拓扑模型是第 9 章将要介绍的配电网重构技术的理论基础之一，在第 9 章将会涉及这些方法。这些方法的复杂程度与配电网络的结构特点、所要分析的具体问题之间有较强的相关性，在实际应用时应选择合适的方法，以提高问题分析的效率。

参考文献

1. Lavorato M, Franco J F, Rider M J, et al. Imposing radiality constraints in distribution system optimization problems[J]. IEEE Transactions on Power Systems, 2012, 27(1): 172-180.
2. Capitanescu F, Ochoa L F, Margossian H, et al. Assessing the potential of network reconfiguration to improve distributed generation hosting capacity in active distribution systems[J]. IEEE Transactions on Power Systems, 2015, 30(1): 346-356.
3. Hong Haifeng, Hu Zhesheng, Guo Ruipeng, et al. Directed graph-based distribution network reconfiguration for operation mode adjustment and service restoration considering distributed generation[J]. Journal of Modern Power Systems and Clean Energy, 2017, 5(1): 142-149.
4. Jabr R A, Singh R, Pal B C. Minimum loss network reconfiguration using mixed-integer convex programming[J]. IEEE Transactions on Power Systems, 2012, 27(2): 1106-1115.
5. Taylor J A, Hover F S. Convex models of distribution system reconfiguration[J]. IEEE Transactions on Power Systems, 2012, 27(3): 1407-1413.
6. Ramos E R, Exposito A G, Santos J R, et al. Path-based distribution network modeling: application to reconfiguration for loss reduction[J]. IEEE Transactions on Power Systems, 2005, 20(2): 556-564.
7. 孙明, 董树锋, 夏圣峰, 等. 基于路径描述的馈线分区 N-1 可装容量计算方法 [J]. 电力系统自动化, 2017, 41(16): 123-129.
8. 徐成司, 董树锋, 孙洲, 等. 基于网络简化和深度优先遍历的配电网路径搜索算法 [J]. 电力系统自动化, 2017, 41(24): 170-176.
9. 徐成司, 董树锋, 朱嘉麒, 等. 基于供电环路非连通条件的配电网辐射状约束描述方法 [J]. 电力系统自动化, 2019, 43(20): 82-94.

第9章　配电网重构与供电能力分析

9.1　概　述

9.1.1　配电网重构

自从20世纪80年代后期，配电网重构因在降低网络损耗、提高系统运行经济性和安全性方面具有显著效益而逐渐受到国内外学者广泛的关注。早期的配电网重构侧重于研究如何确定合理的供电路径给用户供电从而降低供电成本，但是随着配电网自动化程度的日益提高，越来越多的学者开始研究网络重构在配电自动化系统中的应用，现有研究成果表明通过网络重构的手段可以优化配电网运行，在经济和技术上都具有重要的实用价值。

配电网中的开关一般可分为两类：常闭的分段开关和常开的联络开关。分段开关安装在两段线路之间，将一条长线路分成许多线路段；联络开关负责联络两个主变电站、两条主馈线或环路形式的分支线路。这两种开关主要起两方面作用：

（1）在配电网正常运行时，通过改变开关的开闭状态重新设计网络拓扑结构，从而达到降低网络损耗、改善电压分布等目标；

（2）当线路发生故障时，迅速断开故障线路两端的分段开关将故障隔离，通过闭合联络开关将非故障线路上的失电负荷转移到其他线路，从而缩小停电范围、提高供电可靠性。

与此相对应，配电网重构也分为两种类型：优化重构和故障恢复重构。优化重构是指在满足配电网运行约束的前提下，通过改变分段开关和联络开关的开闭状态来改变配电网的拓扑结构，从而达到特定的目标，如降低网络损耗、改善电压分布、均衡线路负载等。故障恢复重构是指当配电网某处发生故障导致部分区域停电后，将受影响的非故障线路上的负荷通过联络开关转移到其他线路，从而对停电负荷恢复供电，其主要目的是恢复尽可能多的受故障影响而停电的负荷。

配电网优化重构和故障恢复重构都属于多变量混合整数规划问题，其主要区别在于应用场合及重构目的不同。优化重构的目的是在配电网正常运行情况下提高其经济性和安全性，然而频繁的开关操作会影响开关寿命，一般不会经常对配电网进行优化重构，只有当特定指标不满足要求，如网络损耗超过经济值、线路长时间不均衡带负载运行时才会操作开关改变网络结构。故障恢复重构的目的是在线路发生故障的情况下及时转移非故障线路上的停电负荷，从而提高供电可靠性、缩短停电时间。除此之外，两者重构后的网络拓扑结构不同，由于优化重构不存在故障的问题，节点的带电状态不变，重构后的网络仍然是连通的辐射型网络；而对于故障恢复重构，当配电网中存在充足的备用电源时能保证非故障失电区域重新恢复供电，但如果备用电源容量不足，则会造成部分非故障停电区域的负荷无法恢复供电，即存在失电节点，配电网也不再是一个连通的网络。

一般而言，配电网优化重构和故障恢复重构具有以下几点意义：

（1）降低网络损耗、提高运行经济性。降低配电网功率损耗，提高配电网运行的经济性是电力系统相关学者长期以来研究的问题。通过合理的网络重构可以优化配电网运行方式，提高经济性。

（2）均衡线路负荷，提高供电质量。配电网中存在不同类型的负荷，如工业型、商业型、民用型负荷等，由于这些负荷在配电网中所处的位置不均匀，各个变压器或馈线的负载率也并不均衡，因此在配电网中长期规划阶段，通过网络重构将负荷从重负载变压器或馈线转移到轻负载变压器或馈线上，可以均衡线路负载、改善电压分布、提高供电质量。

（3）提高供电可靠性。当配电网发生故障，迅速隔离故障后，将非故障区域的停电负荷及时转移到其他馈线，保证其正常供电，缩小停电范围，提高了供电可靠性。

在配电网重构技术的基础上可以进行配电网 $N-1$ 安全校验和供电能力分析等问题的分析。

9.1.2　配电网 $N-1$ 安全校验

配电网 $N-1$ 准则要求配电网中任意设备故障时，可以通过分段/联络开关实现故障隔离，并通过馈线有效联络实现负荷转供，实现对负荷持续良好供电。配电网 $N-1$ 安全分析可提高配电网在正常或检修时的抗干扰能力，提高用户用电质量，可有效反映配电网的坚强程度。同时，配电网 $N-1$ 安全分析对配电网的合理规划具有重要指导意义，可优化配电网网架建设，带来可观的经济效益。

现有的负荷转供算法大致可分为启发式搜索算法、随机优化算法、专家系统法、混合算法和混合整数线性规划算法等五类。

（1）启发式搜索算法。启发式算法可有效缩小解空间，适应各种结构不同的网络，但解的质量依赖于网络初始状态，随着配电网络复杂度的提高，设计合理的启发式规则较为困难。

（2）随机优化算法。随机优化算法采用较完善的配电网供电恢复模型，利用模拟退火算法、遗传算法、粒子群算法、蚁群算法等寻优算法得到负荷转供的最优或次优方案，但迭代收敛较慢，计算时间较长，实时性差。

（3）专家系统法。专家系统法模拟人类专家的决策过程，能够自动生成故障后负荷转供方案，实时性好，适用性广，但知识库的建立和集成耗时较长，且难以涵盖所有故障情况。

（4）混合算法。结合以上算法的优缺点和适用范围，一些学者提出了混合算法。例如文献 [2] 将二进制粒子群算法和差分进化算法相结合，提出了一种能够同时考虑配电网重构和孤岛划分的负荷转供策略。

（5）混合整数线性规划算法。文献 [13] 提出的混合整数线性规划算法在配电网络重构中利用了第 8 章的配电网拓扑模型，避免了不可行配电网结构的产生，并且具有较好的收敛性和较快的计算速度。

本章重点介绍负荷转供的混合整数线性规划算法，基于该算法进行配电网 $N-1$ 安全校验。

9.1.3　配电网供电能力分析

配电网的供电能力与输电网的输电能力指标对应。自 2000 年以来，随着我国城乡电网的大规模建设改造，供电能力逐渐成为评价配电网规划建设水平的重要指标。目前，文献中所研究的供电能力一般是指配电网最大供电能力 (Total Supply Capability, TSC)。TSC 是指在一定供电区域内，配电网满足 $N-1$ 安全准则的条件下，考虑变电站与馈线转供能力和实际运行约束下的最大负荷供应能力，其定义如下：

设所研究供电区域的配电网络中有 N_c 个元件，当第 i 个元件因检修或故障退出运行后，考虑变电站与馈线转供能力和实际运行约束后，可以提供的最大负荷为 $A_i^{\max}$，则该配电网络的最大供电能力 TSC 为

$$TSC = \min\left\{A_1^{\max}, A_2^{\max}, \cdots, A_{N_c}^{\max}\right\} \tag{9.1}$$

变电站主变容量和台数，馈线容量与网络联络情况均会影响配电网的供电能力。传统规划方法采用试探性逼近或后验式手段对配电网供电能力进行校核，对负荷预测的准确性依赖较大；与此不同，TSC 更强调在未知负荷容量和分布时，计算满足配电网安全约束的最大供电负荷，可以充分挖掘现有配电网的供电潜力，适用于已有配电网的分析优化。

配电网供电能力的研究分析经历了如下 3 个阶段：

（1）以变电容量评估配电网供电能力阶段。

该阶段的评估方法以变电容载比法为典型。变电容载比是指一个供电区域内同一电压等级的变压器总容量与对应的负荷总容量之比。变电容载比主要反映变压器的备用容量，宏观上评估了配电网供电能力。若容载比较高，表示该区域配电网供电能力较强，电网建设成本投入较早；反之，表示该地区供电能力不足，电网适应性差。但是，该方法未考虑配电网的网架结构与变电站联络对供电能力的影响，所得评估结果过于保守，不能全面评估配电网供电能力。

（2）考虑网络供电能力的评估阶段。

该阶段的典型评估方法有最大负荷倍数法、重复潮流法、线性规划法和模糊评价法等。该类评估方法不仅考虑主站变压器的容量，同时计及配电馈线的容量，所得结果更加贴合实际，但仍未考虑实际网络联络结构对配电网供电能力的影响。

最大负荷倍数法以网络现有负荷为基础，以变电站与馈线不过载为约束条件，建立配电网供电能力评估模型，并提出针对性的配电网规划方案，算法较为简单且易于实现。但该算法依赖于网络现有负荷的分布情况，负荷增长采用线性方式估测，与实际差别较大。

重复潮流法采用试探性逼近方法，同时考虑了系统的无功功率和电压对配电网供电能力的影响。根据一定的比例分配负荷至各个节点，然后进行潮流计算；若满足支路潮流和电压约束，则按一定规则增大系统负荷，再次进行潮流计算，直至增加较小的负荷即会导致潮流或电压越限。该算法简单易于实现，但未考虑配电网 $N-1$ 约束。

线性规划法基于直流潮流模型，忽略了线路电阻电容，假设网络各母线节点电压相等，

只考虑线路有功潮流，经一次优化即可算得配电网供电能力，方法简单且易于实现，但未考虑无功功率和电压的影响，计算结果较为局限。

模糊评价法通过综合考虑系统各项供电指标，较为全面地考虑了各类影响因素，可对配电网供电能力的强弱进行定性分析；但无法定量计算，给出配电网供电能力的具体数值。

（3）计及配电网 $N-1$ 准则，考虑主变、馈线容量和网络拓扑互联的评估阶段。

该阶段的评估方法考虑了配电网 $N-1$ 安全约束和网络联络情况，得到的供电能力评估结果更为合理、可靠。

9.2　配电网网络重构与恢复控制的凸优化模型

9.2.1　最优化问题简介

配电网重构是在满足配电网运行约束的前提下，通过改变分段开关和联络开关的开闭状态来改变配电网的拓扑结构，从而达到特定的目标，属于最优化问题（也称为规划问题）。本小节首先对最优化问题的相关基础知识进行介绍。

最优化问题是指在一定约束条件下，求解一个目标函数最大值（或最小值）的问题。最优化问题可按如下几种方式进行分类。

（1）按约束类型分类。在最优化问题中，根据是否有变量的约束条件，可以将优化问题分为无约束优化问题和约束优化问题。其中约束优化问题又可以分为等式约束问题、不等式约束问题和混合约束问题三类。

（2）按目标和约束函数类型分类。如果目标函数和所有的约束函数都为线性函数，则该问题为线性规划问题。相反，如果目标函数或任何一个约束函数为非线性函数，则该问题为非线性规划问题。

（3）按变量类型分类。对于最优化问题，如果所有变量的值域均为实数域，则为连续优化问题；如果所有变量只能取整数，则相应的最优化问题为整数规划；如果仅一部分变量限制为整数，则为混合整数规划问题。整数规划的一种特殊情形是 0-1 规划，其整数变量只能取 0 或 1。

在非线性优化问题中，一类比较特殊的问题是凸优化问题。在凸优化问题中，变量的可行域为凸集，即对于可行域中的任意两点，它们连线上的每个点都位于可行域内。此外，凸优化的目标函数也必须为凸函数，即满足：

$$f(tx+(1-t)y) \leqslant tf(x)+(1-t)f(y) \tag{9.2}$$

式中：f 为凸函数；x 和 y 为定义域上的任意两点；t 为 $(0,1)$ 上的任意常数。

凸优化问题具有如下性质：

（1）凸优化问题的任一局部极小点是全局极小点，且全体局部极小点的集合为凸集。

（2）当凸优化的目标函数为严格凸函数时，若存在最优解，则这个最优解一定是唯一的最优解。

因为凸优化具有上述较好的性质，因此在某种意义上凸优化相比一般的最优化问题更容易求解。

二阶锥规划是一类可行域为二阶锥的凸优化问题，能够使用内点法快速地求解。满足如下不等式的点集为二阶锥：

$$||\boldsymbol{Ax}+\boldsymbol{b}||_2 \leqslant \boldsymbol{c}^{\mathrm{T}}\boldsymbol{x}+\boldsymbol{d} \tag{9.3}$$

式中：$\boldsymbol{A}$ 为常矩阵；$\boldsymbol{x}$ 为变量构成的数组；$\boldsymbol{b}$、$\boldsymbol{c}$、$\boldsymbol{d}$ 为维数与变量数量相同的常向量。

本节将通过数学规划的形式对配电网网络重构与故障恢复进行描述，由于严格的数学模型属于非线性非凸规划，较难求解，因此可以选择引入二阶锥凸松弛技术和线性化方法，将模型转为具有凸可行域的形式以便求解，下面将对此建立其混合整数二阶锥规划模型与混合整数线性规划模型。

9.2.2　网络重构的混合整数二阶锥规划模型

1. 网络重构的目标函数

主动配电网进行网络重构的目标有多种，如降低网络有功损耗，降低系统一定时间段内能量损耗，使线路负载均衡，提高系统供电可靠性等。对应的优化目标函数如下：

（1）降低网络有功损耗

$$\min \sum_{(ij)\in\Phi_1} r_{ij}\frac{P_{ij}^2+Q_{ij}^2}{V_i^2} \tag{9.4}$$

式中：Φ_1 表示配电网中所有支路集合；r_{ij} 为支路 ij 的电阻值；P_{ij} 和 Q_{ij} 分别表示支路 ij 首端的有功和无功功率，方向为从节点 n_i 流向节点 n_j；V_i 表示节点 n_i 的电压幅值。

若采用支路电流 i_{ij} 的形式表示有功损耗，则目标函数为

$$\min \sum_{(ij)\in\Phi_1} r_{ij}i_{ij}^2 \tag{9.5}$$

并且有

$$i_{ij}^2=\frac{P_{ij}^2+Q_{ij}^2}{V_i^2} \tag{9.6}$$

（2）降低系统在一段时间内的能量损耗

所考虑的时间尺度 T 可以是一日、一周、一年等，通常结合开关操作费用以最小化总的损耗成本，目标函数可表示如下：

$$\min(\sum_{t=1}^{T}\lambda_t P_{\mathrm{loss},t}+\sum_{l=1}^{N_{\mathrm{k}}}C_l(k_l)) \tag{9.7}$$

式中：λ_t 为第 t 时间段内单位能量消耗的费用系数，可用实时电价表示；$P_{\mathrm{loss},t}$ 为第 t 时间段内的有功功率损耗，如式 (9.4) 或 (9.5) 所示；$C_l(k_l)$ 表示第 l 个开关在所考虑的时间段内切换开关状态 k_l 次所需的费用；N_{k} 为总的开关数目。

（3）均衡线路负载

为留出足够的安全裕度、保证供电质量，一般需要将负荷合理地分配到各个支路上，使线路负载均衡。目标函数可表示如下：

$$\min \sum_{(ij)\in\Phi_1} \frac{P_{ij}^2+Q_{ij}^2}{\overline{s}_{ij}^2} \tag{9.8}$$

式中：$\overline{s}_{ij}$ 为支路 ij 的视在功率限值。式 (9.8) 是对所有支路的负载程度 $(P_{ij}^2+Q_{ij}^2)/\overline{s}_{ij}^2$ 相量取 2 范数，若取无穷范数，则可以表示为

$$\min(\max_{(ij)\in\Phi_1} \frac{P_{ij}^2+Q_{ij}^2}{\overline{s}_{ij}^2}) \tag{9.9}$$

（4）提高系统供电可靠性

配电系统的供电可靠性评价指标有很多，包括用户平均停电时间 (AIHC)、用户平均停电次数 (AITC)、平均停电缺供量 (AENS)、故障停电平均持续时间 (AID) 和供电可靠率 (SA) 等。对于实际的主动配电网网络重构问题，要综合考虑网络损耗、开关操作次数、安全裕度和系统可靠度等多个指标。一般可根据重要等级和需求，对上述目标函数进行加权组合，也可以使用模糊理论对重构方案进行综合评价。接下来将主要以降低系统有功损耗为目标，建立基于 DistFlow 支路潮流的网络重构混合整数二阶锥规划（MISOCP）模型。

2. 网络重构的约束条件

（1）辐射状拓扑约束

为保护整定和减小短路电流，一般要求配电网呈辐射状运行，即网络中不存在环状拓扑结构。第 8 章对配电网辐射状拓扑约束的数学描述方法进行了详细讨论，给出了基于网络潮流平衡约束、基于虚拟潮流、基于图的生成树、基于供电路径和基于供电环路的配电网辐射状约束描述方法。在配电网络重构中可选用其中的一种方法描述网络辐射状拓扑约束，本小节中选用基于网络潮流平衡约束的配电网辐射状约束描述方法。

（2）电压安全约束

$$\underline{V_i} \leqslant V_i \leqslant \overline{V}_i \tag{9.10}$$

式中：$\underline{V_i}$ 和 $\overline{V}_i$ 分别为节点 n_i 的电压幅值下限和上限。

（3）支路容量约束

配电网络中每条线路都有一定传输容量，若实际传输电量过大，将使得电线严重发热，导致线路损耗增加且容易损伤输电线。线路容量可用视在功率平方 $\overline{s_{ij}}^2$ 为限进行描述：

$$P_{ij}^2+Q_{ij}^2 \leqslant \overline{s_{ij}}^2 \tag{9.11}$$

然而上式并不完善，如果支路 ij 断开，支路潮流 P_{ij} 和 Q_{ij} 应该为 0，因此改进为

$$P_{ij}^2+Q_{ij}^2 \leqslant z_{ij}\overline{s_{ij}}^2 \tag{9.12}$$

式中：z_{ij} 为描述支路 ij 投切状态的二进制变量，为 0 时表示支路断开，为 1 时表示支路闭合。

（4）DistFlow 支路潮流约束

文献 [8] 提出了辐射状配电网的 DistFlow 支路潮流方程。与第 6.1 节中的潮流方程相比，DistFlow 支路潮流在线路模型中忽略了其并联导纳，有利于提高计算效率。

$$\sum_{k:(jk)\in\Phi_1} P_{jk} = \sum_{i:(ij)\in\Phi_1} (P_{ij} - r_{ij}\frac{P_{ij}^2 + Q_{ij}^2}{V_i^2}) - P_j^{\mathrm{L}} \tag{9.13}$$

$$\sum_{k:(jk)\in\Phi_1} Q_{jk} = \sum_{i:(ij)\in\Phi_1} (Q_{ij} - x_{ij}\frac{P_{ij}^2 + Q_{ij}^2}{V_i^2}) - Q_j^{\mathrm{L}} \tag{9.14}$$

$$V_i^2 - V_j^2 = 2(r_{ij}P_{ij} + x_{ij}Q_{ij}) - (r_{ij}^2 + x_{ij}^2)\frac{P_{ij}^2 + Q_{ij}^2}{V_i^2} \tag{9.15}$$

式中：P_j^{L} 和 Q_j^{L} 分别表示节点 n_j 处计及分布式电源出力的净流出有功和无功负荷。

对于网络重构而言，DistFlow 潮流约束并不完善，仍存在以下三个问题需要解决：

（1）防止零注入孤立节点的存在

零注入节点是指本身没有净注入功率的节点，即 P_j^{L} 和 Q_j^{L} 均为 0，如图9-1所示。

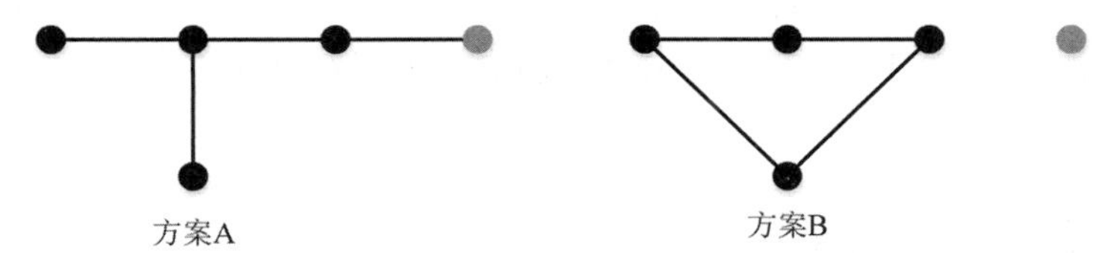

图 9-1　零注入节点

图中浅灰色节点表示零注入节点。重构方案 A 和 B 均满足辐射状约束式 (8.1) 和潮流约束，但方案 B 中却出现了孤立节点和环状结构并存的情况，显然不符合要求。为防止这种情况存在，将式 (9.13) 和式 (9.14) 分别改进为

$$\sum_{k:(jk)\in\Phi_1} P_{jk} = \sum_{i:(ij)\in\Phi_1} (P_{ij} - r_{ij}\frac{P_{ij}^2 + Q_{ij}^2}{V_i^2}) - P_j^{\mathrm{L}},\ \left|P_j^{\mathrm{L}}\right| \geqslant \delta \tag{9.16}$$

$$\sum_{k:(jk)\in\Phi_1} Q_{jk} = \sum_{i:(ij)\in\Phi_1} (Q_{ij} - x_{ij}\frac{P_{ij}^2 + Q_{ij}^2}{V_i^2}) - Q_j^{\mathrm{L}},\ \left|Q_j^{\mathrm{L}}\right| \geqslant \delta \tag{9.17}$$

式中：δ 表示一个很小的正数，需要注意的是，式 (9.16) 和式 (9.17) 中新添加的不等式并非约束条件，而是人为设定所有节点的注入量必须大于等于 δ(如果原注入量为 0，则强制设为 δ)。由于 δ 很小，对实际求解影响可忽略不计，此时存在孤立节点的方案 B 一类将不再满足潮流约束而被排除在求解结果之外。

（2）支路断开的影响

倘若支路 ij 处于断开状态，约束条件式 (9.12) 会将 P_{ij} 和 Q_{ij} 限制为 0，而此时式 (9.15) 将会转变为 $V_i^2 - V_j^2 = 0$，即强制不相连支路两端电压幅值相等，这是不合理的。对此引入大 M 方法，将式 (9.15) 转为如下形式：

$$\begin{cases} m_{ij} = (1 - z_{ij}) \cdot M \\ V_i^2 - V_j^2 \leqslant m_{ij} + 2(r_{ij}P_{ij} + x_{ij}Q_{ij}) - (r_{ij}^2 + x_{ij}^2)\dfrac{P_{ij}^2 + Q_{ij}^2}{V_i^2} \\ V_i^2 - V_j^2 \geqslant -m_{ij} + 2(r_{ij}P_{ij} + x_{ij}Q_{ij}) - (r_{ij}^2 + x_{ij}^2)\dfrac{P_{ij}^2 + Q_{ij}^2}{V_i^2} \end{cases} \tag{9.18}$$

式中：M 是一个很大的正数。

（3）非凸形式的凸化处理

由于式 (9.16)、(9.17)、(9.18) 的强非凸形式，该网络重构模型是一个非凸规划，较难求解。为此引入二阶锥松弛技术，将原模型转化为一个 MISOCP 问题。

3. 非凸约束的 SOC 松弛

本小节将给出完整的网络重构 MISOCP 模型，首先定义新优化变量——节点电压幅值的平方 U_i 和支路电流幅值的平方 L_{ij}：

$$U_i = V_i^2 \tag{9.19}$$

$$L_{ij} = i_{ij}^2 = \frac{P_{ij}^2 + Q_{ij}^2}{V_i^2} \tag{9.20}$$

在模型中添加式 (9.19) 和式 (9.20) 两个新约束，用新变量代替原目标函数和约束条件中的对应项，并将支路容量约束式 (9.12) 用电流幅值约束式 (9.21) 替代。

$$L_{ij} \leqslant z_{ij}\overline{i_{ij}}^2 \tag{9.21}$$

式中：$\overline{i_{ij}}$ 为支路 ij 的电流幅值限值。

对于式 (9.20) 的非凸形式，在满足目标函数是 L_{ij} 的严格增函数及节点负荷无上界等条件下可做如下变形：

$$L_{ij} \geqslant \frac{P_{ij}^2 + Q_{ij}^2}{U_i} \tag{9.22}$$

再将式 (9.22) 等价变形为标准的二阶锥形式：

$$\left\| \begin{matrix} 2P_{ij} \\ 2Q_{ij} \\ L_{ij} - U_i \end{matrix} \right\|_2 \leqslant L_{ij} + U_i \tag{9.23}$$

最终得到配电网网络重构的 MISOCP 模型如下所示：

（1）目标函数

$$\min_{z_{ij}} \Big(\sum_{(ij)\in\Phi_1} r_{ij} L_{ij} \Big) \tag{9.24}$$

（2）约束条件

$$\begin{cases} \sum_{(ij)\in\Phi_l} z_{ij} = N - N_{\mathrm{s}} \\ z_{ij} \in \{0,1\}, \forall (ij) \in \Phi_1 \end{cases} \tag{9.25}$$

$$\begin{cases} \underline{V_i} \leqslant V_i \leqslant \overline{V}_i \\ L_{ij} \leqslant z_{ij}\overline{i_{ij}}^2 \end{cases} \tag{9.26}$$

$$\left\| \begin{matrix} 2P_{ij} \\ 2Q_{ij} \\ L_{ij} - U_i \end{matrix} \right\|_2 \leqslant L_{ij} + U_i \tag{9.27}$$

$$\begin{cases} \sum_{k:(jk)\in\Phi_1} P_{jk} = \sum_{i:(ij)\in\Phi_1} (P_{ij} - r_{ij}L_{ij}) - P_j^{\mathrm{L}},\ \left|P_i^{\mathrm{L}}\right| \geqslant \delta \\ \sum_{k:(jk)\in\Phi_1} Q_{jk} = \sum_{i:(ij)\in\Phi_1} (Q_{ij} - x_{ij}L_{ij}) - Q_j^{\mathrm{L}},\ \left|Q_i^{\mathrm{L}}\right| \geqslant \delta \end{cases} \tag{9.28}$$

$$\begin{cases} m_{ij} = (1 - z_{ij}) \cdot M \\ U_i - U_j \leqslant m_{ij} + 2(r_{ij}P_{ij} + x_{ij}Q_{ij}) - (r_{ij}^2 + x_{ij}^2)L_{ij} \\ U_i - U_j \geqslant -m_{ij} + 2(r_{ij}P_{ij} + x_{ij}Q_{ij}) - (r_{ij}^2 + x_{ij}^2)L_{ij} \end{cases} \tag{9.29}$$

9.2.3　恢复控制的混合整数线性规划模型

由于配电网的辐射状运行，当系统发生故障并进行定位隔离后，故障点下游将出现非故障失电区，而故障恢复就是将这部分失电负荷通过网络重构转供到带电区域，以实现供电恢复。因此，恢复控制本质上是一个满足配电网运行约束下的最优开关组合选择问题，可以用数学规划的形式进行描述。

1. 恢复控制的数学模型

根据现有文献的研究成果，可以将恢复控制问题建模为一个混合整数二次约束规划（MIQCP）问题，其目标函数为最大化恢复失电负荷量，具体形式如下：

$$\max \sum_{n_i\in\Psi_{\mathrm{out}}} \widetilde{P}_i \tag{9.30}$$

式中：Ψ_{out} 为失电节点集合，$\widetilde{P}_i$ 为故障恢复期间节点 n_i 的实际有功负荷。模型以尽可能多地恢复失电负荷为目标，在实际中还可以考虑不同负荷的优先等级，将式 (9.30) 中的节点负荷变为 $\omega_i\widetilde{P}_i$，其中 ω_i 为表征失电负荷重要性的权重因子。

配电网辐射状约束如下：

$$\begin{cases} \sum_{(ij)\in\Phi_l} z_{ij} = N - N_{\mathrm{s}} \\ z_{ij} \in \{0,1\}, \forall (ij) \in \Phi_1 \end{cases} \tag{9.31}$$

式中：z_{ij} 为描述支路 ij 投切状态的二进制变量，等于 0 表示支路断开，等于 1 表示支路闭合；Φ_1 表示配电系统故障隔离后所有的支路集合；N 和 N_{s} 分别表示故障隔离后的节点总数和电源节点数。

电压安全约束：

$$\begin{cases} U_i = V_i^2 \\ \underline{U_i} \leqslant U_i \leqslant \overline{U_i}, \forall i \in \Psi_{\mathrm{b}} \end{cases} \tag{9.32}$$

式中：Ψ_{b} 为故障隔离后的所有节点集合；V_i 为节点 n_i 的电压幅值；$\underline{U_i}$ 和 $\overline{U_i}$ 分别为节点 n_i 的电压幅值平方的下限值和上限值。

线路容量约束：

$$P_{ij}^2 + Q_{ij}^2 \leqslant z_{ij}\bar{s}_{ij}^2 \tag{9.33}$$

式中：P_{ij} 和 Q_{ij} 分别表示支路 ij 流过的有功和无功功率，方向为从节点 n_i 流向节点 n_j；$\bar{s}$ 为支路 ij 的视在功率限值。

功率平衡约束：

$$\begin{cases}\sum_{n_j\in\Gamma_i} P_{ji}=P_i^{\mathrm{E}}\\ \sum_{n_j\in\Gamma_i} Q_{ji}=Q_i^{\mathrm{E}}\\ \delta\leqslant P_i^{\mathrm{E}},Q_i^{\mathrm{E}},\forall i\in\Psi_{\mathrm{con}}\end{cases}\tag{9.34}$$

$$\begin{cases}\sum_{n_j\in\Gamma_i} P_{ji}=\widetilde{P}_i\\ \sum_{n_j\in\Gamma_i} Q_{ji}=\dfrac{Q_i^{\mathrm{E}}}{P_i^{\mathrm{E}}}\widetilde{P}_i\\ \delta\leqslant \widetilde{P}_i\leqslant P_i^{\mathrm{E}},\forall i\in\Psi_{\mathrm{out}}\end{cases}\tag{9.35}$$

$$\begin{cases}\sum_{n_j\in\Gamma_i} P_{ij}=\dfrac{P_i^{\mathrm{E,dg}}}{Q_i^{\mathrm{E,dg}}}\cdot\sum_{n_j\in\Gamma_i} Q_{ij}\\ -P_i^{\mathrm{E,dg}}\leqslant\sum_{n_j\in\Gamma_i} P_{ji}\leqslant-\delta,\forall i\in\Psi_{\mathrm{dg}}\end{cases}\tag{9.36}$$

式 (9.34)~ 式 (9.36) 依次表示带电节点、失电节点和与分布式电源（DG）相连节点的功率平衡约束。式中：$\Psi_{\mathrm{con}},\Psi_{\mathrm{out}},\Psi_{\mathrm{dg}}$ 分别表示故障隔离后带电节点集合、失电节点集合和 DG 节点集合；P_i^{E} 和 Q_i^{E} 分别为节点 n_i 上预期的有功和无功负荷值；$P_i^{\mathrm{E,dg}}$ 和 $Q_i^{\mathrm{E,dg}}$ 分别为 DG 节点 n_i 上预期的分布式电源有功和无功最大出力；δ 为一个很小的正数，用以防止零注入孤立节点的存在；Γ_i 表示与节点 n_i 相连的节点集合。

此处需要注意两点：

（1）式（9.35）和式（9.36）中假设失电节点负荷和 DG 出力是以恒功率因数变化的。

（2）在以上三个公式所表示的功率平衡约束中，忽略了网损，即所有表示网损的二次项均被去掉，在后面的潮流方程约束中也是如此。尽管这样的处理会在潮流计算上引起偏差，但对于恢复策略的制定通常没有影响。

潮流方程约束：

$$\begin{cases}m_{ij}=(1-z_{ij})\cdot M\\ U_i-U_j\leqslant m_{ij}+2\left(P_{ij}r_{ij}+Q_{ij}x_{ij}\right)\\ U_i-U_j\geqslant -m_{ij}+2\left(P_{ij}r_{ij}+Q_{ij}x_{ij}\right)\\ \forall(ij)\in\Phi_{\mathrm{l}}\end{cases}\tag{9.37}$$

式中：M 为一个很大的正数，当 $z_{ij}=0$，即支路 ij 断开时，用以取消对应的潮流约束。同样，该式也忽略了网络功率损耗二次项。

以上就是配电网故障恢复的整个数学模型，从形式上看，它是一个混合整数二次约束规划。

2. 二次约束的线性化处理

为了便于对偶化处理，需要对恢复控制模型进行线性化。而原模型的表达式中，除了二次约束条件式（9.33），均为线性形式。对此，可以采用图9-2所示的二次圆约束线性化方法，用多个旋转正方形约束对二次圆约束进行逼近。

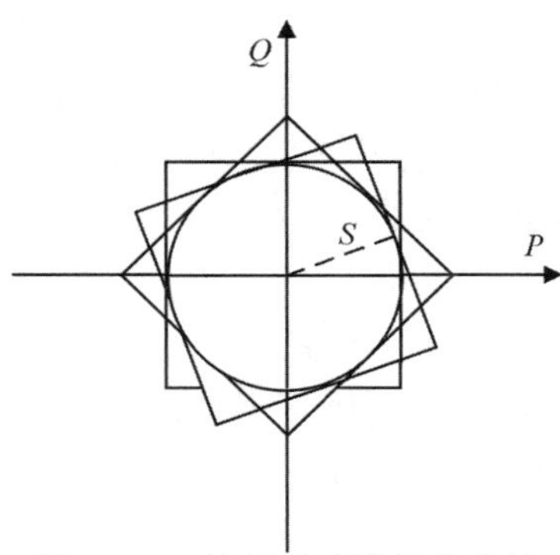

图 9-2　二次圆约束线性化方法

可以看出，使用正方形约束越多，对二次约束逼近的精确度越高。在一般的工程应用中，使用两个呈 45° 夹角的正方形约束就足够精确了。因此，用线性形式的式（9.38）替代式（9.33），即线路容量的约束变为如式 (9.38) 所示：

$$\begin{cases} -z_{ij}\cdot\bar{s}_{ij}\leqslant P_{ij}\leqslant z_{ij}\cdot\bar{s}_{ij} \\ -z_{ij}\cdot\bar{s}_{ij}\leqslant Q_{ij}\leqslant z_{ij}\cdot\bar{s}_{ij} \\ -\sqrt{2}z_{ij}\cdot\bar{s}_{ij}\leqslant P_{ij}+Q_{ij}\leqslant\sqrt{2}z_{ij}\cdot\bar{s}_{ij} \\ -\sqrt{2}z_{ij}\cdot\bar{s}_{ij}\leqslant P_{ij}-Q_{ij}\leqslant\sqrt{2}z_{ij}\cdot\bar{s}_{ij} \\ \forall(ij)\in\Phi_1 \end{cases} \tag{9.38}$$

最终，配电网恢复控制优化模型转变为了一个混合整数线性规划（MILP）的形式。

本节所建立的网络重构 MISOCP 模型和恢复控制的 MILP 模型都具有优良的求解性能，利用现有的 Cplex、Gurobi、Mosek 等算法包可直接获得较好的求解效果。

9.3　配电网 $N-1$ 安全校验

配电网 $N-1$ 安全校验是衡量配电网运行可靠性的重要手段，$N-1$ 准则要求配电网任意位置发生故障时，可以实现故障隔离，并结合馈线联络方式通过改变开关运行状态，转供负荷至其他馈线，满足其用电需求。在配电网 $N-1$ 校验过程中，需要使用配电网重构技术判断失电负荷是否能成功转供，同时给出故障恢复的策略。本节在配电网 $N-1$ 校验中重点考虑元件的过载，将无功功率、电压和网损等因素做简化处理。

在配电网规划中，一般以全年最大负荷作为 $N-1$ 校验条件。配电网规模庞大，每个供电分区的供电范围通常较为明确，正常运行时一般不交叉、不重叠。因此，本节以馈线组为单位，针对馈线组故障中最严重的情况——馈线出口故障，进行配电网 $N-1$ 安全校验分析。

9.3.1 配电网 $N-1$ 安全校验数学模型

配电网 $N-1$ 安全校验常用于配电网规划阶段，重点考虑元件是否过载，可对无功功率、电压和网损等因素做简化处理。利用供电路径对该问题进行描述较为直观，因此本节以网络中所有供电路径的状态为变量，并采用第 8 章中基于供电路径的配电网辐射状约束描述方法描述配电网拓扑，建立配电网 $N-1$ 安全校验的 0-1 线性规划模型。

1. 优化目标

满足馈线 $N-1$ 的负荷转供方案可能不止一个，在配电网实际运行中，开关装置动作需要一定的时间，为尽快恢复供电，本节采用基于动作开关数最少的原则确定负荷转供方案。同时，开关装置动作数越少，网络结构改变越小，越容易在故障修复后恢复到原运行状态。另外，减少开关次数亦可降低开关操作费用，相对延长开关的使用寿命。

开关装置的动作与否可以用其所在支路的通断状态描述。为得到用路径状态表示支路通断状态的表达式，首先证明下述命题成立。

命题：设配电网络中支路 b 两端的节点为 n_i 和 n_j，支路 b 为通路的充要条件为经过该支路为负荷节点 n_i、n_j 供电的所有路径状态之和为 1，即

$$\sum_{\pi_{i,k}\in\Pi_{i,b}} W_{i,k} + \sum_{\pi_{j,k}\in\Pi_{j,b}} W_{j,k} = 1 \tag{9.39}$$

式中：$\pi_{i,k}$ 为负荷节点 n_i 的第 k 条可能供电路径；$\Pi_{i,b}$ 表示经过支路 b 为负荷节点 n_i 供电的所有供电路径集合；$W_{i,k}$ 为路径 $\pi_{i,k}$ 的状态，若路径 $\pi_{i,k}$ 连通为 1，否则为 0。

证明：

1）充分性：式（9.39）成立可分为两种情况，即式（9.40）成立，或式（9.41）成立。

$$\begin{cases}\sum_{\pi_{i,k}\in\Pi_{i,b}} W_{i,k} = 0\\ \sum_{\pi_{j,k}\in\Pi_{j,b}} W_{j,k} = 1\end{cases} \tag{9.40}$$

$$\begin{cases}\sum_{\pi_{i,k}\in\Pi_{i,b}} W_{i,k} = 1\\ \sum_{\pi_{j,k}\in\Pi_{j,b}} W_{j,k} = 0\end{cases} \tag{9.41}$$

若式（9.40）成立，则说明负荷节点 n_j 的供电路径经过支路 b，故支路 b 为通路。同理可证，若式（9.41）成立，则支路 b 为通路。因此，命题充分性得证。

2）必要性：若支路 b 为通路，由配电网辐射状结构可知，支路 b 中有电流且方向唯一。若电流从节点 n_i 流向节点 n_j，则式（9.40）成立；反之，式（9.41）成立。故式（9.39）成立，命题必要性得证。

设集合 I_{s} 表示原运行方式下联络开关所在支路的集合，集合 D_{s} 表示分段开关所在支路的集合。结合式（9.39）得基于开关数最优的目标函数如式（9.42）所示：

$$\min\{\sum_{b\in I_{\text{s}}}(\sum_{\pi_{i,k}\in\Pi_{i,b}} W_{i,k} + \sum_{\pi_{j,k}\in\Pi_{j,b}} W_{j,k}) + \sum_{b\in D_{\text{s}}}(1-\sum_{\pi_{i,k}\in\Pi_{i,b}} W_{i,k} - \sum_{\pi_{j,k}\in\Pi_{j,b}} W_{j,k})\} \tag{9.42}$$

式中：前一个求和式表示联络开关动作数，后一个求和式表示分段开关动作数。

2. 约束条件

设某一馈线组网络中包含 N 个节点、N_{s} 个电源节点、B 条支路，第 i 个负荷节点的负载量为 L_i，第 j 个电源节点的容量为 S_j，第 m 条支路的最大载流量为 F_m。对任一条待 $N-1$ 安

全校验的馈线，经负荷转供后，重构网络需满足式 (8.12) 和式 (8.13)，即网络为辐射状，同时应满足以下约束条件：

$$\sum_{\pi_{i,k}\in\Pi_{S,j},\pi_{i,k}\in\Pi_i} W_{i,k}L_i \leqslant S_j \tag{9.43}$$

$$\sum_{\pi_{i,k}\in\Pi_{B,m},\pi_{i,k}\in\Pi_i} W_{i,k}L_i \leqslant F_m \tag{9.44}$$

式中：$i=1,2,\cdots,N-N_{\rm s}$；$j=1,2,\cdots,N_{\rm s}$；$m=1,2,\cdots,B$。

式 (9.43) 为电源容量约束，表示由第 j 个电源供电的所有负荷的负载量之和不超过该电源容量。式 (9.44) 为馈线载流量约束，表示第 m 条支路的实际载流量不超过其最大值。

综上所述，使重构后的配电网正常运行，即以式 (8.12)~ 式 (8.13) 和式 (9.43)~ 式 (9.44) 为约束条件；实现负荷转供需操作的动作开关数最少，即以式 (9.42) 作为目标函数，可得到馈线 $N-1$ 安全校验模型。该模型中，未知量为各供电路径状态，可通过 0-1 线性规划计算求解。若上述模型无解，则待校验馈线不满足 $N-1$ 安全准则。若有解，则该馈线可通过 $N-1$ 安全校验，可根据解得的路径状态确定各动作开关所在支路的通断状态，得到负荷转供方案。经模型求解，若馈线组中所有馈线均满足 $N-1$ 安全准则，则说明该馈线组可通过 $N-1$ 安全校验。

9.3.2　配电网 $N-1$ 安全校验流程

对于任意一个待校验配电网网络，其 $N-1$ 安全校验算法流程如图9-3所示，校验流程如下：

（1）数据采集与馈线分区划分

采集的数据包括所研究配电网网络的用户负荷数据以及配电网网架数据等。将待校验的网络以自动/手动隔离装置划分馈线分区，合并分区内所有负荷，视为负荷节点，简化配电网网络拓扑。

（2）配电网拓扑描述

假设某一元件故障，利用深度优先搜索方法搜索配电网络所有负荷节点的供电路径，采用所有负荷节点及其供电路径的集合描述配电网拓扑。在路径搜索时，根据配电网规划设计技术导则并结合现场运行经验，建立路径长度约束条件，自动剔除过长的供电路径。

（3）构建配电网 $N-1$ 安全校验模型

根据 9.3.1 节模型构建方法，以式 (9.42) 为目标函数，以式 (8.12)~ 式 (8.13) 和式 (9.43)~ 式 (9.44) 为约束条件，建立配电网 $N-1$ 安全校验模型。

（4）模型求解确定负荷转供方案

用分支定界法求解上述 0-1 线性规划模型。若模型无解，则待校验配电网不满足 $N-1$ 安全校验；若模型有解，则待校验配电网在该元件故障时可通过 $N-1$ 安全校验。根据解得的路径状态确定开关装置动作状态，得到负荷转供方案。若待校验配电网网络在任一元件故障时，均能满足 $N-1$ 安全准则，则说明该配电网可通过 $N-1$ 安全校验。

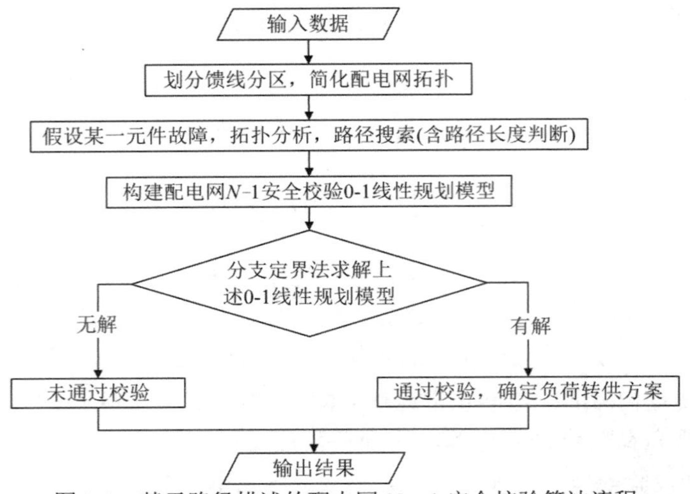

图 9-3 基于路径描述的配电网 $N-1$ 安全校验算法流程

9.3.3 算例分析

1. 算例概况

算例网络选用某实际 10 kV 配电网络，如图9-4所示。其中有 5 条馈线，23 个馈线分区，28 个动作开关装置，其中包括 5 个联络开关，23 个分段开关。该网络馈线的容量均为 19.334 MW。馈线分区装见容量是指馈线分区内所有负荷的实际接入容量，一般为用户的报装容量之和。合并馈线分区的负荷后，得到图9-4中各馈线分区的装见容量如表9.1所示。

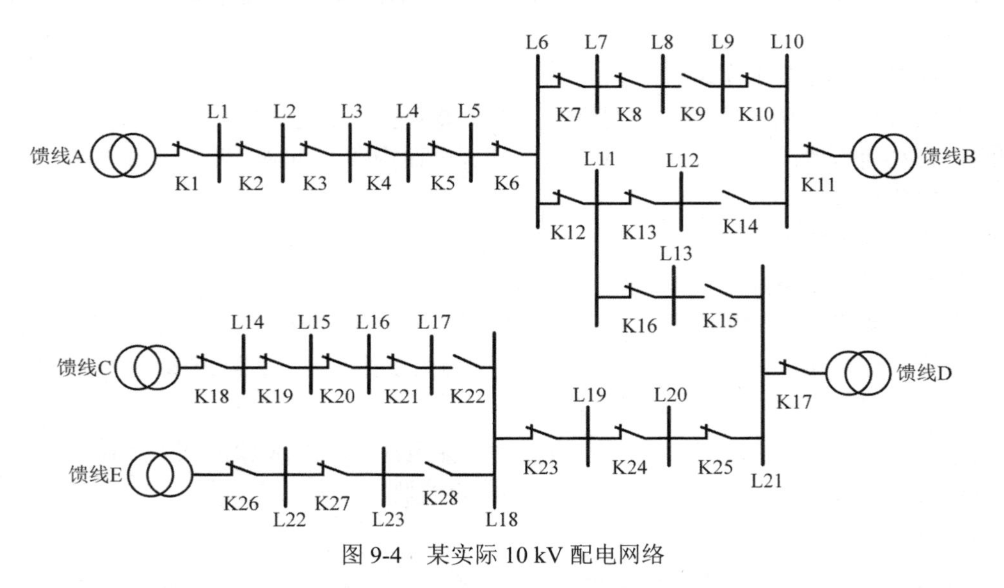

图 9-4 某实际 10 kV 配电网络

2. $N-1$ 安全校验

若供电路径过长，电压降较大，将导致配电网部分负荷节点电压较低，不满足供电质量要求。因此，为了保证供电质量，在路径搜索时，需计及负荷节点供电路径长度约束，根据馈线分区的供电区域类型自动剔除较长的供电路径。经搜索，算例网络共有 187 条供电路

表 9.1　各馈线分区的装见容量和供电路径数量

馈线分区	装见容量/MVA	供电路径数量	馈线分区	装见容量/MVA	供电路径数量
L1	2.300	9	L13	0.630	7
L2	1.330	9	L14	2.520	7
L3	0.630	9	L15	1.260	7
L4	4.800	9	L16	0.760	7
L5	0.160	9	L17	0.400	7
L6	2.825	9	L18	0.650	7
L7	0.210	10	L19	1.800	7
L8	2.520	10	L20	0.645	7
L9	0.000	10	L21	1.130	7
L10	4.800	9	L22	13.470	7
L11	0.000	7	L23	0.880	7
L12	1.600	10			

径。由电源节点 S1~S5 供电的路径分别有 40、45、34、34 和 34 条，各馈线分区供电路径数量如表9.1所示。

经供电路径搜索后，根据 9.3.2 节的方法对算例网络进行 $N-1$ 安全校验。依次假设馈线 A-E 出口故障，根据式 (8.12)~ 式 (8.13)、式 (9.43)~ 式 (9.44) 和式 (9.42) 建立馈线 $N-1$ 安全校验模型，利用混合整数规划软件如 Cbc(Coin-or branch and cut) 或 Cplex 等求解得到路径状态。根据模型解是否存在判断待校验馈线是否满足 $N-1$ 准则；采用 9.3.2 节方法获得负荷转供方案。算例网络的馈线 $N-1$ 安全校验结果见表9.2。

表 9.2　$N-1$ 安全校验结果

故障馈线	是否通过 $N-1$ 校验	目标函数值	转供馈线	开关操作
A	Y	3	B,D	断开 K7；闭合 K9 和 K15
B	Y	3	D	断开 K12；闭合 K15 和 K14
C	Y	1	D	闭合 K22
D	Y	1	C	闭合 K22
E	Y	1	D	闭合 K28

校验结果显示，算例馈线组所有馈线均能通过 $N-1$ 安全校验。当馈线 A 故障时，待恢复供电区负载量较大，通过断开分段开关 K7，可将失电区分割为两部分，分别通过馈线 B 和馈线 D 恢复供电。当馈线 B 故障时，馈线 A 负载较重，通过断开分段开关 K12、闭合联络开关 K15 可将接入馈线 A 的馈线分区 L11 和 L12 的负荷转移至馈线 D 供电，通过闭合联络开关 K14 即可通过馈线 A 转供失电区负荷。当馈线 C、D 和 E 故障时，结合图9-4和表9.1可知，有多种方案可实现负荷转供，基于动作开关数最少的原则，本节算法求解得到的方案仅需一个开关装置动作，操作方案较简单，大大缩短了运行人员执行操作耗时，同时减小了误操作的可能性。

9.4　配电网供电能力分析

配电网作为电力系统中的关键一环，承担着向用户分配电能的重任。急速增长的电力需求对配电网电能质量、供电可靠性和供电能力提出了更高的要求；同时，经济的飞速发展导致建设用地紧张，获取配电网规划用地困难且投资建设成本增加。因此，充分挖掘现有配电网的供电能力具有非常重要的意义。

第 8.6 节和第 9.3 节分别介绍了基于供电路径的配电网拓扑描述方法和配电网 $N-1$ 安全校验方法，本节将以此为基础，构建优化模型，探讨配电网供电能力分析方法。由于在实际情况中，对于电网营销部门业扩报装工作而言，配电网供电能力以馈线可装容量对外展示。针对此情况，本节建立了面向馈线分区的 $N-1$ 可装容量模型，为实际业扩报装工作提供合理有效的数据支撑。

9.4.1　配电网供电能力计算

1. 数学模型

供电区域配电网进行 $N-1$ 安全校验后，若不满足 $N-1$ 准则，则需采取相关措施，或进行配网网架改造调整；若待分析区域可通过 $N-1$ 安全校验，进而可计算满足 $N-1$ 准则的供电能力。

本节所研究的对象是已经建成并投入运行的配电网，网络中的负荷分布已经确定，在短期内发生改变的可能性较低。因此，本节供电能力计算分析是基于已有配电网网架和负荷分布展开的。在计算配电网供电能力、分析可消纳负荷增量时，需满足至少存在一种运行方式使配电网呈辐射状正常运行，同时该网络可通过 $N-1$ 安全校验。

设负荷节点 n_i 可新增负荷容量为 C_i，则对于有 N_1 个负荷节点的网络，其供电能力 TSC 为

$$TSC=\sum_{i=1}^{N_1}(L_i+C_i) \tag{9.45}$$

将 TSC 最大作为目标函数，以满足馈线故障前后配电网均能长时间正常运行为约束条件建立配电网供电能力计算模型。同 9.3 节类似，本节计算模型的约束条件包括配电网辐射状运行约束，即式 (8.12) 和式 (8.13)，电源容量约束：

$$\sum_{\pi_{i,k}\in\Pi_{S,j},\pi_{i,k}\in\Pi_i} W_{i,k}(L_i+C_i)\leqslant S_j \tag{9.46}$$

以及馈线载流量约束：

$$\sum_{\pi_{i,k}\in\Pi_{B,m},\pi_{i,k}\in\Pi_i} W_{i,k}(L_i+C_i)\leqslant F_m \tag{9.47}$$

显然，无论是待研究配电网元件无故障或发生 $N-1$ 故障情况，计算得到的负荷节点可新增负荷容量 C_i 是一组唯一的向量，但路径的状态即负荷具体供电方式在不同情况下可能不同。针对每个元件无 $N-1$ 故障的情况，通过路径搜索，得到负荷节点供电路径，分别列写约束条件，这些约束条件的集合即为待研究配电网供电能力计算模型的约束条件。

2. 求解方法

与约束条件式 (9.43) 和式 (9.44) 相比，式 (9.46) 和式 (9.47) 中出现了路径状态变量 $W_{i,k}$ 和负荷节点可接入容量 C_i 相乘的求和式，求解较困难。为易于求解，引入变量：

$$Z_{i,k}=W_{i,k}\cdot C_i \tag{9.48}$$

可以证明，式 (9.49) 和式 (9.50) 与式 (9.48) 等价。

$$|Z_{i,k}| \leqslant M \cdot W_{i,k} \tag{9.49}$$

$$|Z_{i,k} - C_i| \leqslant M(1 - W_{i,k}) \tag{9.50}$$

式中：M 为一个足够大的常数。证明过程如下：

当 $W_{i,k} = 0$，由式 (9.49) 得 $Z_{i,k} = 0$，再由式 (9.50) 得 $|C_i| \leqslant M$；当 $W_{i,k} = 1$ 时，由式 (9.49) 得 $Z_{i,k} \leqslant M$，由式 (9.50) 得 $Z_{i,k} = C_i$。两种情况均满足式 (9.48)，故上述命题成立。

设待研究配电网中共有 β 种 $N-1$ 元件故障场景需要分析，则共有包括元件无故障情况在内的 $\beta+1$ 种场景。综合考虑这些 $\beta+1$ 种场景，可得到配电网供电能力计算的混合整数线性规划模型为

$$\max TSC$$

$$\begin{cases} \sum\limits_{\pi_{\alpha,i,k} \in \Pi_{\alpha,i}} W_{\alpha,i,k} = 1, \quad \forall i \\ W_{\alpha,i,k} \leqslant W_{\alpha,l,m}, \quad \forall \pi_{\alpha,l,m} \subset \pi_{\alpha,i,k} \\ \sum\limits_{\pi_{\alpha,i,k} \in \Pi_{\alpha,S,j}, \pi_{\alpha,i,k} \in \Pi_{\alpha,i}} (W_{\alpha,i,k} \cdot L_i + Z_{\alpha,i,k}) \leqslant S_j \\ \sum\limits_{\pi_{\alpha,i,k} \in \Pi_{\alpha,B,m}, \pi_{\alpha,i,k} \in \Pi_{\alpha,i}} (W_{\alpha,i,k} \cdot L_i + Z_{\alpha,i,k}) \leqslant F_m \\ |Z_{\alpha,i,k}| \leqslant M \cdot W_{\alpha,i,k} \\ |Z_{\alpha,i,k} - C_i| \leqslant M(1 - W_{\alpha,i,k}) \end{cases} \tag{9.51}$$

式中：$\alpha = 1, 2, \cdots, \beta+1$。

9.4.2　面向馈线分区的 $N-1$ 可装容量计算

通过混合整数线性规划求解 9.4.1 节的计算模型，可得到所研究供电区域最大可消纳负荷，同时可得到满足最大供电能力的各馈线分区可消纳的负荷增量。

在工程实际中，更关心的是在一个时间点上，该区域内某条馈线或者某个具体馈线分区可接入的最大容量。针对此实际需求，本节以路径状态和馈线分区可装容量为变量，构建混合整数规划模型，计算馈线分区 $N-1$ 可装容量。

首先对待研究配电网络进行 $N-1$ 安全校验。若不满足 $N-1$ 准则，则 $N-1$ 可装容量为 0；若待分析配电网络可通过 $N-1$ 安全校验，进而可计算满足 $N-1$ 准则的馈线分区可装容量，为业扩接入方案提供数据支撑。

设负荷节点 l 可接入容量为 C_l，将 C_l 最大作为目标函数，以满足馈线故障前后配电网均能长时间正常运行为约束条件，针对馈线无故障和 $N-1$ 故障各种情况，分别建立可装容量模型。同 9.4.1 小节类似，本节计算模型的约束条件包括配电网辐射状运行约束、电源容量约束和馈线载流量约束。按照 9.4.1 小节方法，通过增补约束条件，将非线性模型转换为线性模型，得到各种情况下负荷节点 l 可装容量的混合整数线性规划模型为

$$\max C_l$$
$$\begin{cases} \sum\limits_{\pi_{i,k}\in\Pi_i} W_{i,k}=1, \quad \forall i \\ W_{i,k}\leqslant W_{l,m}, \quad \forall \pi_{l,m}\subset\pi_{i,k} \\ \sum\limits_{\pi_{i,k}\in\Pi_{S,j},\pi_{i,k}\in\Pi_i} (W_{i,k}\cdot L_i+Z_{l,k})\leqslant S_j \\ \sum\limits_{\pi_{i,k}\in\Pi_{B,m},\pi_{i,k}\in\Pi_i} (W_{i,k}\cdot L_i+Z_{l,k})\leqslant F_m \\ |Z_{l,k}|\leqslant M\cdot W_{l,k} \\ |Z_{l,k}-C_i|\leqslant M(1-W_{l,k}) \end{cases} \tag{9.52}$$

通过求解上述模型，可得到负荷节点 l 在馈线无故障和任一条馈线出口故障时可通过 $N-1$ 安全校验的可接入最大容量 C_l。任一馈线出口故障时，通过上述模型分析得到的容量 C_l 为所有 $N-1$ 转供方案中可接入的最大容量；若负荷节点 l 接入容量大于该值，则必然不满足 $N-1$ 安全准则。

与 9.4.1 节不同，考虑到计算规模，本节针对每种情况分别建立模型求解。显然，负荷节点 l 所在馈线分区的 $N-1$ 可装容量为上述各种情况下求解得到的 C_l 最小值。需要说明的是，由于配电网中元件众多，若针对每一元件建立模型求解供电能力和 $N-1$ 可装容量，计算量很大。为简化计算，且不影响计算结果可靠性，同 9.3 节类似，仅考虑最严重的馈线出口故障作为元件故障情况。

对于一个有 γ 条出线的待计算馈线组，馈线分区 l 的 $N-1$ 可装容量计算流程如图9-5所示。计算流程如下：

（1）数据采集与馈线分区划分：

采集的数据包括所研究配电网网络的用户负荷数据和配电网网架数据等。

（2）配电网拓扑描述：

利用深度优先搜索方法搜索配电网络所有负荷节点的供电路径，采用所有负荷节点及其供电路径的集合描述配电网拓扑。在路径搜索时，自动剔除过长的负荷供电路径。

（3）计算无故障时可装容量：

采用式 (9.52) 构建馈线分区可装容量模型，混合整数规划求解得到馈线分区 l 的可装容量 $C_{0,l}$。

（4）模拟故障，计算 $N-1$ 可装容量：

i. 馈线出口故障模拟，路径搜索，剔除过长供电路径，构建故障后的配电网拓扑模型。

ii. 采用式（9.52）构建馈线分区 $N-1$ 可装容量模型，求解各馈线出口故障情况下，馈线分区 l 的 $N-1$ 可装容量。

（5）输出计算结果：

馈线分区 l 的 $N-1$ 可装容量为各种情况下可装容量的最小值，即

$$C_l=\min\{C_{0,l},C_{1,l},C_{2,l},\cdots,C_{\gamma,l}\} \tag{9.53}$$

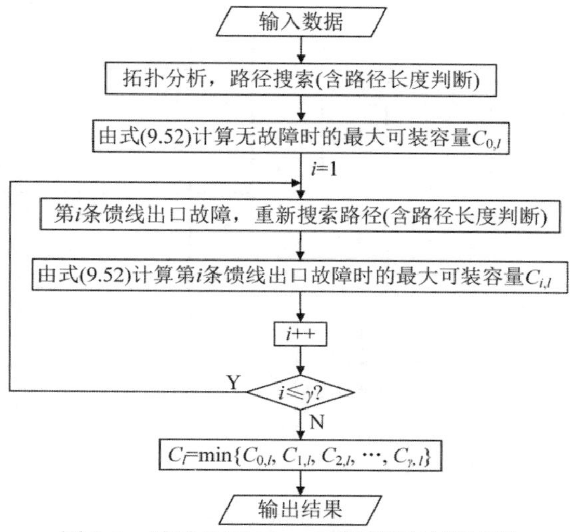

图 9-5　馈线分区 $N-1$ 可装容量计算流程

9.4.3 算例分析

1. 供电能力分析

采用图9-4的算例网络进行供电能力分析计算，说明所介绍算法的具体实现过程。由式(9.51)，根据 9.4.1 节方法构建供电能力分析混合整数规划模型，利用开源混合整数规划软件 Cbc 进行求解，得到该配电网的供电能力值 $TSC = 71.981$ MVA，可最大新增负荷容量为 26.661 MVA，供电能力占网络电源容量的 74.46%，有效地挖掘了算例网络的供电能力。在供电能力最大时各馈线分区的负荷容量分配情况如表9.3所示。

表 9.3　供电能力最大时各馈线分区的负荷容量分配

馈线分区	供电能力/MVA	馈线分区	供电能力/MVA	馈线分区	供电能力/MVA
L1	2.300	L9	0.000	L17	10.569
L2	1.330	L10	4.800	L18	0.650
L3	6.159	L11	0.000	L19	1.800
L4	4.800	L12	1.600	L20	0.645
L5	0.160	L13	0.630	L21	1.130
L6	2.825	L14	2.520	L22	14.229
L7	1.760	L15	1.260	L23	0.880
L8	11.174	L16	0.760		

在算例网络无故障，即各元件正常运行时，考虑到对原运行方式的改变最小和避免馈线在最大可承载电量下运行，通过拓扑分析，可得到本节算例网络在表9.3所示负荷分布下的运行方式图。算例网络在可接入负荷容量最大时的一种运行方式如图9-6所示。

由图9-6可知，在该运行方式下，5 个联络开关由 K9、K14、K15、K22 和 K28 变为 K7、K12、K10、K22 和 K28。在该运行方式下，馈线 A~E 的馈线分区划分和负载率计算结果见表9.4。其中馈线 A 和 B 的负载率高达 90.90% 和 91.72%，但馈线 D 的负载率仅为 33.39%，远低于整体水平。经分析，这与原来的负荷分布有关，原负荷分布情况限制了供电能力的进一步提升，因此，在配电网规划阶段，合理设计负荷分布对于充分利用配电网供电能力是十

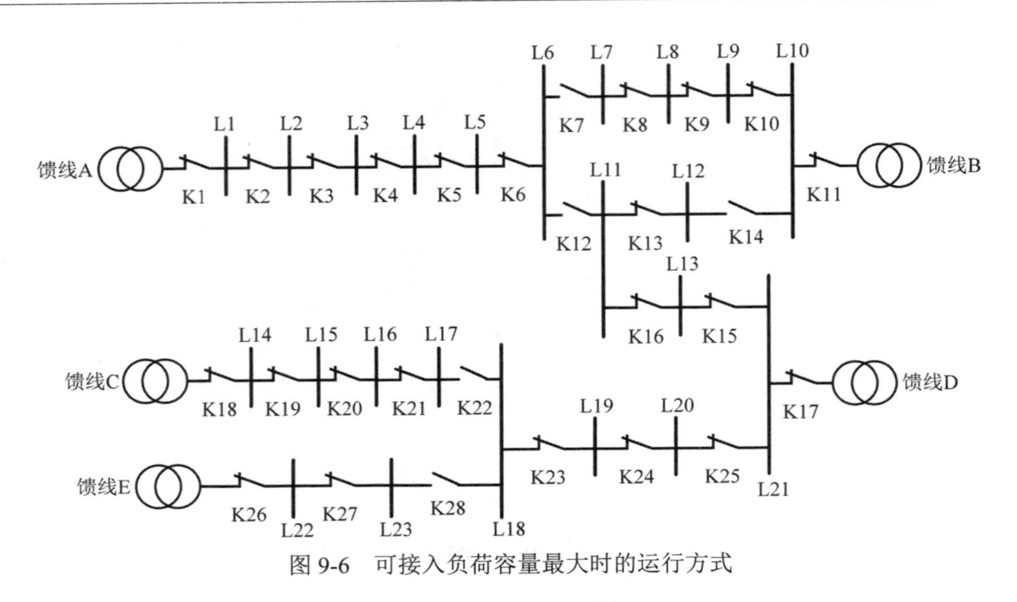

图 9-6　可接入负荷容量最大时的运行方式

分必要的。

表 9.4　图9-6所示运行方式下的馈线分区划分和负载率计算结果

馈线	馈线分区	负载率
A	L1、L2、L3、L4、L5、L6	90.90%
B	L7、L8、L9、L10	91.72%
C	L14、L15、L16、L17	78.15%
D	L11、L12、L13、L18、L19、L20、L21	33.39%
E	L22、L23	78.15%

对所介绍算法得到的配电网负荷容量分配结果进行 $N-1$ 安全校验，分析计算结果的可靠性。采用 9.3 节的 $N-1$ 安全校验算法进行分析后可知，在表9.3所示的馈线分区容量分配下，该算例网络满足 $N-1$ 准则。这说明本节所介绍算法是可靠的，在图9-6所示的运行方式下，具体 $N-1$ 安全校验结果见表9.5。例如，当馈线 A 出口故障时，转供线路由原来负荷分布时的 B、D 两条馈线增加为 B、D 和 E 三条馈线，经负荷转供后，馈线 B 和馈线 D 的负载率均达到 100%，馈线 E 负载率高达 94.16%。

表 9.5　图9-6所示运行方式下的 $N-1$ 安全校验结果

故障馈线	是否通过校验	转供馈线	开关操作
A	Y	B, D, E	断开 K13 和 K25；闭合 K12、K14 和 K28
B	Y	A, D, E	断开 K8 和 K25；闭合 K7、K14 和 K28
C	Y	A, B, D	断开 K13 和 K15；闭合 K12、K14 和 K22
D	Y	A, B, C	断开 K13 和 K15；闭合 K12、K14 和 K22
E	Y	A, B, D	断开 K13 和 K15；闭合 K12、K14 和 K28

综合以上分析可知，所介绍算法可以充分挖掘网络的供电能力，计算结果可通过配电网 $N-1$ 安全校验，满足配电网安全运行要求。

2. 可装容量计算

本节利用图9-4所示网络说明可装容量计算的具体实现过程。由式 (9.52)，根据 9.4.2 节馈线分区 $N-1$ 可装容量计算流程，求得各馈线分区 $N-1$ 可装容量计算结果如表9.6所示。

表 9.6 各馈线分区 $N-1$ 可装容量

馈线分区	可装容量/MVA	馈线分区	可装容量/MVA	馈线分区	供电能力/MVA
L1	5.529	L9	11.174	L17	10.569
L2	5.529	L10	11.174	L18	0.759
L3	5.529	L11	5.529	L19	0.759
L4	5.529	L12	11.174	L20	0.759
L5	5.529	L13	5.529	L21	0.759
L6	5.529	L14	10.169	L22	0.759
L7	8.444	L15	10.169	L23	0.759
L8	8.654	L16	10.169		

结合表9.1、图9-4和表9.6可知，馈线分区及与之相邻分区的装见容量和馈线联络情况均会影响 $N-1$ 可装容量计算结果。例如：馈线分区 L22 的装见容量较大，为 13.47 MVA，若其所在馈线 E 发生故障，则需转供的负荷量较大，考虑馈线联络和各馈线的已有负荷情况，失电区负荷仅能通过馈线 D 转供，故可接入馈线 D 和 E 的 $N-1$ 可装容量较小，即馈线分区 L18~L23 的 $N-1$ 可装容量较小，仅为 0.759 MVA。对于馈线分区 L9、L10 和 L12，因其已有负载较轻，所以在馈线故障时，直接联络馈线较多且这些馈线的负载不重，故而 $N-1$ 可装容量较大，为 11.174 MVA。

目前，电力局一般采用人工依据经验评估配电网馈线的可装容量。对于 10kV 馈线组网络，记馈线限流值为 I_{per}，馈线实际运行的最大电流值为 $I_{\max}$，则该馈线可装容量 C 的计算公式为

$$C = 10\sqrt{3}(K \cdot I_{\mathrm{per}} - I_{\max}) \tag{9.54}$$

式中：K 为经验系数，一般取 0.7。

按照当前运行方式划分馈线供电的馈线分区范围，采用式 (9.54)，可计算得到图9-4算例网络中各馈线的可装容量经验分析结果，例如馈线 A 和 D 的可装容量分别为 4.100 MVA 和 6.405 MVA。对于馈线 A 上的各馈线分区，本节算法得到的 $N-1$ 可装容量大于人工经验分析结果，馈线 D 的可装容量却较小。

导致该现象的原因主要是人工经验分析未充分考虑馈线联络和馈线 $N-1$ 安全准则，灵活性较差。对于馈线 A，可通过馈线有效联络和分段改变该馈线组的运行方式，增大无故障时馈线 A 的可装容量；当馈线 $N-1$ 故障时，亦可通过馈线联络与分段划分失电区负荷，恢复供电。故而，人工经验分析得到的馈线 A 可装容量偏小。对于馈线 D，因馈线分区 L22 的负载较重，若馈线 E 出口故障时，考虑馈线联络，失电区负荷只能转供至馈线 D，故本节算法得到的馈线 D 中各馈线分区可装容量较小，仅为 0.759 MVA；人工经验分析方法仅通过系数 K 粗略考虑馈线 $N-1$ 情况，不能广泛适用于各种负荷布局和馈线联络的情况，导致馈线 D 可装容量计算结果过于乐观。另外，人工经验分析方法根据运行方式划分馈线供电范围，未考虑实际运行方式的变化，计算结果较为粗略。因此，本节所介绍算法以馈线分区为单位计算 $N-1$ 可装容量，较人工经验分析更为准确，计算结果更加可靠。

电网营销部门在实际业扩报装工作中，以馈线为单位公布馈线可装容量。为保障供电可靠性，取馈线中各馈线分区可装容量最小值为馈线 $N-1$ 可装容量。当前运行方式下，最终的馈线 $N-1$ 可装容量如表9.7所示。

表 9.7　最终的馈线 $N-1$ 可装容量

馈线名称	A	B	C	D	E
$N-1$ 可装容量/MVA	5.529	11.174	10.169	0.759	0.759

9.5　基于粒子群算法的配电网最大供电能力计算

配电网络重构、配电网 $N-1$ 校验和供电能力分析是复杂的整数或混合整数优化问题。近年来，随着计算机和人工智能等技术的飞速进展，一些新颖的优化算法如模拟退火算法、遗传算法和禁忌搜索算法等被用于解决配电网络重构等问题。人工智能方法的优点是能够处理问题中的离散变量，但存在的缺陷是这类方法通常属于随机搜索方法，计算速度较慢。本节介绍一种较新的智能优化算法——粒子群优化（Particle Swarm Optimization，PSO）算法，并将其用于配电网的最大供电能力的计算。

9.5.1　粒子群算法

粒子群算法是 1995 年由 Kennedy 博士和 Eberhart 博士提出的一种智能优化算法。该算法源于对鸟群捕食的行为研究，最初是受到飞鸟集群活动的规律性启发，进而利用群体智能建立的一个简化模型。粒子群算法在对动物集群活动行为观察基础上，利用群体中的个体对信息的共享使整个群体的运动在问题求解空间中产生从无序到有序的演化过程，从而获得最优解。

如前所述，PSO 模拟鸟群的捕食行为。设想这样一个场景：一群鸟在一个区域里随机搜索食物，在这个区域里只有一块食物，所有的鸟都不知道食物在哪里，但是它们知道当前的位置离食物还有多远。那么找到食物的最优策略是什么呢？最简单有效的就是搜寻目前离食物最近的鸟的周围区域。

PSO 从这种模型中得到启示并用于解决优化问题。PSO 中，每个优化问题的解都是搜索空间中的一只鸟，我们称之为“粒子”。所有的粒子都有一个由被优化的函数决定的适应值 (Fitness Value)，每个粒子还有一个决定它们飞翔方向和距离的速度。然后粒子们就追随当前的最优粒子在解空间中搜索。

PSO 初始化为一群随机粒子 (随机解)。然后通过迭代找到最优解。在每一次迭代中，粒子通过跟踪两个“极值”来更新自己。第一个极值就是粒子本身所找到的最优解，这个解叫作个体极值。另一个极值是整个种群目前找到的最优解，这个极值是全局极值。另外也可以不用整个种群而只是用其中一部分作为粒子的邻居，那么在所有邻居中的极值就是局部极值。

粒子群算法迭代过程中的速度更新公式如下：

$$v_{id}^{t+1} = \omega v_{id}^{t} + c_1 r_1 (p_{id}^{t} - x_{id}^{t}) + c_2 r_2 (p_{gd}^{t} - x_{id}^{t}) \tag{9.55}$$

式中：ω 是惯性因子，表示粒子对当前速度有多少惯性保留，一般取 0.8~1.2；c_1 和 c_2 是学习因子，分别表示粒子对自身最优位置和对全局最优位置的学习程度，为非负实数，一般取 1.5~2.0；r_1 和 r_2 是每次迭代中的随机生成数，满足 [0,1] 上的均匀分布；D 为粒子速度和位置的总维数；d 为粒子速度和位置的维度，$d = 1,2,\cdots,D$；t 为迭代次数；x_{id}^{t} 为第 t 次迭代后，粒子 i 的第 d 维坐标；p_{id}^{t} 为第 t 次迭代后，粒子 i 的历史最优位置的第 d 维坐标；p_{gd}^{t} 为第 t 次迭代后，全局最优位置的第 d 维坐标；v_{id}^{t} 为第 t 次迭代后，粒子 i 的第 d 维速度；粒子群规模一般取 20~40。

$v_{\max}$、$v_{\min}$ 是粒子速度限值，一般由用户设定。迭代中，如果 $v_{id}^{t+1}>v_{\max}$，则 $v_{id}^{t+1}=v_{\max}$；如果 $v_{id}^{t+1}<v_{\min}$，则 $v_{id}^{t+1}=v_{\max}$。

粒子速度更新后，对各粒子坐标进行更新，坐标更新公式如下：

$$x_{id}^{t+1} = x_{id}^{t} + v_{id}^{t+1} \tag{9.56}$$

9.5.2　二进制粒子群算法

PSO 算法最初提出是用于解决连续空间的优化问题。为解决离散空间的优化问题，Kennedy 博士和 Eberhart 博士提出了二进制 PSO 算法。在二进制 PSO 算法中，位置的每一维分量被限制为 0 或 1；速度的每一维分量被理解为概率，即位置的每一维分量选择 0 或 1 的概率。选择 sigmiod 函数将粒子的速度转换到区间 [0,1] 上。每次迭代粒子的速度和位置更新规则如下：

$$v_{id}^{t+1} = \omega v_{id}^{t} + c_1 r_1 (p_{id}^{t} - x_{id}^{t}) + c_2 r_2 (p_{gd}^{t} - x_{id}^{t}) \tag{9.57}$$

$$x_{id} = \begin{cases} 1 & rand() < S(v_{id}) \\ 0 & \text{其他} \end{cases} \tag{9.58}$$

式中：$rand()$ 是区间 [0,l] 上的随机数；$S(v_{id})$ 是 sigmoid 函数，$S(v_{id}) = 1/(1+\exp(-v_{id}))$。为了防止饱和，速度被限制在 $[-4.0, 4.0]$ 区间内。

9.5.3　配电网供电能力评估模型

本节的供电能力评估以负荷节点的负荷量为变量，以最大化式 (9.45) 所示的供电能力为目标，目标函数如式 (9.59) 所示。

$$\max TSC = \sum_{i=1}^{N_l} L_i \tag{9.59}$$

在供电能力最大化的情形下，所求得的配电网负荷分布应能使网络满足 $N-1$ 准则。在 $N-1$ 校验中，针对每条馈线的出口故障，均须满足式 (9.60) 所示的约束条件。

$$\begin{cases} \sum\limits_{\pi_{i,k}\in\Pi_i} W_{i,k}=1, \quad \forall i \\ W_{i,k}\leqslant W_{l,m}, \quad \forall \pi_{l,m}\subset\pi_{i,k} \\ \sum\limits_{\pi_{i,k}\in\Pi_{S,j},\pi_{i,k}\in\Pi_i} W_{i,k}\cdot L_i\leqslant S_j \\ \sum\limits_{\pi_{i,k}\in\Pi_{B,m},\pi_{i,k}\in\Pi_i} W_{i,k}\cdot L_i\leqslant F_m \end{cases} \tag{9.60}$$

9.5.4 配电网最大供电能力求解流程

设定粒子群算法中各粒子的维度为配电网负荷节点数，即每一维坐标代表一个负荷节点的负荷大小，而粒子的坐标向量代表了负荷的整体分布情况。然后用式 (9.60) 对粒子对应的负荷分布进行各类主变故障的 $N-1$ 校验。若某粒子 i 能通过全部 $N-1$ 校验，则设定该粒子的适应度值为系统所有负荷之和，即该粒子的所有坐标之和；反之，若粒子 i 不能通过全部的 $N-1$ 校验，则应用罚函数，设定该粒子的适应度值为 0。

$$fitness_i=\begin{cases} \sum_{d=1}^{N_1} x_{id}^t & \text{通过 } N-1 \text{ 校验} \\ 0 & \text{未通过 } N-1 \text{ 校验} \end{cases} \tag{9.61}$$

基于粒子群算法的配电网最大供电能力求解流程如图9-7所示。首先，读取配网信息，构建拓扑模型，然后基于深度优先原则，完成供电路径搜索。最后使用粒子群算法求解满足 $N-1$ 校验的配网最大供电能力。算法输出最优粒子的坐标向量即为配电网最优负荷分布下各负荷点的负荷值，该最优粒子经过馈线出口 $N-1$ 故障校验所得路径集的通断状态向量，即为对应主变故障情形下的转供方案。

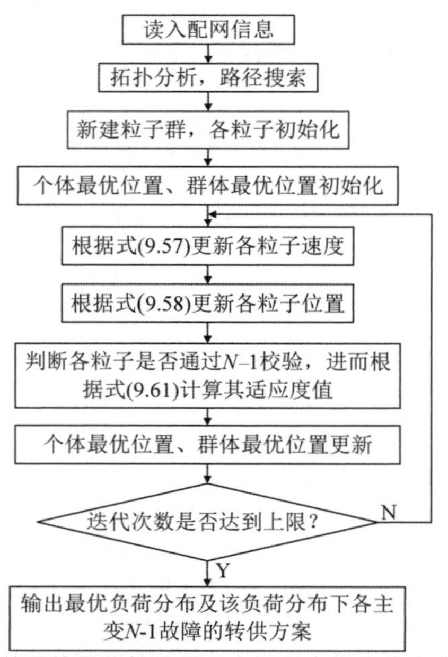

图 9-7　基于粒子群算法的配电网最大供电能力求解流程

9.5.5 算例分析

采用图9-4所示网络说明基于粒子群算法计算配电网最大供电能力的流程。在 $N-1$ 约束下，当最大容量主变退出运行时，系统所有负荷均不能失电，因此该网络的最大供电能力不超过 $19.334 \times 4 = 77.336$ MVA。

首先通过搜索建立负荷的供电路径集，得到全系统共包含 187 条供电路径。然后使用粒子群算法迭代计算，设定粒子个数为 20，最大迭代次数为 200，算法迭代收敛过程如图9-8所示。

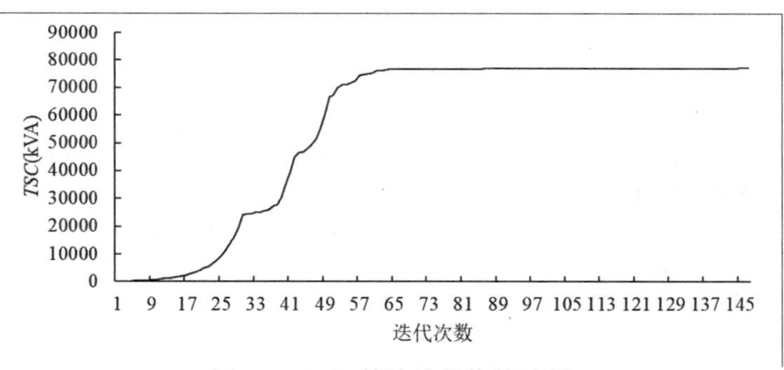

图 9-8　PSO 算法迭代收敛过程

最终计算得到满足所有 $N-1$ 故障情形的系统最大供电能力为 77.309MVA。此时各主变负载率构成的向量为 $T_{TSC} = [99.968\%, 99.979\%, 99.919\%, 99.989\%, 0.006\%]$，各负荷的计算值大小如表9.8所示。

表 9.8　各负荷计算值

负荷	负荷值/kVA	负荷	负荷值/kVA	负荷	负荷值/kVA
L1	37.0	L9	4.7	L17	19288.1
L2	24.8	L10	19325.2	L18	13.4
L3	17.1	L11	0.4	L19	19306.6
L4	18808.4	L12	5.7	L20	9.6
L5	13.9	L13	0.04	L21	2.3
L6	404.4	L14	0.0	L22	1.1
L7	13.8	L15	25.3	L23	0.2
L8	2.2	L16	5.1		

9.6 总　结

第 8 章的配电网拓扑模型约束了配电网可行的拓扑结构，在此基础上，本章给出了更多配电网在运行中的电气量约束，用于配电网重构等实际问题的分析。本章首先介绍了配电网重构的概念、研究现状和意义，建立了配电网网络重构的混合整数二阶锥规划模型与故障恢复控制的混合整数线性规划模型。在此基础上，介绍了配电网 $N-1$ 安全校验和配电网供电能力分析的相关概念、基于路径描述的数学模型与求解方法。配电网 $N-1$ 安全校验是衡量配电网运行可靠性的重要手段，$N-1$ 准则要求配电网任意位置发生故障时，可以实现故障隔离，并结合馈线联络方式通过改变开关运行状态，转供负荷至其他馈线，满足其用电需求。配电网的供电能力的研究、挖掘，对于提升配电网供电质量、明确配电网规划方向、推进智能电网建设具有重要的意义。随着配电网的快速发展，用户对于用电质量的要求不断提高，考虑到电网营销数据发布需求，本章所介绍的模型和算法具有较高的实用价值和较好的应用前景。

参考文献

1. 洪海峰. 含分布式电源配电网优化重构与故障恢复重构问题研究 [D]. 浙江大学, 2017.
2. 周淥, 解慧力, 郑柏林, 等. 基于混合算法的配电网故障重构与孤岛运行配合 [J]. 电网技术, 2015, 1(1): 136-142.
3. Garver L L, Van Horne P R, Wirgau K. A load supplying capability of generation transmission networks[J]. IEEE Transactions on Power Apparatus & Systems, 1979, 98(3): 957-962.
4. 肖峻, 张婷, 张跃, 等. 基于最大供电能力的配电网规划理念与方法 [J]. 中国电机工程学报, 2013, 33(10): 106-113.
5. Xiao J, Li F, Gu W Z, et al. Total supply capability and its extended indices for distribution systems: definition, model calculation and applications[J]. IET Generation, Transmission & Distribution, 2011, 5(8): 869-876.
6. Deng Y, Cai L, Ni Y. Algorithm for improving the restorability of power supply in distribution systems[J]. IEEE Transactions on Power Delivery, 2003, 18(4): 1497-1502.
7. 吴文传, 张伯明, 巨云涛. 主动配电网网络分析与运行调控 [M]. 北京: 科学出版社, 2016.
8. Baran M E, Wu F F. Network reconfiguration in distribution systems for loss reduction and load balancing[J]. IEEE Transactions on Power Delivery, 1989, 4(2): 1401-1407.
9. Taylor J A, Hover F S. Convex models of distribution system reconfiguration[J]. IEEE Transactions on Power Systems, 2012, 27(3): 1407-1413.
10. Farivar M, Low S H. Branch flow model: Relaxations and convexification (part I)[J]. IEEE Transactions on Power Systems, 2013, 28(3): 2554-2564.
11. Li N, Chen L, Low S H. Exact convex relaxation of OPF for radial networks using branch flow model[C]// IEEE Smart Grid Comm 2012 Symposium, 2012.
12. Ramos E R, Exposito A G, Santos J R, et al. Path-based distribution network modeling: application to reconfiguration for loss reduction[J]. IEEE Transactions on Power Systems, 2005, 20(2): 556-564.
13. 孙明, 董树锋, 夏圣峰, 等. 基于路径描述的馈线分区 N-1 可装容量计算方法 [J]. 电力系统自动化, 2017, 41(16): 123-129.
14. 孙明. 基于路径描述的配电网供电能力分析与应用 [D]. 浙江大学, 2018.
15. Kennedy J, Eberhart R C. Particle Swarm Optimization[C]// Proceedings of IEEE International Conference on Neural Networks, 1995.
16. 朱嘉麒, 董树锋, 徐成司, 等. 考虑多次转供的配网最大供电能力评估方法 [J]. 电网技术, 2019, 43(7): 2275-2281.

第 10 章　主动配电网与微电网技术

10.1　概　述

为了满足分散电力和资源分布的需求，灵活、分散的分布式电源被越来越多地采用，这也使得传统的“发电—输电—配电”一体式电力供应模式发生了变化，使配电网从无源网跃变为有源网，配电端由单纯的受端系统演变为具有一定输出功率能力的现代配电系统。分布式电源等的大量接入有助于电网遇突发事况时对重要负荷持续供电，也有助于充分利用可再生资源。不像被动消纳输电网功率的传统电网，智能电网从资源配置的角度实现了各种能源的优化利用以及电网的节能降损。然而分布式电源等设备的大量接入也带来许许多多的问题。诸如配电系统设备类型的增加，传统配电系统的单向潮流转变为互动双向潮流等，这些都将给配电网的运行分析、电压分布、网络重构等方面带来巨大的挑战，使配电网在结构、运行和管理方面变得更加复杂，给配电网的优化运行和控制带来更大的困难。同时，现有的配电网模型并不能完整地反映分布式电源等设备的特性，这也意味着现有配电系统的分析方法不完全适用于电网从被动转变为主动的情况。为了解决配电侧兼容大规模分布式可再生能源的问题，国内外学者提出了主动配电网的概念，它是采用主动管理分布式电源、储能设备和客户双向负荷的模式，具有灵活拓扑结构的公用配电网。

同样的，为了协调用户侧的分布式电源与大电网间的矛盾，有学者提出了微电网这一概念。微电网是指由分布式电源、储能装置、能量转换装置、负荷和监控、保护设备组成的小型发配电系统，是实现主动配电网的一种有效方式。微电网在日常运行中有“并网运行”与“孤岛运行”两种运行模式。在并网运行时，微电网中存在根节点，可以从配电网中吸收功率或者将多余功率倒送给主网，其运行方式与主动配电网相似。当配电网出现故障或对于偏远海岛等区域，微电网可以进入孤岛运行状态，此时微电网中不存在根节点，由分布式电源提供系统所需功率。孤岛微电网的基本控制策略主要有主从控制和对等控制。主从控制策略下由一个主控 DG 单元来协调控制其他 DG，DG 之间需要通信联系，对系统通信有较强依赖性。对等控制策略下所有 DG 在控制上具有同等地位，不需要通信联系，实现“即插即用”功能。

分布式发电系统给配电网和微电网的建模与分析带来的新要求和挑战包括以下几个方面。

（1）元件建模。不像传统电力系统中成熟的模型，分布式发电系统种类繁多，其元件模型尚在不断地完善与发展之中。同时，一个完整的分布式发电系统包括一次能源动态、分布式电源、电力电子接口、各种控制器、网络元件与负荷等多个组成部分，其中既存在静止的直流电源，也包含旋转的交流电动机；既涉及电能相关的电气参量，又涉及化学能、热能、光能等相关的非电气参量。尤其是对于一个特定的元件，在不同的情况下可能采用完全不同的数学模型。因此，在对配电网进行建模和分析之前必须先针对不同的研究目的建立准确有效的数学模型。

（2）模型实现。分布式电源设备尚在不断的研究与发展过程中，因此具备较强的建模能力才能应对这种变化。尤其是在各种典型环节与问题上，要具备用户自定义模型的能力。

（3）计算能力。分布式电源及其控制器特性有着较强的非线性，使得整个系统成为一个强非线性系统。

（4）数值稳定性。分布式发电系统的动态过程时间常数差异较大，使得整个系统成为一个典型的强刚性系统，在需要精确计算电力电子装置动态特性的场合，采用开关模型的电力电子器件对程序的计算精度与数值稳定有着较高要求。

（5）计算速度。随着系统规模的增大，电气网络变得复杂，包含的分布式电源变多，最终导致了计算负担的增加。因此，计算速度方面也必须着重考虑。

对分布式发电系统、混合发电系统中各种快速变化的暂态过程的详细研究是分布式发电系统建模中的重点，模型应能够用于分析含分布式电源的微电网和大电网，分析结果应具备准确性和完整性。因此，在系统层面采用详细的元件模型对包括电网、电力电子装置、分布式电源及各种控制器进行建模，以及采用电力系统电磁暂态与电路的基本理论与方法，可以捕捉频率范围从工频到几百千赫之间系统中的电气量和非电气量的动态过程。

针对分布式电源，国内外通常从宏观和微观两个角度进行分析和建模，包括系统级建模、元件级建模等。系统级建模方法是将多个分布式电源看作配电网中的一个整体进行简化，在不同的研究中赋予该整体不同特性即可。它的主要研究对象是同种类型的分布式电源的综合建模，主要包括风电场动态等值建模和基于广义负荷建模理论的多分布式电源综合建模。元件级建模方法是对元件通过机理研究、测量辨识或仿真拟合等方式建模后，将系统用元件搭积而成来描述整个系统数学模型的方法。元件级建模方法能够反映实际系统的物理构成，既可以对每个元件个体进行独立研究，也可以对由元件组成的某个区域进行整体特性研究。尤其是在分析分布式电源自身控制策略等各元件相互作用机理研究时，元件级建模能够捕获系统级建模无法描述的内部特性。

10.2　系统级建模方法

分布式电源从配电网的角度来看可以视为一种广义的负荷，大量的分布式电源的接入势必会对配电网潮流造成影响。在这个问题的研究中往往把分布式电源作为一个整体，所以从宏观角度出发，在研究配电网时如果只关注其与分布式电源整体外部特性的相互作用及影响，就可以对分布式电源进行系统级建模。目前系统级建模主要研究对象为对同类型的分布式电源进行综合建模，主要包含风电场动态等值建模与基于广义负荷建模理论的多分布式电源综合建模。

根据研究目的，可以把风电场等值建模分为应用于风电场规划的风电场模型与风电场并网问题相关的风电场模型两类，前者只重点关注风电场功率输出、潮流计算、短路计算和设备选型等稳态问题，而后者注重于风电场动态等值建模，显然更为复杂。对于风电场来说，其动态等值可参考传统电力系统动态等值方法，主要分为聚合法与降阶法。聚合的风电机组等值方法是在全部或部分保留原有风电机组模型结构的基础上，使大规模风电机组等值为小数量机组模型的一种方法，模型中机组数量的降低体现了这种方法的聚合特性。降阶的风电机组等值方法是通过奇异摄动理论、积分流形理论、平衡理论等数学方法，通过对风电机组微分方程进行降阶从而对风电机组模型结构和数学表征进行重新表征的一种方法。

分散式的分布式电源与微电网对于配电网来说可以看作一个广义的等效负荷，在各种不同能源和输出功率特性、控制方式以及所处环境等因素下，对广义负荷建模难度更大，意义也更深远。目前较为普适的一种方法为总体测辨法，通过对研究对象运行观测数据的分析和系统辨识得到综合负荷模型的结构和参数，使得模型相应能够较好地拟合所测得的负荷响应数据，达到简化模型从而反映出其响应特性的目的。虽然现阶段电力系统中分布式电源实际运行数据较少，但是实验与仿真即可获得其有效数据，且随着智能配电网、高级测量及广域测量系统的发展，通过实时在线的数据采集，进行配电网中广义负荷建模将成为对分布式电源与微网系统级建模的重要手段。

分布式电源接入电网的运行方式主要分为两类：一类是以微电网的形式孤网运行；另一类是与主网并网运行。这两种运行方式下系统的运行特性差异显著。孤网运行时，微电网的频率和电压通常由分布式电源的有功功率—频率和无功功率—电压下垂控制特性决定。而并网运行时，配电网的频率和电压由配电网以及上级电网决定，分布式电源是可控的功率注入源。

按照并网特性，可将常见的分布式电源分为四类：同步发电机、异步发电机、电力电子接口并网型电源和双馈发电机，本节将介绍前三类分布式电源的模型。

10.2.1　并网型同步发电机

分布式热电联产机组、小型水电机组等通常采用同步发电机并网。所谓同步发电机，简而言之，就是转子转速与定子旋转磁场的速率相同的交流发电机。对于三相平衡时的同步发电机，研究比较成熟，具体可参考《电机学》教材。因此，本节的着重点将放在三相不平衡时的同步发电机的建模上。

三相不平衡时，由叠加原理，将三相瞬时电压，通过正向 dq 变换可得到正序的稳态复数向量，通过反向的 dq 变换可得到负序的稳态复数向量。虽然三相不平衡时同步发电机的模型很多，但目前多采用三相总加功率为恒定量的控制方式来控制同步发电机。

应用对称分量法，可建立如图10-1所示的同步发电机序分量模型。

图中，$I_{\rm re}^0+{\rm j}I_{\rm im}^0$、$I_{\rm re}^1+{\rm j}I_{\rm im}^1$、$I_{\rm re}^2+{\rm j}I_{\rm im}^2$ 分别是同步发电机流入电网的零序、正序和负序电流，下标 re、im 分别表示实部和虚部分量；$V_{\rm re}^0+{\rm j}V_{\rm im}^0$、$V_{\rm re}^1+{\rm j}V_{\rm im}^1$、$V_{\rm re}^2+{\rm j}V_{\rm im}^2$ 分别是同步发电机并网节点的零序、正序和负序电压。当电网采用同一旋转坐标系时，旋转坐标系下各瞬时量的 d、q 轴分量与稳态有效值的实部和虚部对应；$R^0+{\rm j}X^0$、$R^1+{\rm j}X^1$、$R^2+{\rm j}X^2$ 分别是同步发电机的等效零序、正序和负序阻抗；$V_{\rm r,re}^1+{\rm j}V_{\rm r,im}^1$ 为同步发电机励磁绕组的等效正序内电势，即电抗后电势。

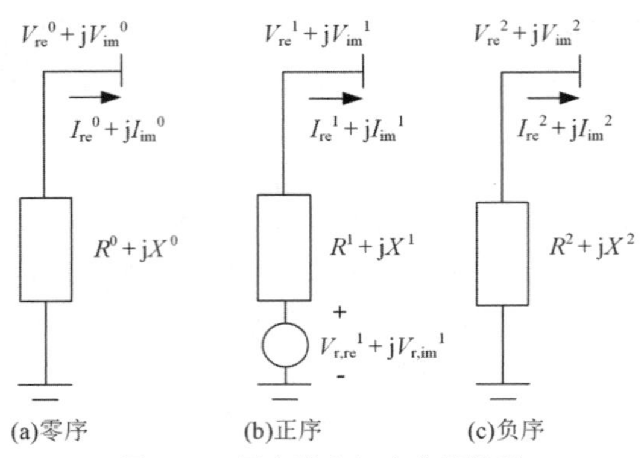

图 10-1　同步发电机序分量模型

同步发电机的控制系统分为 3 部分：第 1 部分是有功功率的控制，第 2 部分是无功功率或电压的控制，第 3 部分是不平衡分量的控制。同步发电机的有功功率控制方程包含两类：（1）总的有功功率控制为常数；（2）正序有功功率控制为常数。一般情况下，控制目标为总的有功功率为恒定量，对应的控制方程为

$$\mathrm{Re}\left[3\sum_{p=0,1,2}\left(V_{\mathrm{re}}^{p}+\mathrm{j}V_{\mathrm{im}}^{p}\right)\left(I_{\mathrm{re}}^{p}-\mathrm{j}I_{\mathrm{im}}^{p}\right)\right]+3\sum_{p=0,1,2}\left[\left(I_{\mathrm{re}}^{p}\right)^{2}+\left(I_{\mathrm{im}}^{p}\right)^{2}\right]R^{p}=P_{\mathrm{sp}} \tag{10.1}$$

式中：P_{sp} 是机械功率。

序分量和相分量可以通过相序得到。为了方便，以下采用序分量来描述一般同步发电机的励磁电压。励磁电压序分量中，励磁电压零序、负序分量为零，正序分量满足线性电气约束，与此对应的发电机不平衡约束方程如下：

$$\begin{cases}V_{\mathrm{r,re}}^{0}=\mathrm{Re}\left[\left(I_{\mathrm{re}}^{0}+\mathrm{j}I_{\mathrm{im}}^{0}\right)\left(R^{0}+\mathrm{j}X^{0}\right)+\left(V_{\mathrm{re}}^{0}+\mathrm{j}V_{\mathrm{im}}^{0}\right)\right]=0\\V_{\mathrm{r,im}}^{0}=\mathrm{Im}\left[\left(I_{\mathrm{re}}^{0}+\mathrm{j}I_{\mathrm{im}}^{0}\right)\left(R^{0}+\mathrm{j}X^{0}\right)+\left(V_{\mathrm{re}}^{0}+\mathrm{j}V_{\mathrm{im}}^{0}\right)\right]=0\\V_{\mathrm{r,re}}^{2}=\mathrm{Re}\left[\left(I_{\mathrm{re}}^{2}+\mathrm{j}I_{\mathrm{im}}^{2}\right)\left(R^{2}+\mathrm{j}X^{2}\right)+\left(V_{\mathrm{re}}^{2}+\mathrm{j}V_{\mathrm{im}}^{2}\right)\right]=0\\V_{\mathrm{r,im}}^{2}=\mathrm{Im}\left[\left(I_{\mathrm{re}}^{2}+\mathrm{j}I_{\mathrm{im}}^{2}\right)\left(R^{2}+\mathrm{j}X^{2}\right)+\left(V_{\mathrm{re}}^{2}+\mathrm{j}V_{\mathrm{im}}^{2}\right)\right]=0\\V_{\mathrm{r,re}}^{1}=\mathrm{Re}\left[\left(I_{\mathrm{re}}^{1}+\mathrm{j}I_{\mathrm{im}}^{1}\right)\left(R^{1}+\mathrm{j}X^{1}\right)+\left(V_{\mathrm{re}}^{1}+\mathrm{j}V_{\mathrm{im}}^{1}\right)\right]\\V_{\mathrm{r,im}}^{1}=\mathrm{Im}\left[\left(I_{\mathrm{re}}^{1}+\mathrm{j}I_{\mathrm{im}}^{1}\right)\left(R^{1}+\mathrm{j}X^{1}\right)+\left(V_{\mathrm{re}}^{1}+\mathrm{j}V_{\mathrm{im}}^{1}\right)\right]\end{cases} \tag{10.2}$$

在微电网运行时，同步发电机常常采用定电压控制，方式有很多种，既可以控制三相电压的幅值均值为常数，也可以控制某一相电压的幅值均值为常数，还能控制正序电压的幅值为常数。以下列出正序电压的约束方程：

$$\sqrt{\left(V_{\mathrm{re}}^{1}\right)^{2}+\left(V_{\mathrm{im}}^{1}\right)^{2}}=V_{\mathrm{sp}}^{1} \tag{10.3}$$

分布式电源并网运行时，常常采用定无功控制，即

$$\mathrm{Im}\left[3\sum_{p=0,1,2}\left(V_{\mathrm{re}}^{p}+\mathrm{j}V_{\mathrm{im}}^{p}\right)\left(I_{\mathrm{re}}^{p}-\mathrm{j}I_{\mathrm{im}}^{p}\right)\right]=Q_{\mathrm{sp}} \tag{10.4}$$

至此已经得到了 9 个方程，而在潮流计算中，待求量有 8 个，为 I_{re}^{0}、I_{im}^{0}、I_{re}^{1}、I_{im}^{1}、I_{re}^{2}、I_{im}^{2}、V_{re}^{1}、V_{im}^{1}。不管是电压控制型的同步发电机还是无功控制型的同步发电机，均能从 9 个

已知方程中找到 8 个，因此待求量能够解出，也就意味着建立的模型可解。

由于励磁电压的幅值存在限幅环节（也可能是励磁电流幅值存在限幅环节，模型类似），式 (10.3) 和式 (10.4) 将转换成限幅约束方程，即

$$\sqrt{\left(V_{\mathrm{re}}^{1}\right)^{2}+\left(V_{\mathrm{im}}^{1}\right)^{2}}=V_{\mathrm{lim}} \tag{10.5}$$

目前分布式电源大多控制三相总加功率，因此本节的模型较为贴近分布式电源的实际控制方式。

10.2.2　并网型异步发电机

异步发电机主要应用于微型燃气轮机、定速风机及半定速（动态转子电阻）风机等一系列分布式发电设备。异步发电机的基本工作原理是：用原动机顺着磁场旋转方向拖动转子，当转速达到同步转速时，给励磁绕组通电以励磁，转子切割磁力线，进而产生感应电势，通过接线端子接在回路中，就产生了电流。

早期的定速风机大多采用异步发电机直接并网，费霍（Feijoo）等人建立了适用于定桨距风机的三相平衡异步风机模型，克斯汀 (Kersting) 等采用一种启发式算法求解异步发电机的滑差，建立了适用于变桨距有功功率控制风机的三相不平衡异步发电机模型。马姆杜（Mamdouh）等采用牛顿法计算滑差，建立了风机轴功率为恒定量的三相不平衡异步发电机模型。王成山等建立了适用于定桨距控制风机，风速为恒定量的三相不平衡异步发电机模型。奥莫里（Omori）等建立了适用于变桨距有功功率控制风机，异步发电机机端三相总加有功和无功为恒定量时的三相稳态模型。迪维亚（Divya）等建立了三相平衡的定桨距控制风机模型和变桨距控制风机模型。

这一节主要介绍动态转子电阻异步风机的三相稳态模型，将从两个方面对动态转子电阻异步发电机的三相模型进行分析。动态转子电阻异步风机，又被称为最优滑差风机，注入电网的三相有功功率和风机转速（滑差）分别通过功率控制器和转速控制器控制。因此，这种风机稳态模型的恒定量是三相总加有功功率和滑差。

异步发电机通常外接三角形变压器并网，因此可以认为异步发电机和电网间只存在正序和负序通路。异步发电机序分量模型如图10-2所示。

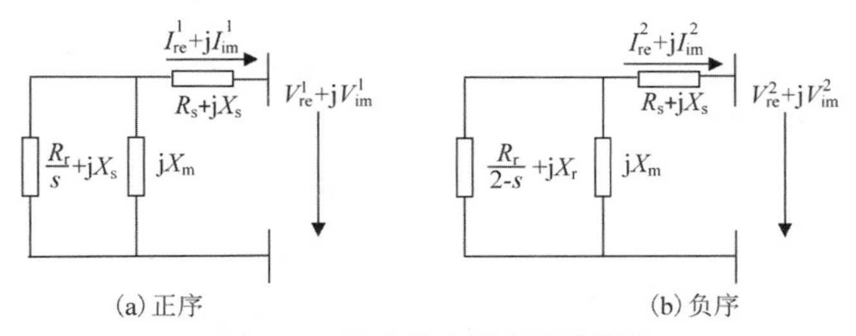

图 10-2　异步发电机序分量模型

图10-2中，$I_{\mathrm{re}}^1+\mathrm{j}I_{\mathrm{im}}^1$、$I_{\mathrm{re}}^2+\mathrm{j}I_{\mathrm{im}}^2$ 分别为并网点正序、负序注入电流；R_{s}、R_{r} 分别为定子电阻和折算到定子侧的转子电阻；$\mathrm{j}X_{\mathrm{s}}$ 和 $\mathrm{j}X_{\mathrm{r}}$ 分别为定子电抗和折算到定子侧的转子电抗；$\mathrm{j}X_{\mathrm{m}}$ 为励磁电抗；s 为滑差。

当三相总加有功功率为恒定值时，对应的有功功率控制方程是：

$$\mathrm{Re}\left[3\sum_{p=0,1,2}(V_{\mathrm{re}}^{p}+\mathrm{j}V_{\mathrm{im}}^{p})(I_{\mathrm{re}}^{p}-\mathrm{j}I_{\mathrm{im}}^{p})\right]=P_{\mathrm{sp}} \tag{10.6}$$

式中：P_{sp} 是三相总加有功功率。根据图10-2的异步发电机序分量等效电路，正序和负序分别满足以下方程：

$$-\frac{V_{\mathrm{re}}^{1}+\mathrm{j}V_{\mathrm{im}}^{1}}{I_{\mathrm{re}}^{1}+\mathrm{j}I_{\mathrm{im}}^{1}}=R_{\mathrm{s}}+\mathrm{j}X_{\mathrm{s}}+\frac{\mathrm{j}X_{\mathrm{m}}(R_{\mathrm{r}}+\mathrm{j}sX_{\mathrm{r}})}{\mathrm{j}sX_{\mathrm{m}}+R_{\mathrm{r}}+\mathrm{j}sX_{\mathrm{r}}} \tag{10.7}$$

$$-\frac{V_{\mathrm{re}}^{2}+\mathrm{j}V_{\mathrm{im}}^{2}}{I_{\mathrm{re}}^{2}+\mathrm{j}I_{\mathrm{im}}^{2}}=R_{\mathrm{s}}+\mathrm{j}X_{\mathrm{s}}+\frac{\mathrm{j}X_{\mathrm{m}}(R_{\mathrm{r}}+\mathrm{j}(2-s)X_{\mathrm{r}})}{\mathrm{j}sX_{\mathrm{m}}+R_{\mathrm{r}}+\mathrm{j}(2-s)X_{\mathrm{r}}} \tag{10.8}$$

零序约束方程：

$$I_{\mathrm{re}}^{0}+\mathrm{j}I_{\mathrm{im}}^{0}=0 \tag{10.9}$$

在潮流计算中，待求变量为 I_{re}^{0}、I_{im}^{0}、I_{re}^{1}、I_{im}^{1}、I_{re}^{2}、I_{im}^{2} 和 R_{r} 这 7 个变量，而之前一共给出了 7 个方程，因此模型可解。

10.2.3　换流器并网型分布式电源

蓄电池、光伏发电设备、燃料电池、配网静止同步补偿器、直驱型风机等常采用电力电子接口方式并网，其中大都采用电压型换流器 (VSC) 为换流器并网型分布式电源。如图10-3所示，直流电源 (光伏阵列、燃料电池) 通过逆变器并网，依据锁相环 PLL 提供相角信息将三相电压和电流经过 dq 变换得到稳态正序分量，图示为三相平衡时控制方案，三相不平衡时需要增加反向 dq 变换，得到稳态负序 dq 分量，进而对负序分量进行控制。事实上接入三相不平衡系统的 VSC 型分布式电源一般对序分量进行控制而非相分量。此外，VSC 型并网逆变器控制还可以通过将直流模块的二倍有功功率控制为 0 来实现。

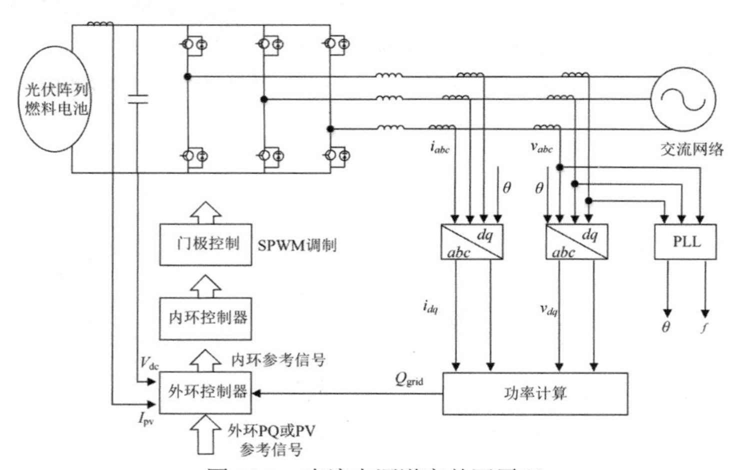

图 10-3　直流电源逆变并网原理

VSC 并网型分布式电源并网特性主要由换流器控制特性决定，其结构图与序分量模型见图10-4和图10-5。任何形式的分布式电源在采用 VSC 并网时都需要先转为直流电再经过

DC-AC 逆变并网。图10-4中 DC-Link 表示直流环节，经逆变、滤波后并网，滤波阻抗 $R_f+\mathrm{j}X_f$，n 为三相四线制换流器中线，由于 VSC 并网型分布式电源通常外接三角形连接变压器，故此处不考虑零序通路。

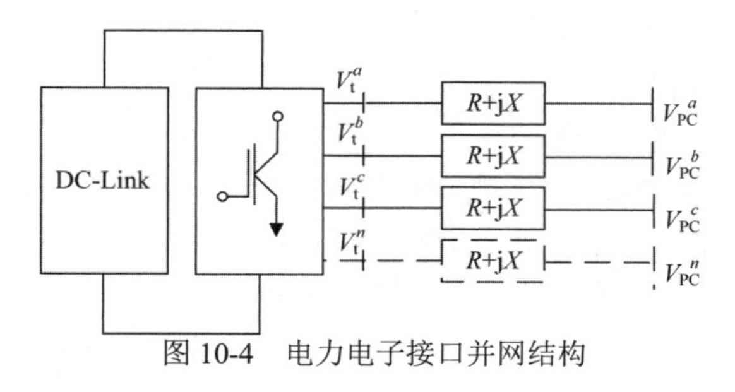

图 10-4　电力电子接口并网结构

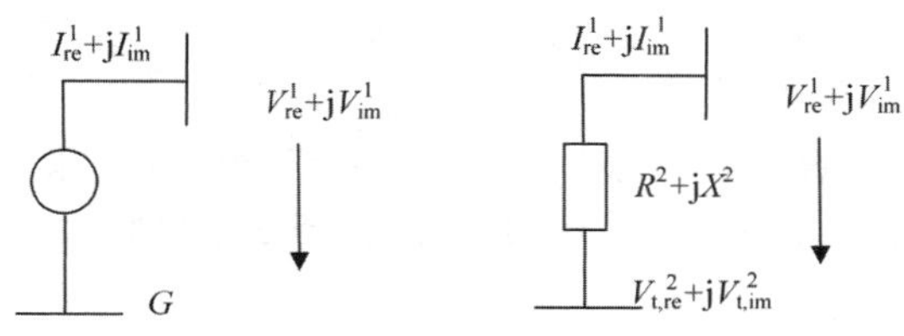

图 10-5　电力电子接口并网序分量模型

VSC 并网分布式电源可以划分为 PV 节点、PQ 节点和孤网状态下的 PQ(V) 节点，三种类型的节点有功功率控制方程均为

$$\mathrm{Re}\left[3\sum_{p=0,1,2}(V_{\mathrm{re}}^p+\mathrm{j}V_{\mathrm{im}}^p)(I_{\mathrm{re}}^p-\mathrm{j}I_{\mathrm{im}}^p)\right]=P_{\mathrm{sp}} \tag{10.10}$$

当分布式电源容量达到具有电压支撑能力时，可作为 PV 节点。此类发电机节点正序电压控制方程为

$$\sqrt{(V_{\mathrm{re}}^1)^2+(V_{\mathrm{im}}^1)^2}=V_{\mathrm{sp}}^1 \tag{10.11}$$

VSC 并网型分布式电源对不平衡分量的控制方式可分为三种：

（1）换流器出口负序电压 $V_{\mathrm{re}}^2+\mathrm{j}V_{\mathrm{im}}^2=0$，对应控制方程为

$$I_{\mathrm{re}}^2=-\frac{V_{\mathrm{re}}^2R^2+V_{\mathrm{im}}^2X^2}{(R^2)^2+(X^2)^2} \tag{10.12}$$

$$I_{\mathrm{im}}^2=-\frac{-V_{\mathrm{re}}^2X^2+V_{\mathrm{im}}^2R^2}{(R^2)^2+(X^2)^2} \tag{10.13}$$

（2）VSC 并网型分布式电源注入电网的负序电流控制为 0，对应控制方程为

$$I_{\mathrm{re}}^2=0 \tag{10.14}$$

$$I_{\mathrm{im}}^2=0 \tag{10.15}$$

（3）在不平衡系统下运行，直流部分电容器会产生纹波，从而影响 PWM 正常工作。为抑制纹波，应对发电机注入电网的瞬时功率的二倍工频波动量进行控制，该分量由负序电压与正序电流和正序电压与负序电流相乘得到，控制方程为

$$V_{\mathrm{re}}^1 I_{\mathrm{re}}^2 + V_{\mathrm{im}}^1 I_{\mathrm{im}}^2 + V_{\mathrm{re}}^2 I_{\mathrm{re}}^1 + V_{\mathrm{im}}^2 I_{\mathrm{im}}^1 = 0 \tag{10.16}$$

$$V_{\mathrm{im}}^2 I_{\mathrm{re}}^1 - V_{\mathrm{re}}^1 I_{\mathrm{im}}^1 - V_{\mathrm{im}}^1 I_{\mathrm{re}}^1 + V_{\mathrm{re}}^2 I_{\mathrm{im}}^1 = 0 \tag{10.17}$$

对于 PQ 节点来说，其无功控制方程为

$$\mathrm{Im}\left[3\sum_{p=0,1,2}(V_{\mathrm{re}}^p + \mathrm{j}V_{\mathrm{im}}^p)(I_{\mathrm{re}}^p - \mathrm{j}I_{\mathrm{im}}^p)\right] = Q_{\mathrm{sp}} \tag{10.18}$$

PQ 节点对于不平衡分量控制方程与 PV 节点相同，分为三类，此处不再赘述。

对于 PQ(V) 节点而言，分布式发电运行于孤岛状态时，为使 VSC 并网型分布式电源具有一定电压支撑能力，需增加无功电压下垂控制环节，控制方程为

$$\mathrm{Im}\left[3\sum_{p=0,1,2}(V_{\mathrm{re}}^p + \mathrm{j}V_{\mathrm{im}}^p)(I_{\mathrm{re}}^p - \mathrm{j}I_{\mathrm{im}}^p)\right] = Q_{\mathrm{sp}} = -\frac{V_{\mathrm{grid}}^1}{k_{\mathrm{q}}} - \frac{V_{\mathrm{ref}}^1}{k_{\mathrm{q}}} + Q_{\mathrm{ref}} \tag{10.19}$$

式中：Q_{ref} 和 V_{ref}^1 为下垂控制器参考值；k_{q} 为下垂斜率；V_{grid}^1 为并网口正序电压幅值。PQ(V) 节点不平衡分量控制方程同 PV 节点。

在潮流计算过程中，电源并网电压 $V_{\mathrm{re}}^1 + \mathrm{j}V_{\mathrm{im}}^1$ 为已知量，$I_{\mathrm{re}}^1 + \mathrm{j}I_{\mathrm{im}}^1$ 为待求量，对于 PV 节点、PQ 节点、PQ(V) 节点三种类型，均需要各自有功功率控制方程、无功功率控制方程及不平衡分量控制方程才可求解模型。

某相电流超过额定值时，需要将电压或无功约束方程切换至电流幅值约束 (p 为发生越限的序)：

$$\sqrt{(I_{\mathrm{re}}^p)^2 + (I_{\mathrm{im}}^p)^2} = I_{\mathrm{lim}} \tag{10.20}$$

10.3　元件级建模方法

元件级建模方法是对元件进行机理研究、测量辨识或仿真拟合等方法建模后，用元件组建系统以描述整个系统的数学模型的方法。元件级建模方法可以反映实际系统的物理构成，既能对每个元件进行独立研究，也能对由元件组成的某个部分进行整体特性研究，方法灵活多变。特别是在分析分布式电源自身控制策略等各元件相互作用机理时，元件级建模能够获得系统级建模无法描述的内部特性，但这种建模方法在元件种类多样、数量繁多的含分布式电源和微电网的智能配电网研究中，增大了研究对象的复杂程度，当只研究某个系统的整体外部特性而不考虑内部特性时，元件级建模会造成研究资源的浪费。

本小节将介绍微型燃气轮机、风机系统、光伏发电并网系统、蓄电池储能系统的元件级模型。

10.3.1　微型燃气轮机

1. 单轴结构微型燃气轮机

单轴结构微型燃气轮机独特之处在于压气机与发电机安装在同一转动轴上，根据研究目的不同，微型燃气轮机原动系统数学模型也有所不同，本节以 Rowen 微型燃气轮机仿真

模型为例进行介绍，其传递函数框图如图10-6所示。该模型主要由温度控制系统、速度控制系统、燃料系统和压缩机与涡轮系统组成。

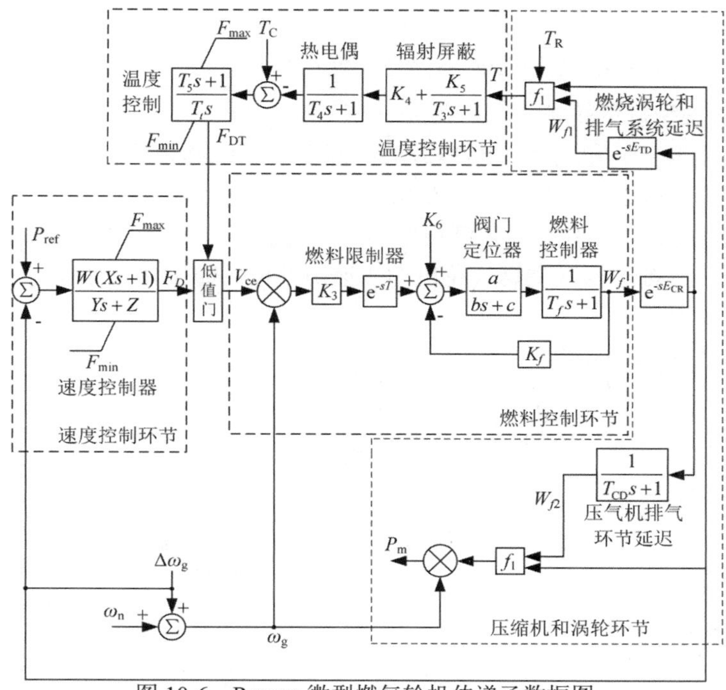

图 10-6　Rowen 微型燃气轮机传递函数框图

温度控制系统通过比较温度参考值与热电偶测量温度，作为温度系统控制信号，并在温度调节器作用下，限制微型燃气轮机燃料输入以保护微型燃气轮机排气温度不超过限定值。

在非满载情况下，微型燃气轮机主要速度控制方式为下垂控制，即以转子速度 ω_g 与预先设定的有功参考值 P_{ref} 之间的差值作为输入信号，以速度偏差的比例值作为输出信号，调整微型燃气轮机燃料输入，达到控制机组转速的目的。

此外，速度控制系统还包括用于机组启动的加速控制，由于加速控制主要限制启动过程中机组转速增加的斜率不超过允许值，当机组启动完毕将自动关闭，因此在分析正常工作的微型燃气轮机时，可以忽略该环节。

温度控制信号和速度控制信号均采用低值门对输入信号进行低选，用最小信号实现燃气量控制。在典型的微型燃气轮机中，一般燃料系统由阀门和执行机构组成，从燃料系统流出的燃料与执行机构和阀门的动作间具有一定的惯性。

由于微型燃气轮机燃烧室的燃烧反应速度较快，因此可以采用较小的传输延迟环节 E_{CR} 表示。压缩机-涡轮机是微型燃气轮机的动力环节，压缩机释放体积的滞后时间用 T_{TD} 表示，而燃料从燃烧室到燃气涡轮的传送时间，可以用 E_{TD} 表示。

燃料燃烧产生的热能为燃气涡轮旋转提供机械转矩的同时升高了排气口的温度，其转矩值和排气口温度值分别用不同的函数计算得到。温度函数 f_1、转矩输出函数 f_2 分别为

$$\begin{cases} f_1 = T_R - a_{f1}(1 - W_{f1}) - b_{f1} \cdot \Delta\omega_g \\ f_2 = a_{f2} + b_{f2} \cdot W_{f2} - c_{f2} \cdot \Delta\omega_g \end{cases} \tag{10.21}$$

式中：T_R 为燃气涡轮的额定运行温度 (K)，由微型燃气轮机的类型决定；a_{f1}、b_{f1}、a_{f2}、b_{f2}、c_{f2} 为给定常数；W_{f1} 和 W_{f2} 为燃料控制输出的燃料流量信号。根据转矩输出函数 f_2 及微型燃气轮机的转速 ω_g 即可得到其输出的机械功率 P_m：

$$P_m = T_m\omega_g = f_2\omega_g = (a_{f2} + b_{f2} \cdot W_{f2} - c_{f2} \cdot \omega_g)\omega_g \tag{10.22}$$

2. 分轴结构微型燃气轮机

分轴结构微型燃气轮机与单轴结构最大不同在于系统燃气涡轮与动力涡轮分别采用不同转轴。分轴结构微型燃气轮机原动系统由压气机、燃气涡轮、动力涡轮、燃烧室、回热器等组成。对内部进行适当简化，其模型可以由速度控制环节、温度控制环节、压缩机和涡轮系统三部分表示。分轴结构微型燃气轮机的传递函数框图如图10-7所示。

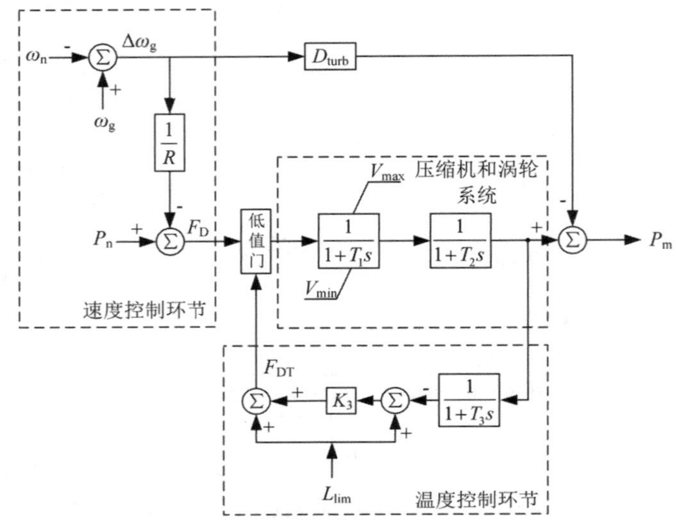

图 10-7　分轴结构微型燃气轮机传递函数框图

该模型对微型燃气轮机内部进行了简化，速度控制系统采用下垂控制，根据如图10-8所示 P-ω 下垂特性曲线，调节燃机的燃料输入量 F_D，$1/R$ 为给定的下垂控制参数，$\Delta\omega_g$ 为发电机转速偏差，P_n 为微型燃气轮机输出的额定功率。

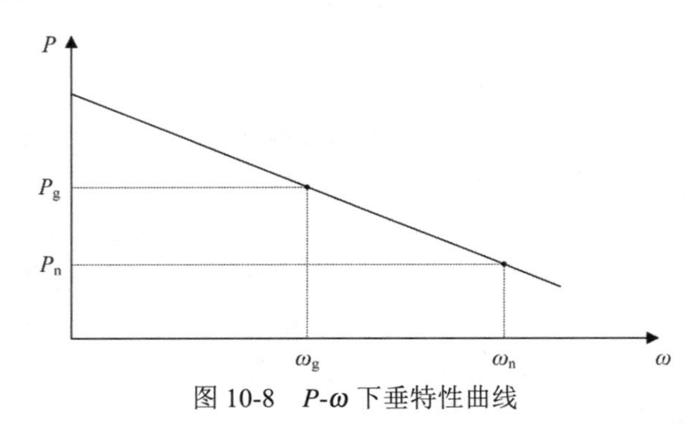

图 10-8　P-ω 下垂特性曲线

温度控制系统采用最大允许负荷限制 L_{lim}，并采用带限幅的惯性环节表示燃气涡轮和传动装置，去除阻尼功率后向发电机输出功率 P_m，D_{turb} 为燃气轮机的转子阻尼系数。

10.3.2　风机系统

并网型风力发电系统的分类方法有多种。按照发电机的类型划分，可分为同步发电机型和异步发电机型两种；按照风机驱动发电机的方式划分，可分为直驱式和使用增速齿轮箱驱动两种类型；另一种更为重要的分类方法是根据风速变化时发电机转速是否变化，将其分为恒频/恒速和恒频/变速两种，如图10-9所示。

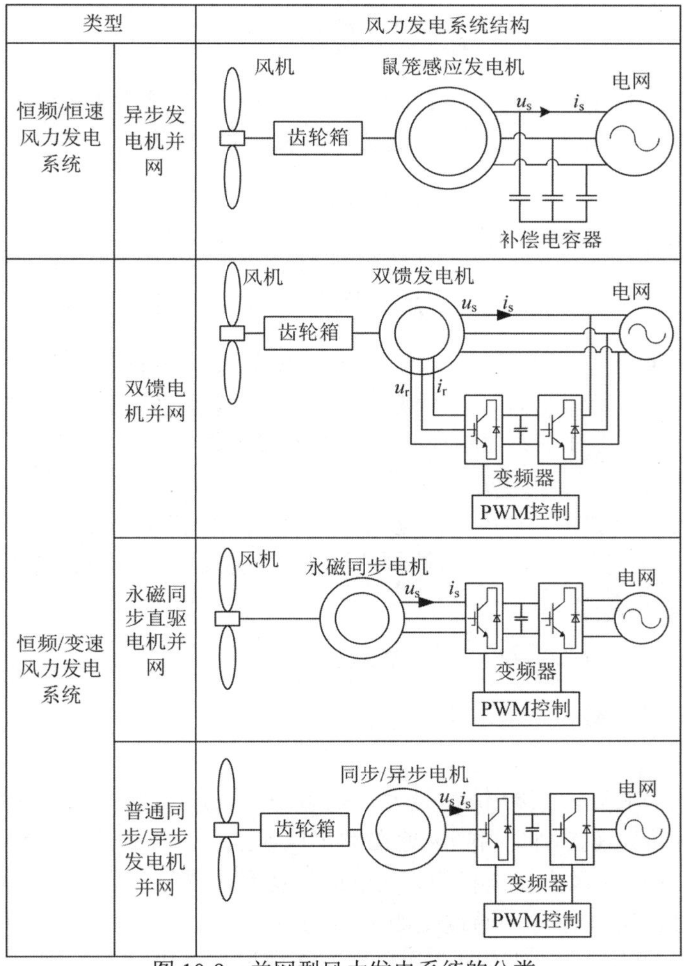

图 10-9　并网型风力发电系统的分类

双馈风力发电系统、永磁同步直驱风力发电系统一般用于大型风力发电机组并网，容量相对较大，在中低压配电系统中一般采用较少。此外，也可以采用普通同步发电机或异步发电机通过变频器并网，但由于发电机转速较高，风机与发电机间需要通过齿轮箱进行啮合。

在恒频/恒速风力发电系统中，发电机直接与电网相连，在风速变化时，采用定桨距控制或者失速控制维持发电机转速恒定。一般以异步发电机直接并网的形式较为常见。无功不可控，需要电容器组或 SVC 进行无功补偿。这种类型风力发电系统的优点是结构简单、成本低，容量通常较小，在低压系统中较为常见。

虽然风力发电系统的并网形式有多种，但在风机本身结构上仍有不少相似之处。本节以恒频/恒速风力发电系统为例进行介绍。对于恒频/恒速风机模型，仿真子系统包括空气动力系统模型、桨距控制模型、发电机轴系模型等。空气动力系统模型依控制方式不同而略有差别；桨距控制模型采用主动失速变桨距控制模型；轴系模型根据系统的不同，可考虑三质块模型、两质块模型和单质块模型。

1. 空气动力系统模型

该模型用于描述将风能转化为风机功率输出的过程，其能量转换公式为

$$P_{\mathrm{w}}=\frac{1}{2}\rho\pi R^2v^3C_{\mathrm{p}} \tag{10.23}$$

式中：ρ 为空气密度 (kg/m^3)，R 为风机叶片的半径 (m)，v 为叶尖来风速 (m/s)，C_{P} 为风能转换效率，是叶尖速比 λ 和叶片桨距角 θ 的函数，表达式为

$$C_{\mathrm{p}}=f(\theta,\lambda) \tag{10.24}$$

叶尖速比 λ 定义为

$$\lambda=\frac{\omega_{\mathrm{w}}R}{v} \tag{10.25}$$

式中：ω_{w} 为风机机械角速度 (rad/s)。对于变桨距系统，C_{p} 与叶尖速比 λ 和桨距角 θ 均有关系，随着桨距角 θ 的增大，C_{p} 曲线整体减小。当采用变桨距变速控制时，控制系统先将桨距角置于最优值，进一步通过变速控制使叶尖速比 λ 等于最优值 λ_{opt}，从而能够使风机在最大风能转换效率 $C_{\mathrm{p}}^{\max}$ 下运行。对于定桨距系统，C_{p} 只与叶尖速比 λ 有关系，桨距角为 0 不做任何调节，因此风机只能在某一风速下运行在最优风能转换效率 $C_{\mathrm{p}}^{\max}$，而更多时候则运行在非最佳状态。对于恒频/恒速变桨距控制的风力发电机组，与式 (10.24) 对应的一种 C_{p} 特性曲线近似式为

$$C_{\mathrm{p}}=0.5\left(\frac{RC_f}{\lambda}-0.022\theta-2\right)e^{-0.255\frac{RC_f}{\lambda}} \tag{10.26}$$

式中：C_f 为叶片设计参数，一般取 1~3。

2. 桨距控制模型

低压配电系统一般接入恒频/恒速风力发电系统，以定桨距（主动失速型）风力发电机组为主导机型。主动失速控制是指当风速在额定风速以下，控制器将桨距角置于 0，不做变化，可认为等同于定桨距风力发电机组，发电机的功率根据叶片的气动性能随风速的变化而变化。当风速超过额定风速时，通过桨距角控制可以防止发电机的转速和输出功率超过额定值。同时，当风速超过额定风速时，叶片失速特性导致输出功率有所下降，为了弥补这部分功率损失，控制系统动作在一个较小的范围内调整桨距角，有助于提高风机的功率输出。在实际运行环境下，由于风速的准确测量存在一定困难，往往以发电机的电气量作为控制信号，侧面反映风速的变化情况，如发电机转速、输出功率等。图10-10给出了主动失速变桨距控制系统框图。

图10-10中 ω_{g} 为发电机转速。θ_{refmax} 和 θ_{refmin} 为 PI 调节器上限和下限幅值。θ_{refmin} 一般设为零，当发电机转速 ω_{g} 低于额定转速 ω_{ref} 时，PI 调节器输出 θ_{ref} 为零，桨距角 θ 相应的被控制在 0，伺服控制系统不动作。当发电机转速 ω_{g} 高于额定转速 ω_{ref} 时，PI 调节器的输出 θ_{ref} 大于零，伺服控制系统动作，实现桨距角的调节。T 为伺服控制系统的比例控制常数，$T_{\max}$ 和 $T_{\min}$ 为伺服控制系统比例控制输出的上限和下限幅值；$\theta_{\max}$ 和 $\theta_{\min}$ 为桨距角上

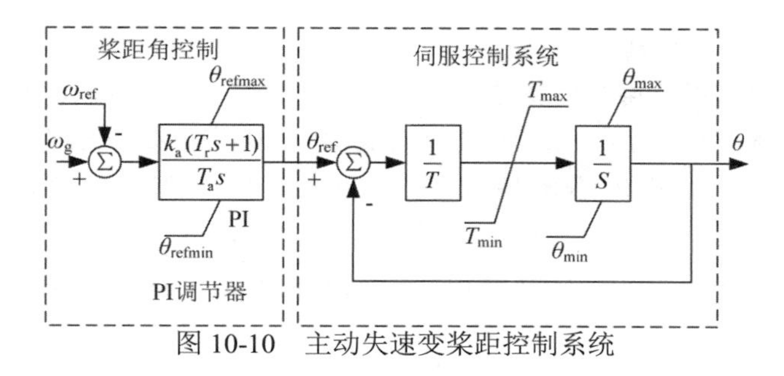

图 10-10　主动失速变桨距控制系统

限和下限幅值。

3. 轴系模型

风力发电系统的轴系一般包含有三个质块：风机质块、齿轮箱质块和发电机质块（直驱风力发电系统无齿轮箱质块）。风机质块一般惯性较大，而齿轮箱惯性较小，其主要作用是通过低速转轴和高速转轴将风机和发电机啮合在一起。由于各个质块惯性相差较大，不同风力发电系统的质块构成也不完全一致，三质块模型、两质块模型和单质块模型都可能会涉及。

由于齿轮箱的惯性相比风机和发电机而言较小，有时可以将齿轮箱的惯性忽略，将低速轴各量折算到高速轴上，此时的两质块轴系系统如图10-11所示。

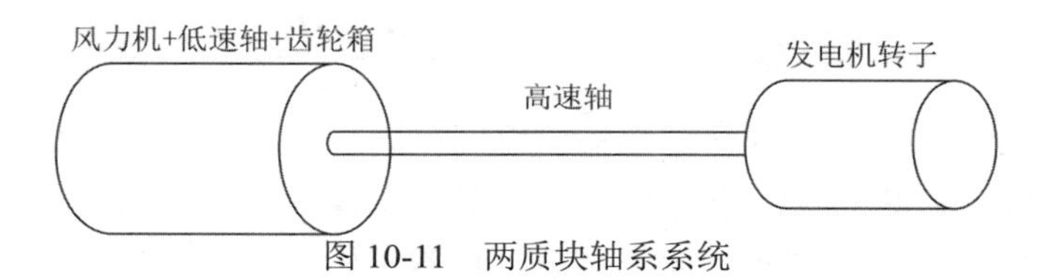

图 10-11　两质块轴系系统

动态方程为式 (10.27)：

$$\begin{cases} T_w = J_w \dfrac{d\omega_w}{dt} + D_{tg}(\omega_w - \omega_g) + K_{tg}(\theta_w - \theta_g) & T_w = \dfrac{P_w}{\omega_w} \\ -T_g = J_g \dfrac{d\omega_g}{dt} + D_{tg}(\omega_g - \omega_w) + K_{tg}(\theta_g - \theta_w) & T_g = \dfrac{P_g}{\omega_g} \end{cases} \tag{10.27}$$

式中：T_w 为风机的转矩；J_w 为风机的惯性常数；ω_w 为风机的转速；D_{tg} 为风机、发电机轴系折算后的等效阻尼系数；K_{tg} 为风机轴系、发电机轴系折算后的等效刚性系数；θ_w 为风机质块转角；T_g 为发电机的机械转矩；J_g 为发电机的惯性常数；ω_g 为发电机的转速；θ_g 为发电机质块转角。

10.3.3　光伏发电并网系统

光伏电池可分为硅型光伏电池、化合物光伏电池、有机半导体光伏电池等多种。目前，硅型光伏电池应用最为广泛，本节将主要针对硅型光伏电池进行介绍。将光伏电池串、并联可构成光伏模块，其输出电压可提高到十几至几十伏；光伏模块又可经串、并联后得到光伏阵列，进而获得更高的输出电压和更大的输出功率。光伏发电系统的实际电源一般就是指光伏阵列，它是一种直流电源。

常用光伏电池的理想电路模型如图10-12(a) 所示，在忽略各种内部损耗情况下，由光生电流源和一个二极管并联得到。光伏电池的实际内部损耗可通过在理想模型中增加串联电阻和并联电阻来模拟，如图10-12(b) 所示。在增加两个电阻的同时，图10-12(c) 给出的电路模型中还增加了一个二极管来模拟空间电荷的扩散效应，称为双二极管等效电路。双二极管等效电路能够更好地拟合多晶硅光伏电池的输出特性，并且在光辐照度较低的条件下更加适用。

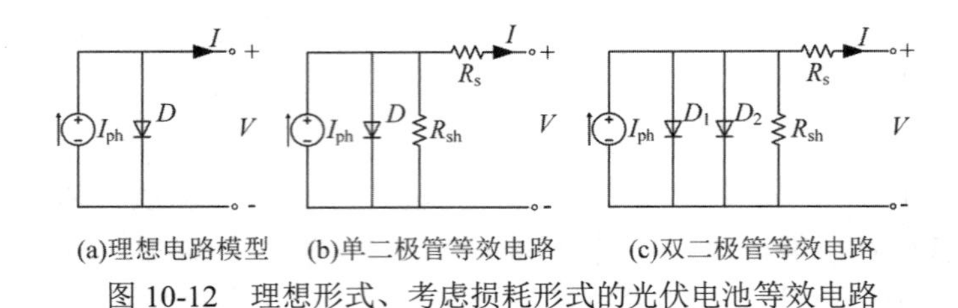

图 10-12　理想形式、考虑损耗形式的光伏电池等效电路

由双二极管模型给出的光伏电池输出伏安特性为

$$I = I_{\text{ph}} - I_{\text{s1}}(\mathrm{e}^{\frac{q(V+IR_{\text{S}})}{kT}} - 1) - I_{\text{s2}}(\mathrm{e}^{\frac{q(V+IR_{\text{S}})}{AkT}} - 1) - \frac{V+IR_{\text{S}}}{R_{\text{sh}}} \tag{10.28}$$

当简化为单二极管模型时，相应的伏安关系为

$$I = I_{\text{ph}} - I_{\text{s}}(\mathrm{e}^{\frac{q(V+IR_{\text{S}})}{AkT}} - 1) - \frac{V+IR_{\text{S}}}{R_{\text{sh}}} \tag{10.29}$$

式 (10.28)、式 (10.29) 中，V 为光伏电池输出电压；I 为光伏电池输出电流；I_{ph} 为光生电流源电流；I_{s1} 为二极管扩散效应饱和电流；I_{s2} 为二极管复合效应饱和电流；I_{s} 为二极管饱和电流；q 为电子电量常量；k 为玻尔兹曼常数；T 为光伏电池工作绝对温度值；A 为二极管特性拟合系数，在单二极管模型中是一个变量，在双二极管模型中可取为 2。

当光伏模块通过串、并联组成光伏阵列时，通常认为串、并联光伏模块具有相同的特征参数，若忽略光伏电池模块间的连接电阻并假设它们具有理想的一致性，则单二极管模型光伏阵列的等效电路如图10-13所示。

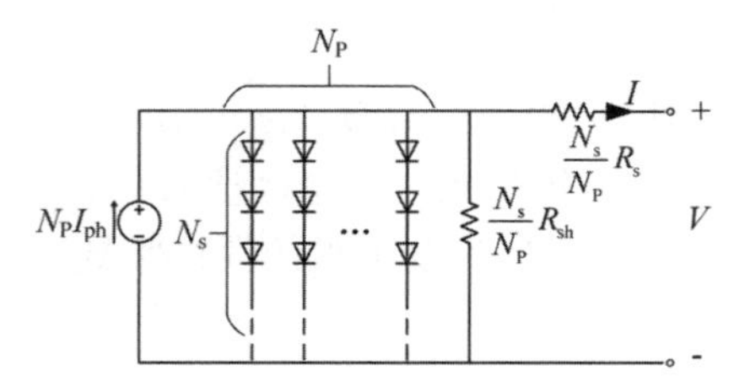

图 10-13　单二极管模型光伏阵列的等效电路

图10-13给出的等效电路的输出电压和电流的关系如式 (10.30) 所示：

$$I = N_{\text{p}}I_{\text{ph}} - N_{\text{p}}I_{\text{s}}(\mathrm{e}^{\frac{q}{AkT}(\frac{V}{N_{\text{S}}}+\frac{IR_{\text{S}}}{N_{\text{P}}})} - 1) - \frac{N_{\text{P}}}{R_{\text{sh}}}(\frac{V}{N_{\text{S}}} + \frac{IR_{\text{S}}}{N_{\text{P}}}) \tag{10.30}$$

式中：N_{s} 和 N_{p} 分别为串联和并联的光伏电池数。若光伏电池采用双二极管等效电路，也可以给出类似的等效电路如图10-14所示，相应的输出电压和电流的关系如式 (10.31)：

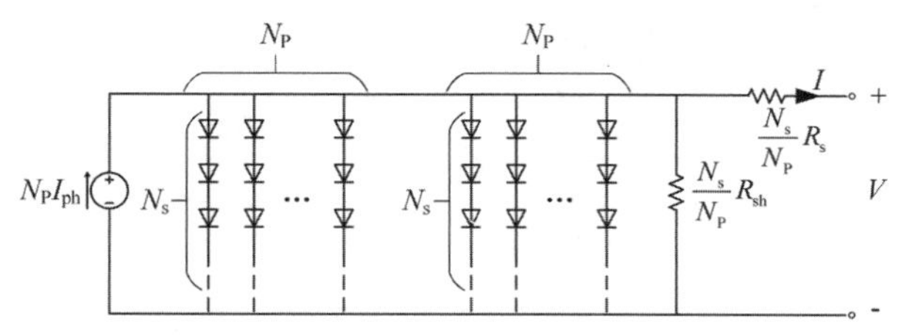

图 10-14　双二极管模型光伏阵列的等效电路

$$I = N_P I_{ph} - N_P I_{s1}(e^{\frac{q}{kT}(\frac{V}{N_S}+\frac{IR_S}{N_P})} - 1) - N_P I_{s2}(e^{\frac{q}{AkT}(\frac{V}{N_S}+\frac{IR_S}{N_P})} - 1) - \frac{N_P}{R_{sh}}(\frac{V}{N_S} + \frac{IR_S}{N_P}) \tag{10.31}$$

1. 输出特性

光伏电源的输出特性与光辐照度和环境温度密切相关。随着温度的升高，光伏电池的短路电流增大，而开路电压降低。因此在光辐照度恒定的条件下，温度越高，光伏电源最大功率反而越小，而且最大功率点电压变化较大。相比而言，光辐照度的提高对于短路电流、开路电压和最大功率都是增大作用，而且最大功率点电压变化较小，在某些条件下可近似认为不变。

2. 最大功率点跟踪控制

在实际运行的光伏系统中，应该尽量通过负载匹配使整个系统运行在最大功率点附近，以最大限度地提高运行效率。最大功率点跟踪（Maximum Power Point Tracking，MPPT）控制目的就是根据光伏电源的伏安特性，利用一些控制策略保证其工作在最大功率输出状态，以最大限度地利用太阳能。目前，MPPT 控制算法很多，如扰动观测法、增量电导法、爬山法、波动相关控制法、电流扫描法、dP/dV 或 dP/dI 反馈控制法、模糊逻辑控制法、神经网络控制法等等。下面以扰动观测法为例，介绍 MPPT 控制算法。扰动观测法算法的原理是周期性地对光伏阵列电压施加一个小的增量，并观测输出功率的变化方向，进而决定下一步的控制信号。如果输出功率增加，则继续朝着相同的方向改变工作电压，否则朝着相反的方向改变。扰动观测算法只需要测量 V 和 I，同增量电导法一样具有实现简单的特点。扰动观测法的算法流程图如图10-15所示。

10.3.4　蓄电池储能系统

蓄电池是一种电化学储能设备，既能够将氧化还原反应所释放出的化学能直接转变成低压直流电能，又能吸收电能转化为化学能储存，目前是分布式发电系统中应用最为广泛的储能设备之一。根据所使用的化学物质不同，可分为铅酸电池、镍镉电池、镍氢电池、钠硫电池、锂离子电池等。

蓄电池常通过逆变器直接并网或通过 DC/DC 变换器接逆变器并网，为了简化研究常常忽略蓄电池自身的充放电动态，用理想直流电压源或如图10-16所示的简单等效电路作为蓄电池模型。如图10-16所示等效电路由一个理想电压源串联电池内阻构成，特点是结构简单，参数恒定，适用于不考虑蓄电池动态特性的情况。该模型中，蓄电池端电压与流过蓄电池电流的关系如下式所示：

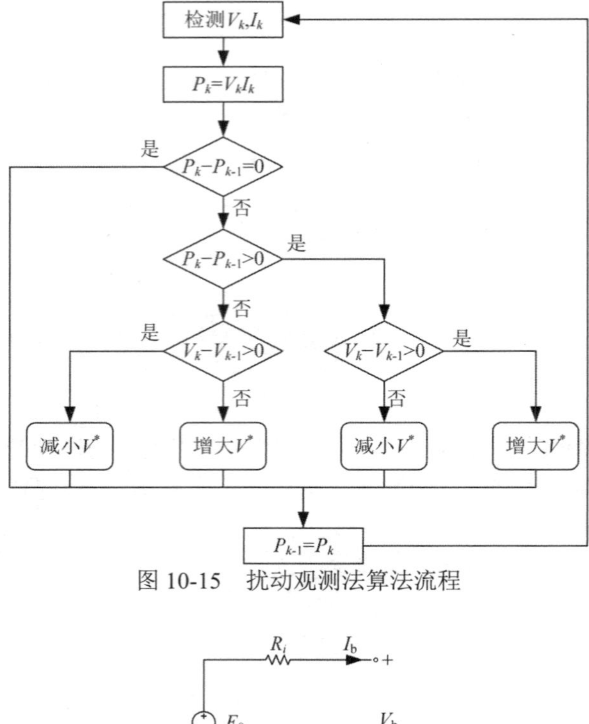

图 10-15　扰动观测法算法流程

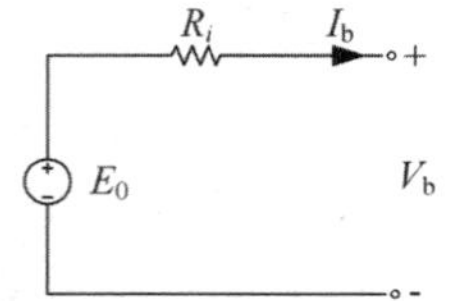

图 10-16　蓄电池简单等效电路

$$V_b = E_0 - I_b R_i \tag{10.32}$$

式中：E_0 为理想电压源。

另外一种等效模型称为 Thevenin 等效电路模型，由理想电压源 E_0，内阻 R_p，过电压电容 C_0 和过压电阻 R_0 组成，如图10-17所示。在实际中，上述参数均随蓄电池电荷状态、电解液温度、蓄电池电流变化而变化，但在应用 Thevenin 等效电路模型时，假定所有参数为常量，蓄电池的动态过程只由过电压电容反应。Thevenin 等效电路模型可由式 (10.33) 描述。

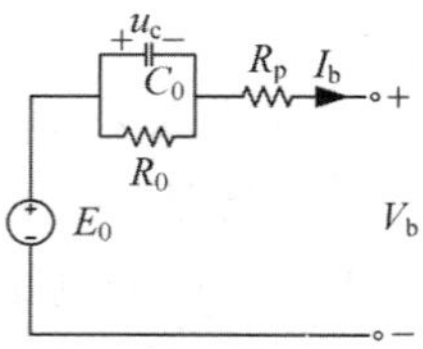

图 10-17　Thevenin 等效电路模型

$$\begin{cases} V_b = E_0 - u_c - I_b R_i \\ \dfrac{du_c}{dt} = \dfrac{1}{R_0 C_0}(I_b R_0 - u_c) \end{cases} \tag{10.33}$$

为克服 Thevenin 模型参数恒定的缺点，有学者在 Thevenin 模型基础上提出了改进 Thevenin

等效电路模型。该模型结构与原 Thevenin 等效电路模型相同，但该模型中考虑了各参数随蓄电池电流变化而变化的情况。

实际应用中，单个蓄电池的电压和容量往往不能满足需求，需要将多个蓄电池串、并联组成蓄电池组。以 Thevenin 等效电路模型为例，蓄电池组的等效电路如图10-18中左侧电路所示。图中蓄电池组由 $m \times n$ 个蓄电池组成，其中 n 为并联支路数，m 为每条支路上串联的蓄电池个数。

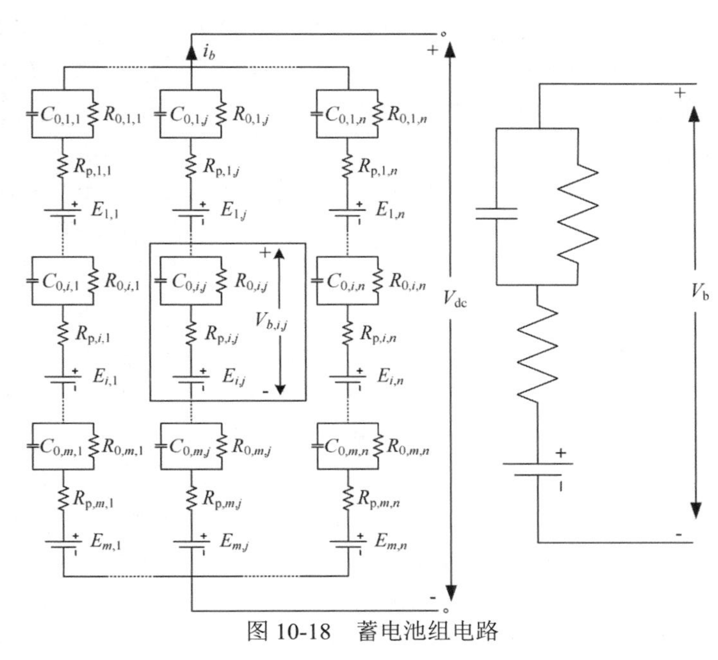

图 10-18　蓄电池组电路

蓄电池组的等效电路可以化简为如图10-18右侧所示的电路结构，与单个蓄电池等效电路结构相同。此时，简化后等效电路中的参数可由式 (10.34) 计算：

$$
\begin{cases}
E_\mathrm{b} = mE_{\mathrm{b},i,j}/n \\
R_\mathrm{p} = mR_{\mathrm{p},i,j}/n \\
R_0 = mR_{0,i,j}/n \\
C_0 = nC_{0,i,j}/m
\end{cases}
\tag{10.34}
$$

10.4　主动配电网分析

10.4.1　暂态分析

暂态分析通过时域仿真手段对电力系统中各种快速变化的暂态过程进行详细模拟。在包含分布式电源和微电网的智能配电网中，暂态仿真能从元件的实际物理模型和系统结构出发，利用机理分析方法获得的详细元件模型，对包括电力电子设备、电网、分布式电源和各种控制器进行建模。应用电力系统电磁暂态仿真与电路仿真的基本理论和方法，模拟频率范围从几百千赫兹到工频之间系统中的电气量和非电气量的动态过程。在针对不同动态过程的仿真方法中，暂态仿真依赖于其时域和小步长的建模和计算特点成为最精确和详细的仿真手段，能够应用其结果对智能配电网进行谐波分析、短路电流计算、负荷短时跟踪特性分析、故障特性分析、故障穿越特性分析、反孤岛保护、系统控制和控制器设计等多方面进行研究。

建立在单个元件根据实际的连接拓扑关系搭建系统的基础上的对分布式电源和微电网的暂态仿真，相较于其他分析方法更微观和真实。其基于 EMTP 型电磁暂态仿真程序框架上的暂态仿真对于元件的建模准则是首先获取以微分代数方程组表达的每个电气元件的数学模型，形成包含历史项电流源和元件的等效电导的数值差分方程，然后在系统的节点方程中填入每个元件的数值模型，求解线性方程组。而智能配电网中大量以元件输入输出关系来描述的控制元件，由于含有较多非线性环节，如非线性代数运算和限幅环节等，因此单独使用非线性方程组迭代求解的方法，最终和电气系统的形成存在一个步长时延的联立求解模式。由此可见，对各元件准确的方程表述是暂态仿真模型建立的前提。

10.4.2　稳定性分析

传统电力系统稳定性的分类灵活多样，按时间长短可分为短期稳定、中期稳定和长期稳定；按照研究对象可分为功角稳定、频率稳定和电压稳定；按照所受扰动的大小可分为静态稳定和暂态稳定。传统配电系统存在电压稳定性问题，而不存在同步性稳定性问题。但是微电网中通过电动机的形式直接并网的设备，如高渗透率的分布式电源和异步小风机等，以及无旋转储能且惯性较小的电力电子并网装置的出现，都对系统电压稳定性、频率稳定性和功角稳定性产生一定影响，在各种控制模式下对其的稳定性分析成为一个重要研究方向。

静态稳定性分析也被称为小扰动分析，是电力系统遭受到较小扰动后，不发生非同期失步或自发振荡，自动恢复到初始运行状态的能力。静态稳定性分析通过不同的数学建模方式能够实现数值仿真、特征值分析、频域分析和 Prony 分析。其中的特征值法可以提供判断和改善系统稳定性的相关信息，还可以通过特征值灵敏度分析来得到系统参数的影响，是静态稳定性分析方法中应用最广泛的一种。

在对分布式电源或微电网进行静态稳定性分析时，由于并网逆变器输入端一般会并联较大容量的直流电容元件，所以在进行稳定性分析时，认为逆变器输入端口之前的元件不会对小扰动产生稳定性影响，只需要分析和电网直接相连的逆变器或电动机元件。具体分析步骤如下：首先在控制方式确定的条件下，对和电网直接相连的逆变器或电动机进行线性化，得到相应的状态空间模型，而后对电路网络进行线性化，最终得到系统的状态空间模型。通过对状态方程进行计算得到的微电网稳定性特征值，可以直观分析微电网在具体控制模式、控制参数和网络结构下的小信号稳定性，并通过对特征值的敏感度分析，能够分析得到影响主频、低频特征值的状态变量，以及在各种参数变化时的稳定性变化趋势，为微电网系统在保证小扰动稳定性下的参数优化设计提供依据。

暂态稳定性分析是在电力系统遭受到较大扰动后，对其能否恢复到原有运行状态或是达到新的稳定运行状态能力的分析。按照对积分的依赖程度，现有的暂态稳定性分析方法可分为直接法、时域仿真法和混合法三类，其中，时域仿真法是暂态稳定性分析的基本方法。电力系统可以用一组常微分方程或代数微分方程描述，通过数值计算模拟出电力系统状态对某种扰动作用的反应。在含有分布式电源和微电网的配电网中，包含大量电动机等连续特征的非线性元件，以及电力电子器件等非连续特征的非线性元件，此时配电网系统的数学模型可以用高维非线性、非自治的分时段微分—代数方程组来描述。

含分布式电源和微电网的智能配电网中，各种元件的时间尺度跨度更大，同时包含外部环境变化等慢动态过程和电力电子级快动态过程，整个系统属于一个典型的强刚性微分代数系统。所以在建模过程中，与电磁暂态详细描述的数学模型相比，暂态稳定性分析在详细模型的基础上对各种元件都进行了适当简化，对变压器、发电机和线路等常规网络元件采用准稳态模型进行描述；对大量的电力电子器件忽略其开关动作的暂态过程；对光伏电池、燃料电池等元件采用非线性代数方程进行描述，但是计及控制器的调节动态过程，并且考虑到器件中直流部分的动态，可使用介于描述开关动作过程的详细模型和描述输入输出关系的稳态模型之间的可以模拟电力电子器件的功率级动态的准稳态模型。

10.4.3　潮流计算

分布式电源和微电网的接入对配电网潮流、网损和电压分布有着重要影响，潮流计算即为对其影响进行量化的直接手段，同时潮流计算还可以为暂态分析提供运行状态的初始值用来进行配电系统事故预测，是电力系统在规划、优化运行、安全可靠性分析时的保障。含分布式电源的智能配电网控制更加灵活，分析更加复杂，其潮流计算可分为配电网角度建模和分布式电源建模两种。

（1）配电网角度建模方法。从配电网角度出发，潮流计算将并网点处的分布式电源等效为一个节点。但对任何形式的分布式电源，对其元件进行数学模型和控制方式的确定以获取其节点特性都是建立其用于潮流计算的稳态模型的前提，对各元件等效节点模型构成的系统非线性方程组进行求解即可得到在约束条件下的潮流分布。

当考虑到分布式电源的随机性与波动性，电力系统负荷预测和规划与过去相比有更大的不确定性，因此在潮流计算时主要采用统计分析的方法，如蒙特卡罗方法、解析法和近似法。其中蒙特卡罗方法即通过抽样计算模拟系统的各种不确定因素，仿真各种待求随机变量的概率分布；解析法需要采用数学假设对所研究问题进行线性化处理，计算效率高，但对模型要求较高且计算烦琐；近似法根据已知变量的概率分布采用近似公式来求取待求变量的统计特性，以点估计法和一次二阶矩法为代表。

（2）分布式电源角度建模方法。分布式电源与配电网互联的接口可分为四种形式：同步发电机、异步发电机、电力电子换流器和双馈发电机，具体模型已在系统级建模方法中介绍。从分布式电源的角度出发，含有分布式电源和微电网的配电网潮流计算方法可以借鉴传统交直流混合电力系统的潮流求解方法。配电网交直流混合潮流算法可分为统一求解法和交替求解法。前者完整地计及了交直流变量之间的耦合关系，收敛性与适应性较好，但其雅克比矩阵阶数大，对编程及内存占用要求较高；交替求解法将交直流系统的潮流方程分开求解，整个程序可以用现有任何一种交流潮流程序加直流潮流程序构成，其也更容易在计算中考虑直流系统变量的约束条件和运行方式的合理调整。

10.5　微电网稳定性分析

微电网由于其内部元件的特殊性以及靠近用电负荷的特性，其结构与大电网相比更为脆弱。且微电网在孤岛运行时，系统中没有根节点作为参考节点，更容易引起新的稳定性问题。因此，有必要针对微电网特性进行稳定性分析。

10.5.1　微电网动态稳定性

动态稳定性分析在多机电力系统中已经有一段较长的历史，尤其是用于分析和预防大规模互联电网的低频振荡现象的发生。微电网动态稳定性分析主要用于预测参数发生改变时系统的动态行为，为控制参数的选择、微电网系统配置、运行控制策略的制定等提供理论依据和参考。与传统多机电力系统相比，微电网惯性缺失、动态时间尺度更宽，传统小干扰动态稳定性分析方法能否适用于电力电子变换器主导的微电网中? 需要针对微电网特殊的对象进行哪些修正? 传统方法是否能够准确预测微电网系统的不同频率范围、不同时间尺度内的动态? 这些都亟待深入研究。

1. 特征值分析法

微电网应用中不仅需要判断系统是否稳定，而且还希望知道配电网系统在小扰动下的系统过渡过程相关特征。对于主要存在的振荡性过渡过程，感兴趣的特征主要包括：振荡频率、模态阻尼、相应振荡在系统中的分布（即反映各个状态量中振荡的幅值和相对相位）、振荡引起的原因、状态变量对振荡的贡献等等，这些信息可为微电网全局和本地控制策略的最佳整定提供依据。此外，稳定裕度的计算也是重要的分析内容。由于特征值分析法能够提供系统动态稳定的大量重要信息，因此成为小干扰稳定性分析最有效的方法之一。特征值分析方法和时域仿真法相结合，可以使系统在线性化模型下设计的控制策略进一步在大扰动工况和非线性系统模型下进行时域仿真校验，这是目前微电网系统中控制策略设计和校验的科学方法与思路。

2. 辨识方法

广域测量系统（Wide-Area Measurement System,WAMS）的出现促进了辨识方法在电力系统小干扰稳定分析的应用。辨识方法能够避免求解微电网特征值，无须事先获取微电网系统的结构和详细参数。微电网规模较小的特点，实时全局信息获取的便捷性将使系统辨识方法成为研究微电网稳定性的有力工具。常见的辨识方法包括 Prony 方法、Matrix Pencil 方法、Hilbert-Huang 变换和预测误差法等。

其中，Prony 方法通过指数函数的线性组合来拟合原始采样数据，对测量得到的微电网状态量进行在线辨识，以获取微电网系统的结构参数、平衡点信息和主要的振荡模态。与特征值分析法相比，Prony 方法是模态辨识的时域方法，能提供全面的系统信息，但不需要求解微电网系统的特征值。然而，由于该方法对噪声敏感，可能在测量和辨识过程中产生错误的模式。虽然改进的迭代 Prony 算法能够一定程度上避免噪声的影响，但迭代算法也大幅度提高了计算复杂度。Hilbert-Huang 变换法能够提取系统瞬时模态信息，但是其端点效应问题的抑制需要进一步研究。Matrix Pencil 方法能够有力解决计算复杂度和噪声敏感性，然而其阈值的选择受原始采样数据规模和噪声强度的影响，目前该技术仍有待一般化以提供理论指导。

3. 频域分析法

奈奎斯特阻抗稳定性判据是频域分析法的代表性方法。该准则应用时首先将所有子系统模型整合成全系统模型，然后在任意点将该模型分成负荷子系统和源子系统。在此基础上，通过分析全频段内负荷输入阻抗 Z_l 和源输出阻抗 Z_S 的匹配以判别系统稳定性。由于奈奎斯特稳定准则应用的直观性，吸引了较多的学者进行研究。奈奎斯特判据最初只适用于单输入单输出系统、直流系统以及源变换器为电压源的级联系统。19 世纪 70 年代，Mac Farlane 将本身用于标量传递函数的奈奎斯特稳定型理论扩展成可用于矩阵传递函数的通用型奈奎斯特判据。文献 [15] 采用近似阻抗模型将多输入多输出交互动态问题转换成单输入单输出问题，从而使传统奈奎斯特判据得以应用。文献 [16] 建立了适用于多输入多输出（Multiple-Input Multiple-Output,MIMO）系统的通用型奈奎斯特判据，并应用于交流配电网系统。目前，导纳比奈奎斯特判据已应用到逆变器型微电网和混合 AC-DC 微电网的小干扰稳定分析中。然而，阻抗判据的稳定性结果高度依赖于系统中分为负荷和源子系统的界面。同时，提供的判据暗中假设潮流只是单向的，这使得其不能直接应用在负荷侧中存在 DGs 的场合。再者，奈奎斯特判据在微电网场合分析方法的有效性仍需用特征根分析方法、实际微电网中阻抗测量进行验证。

4. 奇异摄动法

当微电网中微源和负荷的数量较多时，特征根计算方法存在耗费计算资源的劣势。为此，对微电网小干扰模型的降阶分析凸显其优势和需求。微电网降阶分析的适用性问题主要来源于其低惯量特性，在降阶分析时需要保留哪些状态变量方可在降阶模型中仍能准确捕捉微电网动态，值得进一步深入研究。目前奇异摄动法已开始被应用到微电网系统的降阶分析中，它可有效解决微电网双时间尺度降阶问题。文献 [17] 在多源微电网降阶模型中忽略了同步发电机定子磁链暂态。文献 [18] 假设忽略逆变器中间电压环、内环电流环以及功率网络动态。由于描述微电网的动态模型存在双时间尺度行为，其中快动态需要小时间步长，而慢动态需要较长的仿真时间。快动态包括转动惯量、电感电容等状态变量。包含快动态将增加系统模型的阶数，而忽略小参数则不能确保准确的稳定性分析结果。

5. 动态向量法

需要指出，在传统互联电网系统稳定性分析中，忽略同步发电机定子动态和输电网络暂态是合适的。然而，在快动态主导的系统中，如低惯量小容量电力电子变换器主导的微电网中，此降阶分析可能导致不可信的分析结果。

动态相量模型是一种广义的动态平均模型，基于傅里叶级数（Fourier Serie, FS）理论基础，是一种能在较高精度范围内近似时域模型的建模方法。而动态相量模型用于预测系统动态稳定性兼具准确性和简洁性，作为一种有效的建模手段，动态相量法已广泛用于次同步谐振、可控串联补偿装置和柔性交流输电系统分析中。文献 [19] 基于动态相量法建立了考虑网络电路元件动态的逆变器型微电网模型，该研究显示，与降阶小干扰稳定模型相比，微电网系统动态相量模型能够准确预测系统稳定裕度，同时有效降低计算负担。

此外，在用户侧单相-三相混合系统中，常规动态分析方法由于不平衡系统中负序分量产生的周期性时变状态变量而不能有效应用。而动态相量法作为平均化技术，能够将周期性时变状态变量转换为直流状态变量，有效计及单相-三相系统不平衡条件，因此具有重要的应用前景。

10.5.2 微电网暂态稳定分析方法

目前，微电网暂态稳定分析主要有 2 种方法，即时域仿真法和李雅普诺夫能量函数法。2 种方法分别评述如下。

1. 时域仿真法

时域仿真法将微电网系统各元件模型根据元件间的连接关系形成可用一组联立微分和代数方程组描述的系统模型，在此基础上以稳态潮流计算解为初值，求解微电网系统状态变量和代数变量的数值解，并根据关键变量的变化曲线判别系统的暂态稳定性。时域仿真法是揭示微电网内部的非线性现象和暂态稳定问题有力工具，由于其直观性得到广泛应用。目前，适用于微电网系统暂态稳定分析的软件包括 Matlab/Simulink、PSCAD 及 DIgSILENT 等。然而，进一步研究适用于含大量分布式电源微电网，准确反映微电网中长期机电暂态过程和电力电子电磁暂态过程的混合仿真软件具有重要的研究价值。

2. 李雅普诺夫能量函数法

时域仿真法需针对不同工况反复进行仿真计算，计算速度慢，同时不能提供暂态稳定的封闭解及给出微电网的稳定裕度。而李雅普诺夫暂态能量函数法能快速分析微电网系统在预想大扰动下的暂态稳定度。

基于李雅普诺夫方法的暂态稳定性分析在传统电力系统中得到广泛研究，如暂态能量函数法和势能边界面法。然而，由于公用电网的规模相对较大，发电机、负荷和母线数量庞大，此时基于非线性李雅普诺夫函数的稳定性分析变得十分复杂，而且不直观；对同步发电机和负荷等建模的过度简化导致其精度较差 (如发电机仅采用二阶经典模型，不能计及励磁系统和动态负荷对系统稳定性的影响)，仅能判别第一摆稳定性，因此直接阻碍了该方法在电力系统动态安全评估的广泛采用。相反的，微电网规模相对较小，通常仅由数量较小的微电源、线路和节点组成。因而，李雅普诺夫稳定性分析方法是理论可行的。

目前，波波夫绝对稳定性准则、耗散系统理论等基于李雅普诺夫能量函数的方法已经开始在微电网和配电网的暂态稳定分析和动态安全评估中有所研究。通过等效建模，传统李雅普诺夫稳定性分析方法就能方便地应用到逆变器等效运行方程中，从而构建合适的暂态能量函数。然而，在微电网领域，李雅普诺夫暂态稳定性分析研究仍较为少见，计及电机类微源调速和励磁系统、电力电子类微源功率潮流控制策略，适用于微电网暂态稳定性分析的能量函数法仍没有很好地建立和应用。

10.5.3 微电网小干扰稳定性

小信号稳定性也称小干扰稳定性，是指系统遭受小扰动的情况下保持同步运行的能力。在此意义上定义一个扰动为小扰动，是指扰动造成的影响非常小，在分析中可以对描述系统响应的方程进行线性化而不影响分析的精度。小信号稳定性分析的方法有多种，如特征值分析法、数值仿真法、频域分析法及 Prony 分析法等，其中特征值分析法能够提供很多与系统稳定相关的重要信息并对其设计也有帮助。特征值分析法的基本思路是：将描述动态系统行为的非线性方程在稳定运行点处线性化，得到线性化方程的状态矩阵 $\boldsymbol{A}$。

（1）计算给定的稳定运行点处各变量的稳态值；

（2）将描述系统的非线性微分方程在稳定运行点处线性化，得到系统的线性化微分方程；

（3）求出系统线性化微分方程的状态矩阵及其特征值，由特征值分析系统受到扰动后能否保持稳定。

1. 状态空间表示法

状态的概念是状态空间表示法的基础。一个系统的状态代表了它在任意时刻 t_0 的最少信息，这使得在没有 t_0 之前的输入量的条件下，其未来的行为也可以确定下来。

任意选定一组 n 个线性独立的变量都可以描述系统的状态，称之为状态变量。状态变量是形成动态变量的最小集合，并可与输入量一起对系统的行为提供完整描述。由状态变量可以得到其他的系统变量。系统中的各种物理量，如电流、电压、角度或与描述系统行为的微分方程相关的数学变量都可以作为系统的状态变量。状态变量的选取并不是唯一的，也就是说表示系统状态信息的方式可以有多种，但任何时间系统的状态却是唯一的。我们可以根据需要选择其中任意一组状态变量，它们提供的系统信息都是相同的。

系统的状态可以在一个 n 维的欧几里得空间，称为状态空间上表示。当选取不同的状态变量描述系统时，实质上是选择不同的坐标系。

像电力系统这样的动态系统，其行为可以用如下一组 n 个一阶非线性常微分方程描述：

$$\dot{x}_i = f_i(x_1, x_2, \cdots, x_n; u_1, u_2, \cdots, u_r; t) \tag{10.35}$$

式中：n 为系统的阶数；r 为系统输入量的个数。

$$\dot{\boldsymbol{x}} = \boldsymbol{f}(\boldsymbol{x}, \boldsymbol{u}, t) \tag{10.36}$$

式 (10.36) 是利用矢量矩阵符号将式 (10.35) 改写后的形式，其中：

$$\boldsymbol{x} = \begin{bmatrix} x_1 \\ x_2 \\ \vdots \\ x_n \end{bmatrix} \quad \boldsymbol{u} = \begin{bmatrix} u_1 \\ u_2 \\ \vdots \\ u_n \end{bmatrix} \quad \boldsymbol{f} = \begin{bmatrix} f_1 \\ f_2 \\ \vdots \\ f_n \end{bmatrix}$$

向量 $\boldsymbol{x}$ 为状态向量，它的每个元素为状态变量；向量 $\boldsymbol{u}$ 为系统的输入向量，是影响系统行为的外部信号；t 表示时间，状态变量对时间的导数用微分 $\dot{\boldsymbol{x}}$ 来表示。若系统状态变量的导数并不是时间的显函数，则称其为自治系统。此时，式 (10.36) 可简化为

$$\dot{\boldsymbol{x}} = \boldsymbol{f}(\boldsymbol{x}, \boldsymbol{u}) \tag{10.37}$$

通常情况下，我们对输出变量比较感兴趣，因其在系统中可以观察到。输出变量可用状态变量及输入变量表示成如下形式：

$$\boldsymbol{y} = \boldsymbol{g}(\boldsymbol{x}, \boldsymbol{u}) \tag{10.38}$$

其中：

$$\boldsymbol{y}=\begin{bmatrix}y_1\\y_2\\\vdots\\y_m\end{bmatrix}\quad \boldsymbol{g}=\begin{bmatrix}g_1\\g_2\\\vdots\\g_m\end{bmatrix}$$

$\boldsymbol{y}$ 是输出向量，$\boldsymbol{g}$ 是将状态变量、输入变量与输出变量联系起来的非线性函数向量。

2. 方程线性化

平衡点是指当系统的所有微分：$\dot{x_1},\dot{x_2},\cdots,\dot{x_n}$ 同时为零的点，定义了轨迹上速度为零的点。此时，所有变量都是恒定的且不随时间变化，因而系统处于静止状态。平衡点必须满足方程

$$f(x_0)=0 \tag{10.39}$$

式中：x_0 为状态向量 $\boldsymbol{x}$ 在平衡点处的值。

如果式 (10.37) 中的函数 $f_i(i=1,2,\cdots,n)$ 是线性的，那么系统是线性的。一个线性系统只有一个平衡点（若系统矩阵是非奇异矩阵），而非线性系统则可能存在多个平衡点。

在小信号稳定性分析中，通常认为电力系统因小的负荷变化或发电变化而产生的扰动足够小时，就可以将系统的非线性微分方程在初始稳定运行点处进行线性化，得到近似的线性状态方程。对于公式 $\dot{\boldsymbol{x}}=\boldsymbol{f}(\boldsymbol{x},\boldsymbol{u})$，令 $\boldsymbol{x}_0$ 代表稳定运行时的状态向量，$\boldsymbol{u}_0$ 对应于稳定运行时的输入向量，那么 $\boldsymbol{x}_0$ 和 $\boldsymbol{u}_0$ 满足公式，因此有

$$\dot{\boldsymbol{x}}=\boldsymbol{f}(\boldsymbol{x}_0,\boldsymbol{u}_0) \tag{10.40}$$

如果对系统的上述状态施加一个小扰动，则有

$$\boldsymbol{x}=\boldsymbol{x}_0+\Delta\boldsymbol{x},\quad \boldsymbol{u}=\boldsymbol{u}_0+\Delta\boldsymbol{u} \tag{10.41}$$

式中：$\Delta\boldsymbol{x}$ 和 $\Delta\boldsymbol{u}$ 表示状态向量和输入向量的小偏差。

新状态也必须满足式 (10.37)，因此

$$\dot{\boldsymbol{x}}=\dot{\boldsymbol{x}}_0+\Delta\dot{\boldsymbol{x}}=\boldsymbol{f}[(\boldsymbol{x}_0+\Delta\boldsymbol{x}),(\boldsymbol{u}_0+\Delta\boldsymbol{u})]$$

由于假定所加扰动较小，非线性函数 $\boldsymbol{f}(\boldsymbol{x},\boldsymbol{u})$ 可用泰勒级数展开来表示。当忽略 $\Delta\boldsymbol{x}$ 和 $\Delta\boldsymbol{u}$ 的二阶和二阶以上的高阶项时，可得

$$\begin{aligned}\dot{x_i}&=\dot{x_{i0}}+\Delta\dot{x_i}=f_i[(\boldsymbol{x}_0+\Delta\boldsymbol{x}),(\boldsymbol{u}_0+\Delta\boldsymbol{u})]\\&=f_i(\boldsymbol{x}_0,\boldsymbol{u}_0)+\frac{\partial f_i}{\partial x_1}\Delta x_1+\cdots+\frac{\partial f_i}{\partial x_n}\Delta x_n+\frac{\partial f_i}{\partial u_1}\Delta u_1+\frac{\partial f_i}{\partial u_r}\Delta u_r\end{aligned} \tag{10.42}$$

即

$$\Delta\dot{x_i}=\frac{\partial f_i}{\partial x_1}\Delta x_1+\cdots+\frac{\partial f_i}{\partial x_n}\Delta x_n+\frac{\partial f_i}{\partial u_1}\Delta u_1+\frac{\partial f_i}{\partial u_r}\Delta u_r \tag{10.43}$$

式中：$i=1,2,\cdots,n$。

同理有

$$\Delta\dot{y_j}=\frac{\partial g_j}{\partial x_1}\Delta x_1+\cdots+\frac{\partial g_j}{\partial x_n}\Delta x_n+\frac{\partial g_j}{\partial u_1}\Delta u_1+\frac{\partial g_j}{\partial u_r}\Delta u_r \tag{10.44}$$

式中：$j=1,2,\cdots,n$。

因此式 (10.37) 和式 (10.38) 的线性化形式为

$$\begin{cases}\Delta\dot{\boldsymbol{x}}=\boldsymbol{A}\Delta\boldsymbol{x}+\boldsymbol{B}\Delta\boldsymbol{u}\\ \Delta\boldsymbol{y}=\boldsymbol{C}\Delta\boldsymbol{x}+\boldsymbol{D}\Delta\boldsymbol{u}\end{cases}\tag{10.45}$$

其中：

$$\boldsymbol{A}=\begin{bmatrix}\frac{\partial f_1}{\partial x_1} & \cdots & \frac{\partial f_1}{\partial x_n}\\ \vdots & \vdots & \vdots\\ \frac{\partial f_n}{\partial x_1} & \cdots & \frac{\partial f_n}{\partial x_n}\end{bmatrix}\quad \boldsymbol{B}=\begin{bmatrix}\frac{\partial f_1}{\partial u_1} & \cdots & \frac{\partial f_1}{\partial u_r}\\ \vdots & \vdots & \vdots\\ \frac{\partial f_n}{\partial u_1} & \cdots & \frac{\partial f_n}{\partial u_r}\end{bmatrix}\quad \boldsymbol{C}=\begin{bmatrix}\frac{\partial g_1}{\partial x_1} & \cdots & \frac{\partial g_1}{\partial x_n}\\ \vdots & \vdots & \vdots\\ \frac{\partial g_m}{\partial x_1} & \cdots & \frac{\partial g_m}{\partial x_n}\end{bmatrix}\quad \boldsymbol{D}=\begin{bmatrix}\frac{\partial g_1}{\partial u_1} & \cdots & \frac{\partial g_1}{\partial u_r}\\ \vdots & \vdots & \vdots\\ \frac{\partial g_m}{\partial u_1} & \cdots & \frac{\partial g_m}{\partial u_r}\end{bmatrix}$$

上述偏微分方程是在所分析的小扰动的初始稳定运行点基础上推导得到的。式 (10.45) 中，$\Delta\boldsymbol{x}$ 是 n 维状态向量，$\Delta\boldsymbol{u}$ 是 r 维输入向量，$\Delta\boldsymbol{y}$ 是 m 维输出向量；$\boldsymbol{A}$ 为 $n\times n$ 阶的状态矩阵；$\boldsymbol{B}$ 为 $n\times r$ 阶的控制或输入矩阵；$\boldsymbol{C}$ 为 $m\times n$ 阶的输出矩阵；$\boldsymbol{D}$ 为 $m\times r$ 阶的前馈矩阵，定义了直接出现于输出中的部分输入。

3. 特征值与稳定性

对式 (10.45) 进行拉氏变换，在频域上状态等式为

$$\begin{cases}s\Delta\boldsymbol{x}(s)-\Delta\boldsymbol{x}(0)=\boldsymbol{A}\Delta\boldsymbol{x}(s)+\boldsymbol{B}\Delta\boldsymbol{u}(s)\\ \Delta\boldsymbol{y}(s)=\boldsymbol{C}\Delta\boldsymbol{x}(s)+\boldsymbol{D}\Delta\boldsymbol{u}(s)\end{cases}\tag{10.46}$$

图10-19是状态空间框图，初始状态 $\Delta\boldsymbol{x}(0)$ 假定为零。

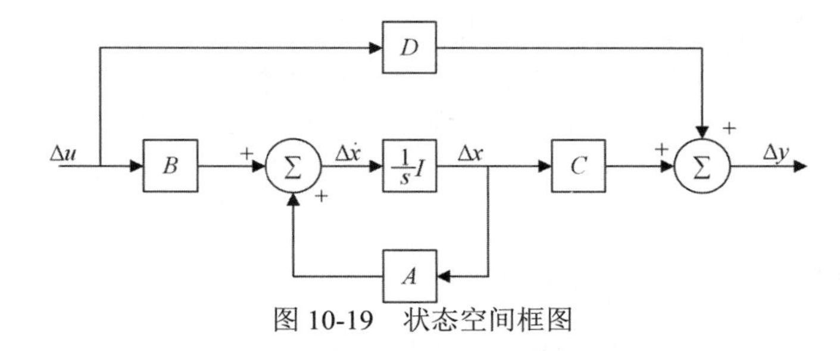

图 10-19　状态空间框图

通过求解 $\Delta\boldsymbol{x}(s)$ 和 $\Delta\boldsymbol{y}(s)$ 可得状态方程的解，整理式 (10.46) 有

$$(s\boldsymbol{I}-\boldsymbol{A})\Delta\boldsymbol{x}(s)=\Delta\boldsymbol{x}(0)+\boldsymbol{B}\Delta\boldsymbol{u}(s)\tag{10.47}$$

因而

$$\Delta\boldsymbol{x}(s)=(s\boldsymbol{I}-\boldsymbol{A})^{-1}[\Delta\boldsymbol{x}(0)+\boldsymbol{B}\Delta\boldsymbol{u}(s)]=\frac{\mathrm{adj}(s\boldsymbol{I}-\boldsymbol{A})}{\det(s\boldsymbol{I}-\boldsymbol{A})}[\Delta\boldsymbol{x}(0)+\boldsymbol{B}\Delta\boldsymbol{u}(s)]\tag{10.48}$$

同时有

$$\Delta\boldsymbol{y}(s)=\boldsymbol{C}\frac{\mathrm{adj}(s\boldsymbol{I}-\boldsymbol{A})}{\det(s\boldsymbol{I}-\boldsymbol{A})}[\Delta\boldsymbol{x}(0)+\boldsymbol{B}\Delta\boldsymbol{u}(s)]+\boldsymbol{D}\Delta\boldsymbol{u}(s)\tag{10.49}$$

$\Delta\boldsymbol{x}$ 和 $\Delta\boldsymbol{y}$ 的拉氏变换含有两个分量，分别取决于初始状态和输入。

$\Delta\boldsymbol{x}(s)$ 和 $\Delta\boldsymbol{y}(s)$ 的极点是式 (10.50) 的根：

$$\det(s\boldsymbol{I}-\boldsymbol{A})=0\tag{10.50}$$

满足上式的值称为矩阵的特征值，式 (10.50) 称为矩阵 $\boldsymbol{A}$ 的特征方程。

对于线性系统，其稳定性完全独立于输入和有限的初始状态。零输入稳定的系统，其状态总是能返回状态空间的初始位置。而非线性系统的稳定性则与输入的类型、幅值和初始状态有关。按照控制系统理论，非线性系统的稳定性通常根据状态向量在状态空间的区域大小划分为如下几种情况：

（1）局部稳定（小范围稳定）

当系统遭受小扰动后，若仍能回到平衡点周围的小区域内，则说明系统在此平衡点处是局部稳定的。如果随着时间 t 的增加，系统返回初始状态，则称系统在小范围内是渐进稳定的。

局部稳定的定义并不需要系统返回到初始状态，通常感兴趣的实际上是渐进稳定。局部稳定（也即小扰动下的稳定）可以通过将非线性系统的方程在平衡点处进行线性化来研究。

（2）有限稳定

当系统遭受小扰动后，若其状态保持在一个有限的区域 R 内，则说明系统在区域 R 内是稳定的。假如系统状态从区域 R 内的任何一点出发，仍能回到初始平衡点，则说明系统在区域 R 内是渐进稳定的。

（3）全局稳定（大范围稳定）

如果区域包括整个有限空间，则系统是全局稳定的。根据李雅普诺夫第一法，对于非线性系统，其小信号稳定性是由系统线性化后特征方程的根，即式 (10.50) 中矩阵 $\boldsymbol{A}$ 的特征值所确定的：

1）当 $\boldsymbol{A}$ 的所有特征值的实部均为负时，系统是渐进稳定的。

2）当 $\boldsymbol{A}$ 的特征值中至少存在一个实部为正时，系统是不稳定的。

3）当 $\boldsymbol{A}$ 至少有一个特征值实部为零，而其他特征值实部均为负时，系统为临界稳定状态。

10.5.4　微电网稳定性最新研究成果

1. 基于奇异值分解法的微电网静态电压稳定分析

奇异值解法将潮流方程的雅可比矩阵进行奇异值分解，得到的最小奇异值 $\delta_{\min}$ 是衡量电力系统电压稳定裕度的状态指标。当 $\delta_{\min}$ 趋于 0 时，代表着该系统运行工作点在向电压稳定临界点趋近；当 $\delta_{\min}=0$ 时，代表了该系统临界稳定，即该系统运行工作点到达极限工作点，此时对应于雅克比矩阵奇异。

对雅克比矩阵进行奇异值分解：

$$\boldsymbol{J}=\boldsymbol{V}\boldsymbol{\delta}\boldsymbol{U}^{\mathrm{T}}=\sum_{i=1}^{2n-m}\boldsymbol{V}_i\boldsymbol{\delta}_i\boldsymbol{U}_i^{\mathrm{T}} \tag{10.51}$$

式中：$\boldsymbol{J}$ 为系统潮流方程的雅克比矩阵；$\boldsymbol{V}_i$ 和 $\boldsymbol{U}_i$ 分别是系统奇异值的左右奇异向量，为规格化矩阵 $\boldsymbol{V}$ 和 $\boldsymbol{U}$ 的第 i 列；$\boldsymbol{\delta}$ 为正的实奇异值 $\boldsymbol{\delta}_i$ 的对角矩阵且有 $\delta_1\geqslant\delta_2\geqslant\cdots\geqslant\delta_{n-m}$；$n$ 为 PV 和 PQ 节点数之和；m 为 PQ 节点数。

如果 $\boldsymbol{J}$ 非奇异，则注入的有功和无功的细微变化对 $[\Delta\boldsymbol{\theta},\Delta U]^{\mathrm{T}}$ 的影响可写成：

$$\begin{bmatrix}\Delta\theta\\ \Delta U\end{bmatrix}=\boldsymbol{J}^{-1}\begin{bmatrix}\Delta P\\ \Delta Q\end{bmatrix}=\sum\boldsymbol{\delta}_i^{-1}\boldsymbol{U}_i\boldsymbol{V}_i^{\mathrm{T}}\begin{bmatrix}\Delta P\\ \Delta Q\end{bmatrix} \tag{10.52}$$

若系统趋于电压崩溃点时，奇异值几乎是 0，系统基本由最小奇异值 δ_{2n-m} 以及其对应的左右奇异向量 $\boldsymbol{V}_{2n-m}$ 和 $\boldsymbol{U}_{2n-m}$ 所决定。得到：

$$\begin{bmatrix}\Delta\theta\\ \Delta U\end{bmatrix}=\delta_{2n-m}^{-1}\boldsymbol{U}_{2n-m}\boldsymbol{V}_{2n-m}^{\mathrm{T}}\begin{bmatrix}\Delta P\\ \Delta Q\end{bmatrix} \tag{10.53}$$

式中：$\boldsymbol{U}_{2n-m}=[\theta_1,\cdots,\theta_n,U_1,\cdots,U_{n-m}]^{\mathrm{T}}$；$\boldsymbol{V}_{2n-m}=[P_1,\cdots,P_n,Q_1,\cdots,Q_{n-m}]^{\mathrm{T}}$；$U_i$ 为节点电压幅值；θ_i 为节点电压相角；P_i 为节点有功功率；Q_i 为节点无功功率。

通过雅克比矩阵求得的最小奇异值的大小，能够判断电力系统网络中电压比较薄弱的节点，再由最小奇异值所对应的左右奇异向量列元素绝对值的大小，得到系统电压稳定性的一些重要信息。

（1）薄弱节点和临界电压的判别

薄弱节点的判定是根据最小奇异值对应的右奇异向量的元素值来进行的。通过右奇异向量 $\boldsymbol{U}_{2n-m}$ 中最大列元素值来判定出变化最大的节点电压，即临界电压。

（2）系统薄弱区域的分区排序

由系统雅克比矩阵的奇异值，我们可以对运行区域的强弱进行排序。所谓的薄弱区域是指无功功率相对不足的区域。由于电压不稳定在大多数情况下是由系统无功功率不足造成的，所以电压崩溃现象很有可能就发生在薄弱区域里。

2. 基于无迹变换技术的孤岛微电网电压稳定概率评估

首先，计及下垂控制分布式电源（DG）和负荷的电压频率静特性建立孤岛微电网（IMG）的稳态模型，并以负荷裕度为指标，运用非线性规划法建立其静态电压稳定性分析的模型；然后，根据无迹变换的原理将概率分析问题转化为确定性优化问题。

含下垂控制型和间歇性 DG 的 IMG 的静态电压稳定概率评估具有以下特点：

（1）下垂控制型 DG 的调节原理和特性不同于传统电源；

（2）IMG 内电压和频率波动较大，有必要考虑负荷的静态电压和频率特性；

（3）微电网内 DG 地理位置邻近，其风速或光照强度往往具有较强的相关性，从而风电机组或光伏单元的出力亦表现出强相关性。

无迹变换法是基于如下先验知识：对任意非线性函数，近似其概率分布比近似该函数更容易。无迹变换法的基本思路是：已知输入随机变量 x 的期望 μ_x 和协方差矩阵 $\boldsymbol{C}_{xx}$，按照一定的规则，在样本空间中取若干点组成样本点集 (Sigma 点集)，然后对 Sigma 点集中的各点分别进行非线性变换 $\boldsymbol{y}=\boldsymbol{f}(\boldsymbol{x})$，对变换得到的点集进行加权处理，得到 y 的期望 μ_y 和协方差矩阵 $\boldsymbol{C}_{yy}$。

无迹变换法的一般求解步骤：

（1）选择某种采样策略，根据输入变量 x 的均值 μ_x、协方差矩阵 $\boldsymbol{C}_{xx}$，求得 x 的 Sigma 采样点集 $\{\chi_i\}$，$i=1,2,\cdots,M$，其中 M 为样本点数。

（2）对采样得到的 Sigma 点集 χ_i 中的每个采样状态进行 $f(g)$ 线性变换，得到变换后的输出变量的 Sigma 点集 $\{y_i\}$：

$$y_i=f(\chi_i)\quad i=1,2,\cdots,M \tag{10.54}$$

需要强调的是，无迹变换技术中，非线性变换 $f(g)$ 被看作一个黑盒，无须进行任何线性化或其他近似处理。

（3）根据各 Sigma 样本点的权值 W_i，确定均值权值系数 W_i^{m}，以及协方差权值系数 W_i^{c}。对变换得到的 Sigma 点集 y_i 进行加权处理，则可得所求输出随机变量 y 的均值 μ_x 和协方差矩阵 $\boldsymbol{C}_{xx}$。

$$\mu_y = \sum_{i=1}^{M} W_i^{\mathrm{m}} y_i \tag{10.55}$$

$$\boldsymbol{C}_{yy} = \sum_{i=1}^{M} W_i^{\mathrm{c}} (\boldsymbol{y}_i - \boldsymbol{\mu}_y)(\boldsymbol{y}_i - \boldsymbol{\mu}_y)^{\mathrm{T}} \tag{10.56}$$

应用无迹变换技术求解静态电压稳定性概率评估问题的具体步骤如下：

（1）根据风速、光照强度及负荷功率的概率分布或历史数据，确定输入变量 x 的标准差以及变量之间的相关性系数，求得协方差矩阵 $\boldsymbol{C}_{xx}$。

（2）选择适当的比例参数 α、高阶参数 β 和中心样本点权值 W_0，采用引入比例及高阶信息的对称采样方法，按式 (10.57) 确定 M 个 Sigma 样本点，按式 (10.58) 计算 M 个样本点的权值系数 W_i^{m} 和 W_i^{c}。

$$\begin{cases} \{\chi_0\} = \mu_x \\ \{\chi_0\} = \mu_x + \alpha\sqrt{\dfrac{n}{1-W_0}}\sqrt{C_{xx}(i)} \quad i = 1,2,\cdots,m \\ \{\chi_0\} = \mu_x - \alpha\sqrt{\dfrac{n}{1-W_0}}\sqrt{C_{xx}(i)} \quad i = 1,2,\cdots,m \end{cases} \tag{10.57}$$

$$\begin{cases} W_0^{\mathrm{m}} = \dfrac{W_0}{\alpha^2} + (1 - \dfrac{1}{\alpha^2}) \\ W_i^{\mathrm{m}} = \dfrac{1-W_0}{2n\alpha^2} \quad i = 1,2,\cdots,m \\ W_{n+i}^{\mathrm{m}} = \dfrac{1-W_0}{2n\alpha^2} \quad i = 1,2,\cdots,m \\ W_0^{\mathrm{c}} = \dfrac{W_0}{\alpha^2} + (1 - \dfrac{1}{\alpha^2}) + \beta \\ W_i^{\mathrm{c}} = W_i^{\mathrm{m}} \quad i = 1,2,\cdots,2m \end{cases} \tag{10.58}$$

（3）建立 IMG 静态电压稳定确定性评估的非线性规划模型，对每个 Sigma 样本点 $\{\chi_i\}$ 进行优化求解，得到每个输入样本点对应的输出，即负荷裕度的 Sigma 点。

（4）根据步骤（2）中得到的均值和协方差的权值 W_i^{m} 和 W_i^{c}，根据式 (10.55) 和 (10.56) 对步骤（3）求得的负荷裕度 Sigma 点集 $\{y_i\}$ 进行加权处理，从而得到负荷裕度的均值和方差及标准差。

10.6　微电网稳定性分析算例

本节以一个典型微电网系统为例，采用特征值分析法对其进行小干扰分析。

10.6.1　微电网小干扰分析模型

图10-20是典型微电网示意图，发电单元包括风力发电系统和光伏发电系统，负荷单元根据电源形式的不同分为直流负荷和交流负荷，储能系统由铅酸蓄电池组成，固态切换开关用以改变微电网的工作模式（并网、孤岛）。

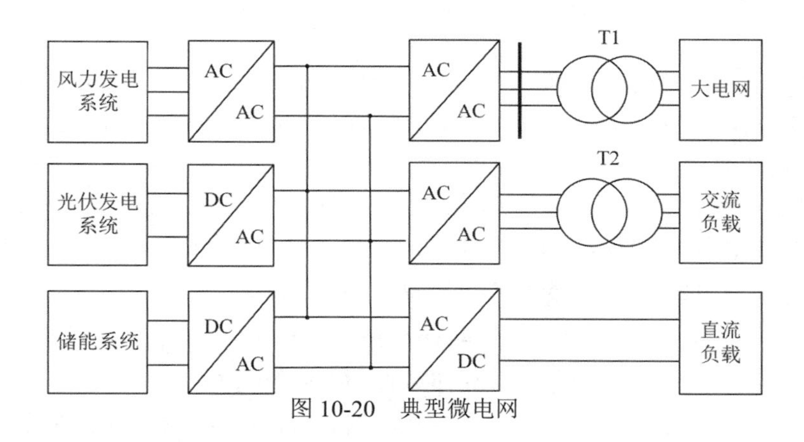

图 10-20　典型微电网

其中，光伏发电系统以典型的电力电子逆变装置，经双环控制并网；储能设备由于负担了平抑功率波动、改善系统性能的作用而采取了下垂控制方式经电力电子变流装置并网；风力发电系统采用小容量、恒速/恒频机组直接馈入微电网系统中，负载结构呈阻感性质。

根据前述小扰动状态空间模型，微电网的动态行为可用下式加以描述：

$$p\Delta \boldsymbol{x} = \boldsymbol{A}_{\Sigma}'\Delta \boldsymbol{x}_{\Sigma} \tag{10.59}$$

式中：$\boldsymbol{A}_{\Sigma}'$ 为微电网空间状态矩阵，对于该结构的微电网而言，$\boldsymbol{A}_{\Sigma}'$ 为

$$\boldsymbol{A}_{\Sigma}' = \begin{bmatrix} \boldsymbol{A}_{\text{PV}}' & 0 & 0 & 0 \\ 0 & \boldsymbol{A}_{\text{WIND}}' & 0 & 0 \\ 0 & 0 & \boldsymbol{A}_{\text{BAT}}' & 0 \\ 0 & 0 & 0 & \boldsymbol{A}_{\Delta}' \end{bmatrix}$$

式中：$\boldsymbol{A}_{\text{PV}}', \boldsymbol{A}_{\text{WIND}}', \boldsymbol{A}_{\text{BAT}}', \boldsymbol{A}_{\Delta}'$ 分别对应着光伏、风电、储能、负荷及线路各子系统系数矩阵。

光伏发电系统分析模型主要由内外环控制器、锁相环装置以及缓冲电容所对应的非线性微分方程组成。则光伏微源的动态行为可用以下形式来描述：

$$\begin{cases} p\Delta \dot{\boldsymbol{x}}_{\text{PV}} = \boldsymbol{A}_{\text{PV}}\Delta \boldsymbol{x}_{\text{PV}} + \boldsymbol{B}_{\text{PV}}\Delta \boldsymbol{u}_{\text{PV}} \\ 0 = \boldsymbol{C}_{\text{PV}}\Delta \boldsymbol{x}_{\text{PV}} + \boldsymbol{D}_{\text{PV}}\Delta \boldsymbol{u}_{\text{PV}} \end{cases} \tag{10.60}$$

式中：$\Delta \boldsymbol{x}_{\text{PV}}$ 分别包含了外环控制器 $\dot{\boldsymbol{x}}_{\text{out}}$、内环控制器 $\dot{\boldsymbol{x}}_{\text{in}}$、锁相环 $\dot{\boldsymbol{x}}_{\text{PLL}}$ 以及直流侧缓冲电容 $\dot{\boldsymbol{x}}_{\text{C}}$ 各自包含的状态变量。

分布式电源以电力电子逆变装置并网，其小扰动稳定性分析的状态空间的阶数是相当庞大的。由于系统内各控制器间存在一定的交互影响作用，因此从系数矩阵元素分布来看，呈现稀疏、耦合的特征。这也是微电网小扰动稳定性研究中数学解析方面存在的显著的不同。

风力发电系统分析模型主要由轴系系统、异步电机、桨距角控制器所对应的非线性微分方程组成。风力发电系统的动态行为可用以下形式描述：

$$\begin{cases} p\Delta\dot{\boldsymbol{x}}_{\mathrm{WIND}} = \boldsymbol{A}_{\mathrm{WIND}}\Delta\boldsymbol{x}_{\mathrm{WIND}} + \boldsymbol{B}_{\mathrm{WIND}}\Delta\boldsymbol{u}_{\mathrm{WIND}} \\ 0 = \boldsymbol{C}_{\mathrm{WIND}}\Delta\boldsymbol{x}_{\mathrm{WIND}} + \boldsymbol{D}_{\mathrm{WIND}}\Delta\boldsymbol{u}_{\mathrm{WIND}} \end{cases} \tag{10.61}$$

式中：$\Delta\boldsymbol{x}_{\mathrm{WIND}}$ 分别包含了轴系系统 $\dot{\boldsymbol{x}}_{\mathrm{s}}$、异步电机 $\dot{\boldsymbol{x}}_{\mathrm{e}}$ 以及桨距角控制器 $\dot{\boldsymbol{x}}_{\mathrm{p}}$ 各自包含的状态变量。

本算例采用恒速/恒频风机直接并网，这导致空间阶数相较于光伏发电系统显著减少，在数学解析层面而言带来不少的便利。在不考虑电力电子逆变装置的情况下，一般风机的状态空间为 8 阶。对比光伏发电系统状态空间来看，微源并网方式的选择对系统分析效率具有至关重要的作用。复杂的并网手段，会迅速增加系统状态空间的阶数，带来一定的计算负担。

储能系统分析模型主要由锁相环、外环控制器、内环控制器以及蓄电池所对应的非线性微分方程组成。储能系统的动态行为可用以下形式描述：

$$\begin{cases} p\Delta\dot{\boldsymbol{x}}_{\mathrm{BAT}} = \boldsymbol{A}_{\mathrm{BAT}}\Delta\boldsymbol{x}_{\mathrm{BAT}} + \boldsymbol{B}_{\mathrm{BAT}}\Delta\boldsymbol{u}_{\mathrm{BAT}} \\ 0 = \boldsymbol{C}_{\mathrm{BAT}}\Delta\boldsymbol{x}_{\mathrm{BAT}} + \boldsymbol{D}_{\mathrm{BAT}}\Delta\boldsymbol{u}_{\mathrm{BAT}} \end{cases} \tag{10.62}$$

式中：$\Delta\boldsymbol{x}_{\mathrm{BAT}}$ 分别包含了锁相环 $\dot{\boldsymbol{x}}_{\mathrm{PLL}}$、外环控制器 $\dot{\boldsymbol{x}}_{\mathrm{out}}$、内环控制器 $\dot{\boldsymbol{x}}_{\mathrm{in}}$ 以及蓄电池 $\dot{\boldsymbol{x}}_{\mathrm{bat}}$ 各自包含的状态变量。

在小扰动稳定性分析中，负荷大都采用静态特性模型。负荷节点注入电流与节点电压的偏差关系由下式所示：

$$\Delta\boldsymbol{I}_{\mathrm{L}} = \boldsymbol{Y}_{\mathrm{L}}\Delta\boldsymbol{V}_{\mathrm{L}} \tag{10.63}$$

其中：

$$\Delta\boldsymbol{I}_{\mathrm{L}} = \begin{bmatrix} \Delta\boldsymbol{I}_{x\mathrm{L}} \\ \Delta\boldsymbol{I}_{y\mathrm{L}} \end{bmatrix} \quad \boldsymbol{Y}_{\mathrm{L}} = \begin{bmatrix} \boldsymbol{G}_{xx} & \boldsymbol{B}_{xy} \\ -\boldsymbol{B}_{yx} & \boldsymbol{G}_{yy} \end{bmatrix} \quad \Delta\boldsymbol{V}_{\mathrm{L}} = \begin{bmatrix} \Delta\boldsymbol{V}_{x\mathrm{L}} \\ \Delta\boldsymbol{V}_{y\mathrm{L}} \end{bmatrix}$$

其中的系数可由负荷节点注入电流与节点电压的关系式求得

$$G_{xx} = \left.\frac{\partial I_{x\mathrm{L}}}{\partial V_{x\mathrm{L}}}\right|_{V_{\mathrm{L}}=V_{\mathrm{L}(0)}}, B_{xy} = \left.\frac{\partial I_{x\mathrm{L}}}{\partial V_{y\mathrm{L}}}\right|_{V_{\mathrm{L}}=V_{\mathrm{L}(0)}}$$

$$B_{yx} = \left.\frac{\partial I_{y\mathrm{L}}}{\partial V_{x\mathrm{L}}}\right|_{V_{\mathrm{L}}=V_{L(0)}}, G_{yy} = \left.\frac{\partial I_{y\mathrm{L}}}{\partial V_{y\mathrm{L}}}\right|_{V_{\mathrm{L}}=V_{\mathrm{L}(0)}}$$

在获得描述微电网全系统动态行为的微分-代数方程组后，为分析微电网在小干扰下的特征行为，首先需进行稳态潮流计算和初始化。微电网潮流计算方法整体上而言与常规电网一脉相承，如经典的前推回代法等。特别的，需根据微电网的运行状态、分布式电源的控制类别、负荷的形式将系统中各子系统划分为不同的节点，进而赋初值，进行交直流迭代。

10.6.2 特征值分析法分析

仿真算例中微电网的主要网络参数如表10.1所示。

代入数据，利用 matlab 可求得系统在初始条件下的特征根分布图如图10-21所示。

由图10-21可知，算例系统所有特征根均位于虚轴的左侧，根据特征分析法稳定性判据，

表 10.1　微电网主要网络参数

主要仿真参数	值	主要仿真参数	值
风电系统异步机效率 η	0.78	桨距角调节常数 τ	0.2 s
风电机转动惯量 J_t	35000 kgm^2	额定风速 v	15 m/s
异步机转动惯量 J_d	32 kgm^2	空气密度 ρ	1.225 kg/m^3
异步机额定转速 n	54 rpm	补偿电容 C_w	1 mF
光伏变换器参数 L_b	500 μH	补偿电容 $C_{P.V}$	1 mF
光强基准值 ζ	1000 w/m^2	滤波电感 $L_{P.V}$	1 mH
锁相环比例参数 K_{PPLL}	180	锁相环积分参数 K_{IPLL}	3200
内环比例增益 K_{IP}	12	内环积分增益 K_{II}	260
外环比例增益 $K_{P.V}$	10	外环积分增益 K_{IV}	40
有功下垂系数 $K_{P.P}$	1e^{-5}	无功下垂系数 $K_{P.Q}$	2e^{-4}
蓄电池电容 C_b	250 F	过电压电容 C_1	400 F
充放电内电阻 R_a	0.052 Ω	充放电过电压电阻 R_b	0.21 Ω
线路参数 R	0.0787 Ω	线路参数 L	4.05 mF
负载 1R_{load1}	20 Ω	负载 1L_{load1}	0.1 mF
负载 2R_{load2}	20 Ω	负载 2L_{load2}	0.1 mF

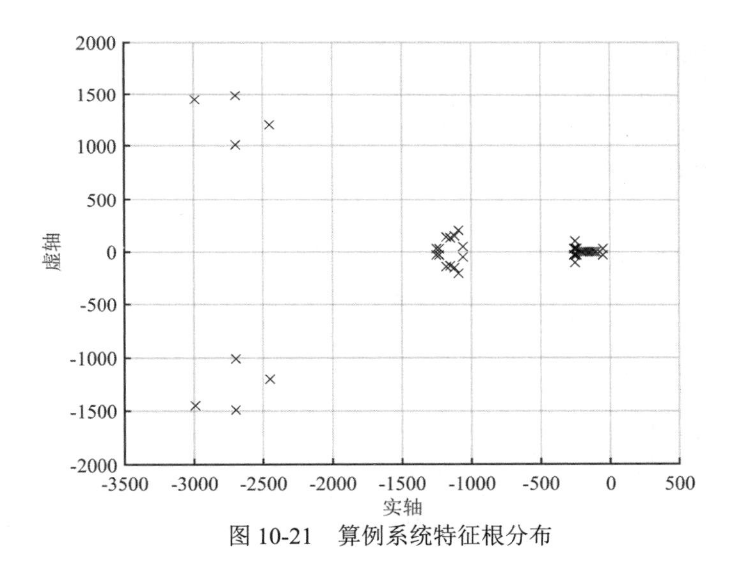

图 10-21　算例系统特征根分布

可以判定实际的非线性系统在平衡点是渐近稳定的。可以看出，微电网系统的特征根分布与常规电网相比，呈现典型的区域集中特性。按特征根与虚轴距离可划分出低频段、中频段、高频段三个典型分布区域。在控制理论中，离虚轴较近的特征根定义为主导特征根，对系统的稳定性影响较大，而中频段、高频段与系统控制方式紧密相关。微电网的特征根分布区域如图10-22所示。

对于微电网系统，一些重要参数如控制参数的变化必然引起系统特征值在复平面空间位置的重新排列，在渐进扰动过程中，系统特征根的变化轨迹可以提供大量的稳定性信息。在上文特征解析的基础上，接下来对表征微电网运行特性的关键因素进行特征根稳定性分析，通过参数单调变化，跟踪系统系数矩阵特征根的运动轨迹，从而获取系统稳定性变化的趋势。

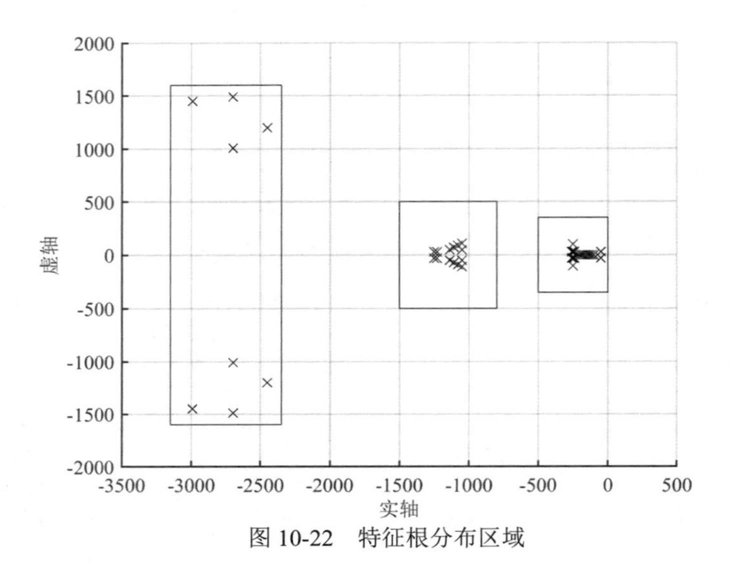

图 10-22　特征根分布区域

1. 下垂系数的变化

下垂控制器主要承担了系统中功率的分配、平衡问题。为验证下垂控制系数对系统稳定性的影响，分别单独增大采取下垂控制器的分布式电源有功、无功下垂系数，系统低频段特征根变化轨迹如图10-23和图10-24所示。

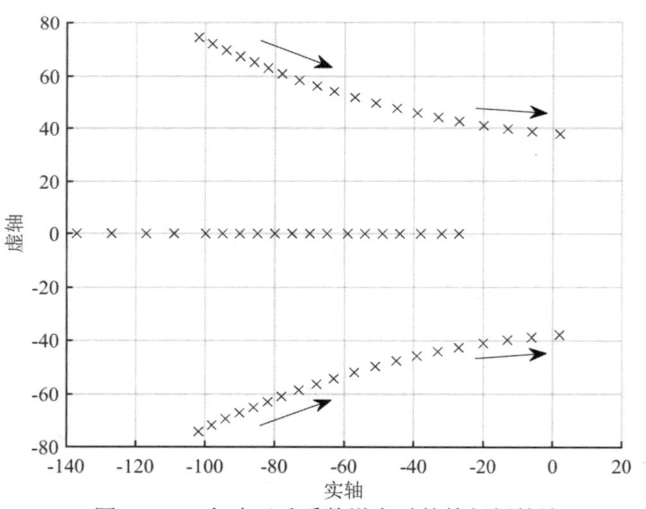

图 10-23　有功下垂系数增大时的特征根轨迹

由图10-23和图10-24可知，随着有功、无功下垂系数的增大，系统低频段特征根均逐步靠近虚轴，阻尼比变小，系数的稳定性变差，并且有功下垂系数的影响更大。若超出系统小扰动情况下动态调整的合理范围，有功、无功下垂系数的持续增大会导致系统小干扰不稳定。由于下垂控制系数主要影响到系统主导特征根的分布，因此采取下垂控制的分布式电源是一种较强的主动参与式单元，具有鲜明的参数优势。

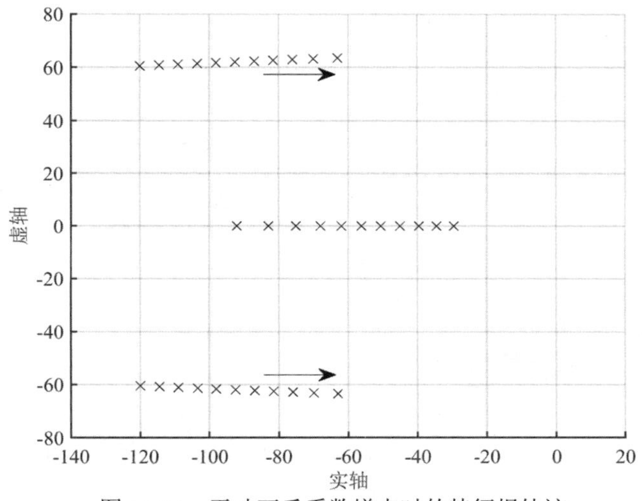

图 10-24　无功下垂系数增大时的特征根轨迹

2. 电压电流环控制参数变化

为验证分布式电源逆变器侧电压外环、电流内环控制系数变化对系统系数矩阵特征根分布的影响，分别单独增大电压外环、电流内环控制参数（这里选取电压环积分系数、电流环比例系数），系统在复平面内特征根的变化轨迹如图10-25和图10-26所示。

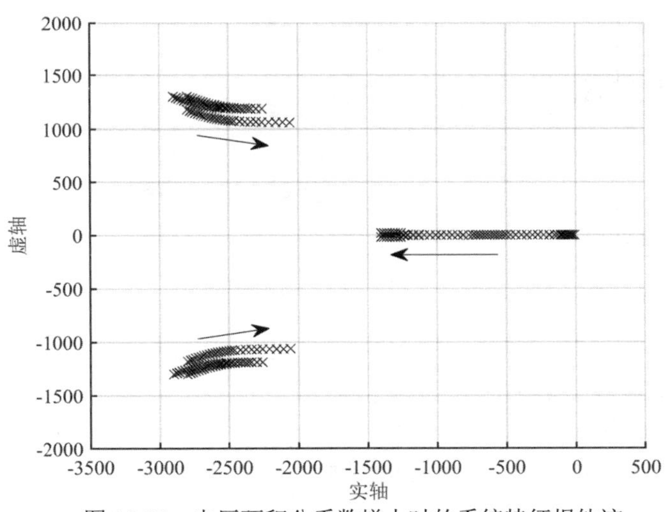

图 10-25　电压环积分系数增大时的系统特征根轨迹

由图10-25和图10-26可知，单调增加逆变器侧电压环控制参数，高频段特征根向虚轴渐进排列，而中频段特征根远离虚轴，相较而言系统中频段特征根变化情况最为明显，因此系统中频段特征根分布主要受外环电压控制器的影响；而单调改变逆变器侧电流环控制参数，系统中、高频段特征根均远离虚轴，而高频段特征根阻尼比显著增加，相较而言对系统中高频段特征根的分布情况影响最大，因此系统高频段特征根主要受内环电流控制器的影响。

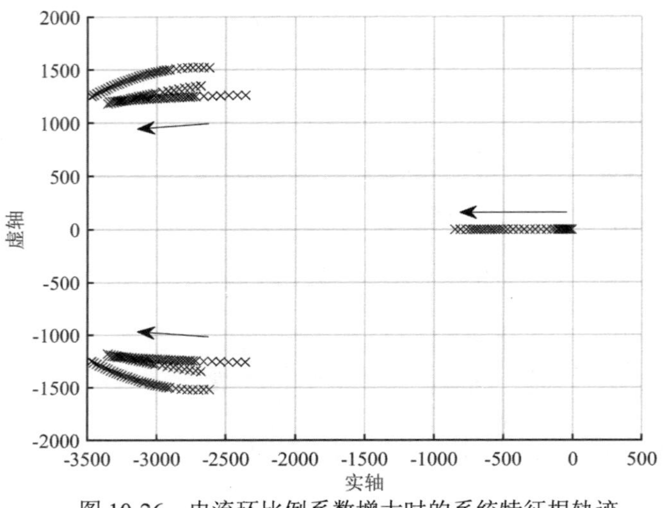

图 10-26　电流环比例系数增大时的系统特征根轨迹

3. 线路阻抗参数变化

为验证线路电阻、电感值变化对系统状态空间特征根分布的影响，分别单独增大线路电阻、电感值，系统在复平面内特征根的变化轨迹如图10-27、图10-28和图10-29所示。

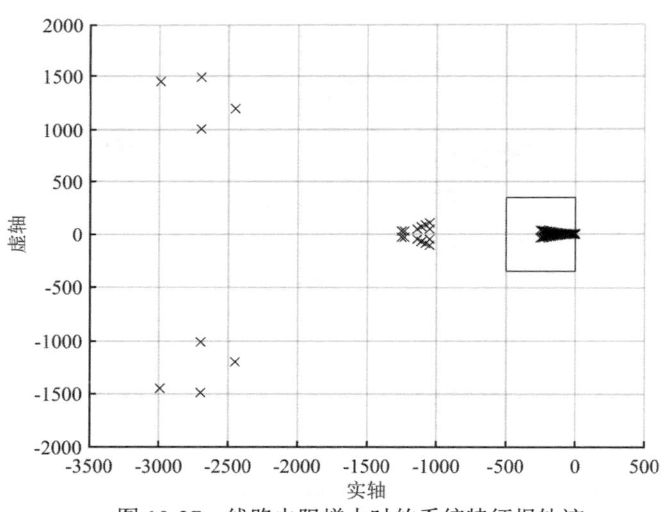

图 10-27　线路电阻增大时的系统特征根轨迹

由图10-27、图10-28和图10-29可知，系统低频段特征根对线路电阻变化响应较为敏感，根据局部放大图可知，随着线路阻值的不断增加，系统主导特征根逐渐远离虚轴，阻尼比也随之加大。从特征根在复平面内的运动轨迹来讲，系统的稳定性得到了一定程度的增强，因此在微电网系统规划初期，合理的选线、定量电气距离、较大容量阻尼设备的投入对系统小干扰稳定性有一定好处，但过大的阻尼也会降低系统的响应速度，影响整体效能。而单调增加线路的电感值时，主导特征根渐次逼近虚轴，阻尼比显著减少，对系统稳定性是不利的。

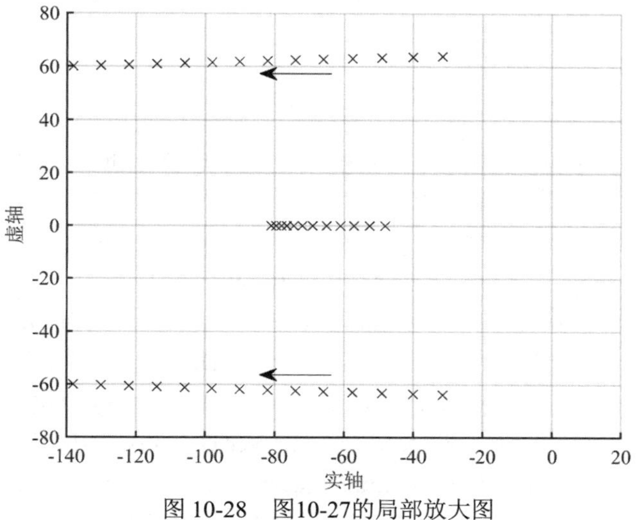

图 10-28　图10-27的局部放大图

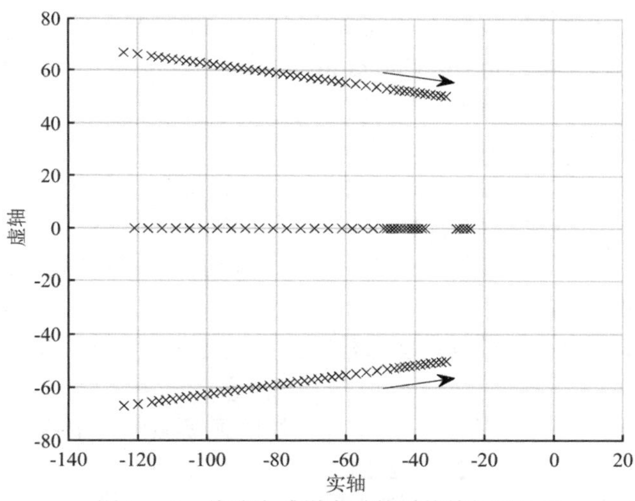

图 10-29　线路电感增大时的系统特征根轨迹

10.7　总　结

本章对主动配电网和微电网技术进行了介绍。首先从系统与元件两个角度出发，对主动配电网和微电网中的建模进行了介绍。在系统级建模方面，对同步发电机、异步发电机以及换流器型分布式电源进行了建模。在元件级建模方面，对比较常见的微型燃气轮机、风力发电机、光伏电池以及蓄电池进行了建模。

随后本章对主动配电网和微电网的稳定性分析方法进行了介绍。主要从动态稳定性、小干扰稳定性以及暂态稳定性三个方面进行了分析。在动态稳定分析方面介绍了特征值分析法、频域分析法、奇异摄动法与动态向量法。在暂态稳定分析方面介绍了比较常用的时域仿真法与李雅普诺夫能量函数法。在小干扰稳定分析方面对特征值分析法的具体过程进行了详细说明。

参考文献

1. 盛万兴, 宋晓辉, 孟晓丽. 智能配电网建模理论与方法 [M]. 北京: 中国电力出版社, 2016.
2. 吴文传, 张伯明, 巨云涛. 主动配电网网络分析与运行调控 [M]. 北京: 科学出版社, 2016.
3. Tamura J, Takeda I, Kimura M. A synchronous machine model for unbalanced analyses[J]. Electrical Engineering in Japan, 1997, 119(2): 46-59.
4. Chen T H, Chen M S, Inoue T. Three-phase cogenerator and transformer models for distribution system analysis[J]. IEEE Transactions on Power Delivery, 1991, 6(4): 1671-1681.
5. Kamh M Z, Iravani R. Unbalanced model and power-flow analysis of microgrids and active distribution systems[J]. IEEE Transactions on Power Delivery, 2010, 25(4): 2851-2858.
6. Xu W, Marti J R, Dommel H W. A multiphase harmonic load flow solution technique[J]. IEEE Transactions on Power Systems, 1991, 6(1): 174-182.
7. Cheng C S, Shirmohammadi D. A three-phase power flow method for real-time distribution system analysis[J]. IEEE Transactions on Power Systems, 1995, 10(2): 671-679.
8. Feigoo A E, Cidras J. Modeling of wind farms in the load flow analysis[J]. IEEE Transactions on Power Systems, 2000, 15(1): 110-115.
9. Stoicescu R, Miu K, Nwankpa C O. Three-phase converter models for unbalanced radial power-flow studies[J]. IEEE Transactions on Power Systems, 2002, 17(4): 1016-1021.
10. 王丹. 分布式发电系统建模及稳定性仿真 [D]. 天津大学, 2009.
11. 赵卓立, 杨苹, 许志荣, 等. 多源多变换微电网大扰动暂态稳定性研究综述 [J]. 电网技术, 2017, 41(7): 2195-2204.
12. 赵卓立, 杨苹, 郑成立, 等. 微电网动态稳定性研究述评 [J]. 电工技术学报, 2017, 32(10): 111-122.
13. 潘忠美, 刘健, 石梦, 等. 计及电压/频率静特性的孤岛微电网电压稳定性与薄弱节点分析 [J]. 电网技术, 2017, 41(7): 2214-2221.
14. 潘忠美, 刘健, 侯彤晖. 计及相关性的含下垂控制型及间歇性电源的孤岛微电网电压稳定概率评估 [J]. 中国电机工程学报, 2018, 38(4): 1065-1074.
15. Turner R, Walton S, Duke R. A case study on theapplication of the Nyquist stability criterion asapplied to interconnected loads and sources ongrids[J]. IEEE Transactions on Industrial Electronics,2013, 60(7): 2740-2749.
16. Belkhayat M. Stability criteria for AC power systemswith regulated loads[D]. West Lafayette, USA: Purdue University, 1997.
17. 王阳, 鲁宗相, 闵勇, 等. 基于降阶模型的多电源微电网小干扰分析 [J]. 电工技术学报, 2012, 27(1): 1-8.
18. Iyer S V, Belur M N, Chandorkar M C. A generalizedcomputational method to determine stability of a multi-inverter microgrid[J]. IEEE Transactions on Power Electronics, 2010, 25(9): 2420-2432.

19. Guo Xiaoqiang, Lu Zhigang, Wang Baocheng, et al. Dynamic phasors-based modeling and stability analysis of droop-controlled inverters for microgrid applications[J]. IEEE Transactions on Smart Grid, 2014, 5(6): 2980-2987.

附录

附录 A

附表 1 导体数据

尺寸	绞线	材料	直径 (cm)	几何平均半径 (m)	阻值 (Ω/km)	容量 (A)
1		钢芯铝绞线	0.9017	0.001274064	0.857494377	200
1	7 STRD	铜	0.83312	0.003023616	0.475350144	270
1	CLASS A	铝合金	0.83312	0.003020568	0.76056023	177
2	6/1	钢芯铝绞线	0.80264	0.001274064	1.050119925	180
2	7 STRD	铜	0.74168	0.002691384	0.599003318	230
2	7/1	钢芯铝绞线	0.8255	0.001536192	1.025265015	180
2	AWG SLD	铜	0.65532	0.002548128	0.587197236	220
2	CLASS A	铝合金	0.74168	0.002691384	0.957535387	156
3	6/1	钢芯铝绞线	0.71374	0.00131064	1.286241565	160
3	AWG SLD	铜	0.58166	0.00227076	0.740676302	190
4	6/1	钢芯铝绞线	0.635	0.001331976	1.596927933	140
4	7/1	钢芯铝绞线	0.65278	0.001377696	1.584500478	140
4	AWG SLD	铜	0.51816	0.002020824	0.933923223	170
4	CLASS A	铝合金	0.58928	0.0021336	1.524227323	90
5	6/1	钢芯铝绞线	0.56642	0.001267968	1.975965303	120
5	AWG SLD	铜	0.462026	0.00179832	1.177501336	140
6	6/1	钢芯铝绞线	0.50292	0.001200912	2.473063492	100
6	AWG SLD	铜	0.41148	0.001603248	1.485080841	120
6	CLASS A	铝合金	0.46736	0.00169164	2.425217791	65
7	AWG SLD	铜	0.366522	0.001426464	1.870331937	110
8	AWG SLD	铜	0.32639	0.001267968	2.361216399	90
9	AWG SLD	铜	0.290576	0.001130808	2.905414642	80
10	AWG SLD	铜	0.258826	0.00100584	3.667714715	75
12	AWG SLD	铜	0.205232	0.000798576	5.825182994	40
14	AWG SLD	铜	0.162814	0.000633984	9.241179614	20
16	AWG SLD	铜	0.129032	0.000499872	14.74281382	10
18	AWG SLD	铜	0.102362	0.00039624	23.40872656	5
19	AWG SLD	铜	0.091186	0.000353568	29.52160513	4
20	AWG SLD	铜	0.08128	0.000313944	37.08601041	3

尺寸	绞线	材料	直径 (cm)	几何平均半径 (m)	阻值 (Ω/km)	容量 (A)
22	AWG SLD	铜	0.064262	0.000249936	59.3308437	2
24	AWG SLD	铜	0.051054	0.00019812	94.21004884	1
1/0		钢芯铝绞线	1.01092	0.001359408	0.695937465	230
1/0	7 STRD	铜	0.93472	0.003392424	0.377173251	310
1/0	CLASS A	铝合金	0.93472	0.00338328	0.602731555	202
2/0		钢芯铝绞线	1.13538	0.00155448	0.556128599	270
2/0	7 STRD	铜	1.05156	0.003816096	0.298880286	360
2/0	CLASS A	铝合金	1.05156	0.00381	0.477835634	230
3/0	12 STRD	铜	1.24968	0.004751832	0.237364385	420
3/0	6/1	钢芯铝绞线	1.27508	0.0018288	0.449252489	300
3/0	7 STRD	铜	1.17856	0.004279392	0.237364385	420
3/0	CLASS A	铝合金	1.17856	0.0042672	0.379658742	263
3/8	INCH STE	AAteel	0.9525	0.000003048	2.671902768	150
4/0	12 STRD	铜	1.40208	0.005334	0.188275939	490
4/0	19 STRD	铜	1.34112	0.005084064	0.188275939	480
4/0	6/1	钢芯铝绞线	1.43002	0.002481072	0.36785266	340
4/0	7 STRD	铜	1.32588	0.004812792	0.188275939	480
4/0	CLASS A	铝合金	1.32588	0.00481584	0.300744405	299
250000	12 STRD	铜	1.524	0.005797296	0.159692793	540
250000	19 STRD	铜	1.45796	0.005526024	0.159692793	540
250000	CON LAY	铝合金	1.44018	0.00521208	0.254762822	329
266800	26/7	钢芯铝绞线	1.63068	0.00661416	0.239228504	460
266800	CLASS A	铝合金	1.48844	0.00539496	0.238607131	320
300000	12 STRD	铜	1.66878	0.00633984	0.133595138	610
300000	19 STRD	铜	1.59766	0.006056376	0.133595138	610
300000	26/7	钢芯铝绞线	1.7272	0.0070104	0.212509476	490
300000	30/7	钢芯铝绞线	1.778	0.00734568	0.212509476	500
300000	CON LAY	铝合金	1.59766	0.00603504	0.212509476	350
336400	26/7	钢芯铝绞线	1.83134	0.00743712	0.190140057	530
336400	30/7	钢芯铝绞线	1.88214	0.0077724	0.190140057	530
336400	CLASS A	铝合金	1.69164	0.0064008	0.189518685	410
350000	12 STRD	铜	1.8034	0.006858	0.11464327	670
350000	19 STRD	铜	1.72466	0.00652272	0.11464327	670
350000	CON LAY	铝合金	1.72466	0.00652272	0.182683585	399
397500	26/7	钢芯铝绞线	1.98882	0.0080772	0.160935539	590
397500	30/7	钢芯铝绞线	2.04724	0.00847344	0.160935539	600
397500	CLASS A	铝合金	1.83896	0.00694944	0.160314166	440
400000	19 STRD	铜	1.84404	0.00697992	0.100600246	730
450000	19 STRD	铜	1.9558	0.00740664	0.089664086	780
450000	CON LAG	铝合金	1.9558	0.00740664	0.142294357	450
477000	26/7	钢芯铝绞线	2.17932	0.0088392	0.134216511	670
477000	30/7	钢芯铝绞线	2.24282	0.00926592	0.134216511	670
477000	CLASS A	铝合金	2.0193	0.00774192	0.134216511	510
500000	19 STRD	铜	2.05994	0.00780288	0.080964868	840

尺寸	绞线	材料	直径 (cm)	几何平均半径 (m)	阻值 (Ω/km)	容量 (A)
500000	37 STRD	铜	2.06756	0.0079248	0.080964868	840
500000	CON LAY	铝合金	2.06502	0.0079248	0.128002784	483
556500	26/7	钢芯铝绞线	2.35458	0.00954024	0.115513192	730
556500	30/7	钢芯铝绞线	2.42062	0.00999744	0.115513192	730
556500	CLASS A	铝合金	2.17932	0.008382	0.115575329	560
600000	37 STRD	铜	2.26314	0.0086868	0.068040315	940
600000	CON LAY	铝合金	2.26314	0.0086868	0.106876111	520
605000	26/7	钢芯铝绞线	2.45364	0.00996696	0.106876111	760
605000	54/7	钢芯铝绞线	2.42062	0.00978408	0.110293661	750
636000	27/7	钢芯铝绞线	2.5146	0.0102108	0.100538109	780
636000	30/19	钢芯铝绞线	2.58826	0.01069848	0.100538109	780
636000	54/19	钢芯铝绞线	2.48158	0.01002792	0.104887718	770
636000	CLASS A	铝合金	2.33172	0.00896112	0.101283756	620
666600	54/7	钢芯铝绞线	2.54	0.01027176	0.099481775	800
700000	37 STRD	铜	2.44602	0.00938784	0.058843998	1040
700000	CON LAY	铝合金	2.44602	0.00938784	0.091963165	580
715500	26/7	钢芯铝绞线	2.66954	0.0108204	0.089601949	840
715500	30/19	钢芯铝绞线	2.74574	0.01133856	0.089601949	840
715500	54/7	钢芯铝绞线	2.63144	0.01063752	0.09208744	830
715500	CLASS A	铝合金	2.47396	0.00950976	0.090099047	680
750000	37 STRD	铝合金	2.53238	0.00972312	0.055177899	1090
750000	CON LAY	铝合金	2.53238	0.00972312	0.08637081	602
795000	26/7	钢芯铝绞线	2.81432	0.01143	0.080032808	900
795000	30/19	钢芯铝绞线	2.8956	0.01197864	0.080032808	910
795000	54/7	钢芯铝绞线	2.77622	0.01121664	0.085625163	900
795000	CLASS A	铝合金	2.60604	0.00999744	0.081399829	720

附录 B

附表 2　同心中性 15kV 电缆

导体尺寸 (AWG or kcmil)	绝缘层直径 (mm)	绝缘屏直径 (mm)	外径 (mm)	铜中性 (No.×AWG)	地下导管载流量 (A)
FullNeutral					
2(7×)	19.812	21.59	24.892	10×14	120
1(19×)	20.574	22.606	25.908	13×14	135
1/0(19×)	21.59	23.622	26.924	16×14	155
2/0(19×)	22.86	24.638	28.702	13×12	175
3/0(19×)	24.13	25.908	29.972	16×12	200
4/0(19×)	25.654	27.432	32.512	13×10	230
250(37×)	26.924	29.464	34.798	16×10	255
350(37×)	29.718	32.258	37.338	20×10	300
1/3*Neutral*					
2(7×)	19.812	21.59	24.892	6×14	135
1(19×)	20.574	22.606	25.908	6×14	155
1/0(19×)	21.59	23.622	26.924	6×14	175
2/0(19×)	22.86	24.638	27.94	7×14	200
3/0(19×)	24.13	25.908	29.21	9×14	230
4/0(19×)	25.654	27.432	30.734	11×14	240
250(37×)	26.924	29.464	32.766	13×14	260
350(37×)	29.718	32.258	35.306	18×14	320
500(37×)	32.766	35.306	39.624	16×12	385
750(61×)	37.846	40.386	45.466	15×10	470
1000(61×)	41.656	44.958	50.292	20×10	550

附表 3　带屏蔽 15kV 电缆 (胶带厚度：0.127mm)

导体尺寸 (AWG or kcmil)	绝缘层直径 (mm)	绝缘屏直径 (mm)	护套厚度 (mm)	外径 (mm)	地下导管载流量 (A)
1/0	20.828	22.352	2.032	26.924	165
2/0	22.098	23.622	2.032	27.940	190
3/0	23.114	24.638	2.032	29.464	215
4/0	24.384	25.908	2.032	30.734	245
250	25.654	27.432	2.032	32.258	270
350	28.194	29.972	2.032	34.798	330
500	30.988	33.020	2.032	37.846	400
750	35.560	37.592	2.794	43.942	490
1000	39.624	42.164	2.794	48.514	565

附录 C

（1）IEEE 13 节点测试馈线

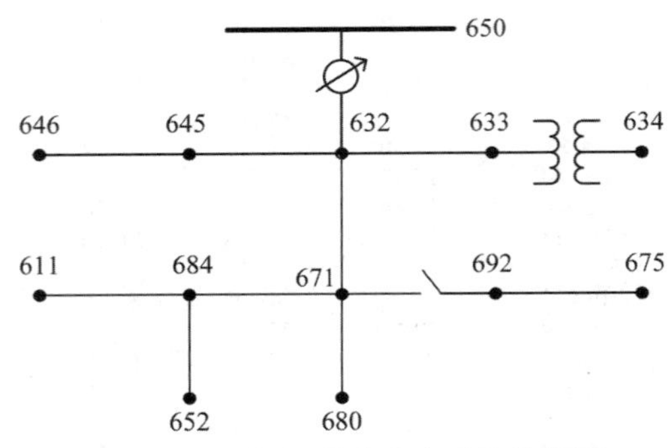

附图 1　IEEE 13 节点配电系统单线图

附表 4　架空线路配置数据

配置	定相	相线 钢芯铝绞线	中性线 钢芯铝绞线	间距 ID
601	B A C N	556,500 26/7	4/0 6/1	500
602	C A B N	4/0 6/1	4/0 6/1	500
603	C B N	1/0	1/0	505
604	A C N	1/0	1/0	505
605	C N	1/0	1/0	510

附表 5　地下线路配置数据

配置	定相	电缆	中性线	间距 ID
606	A B C N	250,000 AA,CN	None	515
607	A N	1/0 AA,TS	1/0 Cu	520

附表 6　线路数据

节点 A	节点 B	长度 (ft.)	配置	节点 A	节点 B	长度 (ft.)	配置
632	645	500	603	632	671	2000	601
632	633	500	602	671	684	300	604
633	634	0	XFM-1	671	680	1000	601
645	646	300	603	671	692	0	Switch
650	632	2000	601	684	611	300	605
684	652	800	607	692	675	500	606

附表 7　变压器数据

	kVA	kV-high	kV-low	R-%	X-%
变电站	5,000	115-D	4.16 Gr.Y	1	8
XFM-1	500	4.16-Gr.W	0.48-Gr.W	1.1	2

附表 8　电容器数据

节点	A 相 (kVAr)	B 相 (kVAr)	C 相 (kVAr)
675	200	200	200
611			100
总和	200	200	300

附表 9　调节器数据

调节器 ID:	1		
线路段:	650-632		
位置:	50		
相:	A-B-C		
连接:	3-Ph,LG		
监测相:	A-B-C		
带宽:	2.0V		
PT 比率:	20		
初始 CT 比率:	700		
补偿器设置:	A 相	B 相	C 相
R 设置:	3	3	3
X 设置:	9	9	9
电压等级:	122	122	122

附表 10　点负荷数据

节点	负荷模型	相 1(kW)	相 1(kVAr)	相 2(kW)	相 2(kVAr)	相 3(kW)	相 3(kVAr)
634	Y-PQ	160	110	120	90	120	90
645	Y-PQ	0	0	170	125	0	0
646	D-Z	0	0	230	132	0	0
652	Y-Z	128	86	0	0	0	0
671	D-PQ	385	220	385	220	385	220
675	Y-PQ	485	190	68	60	290	212
692	D-I	0	0	0	0	170	151
611	Y-I	0	0	0	0	170	80
	总和	1158	606	973	627	1135	753

附表 11　分布负荷数据

节点 A	节点 B	负荷模型	相 1(kW)	相 1(kVAr)	相 2(kW)	相 2(kVAr)	相 3(kW)	相 3(kVAr)
632	671	Y-PQ	17	10	66	38	117	68

馈线阻抗

配置 601：

Z(Ω/mile)			B(μS/mile)		
0.3465+j1.0179	0.1560+j0.5017	0.1580+j0.4236	6.2998	-1.9958	-1.2595
	0.3375+j1.0478	0.1535+j0.3849		5.9597	-0.7417
		0.3414+j1.0348			5.6386

配置 602：

Z(Ω/mile)			B(μS/mile)		
0.7526+j1.1814	0.1580+j0.4236	0.1560+j0.5017	5.6990	-1.0817	-1.6905
	0.7475+j1.1983	0.1535+j0.3849		5.1795	-0.6588
		0.7436+j1.2112			5.4246

配置 603：

Z(Ω/mile)			B(μS/mile)		
0.0000+j0.0000	0.0000+j0.0000	0.0000+j0.0000	0.0000	0.0000	0.0000
	1.3294+j1.3471	0.2066+j0.4591		4.7097	-0.8999
		1.3238+j1.3569			4.6658

配置 604：

Z(Ω/mile)			B(μS/mile)		
1.3238+j1.3569	0.0000+j0.0000	0.2066+j0.4591	4.6658	0.0000	-0.8999
	0.0000+j0.0000	0.0000+j0.0000		0.0000	0.0000
		1.3294+j1.3471			4.7097

配置 605：

Z(Ω/mile)			B(μS/mile)		
0.0000+j0.0000	0.0000+j0.0000	0.0000+j0.0000	0.0000	0.0000	0.0000
	0.0000+j0.0000	0.0000+j0.0000		0.0000	0.0000
		1.3292+j1.3475			4.5193

配置 606：

Z(Ω/mile)			B(μS/mile)		
0.7982+j0.4463	0.3192+j0.0328	0.2849-j0.0143	96.8897	0.0000	0.0000
	0.7891+j0.4041	0.3192+j0.0328		96.8897	0.0000
		0.7982+j0.4463			96.8897

配置 607：

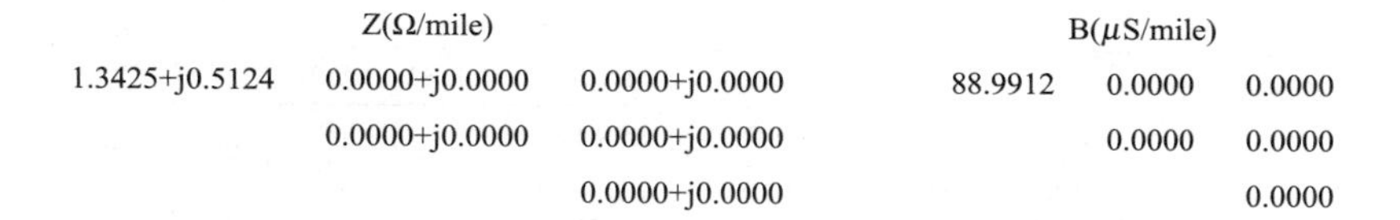

Z(Ω/mile)			B(μS/mile)		
1.3425+j0.5124	0.0000+j0.0000	0.0000+j0.0000	88.9912	0.0000	0.0000
	0.0000+j0.0000	0.0000+j0.0000		0.0000	0.0000
		0.0000+j0.0000			0.0000

（2）IEEE 34 节点测试馈线

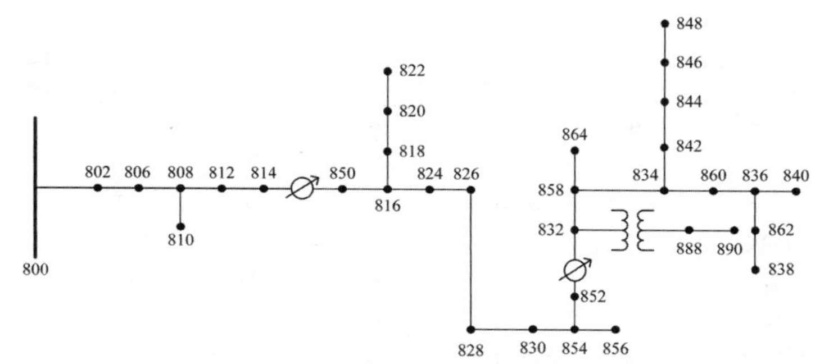

附图 2　IEEE 34 节点配电系统单线图

附表 12　架空线路配置数据

配置	定相	相线 钢芯铝绞线	中性线 钢芯铝绞线	间距 ID
300	B A C N	1/0	1/0	500
301	B A C N	#2 6/1	#2 6/1	500
302	A N	#4 6/1	#4 6/1	510
303	B N	#4 6/1	#4 6/1	510
304	B N	#2 6/1	#2 6/1	510

附表 13　线路数据

节点 A	节点 B	长度 (ft.)	配置	节点 A	节点 B	长度 (ft.)	配置	节点 A	节点 B	长度 (ft.)	配置
800	802	2580	300	824	826	3030	303	844	846	3640	301
802	806	1730	300	824	828	840	301	846	848	530	301
806	808	32230	300	828	830	20440	301	850	816	310	301
808	810	5804	303	830	854	520	301	852	832	10	301
808	812	37500	300	832	858	4900	301	854	856	23330	303
812	814	29730	300	832	888	0	XFM-1	854	852	36830	301
814	850	10	301	834	860	2020	301	858	864	1620	302
816	818	1710	302	834	842	280	301	858	834	5830	301
816	824	10210	301	836	840	860	301	860	836	2680	301
818	820	48150	302	836	862	280	301	862	838	4860	304
820	822	13740	302	842	844	1350	301	888	890	10560	300

附表 14　变压器数据

	kVA	kV-high	kV-low	R-%	X-%
变电站	2500	69-D	24.9-Gr.Y	1	8
XFM-1	500	24.9-Gr.W	4.16-Gr.W	1.9	4.08

附表 15　点负荷数据

节点	负荷模型	相 1(kW)	相 1(kVAr)	相 2(kW)	相 2(kVAr)	相 3(kW)	相 3(kVAr)
860	Y-PQ	20	16	20	16	20	16
840	Y-I	9	7	9	7	9	7
844	Y-Z	135	105	135	105	135	105
848	D-PQ	20	16	20	16	20	16
890	D-I	150	75	150	75	150	75
830	D-Z	10	5	10	5	25	10
	总和	344	224	344	224	359	229

附表 16　分布负荷数据

节点 A	节点 B	负荷模型	相 1(kW)	相 1(kVAr)	相 2(kW)	相 2(kVAr)	相 3(kW)	相 3(kVAr)
802	806	Y-PQ	0	0	30	15	25	14
808	810	Y-I	0	0	16	8	0	0
818	820	Y-Z	34	17	0	0	0	0
820	822	Y-PQ	135	70	0	0	0	0
816	824	D-I	0	0	5	2	0	0
824	826	Y-I	0	0	40	20	0	0
824	828	Y-PQ	0	0	0	0	4	2
828	830	Y-PQ	7	3	0	0	0	0
854	856	Y-PQ	0	0	4	2	0	0
832	858	D-Z	7	3	2	1	6	3
858	864	Y-PQ	2	1	0	0	0	0
858	834	D-PQ	4	2	15	8	13	7
834	860	D-Z	16	8	20	10	110	55
860	836	D-PQ	30	15	10	6	42	22
836	840	D-I	18	9	22	11	0	0
862	838	Y-PQ	0	0	28	14	0	0
842	844	Y-PQ	9	5	0	0	0	0
844	846	Y-PQ	0	0	25	12	20	11
846	848	Y-PQ	0	0	23	11	0	0
总和			262	133	240	120	220	114

附表 17 电容器数据

节点	A 相 (kVAr)	B 相 (kVAr)	C 相 (kVAr)
844	100	100	100
848	150	150	150
总和	250	250	250

附表 18 调节器数据

调节器 ID:	1			调节器 ID:	2		
线路段:	814-850			线路段:	852-832		
位置:	814			位置:	852		
相:	A-B-C			相:	A-B-C		
连接:	3-Ph,LG			连接:	3-Ph,LG		
监测相:	A-B-C			监测相:	A-B-C		
带宽:	2.0V			带宽:	2.0V		
PT 比率:	120			PT 比率:	120		
初始 CT 比率:	100			初始 CT 比率:	100		
补偿器设置:	A 相	B 相	C 相	补偿器设置:	A 相	B 相	C 相
R 设置:	2.7	2.7	2.7	R 设置:	2.5	2.5	2.5
X 设置:	1.6	1.6	1.6	X 设置:	1.5	1.5	1.5
电压等级:	122	122	122	电压等级:	124	124	124

馈线阻抗

配置 300：

Z(Ω/mile)			B(μS/mile)		
1.3368+j1.3343	0.2101+j0.5779	0.2130+j0.5015	5.3350	-1.5313	-0.9943
	1.3238+j1.3569	0.2066+j0.4591		5.0979	-0.6212
		1.3294+j1.3471			4.8880

配置 301：

Z(Ω/mile)			B(μS/mile)		
1.9300+j1.4115	0.2327+j0.6442	0.2359+j0.5691	5.1207	-1.4364	-0.9402
	1.9157+j1.4281	0.2288+j0.5238		4.9055	-0.5951
		1.9219+j1.4209			4.7154

配置 302：

Z(Ω/mile)			B(μS/mile)		
2.7995+j1.4855	0.0000+j0.0000	0.0000+j0.0000	4.2251	0.0000	0.0000
	0.0000+j0.0000	0.0000+j0.0000		0.0000	0.0000
		0.0000+j0.0000			0.0000

配置 303：

	Z(Ω/mile)			B(μS/mile)	
0.0000+j0.0000	0.0000+j0.0000	0.0000+j0.0000	0.0000	0.0000	0.0000
	2.7995+j1.4855	0.0000+j0.0000		4.2251	0.0000
		0.0000+j0.0000			0.0000

配置 304：

	Z(Ω/mile)			B(μS/mile)	
0.0000+j0.0000	0.0000+j0.0000	0.0000+j0.0000	0.0000	0.0000	0.0000
	1.9217+j1.4212	0.0000+j0.0000		4.3637	0.0000
		0.0000+j0.0000			0.0000

（3）IEEE 123 节点测试馈线

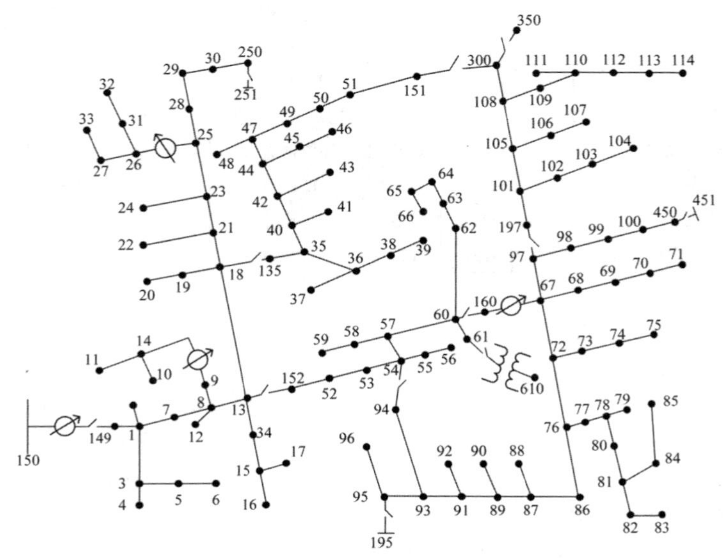

附图 3　IEEE 123 节点配电系统单线图

附表 19　线路数据

节点 A	节点 B	长度 (ft.)	配置	节点 A	节点 B	长度 (ft.)	配置	节点 A	节点 B	长度 (ft.)	配置
1	2	175	10	40	41	325	11	78	80	475	6
1	3	250	11	40	42	250	1	80	81	475	6
1	7	300	1	42	43	500	10	81	82	250	6
3	4	200	11	42	44	200	1	81	84	675	11
3	5	325	11	44	45	200	9	82	83	250	6
5	6	250	11	44	47	250	1	84	85	475	11
7	8	200	1	45	46	300	9	86	87	450	6
8	12	225	10	47	48	150	4	87	88	175	9
8	9	225	9	47	49	250	4	87	89	275	6
8	13	300	1	49	50	250	4	89	90	225	10
9	14	425	9	50	51	250	4	89	91	225	6

节点 A	节点 B	长度 (ft.)	配置	节点 A	节点 B	长度 (ft.)	配置	节点 A	节点 B	长度 (ft.)	配置
13	34	150	11	52	53	200	1	91	92	300	11
13	18	825	2	53	54	125	1	91	93	225	6
14	11	250	9	54	55	275	1	93	94	275	9
14	10	250	9	54	57	350	3	93	95	300	6
15	16	375	11	55	56	275	1	95	96	200	10
15	17	350	11	57	58	250	10	97	98	275	3
18	19	250	9	57	60	750	3	98	99	550	3
18	21	300	2	58	59	250	10	99	100	300	3
19	20	325	9	60	61	550	5	100	450	800	3
21	22	525	10	60	62	250	12	101	102	225	11
21	23	250	2	62	63	175	12	101	105	275	3
23	24	550	11	63	64	350	12	102	103	325	11
23	25	275	2	64	65	425	12	103	104	700	11
25	26	350	7	65	66	325	12	105	106	225	10
25	28	200	2	67	68	200	9	105	108	325	3
26	27	275	7	67	72	275	3	106	107	575	10
26	31	225	11	67	97	250	3	108	109	450	9
27	33	500	9	68	69	275	9	108	300	1000	3
28	29	300	2	69	70	325	9	109	110	300	9
29	30	350	2	70	71	275	9	110	111	575	9
30	250	200	2	72	73	275	11	110	112	125	9
31	32	300	11	72	76	200	3	112	113	525	9
34	15	100	11	73	74	350	11	113	114	325	9
35	36	650	8	74	75	400	11	135	35	375	4
35	40	250	1	76	77	400	6	149	1	400	1
36	37	300	9	76	86	700	3	152	52	400	1
36	38	250	10	77	78	100	6	160	67	350	6
38	39	325	10	78	79	225	6	197	101	250	3

附表 20　三相开关

节点 A	节点 B	正常状态	节点 A	节点 B	正常状态
13	152	closed	250	251	open
18	135	closed	450	451	open
60	160	closed	54	94	open
61	610	closed	151	300	open
97	197	closed	300	350	open
150	149	closed			

附表 21　架空线路配置数据

配置	定相	相线 钢芯铝绞线	中性线 钢芯铝绞线	间距 ID
1	A B C N	336,400 26/7	4/0 6/1	500
2	C A B N	336,400 26/7	4/0 6/1	500
3	B C A N	336,400 26/7	4/0 6/1	500
4	C B A N	336,400 26/7	4/0 6/1	500
5	B A C N	336,400 26/7	4/0 6/1	500
6	A C B N	336,400 26/7	4/0 6/1	500
7	A C N	336,400 26/7	4/0 6/1	505
8	A B N	336,400 26/7	4/0 6/1	505
9	A N	1/0	1/0	510
10	B N	1/0	1/0	510
11	C N	1/0	1/0	510

附表 22　地下线路配置数据

配置	定相	电缆	间距 ID
12	A B C	1/0 AA,CN	515

附表 23　变压器数据

	kVA	kV-high	kV-low	R-%	X-%
变电站	5,000	115-D	4.16-Gr.W	1	8
XFM-1	150	4.16-D	480-D	1.27	2.72

附表 24　电容器数据

节点	A 相 (kVAr)	B 相 (kVAr)	C 相 (kVAr)
83	200	200	200
88	50		
90		50	
92			50
总和	250	250	250

附表 25　调节器数据

调节器 ID:	1	调节器 ID:	3		
线路段:	150-149	线路段:	25-26		
位置:	150	位置:	25		
相:	A-B-C	相:	A-C		
连接:	3-Ph,Wye	连接:	2-Ph,L-G		
监测相:	A	监测相:	A & C		
带宽:	2.0V	带宽:	1.0V		
PT 比率:	20	PT 比率:	20		
初始 CT 比率:	700	初始 CT 比率:	50		
补偿器设置:	A 相	补偿器设置:	A 相	C 相	
R 设置:	3	R 设置:	0.4	0.4	
X 设置:	7.5	X 设置:	0.4	0.4	
电压等级:	120	电压等级:	120	120	
调节器 ID:	2	调节器 ID:	4		
线路段:	9-14	线路段:	160-67		
位置:	9	位置:	160		
相:	A	相:	A-B-C		
连接:	1-Ph,L-G	连接:	3-Ph,L-G		
监测相:	A	监测相:	A-B-C		
带宽:	2.0V	带宽:	2.0V		
PT 比率:	20	PT 比率:	20		
初始 CT 比率:	50	初始 CT 比率:	300		
补偿器设置:	A 相	补偿器设置:	A 相	B 相	C 相
R 设置:	0.4	R 设置:	0.6	1.4	0.2
X 设置:	0.4	X 设置:	1.3	2.6	1.4
电压等级:	120	电压等级:	124	124	124

附表 26　点负荷数据

节点	负荷模型	相 1(kW)	相 1(kVAr)	相 2(kW)	相 2(kVAr)	相 3(kW)	相 3(kVAr)
1	Y-PQ	40	20	0	0	0	0
2	Y-PQ	0	0	20	10	0	0
4	Y-PQ	0	0	0	0	40	20
5	Y-I	0	0	0	0	20	10
6	Y-Z	0	0	0	0	40	20
7	Y-PQ	20	10	0	0	0	0
9	Y-PQ	40	20	0	0	0	0
10	Y-I	20	10	0	0	0	0
11	Y-Z	40	20	0	0	0	0
12	Y-PQ	0	0	20	10	0	0
16	Y-PQ	0	0	0	0	40	20
17	Y-PQ	0	0	0	0	20	10
19	Y-PQ	40	20	0	0	0	0
20	Y-I	40	20	0	0	0	0

节点	负荷模型	相 1(kW)	相 1(kVAr)	相 2(kW)	相 2(kVAr)	相 3(kW)	相 3(kVAr)
22	Y-Z	0	0	40	20	0	0
24	Y-PQ	0	0	0	0	40	20
28	Y-I	40	20	0	0	0	0
29	Y-Z	40	20	0	0	0	0
30	Y-PQ	0	0	0	0	40	20
31	Y-PQ	0	0	0	0	20	10
32	Y-PQ	0	0	0	0	20	10
33	Y-I	40	20	0	0	0	0
34	Y-Z	0	0	0	0	40	20
35	D-PQ	40	20	0	0	0	0
37	Y-Z	40	20	0	0	0	0
38	Y-I	0	0	20	10	0	0
39	Y-PQ	0	0	20	10	0	0
41	Y-PQ	0	0	0	0	20	10
42	Y-PQ	20	10	0	0	0	0
43	Y-Z	0	0	40	20	0	0
45	Y-I	20	10	0	0	0	0
46	Y-PQ	20	10	0	0	0	0
47	Y-I	35	25	35	25	35	25
48	Y-Z	70	50	70	50	70	50
49	Y-PQ	35	25	70	50	35	20
50	Y-PQ	0	0	0	0	40	20
51	Y-PQ	20	10	0	0	0	0
52	Y-PQ	40	20	0	0	0	0
53	Y-PQ	40	20	0	0	0	0
55	Y-Z	20	10	0	0	0	0
56	Y-PQ	0	0	20	10	0	0
58	Y-I	0	0	20	10	0	0
59	Y-PQ	0	0	20	10	0	0
60	Y-PQ	20	10	0	0	0	0
62	Y-Z	0	0	0	0	40	20
63	Y-PQ	40	20	0	0	0	0
64	Y-I	0	0	75	35	0	0
65	D-Z	35	25	35	25	70	50
66	Y-PQ	0	0	0	0	75	35
68	Y-PQ	20	10	0	0	0	0
69	Y-PQ	40	20	0	0	0	0
70	Y-PQ	20	10	0	0	0	0
71	Y-PQ	40	20	0	0	0	0
73	Y-PQ	0	0	0	0	40	20
74	Y-Z	0	0	0	0	40	20
75	Y-PQ	0	0	0	0	40	20
76	D-I	105	80	70	50	70	50
77	Y-PQ	0	0	40	20	0	0

节点	负荷模型	相 1(kW)	相 1(kVAr)	相 2(kW)	相 2(kVAr)	相 3(kW)	相 3(kVAr)
79	Y-Z	40	20	0	0	0	0
80	Y-PQ	0	0	40	20	0	0
82	Y-PQ	40	20	0	0	0	0
83	Y-PQ	0	0	0	0	20	10
84	Y-PQ	0	0	0	0	20	10
85	Y-PQ	0	0	0	0	40	20
86	Y-PQ	0	0	20	10	0	0
87	Y-PQ	0	0	40	20	0	0
88	Y-PQ	40	20	0	0	0	0
90	Y-I	0	0	40	20	0	0
92	Y-PQ	0	0	0	0	40	20
94	Y-PQ	40	20	0	0	0	0
95	Y-PQ	0	0	20	10	0	0
96	Y-PQ	0	0	20	10	0	0
98	Y-PQ	40	20	0	0	0	0
99	Y-PQ	0	0	40	20	0	0
100	Y-Z	0	0	0	0	40	20
102	Y-PQ	0	0	0	0	20	10
103	Y-PQ	0	0	0	0	40	20
104	Y-PQ	0	0	0	0	40	20
106	Y-PQ	0	0	40	20	0	0
107	Y-PQ	0	0	40	20	0	0
109	Y-PQ	40	20	0	0	0	0
111	Y-PQ	20	10	0	0	0	0
112	Y-I	20	10	0	0	0	0
113	Y-Z	40	20	0	0	0	0
114	Y-PQ	20	10	0	0	0	0
总和		1420	775	915	515	1155	635

馈线阻抗

配置 1：

Z(Ω/mile)			B(μS/mile)		
0.4576+j1.0780	0.1560+j0.5017	0.1535+j0.3849	5.6765	-1.8319	-0.6982
	0.4666+j1.0482	0.1580+j0.4236		5.9809	-1.1645
		0.4615+j1.0651			5.3971

配置 2：

Z(Ω/mile)			B(μS/mile)		
0.4666+j1.0482	0.1580+j0.4236	0.1560+j0.5017	5.9808	-1.1645	-1.8319
	0.4615+j1.0651	0.1535+j0.3849		5.3971	-0.6982
		0.4576+j1.0780			5.6765

配置 3：

Z(Ω/mile)			B(μS/mile)		
0.4615+j1.0651	0.1535+j0.3849	0.1580+j0.4236	5.3971	-0.6982	-1.1645
	0.4576+j1.0780	0.1560+j0.5017		5.6765	-1.8319
		0.4666+j1.0482			5.9809

配置 4：

Z(Ω/mile)			B(μS/mile)		
0.4615+j1.0651	0.1580+j0.4236	0.1535+j0.3849	5.3971	-1.1645	-0.6982
	0.4666+j1.0482	0.1560+j0.5017		5.9809	-1.8319
		0.4576+j1.0780			5.6765

配置 5：

Z(Ω/mile)			B(μS/mile)		
0.4666+j1.0482	0.1560+j0.5017	0.1580+j0.4236	5.9809	-1.8319	-1.1645
	0.4576+j1.0780	0.1535+j0.3849		5.6765	-0.6982
		0.4615+j1.0651			5.3971

配置 6：

Z(Ω/mile)			B(μS/mile)		
0.4576+j1.0780	0.1535+j0.3849	0.1560-j0.5017	5.6765	-0.6982	-1.8319
	0.4615+j1.0651	0.1580+j0.4236		5.3971	-1.1645
		0.4666+j1.0482			5.9809

配置 7：

Z(Ω/mile)			B(μS/mile)		
0.4576+j1.0780	0.0000+j0.0000	0.1535+j0.3849	5.1154	0.0000	-1.0549
	0.0000+j0.0000	0.0000+j0.0000		0.0000	0.0000
		0.4615+j1.0651			5.1704

配置 8：

Z(Ω/mile)			B(μS/mile)		
0.4576+j1.0780	0.1535+j0.3849	0.0000+j0.0000	5.1154	-1.0549	0.0000
	0.4615+j1.0651	0.0000+j0.0000		5.1704	0.0000
		0.0000+j0.0000			0.0000

配置 9：

Z(Ω/mile)			B(μS/mile)		
1.3292+j1.3475	0.0000+j0.0000	0.0000+j0.0000	4.5193	0.0000	0.0000
	0.0000+j0.0000	0.0000+j0.0000		0.0000	0.0000
		0.0000+j0.0000			0.0000

配置 10：

Z(Ω/mile)			B(μS/mile)		
0.0000+j0.0000	0.0000+j0.0000	0.0000+j0.0000	0.0000	0.0000	0.0000
	1.3292+j1.3475	0.0000+j0.0000		4.5193	0.0000
		0.0000+j0.0000			0.0000

配置 11：

Z(Ω/mile)			B(μS/mile)		
0.0000+j0.0000	0.0000+j0.0000	0.0000+j0.0000	0.0000	0.0000	0.0000
	0.0000+j0.0000	0.0000+j0.0000		0.0000	0.0000
		1.3292+j1.3475			4.5193

配置 12：

Z(Ω/mile)			B(μS/mile)		
1.5209+j0.7521	0.5198+j0.2775	0.4924+j0.2157	67.2242	0.0000	0.0000
	1.5329+j0.7162	0.5198+j0.2775		67.2242	0.0000
		1.5209+j0.7521			67.2242